职业教育精品教材

电子技术工艺基础
（第6版）

孟贵华　主编

電子工業出版社
Publishing House of Electronics Industry
北京・BEIJING

内 容 简 介

本书是依据行业职业技能鉴定规范以及电子行业发展现状而编写的，经过6次修订其内容，使其更加完善和充实，使学生所学知识与技能，更符合用人单位对实操技能人员的要求。本书的主要内容有：仪器仪表的使用方法；元器件（通孔插装、表面组装）的认识、应用与检测；表面组装技术；电路图的识读；印制电路板的种类、选用与制作；常用工具的使用方法；手工焊接工艺；整机装配与调试；电路故障的检测方法等。

本书内容贴近生产实际，可作为职业院校通用教材，也可作为电类行业从业人员的培训用书及电子爱好者的自学用书。

为了方便教师教学，本书还配有电子教学参考资料包（包括教学指南、电子教案、习题答案），详见前言。

图书在版编目（CIP）数据

电子技术工艺基础 / 孟贵华主编．—6版．—北京：电子工业出版社，2012.1
职业教育精品教材
ISBN 978-7-121-15362-4

Ⅰ．①电…　Ⅱ．①孟…　Ⅲ．①电子技术－中等专业学校－教材　Ⅳ．①TN

中国版本图书馆CIP数据核字（2011）第252507号

策划编辑：靳　平（jinping@phei.com.cn）
责任编辑：郝黎明
印　　刷：北京虎彩文化传播有限公司
装　　订：北京虎彩文化传播有限公司
出版发行：电子工业出版社
　　　　　北京市海淀区万寿路173信箱　邮编　100036
开　　本：787×1 092　1/16　印张：19.75　字数：499.2千字
版　　次：1996年11月第1版
　　　　　2012年1月第6版
印　　次：2024年10月第23次印刷
定　　价：33.60元

凡所购买电子工业出版社图书有缺损问题，请向购买书店调换。若书店售缺，请与本社发行部联系，联系及邮购电话：（010）88254888，88258888。

质量投诉请发邮件至zlts@phei.com.cn，盗版侵权举报请发邮件至dbqq@phei.com.cn。

本书咨询联系方式：（010）88254592，bain@phei.com.cn。

前　言

为了适应电子技术工艺的发展，体现新工艺、新知识和直接向生产第一线输送人才的要求，本书对《电子技术工艺基础（第 5 版）》进行修订，以更好地培养学生的动手能力、实践能力，进一步提高学生的技能水平。

本次修订中增加了非接触式电位器、数字可编程电容器、集成温度传感器、固态指纹传感器及过热保护器等新型元器件。为了使学生了解电子整机装配与调试过程，还增补了电子产品的调试工艺。在修订中还对内容的排序做了调整，其目的是更加有利于教学与学生的学习。

本教材的特点如下：

1. 注重对新工艺、新型实用元器件的介绍。如表面组装技术（SMT）、表面组装元器件、液晶显示器、等离子显示器及激光头等。

2. 注重对学生实操技能，动手能力的培养，以适应社会的用人需求。如教材中对万用表实操过程的详细说明（因万用表应用最为普遍）；如何用万用表检测元器件的好坏；如何识读电路图；检测电路故障的具体方法；如何进行焊接与拆焊等。

3. 注重教材内容的选取。以学生够用为基础，对知识不做过多的理论阐述，而是以实际应用作为主体内容。

4. 在教材中给出了一些资料性内容，为学生提供必要的、最基础的资料。如标准的电路图形符号、文字符号；基本单元电路，以及元器件的型号与封装形式等。

由于本教材是一门以培养学生操作技能及实践训练为主的课程，因此建议在教学中应合理安排技能训练的课时数，让学生多动手、多做练习，在实践中理解所学的各种检测方法及工艺理论。

本书由孟贵华担任主编，参加编写的还有石秀清、刘颖、杨洁、孟钰宇、陈淑媛。为了方便教师教学，本书还配有电子教学参考资料包（包括教学指南、电子教案、习题答案），请有此需要的教师登录华信教育资源网（http://www.hxedu.com.cn）下载。

由于编者水平有限，本书不足之处在所难免，敬请广大读者批评指正。

编　者

目　录

第1章 常用电子测量仪器仪表

【本章内容提要】

测量仪表是了解电路及元器件工作状态好坏的重要手段，能熟练地使用仪器仪表对电子产品进行检测是提高工作效率的有效方法，也是反映个人技术水平高低的重要标志。本章主要讲述万用表、信号发生器、示波器、晶体管特性图示仪、扫频仪等常用测量仪表的主要功能、特点及使用方法。

1.1 指针式万用表的概述（模拟式万用表）

指针式万用表是测量仪表中应用最为广泛的仪表之一，它是测量电阻、电压、电流等参数的仪表。其具有携带方便、使用灵活、检测项目多、检测精度高及造价低廉等优点，是生产和维修人员的常用工具，应用极为普遍，而且也是类型和型号很多的一种仪表。

1.1.1 指针式万用表的测量内容

指针式万用表是电器维修与组装中使用最多的一种仪表，它主要是用来测量电阻、电流、电压等内容。由于万用表的等级不同，因此测量的内容也有所差异。等级越高的万用表，它所具有的功能也就越多，测量的内容也就越多。多数万用表所具备的测量的内容如下：

① 直流电压、直流电流（在面板上的标识为 V−、A（或 mA））。

② 交流电压、交流电流（在面板上的标识为 V~、A）。

③ 电阻（在面板上的标志为Ω）。

④ 电感（在面板上的标志为 L）。

⑤ 电平（在面板上的标志为 dB）。

⑥ 电容（在面板上的标志为 C）。

⑦ 三极管直流放大系数（在面板上的标志为 h_{FE}）。

指针式万用表除具备上述测量内容外，还有的能测量音频功率、直流高压、交流高压、二极管的伏安特性，以及三极管的极间穿透电流等。有的万用表还增设了蜂鸣器挡（检测线路通断），这给使用者带来了很大的方便。

1.1.2 指针式万用表的主要性能指标

1. 准确度

准确度是表示测量结果的准确程度，即万用表的指示值与标准值之间的基本误差值。准确度越高，测量误差越小。它由厂家直接标明于表盘上。

根据国标规定万用表的准确度有七个等级，它们是 0.1、0.2、0.5、1.0、1.5、2.5、5.0。通常万用表主要有 1.0、1.5、2.5、5.0 四个等级。其数值越小，等级越高。其中 2.5 级的万用表最为普遍。例如，2.5 级的准确度即表示基本误差为±2.5%，其他依次类推。万用表的准确度等级与基本误差见表 1-1。

表 1-1 万用表的准确度等级与基本误差

准确度等级	0.1	0.2	0.5	1.0	1.5	2.5	5.0
基本误差	±0.1	±0.2	±0.5	±1.0	±1.5	±2.5	±5.0

2. 电压灵敏度（简称灵敏度）

电压灵敏度是指测量电压时该挡等效内阻与满量程电压之比。例如，内阻为 2.5MΩ 250V 的电压挡，其电压的灵敏度为 $2.5\times10^6/250$，即 10000Ω/V。

电压表的灵敏度分为交流电压灵敏度和直流电压灵敏度，其单位是Ω/V 或 kΩ/V，此数值一般标注在万用表的表盘上。万用表的电压灵敏度越高，表明万用表的内阻越高，对被测电路的影响就越小，其测量结果就越准确。因此电压灵敏度高的万用表适于测量有一定要求的电子电路，而电压灵敏度低的万用表适于测量要求不高的电路。如在检修电视机时，就要求万用表的灵敏度要等于或大于 20kΩ/V，而在检修收音机时，采用灵敏度为 10kΩ/V 的万用表就可以了。

3. 频率特性

万用表的频率特性就是指万用表在测量交流电时，有一定的频率范围，如超出其规定的频率范围，就不能保证其测量准确度。一般便携式万用表的工作频率范围为 45～2000Hz，袖珍式万用表的工作频率约为 45～1000Hz。

1.1.3 指针式万用表的类型

指针式万用表的种类和型号很多，其分类方法也不统一。

1. 按万用表的外形分类

（1）袖珍式万用表

袖珍式万用表是一种体积很小，质量很小的小型表。它的优势是携带极为方便，应用灵活。例如 MF30、MF40 等型

（2）便携式万用表

现在使用和市场出售的多数为便携式万用表，此类万用表的表盘较大，刻度线清晰，读数方便且准确。但体积和质量都较大（有的重达 2kg，如 MF35、MF10 等）。

（3）薄型万用表

薄型万用表是近年来的一种款式，由于它能装入衣服的口袋内，故受很多使用者的青睐。如 MF133（外形尺寸为 100mm×64mm×35mm）、MF129 等。

另外，还有折叠式、卡装式等，由于这些表生产数量不是很大，故不常见。

2. 按万用表的功能分类

（1）多功能万用表

多功能万用表是指该类型表比普同表的测试功能有所增加。它所增加的内容有：能测电感、电容及晶体管的参数，还有的能测试发光二极管的发光好坏，电池带额定负载后的电压等。

（2）简易型万用表

简易型万用表是指该类型表比普同表的测试功能有所减少，且性能指标有所下降，只供测

试电压、电流、电阻。它的造价也比较低廉。

1.1.4　指针式万用表的面板及表盘字符含义

在万用表的面板和表盘上都印有很多符号和刻度线，这些符号和刻度线都是为测量不同电量时使用的，正确理解和掌握这些符号的含义，对于正确使用万用表是很重要的。

1. 面板及表盘的字符含义

万用表表盘和面板上常见的图形符号和字母所表示的含义，见表 1-2。

表 1-2　万用表表盘和面板上常见的图形符号和字母

标志符号	意　义	标志符号	意　义
⚹	公用端	1.5 ∨	以标度尺长度百分数表示的准确度等级
COM	公用端	1.5	以指示值百分数表示的准确度等级
⏚	接地端	|1.5|	以量程百分数表示的准确度等级
A	电流端	— 或 ⎓	被测量为直流
mA	被测电流适合 mA 挡的接入端	～	被测量为交流
20 A	专用端（如 20 A）	≂	被测量为直流与交流
[− +]	低压指示符，说明电池电压低于 7.5V，应换新电池	[Ⅲ]	Ⅲ级防外电场
LO BAT		[Ⅲ]	Ⅲ级防外磁场
•)))	具有声响的通断测试	A—V—Ω	测量对象包括电流、电压、电阻
♫		↶•↷	零点调节器
⊳|	二极管检测	20 kΩ/ V̲	表示直流电压灵敏度为 20kΩ/V，有的也以 20000Ω/V D.C 表示
∩	磁电系测量机构	4 kΩ/ Ṽ	表示交流电压灵敏度为 4kΩ/V
∩ ⊳|	测量线路中带有整流器	45…55…1000 Hz	使用频率范围 45～1000Hz 标准频率范围 45～55Hz
⊓	刻度盘水平放置使用	dB—1mW600 Ω	在 600Ω负载电阻上功耗 1mW，定义为零分贝（dB）
⊥	刻度盘垂直放置使用	⚠	注意
☆6	绝缘试验电压为 6kV	+	正端
⚡	高电压，注意安全	—	负端

2. 表盘刻度线

万用表的刻度线根据型号的不同也有所不同，但最基本的刻度线是所有万用表都有的。它们是：欧姆刻度线、电流刻度线、电压刻度线、电平刻度线。其中欧姆刻度线是非均匀刻度线，电流、电压刻度线是均匀刻度线。常见万用表表盘刻度线，如图 1-1 所示。

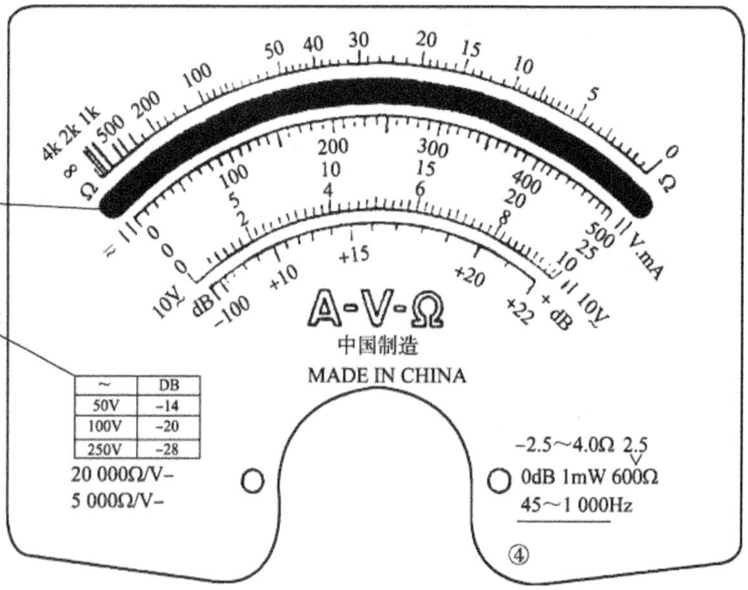

图 1-1　万用表表盘刻度线

刻度线中多数没有标明单位，主要目的是用一条刻度线供不同的量程使用。为区别不同的刻度线，在每条刻度线的左端或右端都标有符号或字母。其中欧姆刻度线用“Ω”表示；直流电用“-”或 DC；交流电用“～”或 AC，两个电量用一条刻度线时还可用“≂”表示。

3. 面板上的插孔和旋钮

在面板上的插孔和旋钮对于不同型号的万用表其数量和位置是不同的，但其常用的旋钮和插孔是一致的。下面以 U-101 型万用表的插孔和旋钮为例加以说明。U-101 型万用表的面板，如图 1-2 所示。

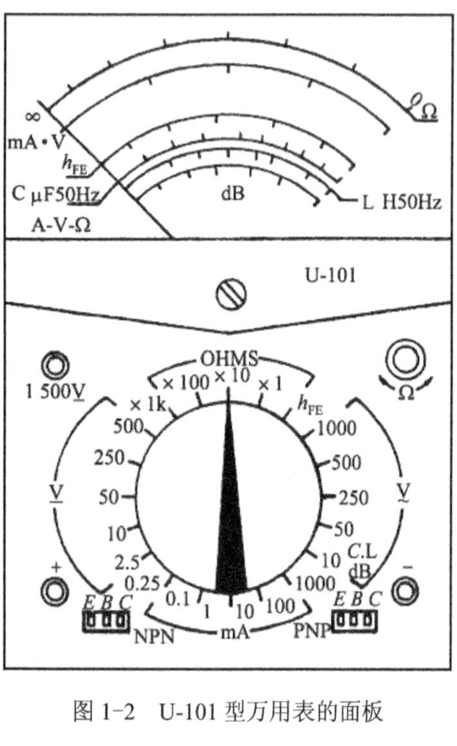

图 1-2　U-101 型万用表的面板

（1）电阻调零旋钮

电阻调零旋钮的用途是使用电阻挡(欧姆挡)各量程时，用以“调零”的。调零的方法是将红、黑表笔短接，然后调整电阻调零旋钮，使表的指针指向“0Ω”处即可。要说明的是，在进行电阻调零时必须保证表内所装的电池有一定的电量，否则将无法进行。电阻调零旋钮的表示方法有用“Ω”表示的；有用“↶Ω↷”表示的；也有用“↶Ω↷”表示的；还有用“↶•↷”表示的。

（2）机械调零旋钮

机械调零旋钮的用途是使指针指在左侧刻度起始线上。调整的方法是当万用表的指针没有指向左侧刻度线的起始位置时，用一字螺丝刀缓慢调节该旋钮，使表针指向左侧刻度线的起始位置即可。此调零旋钮在没有装电池的情况下，也可以进行机械调零。当机械调零后，若万用表没有受强烈的振动，一般无需每次使用时再进行调零。

（3）“+”、“-”插孔

①“+”为红表笔的插孔，当测量电阻、电流、电压时，红表笔都需要插入该孔，但测 500V 以上的直流电压时，应将红表笔插入 1500V 高压插孔；

②“-”为黑表笔永久性插孔，就是说在测量任何电量时，黑表笔都应插入此插孔。

“+”、“-”插孔在不同型号的万用表中其标示方法有所不同。其中“+”插孔标示没有变化，“-”插孔的标示方法还有“COM”、“*”、“CO-MON”或“⊥”

（4）高压插孔

该插孔是专用于测量直流 500V 以上的插孔，当测量 500～1500V 直流电压时，要将红表笔插入此孔。

（5）NPN、PNP 插孔

该插孔是用以测量晶体管的直流放大系数 h_{FE} 的。在使用时可据晶体管管型分别插入 NPN 或 PNP 插孔进行测量。

4. 转换开关

转换开关的用途是选择测量项目和量程的。根据万用表的型号不同，所采用的转换开关也有所不同。

有的万用表设有“功能开关”和“量程开关”，其中“功能开关”是用来选择不同的测量项目（如电压、电阻、电流等），而“量程开关”是用来选择所需量程的。这样的万用表有 MF79 型、MF82 型、MF500 型、MF18 型等。它们的面板图如图 1-3 所示。

有的万用表是采用一只转换开关来完成项目与量程的选择，此种方式是目前多数万用表所采用的。这种转换开关在使用时比较方便，只要旋转一个开关，便可完成项目和量程的选择。这样的万用表有 MF101 型、MF201 型、MF30 型、MF47 型、MF115 型、MF368 型等。它们的面板图如图 1-4 所示。

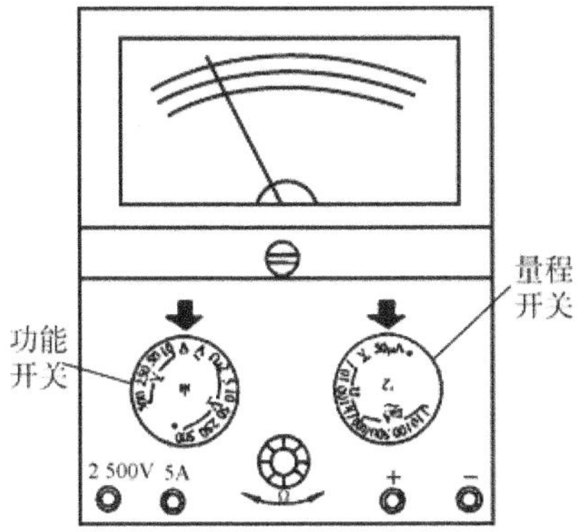

图 1-3 设有功能开关和量程开关的万用表面板

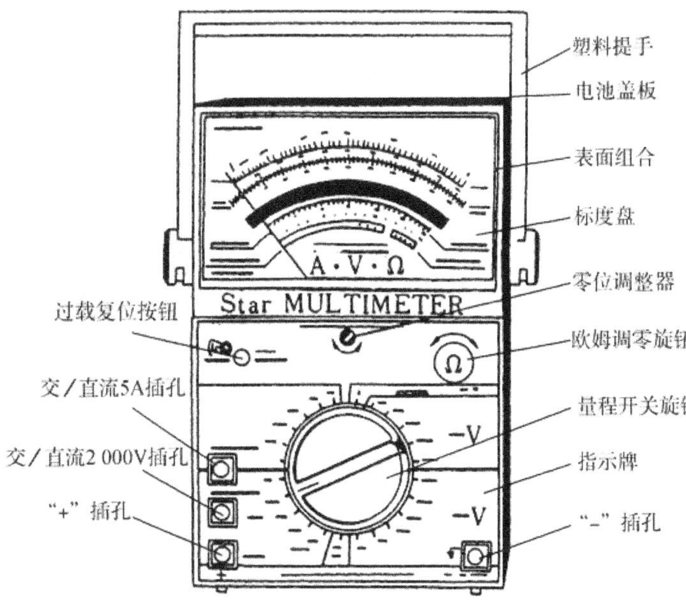

图 1-4 只有一只转换开关的万用表面板

1.1.5 指针式万用表的使用注意事项

因为万用表所测量的内容较多，而且要进行频繁的操作，一旦发生误操作时，便可能造成万用表的损坏，甚至出现危及人身安全的问题。因此，在使用指针式万用表时应注意以下几个问题。

1）在使用万用表时，应认真检查表笔所插的插孔是否为所需的插孔，而且表笔的正、负不能互换插入插孔，以免造成正、负极接反，把表针打弯，甚至损坏线路。

2）在每次进行测量时，要认真核对测量项目和量程范围是否符合所需的被测电量，以避免错用电阻挡去测量电压或电流，甚至用低量程挡去测大于该挡测量范围的电压或电流。这必将造成仪表的损坏。

3）在用万用表测量大电流或高电压时，禁止进行量程的切换，因为会产生电弧，而电弧将会把转换开关烧毁，或因转换错误而烧坏邻近挡位的电路。如果需要更换量程时，一定要待表笔脱开电路后，方可进行。

4）在测量高电压时，当表笔插入专用插孔时，一定要把插头插牢，以防止接触不良而造成高压打火现象。甚至因插接不牢而造成插头脱落，发生触电事故。

5）在测量高电压时，要养成单手操作的习惯。其方法是：先把一支表笔固定在被测电路的公共地端，再用一只手握住另一支表笔去触碰测试点，要保持精力集中，避免发生触电事故的发生。

6）如果被测电路是带电的，不能用欧姆挡去测其电阻，同样也不允许用欧姆挡去测量电池的内阻。

7）在使用欧姆挡时，要做到每更换一次量程，就必须重新调整一次欧姆零点，只有这样才能保证测量的准确。

8）当不知道被测电量（电流、电压）的大小范围时，应先选用最大量程进行测量。当测试时，如指针偏转过小，可逐次更换较小的量程；如指针偏转过大且发生打表时，应立即断开表笔。

9）在应用欧姆挡测量电阻时，应尽量使表针落到刻度线的中间部位，这样可以减少测量误差。因为该挡的刻度线是非线性的，越靠近高阻端，其刻度线越密。越靠近低阻端，其刻度线越疏。只有中间部分的刻度线较均匀。

10）如被测量的电路或元器件阻值较高时，两手不能同时触碰所测电路或元器件的引脚。以免人体电阻与其并联，影响测量的准确度

11）在使用万用表时，应将万用表水平放置，这样可以减少测量误差。

12）万用表的表盘上有多条刻度线，是供测量不同电量时读取的，因而要根据所测电量去读取相应刻度线上的数值。在读取数值时，眼睛应位于指针的正上方，如果是斜视，所读数据就会有误差。有的万用表设置有反射镜，其目的就是要减少读数误差，以提高读数的准确度，因此在读取数据时，应使指针和镜中的指针重合，这样就可减少读数误差。否则就失去了设置反射镜的意义。

13）在万用表使用完毕后，为防止下次使用时不慎而烧表，应将转换开关拨至最高电压挡或空挡。

14）当万用表长期搁置不用时，需将表内电池取出，以免电池电解液渗出，腐蚀表内的印制板或元器件。

1.2 指针式万用表的使用

指针式万用表的种类和型号很多，其内部结构、表盘、旋钮的多少及插孔的位置等也各有不同，为能更好地使用和发挥万用表应有的作用，因此在使用前就必须熟悉每个插孔、旋钮、

转换开关、表盘的刻度线及各挡的测量范围等内容。这样既可保证在使用万用表的过程中少出错误，又能获得准确的测量数据，也不至于损坏万用表。以下将主要介绍万用表中电压挡、电流挡、电阻挡的使用方法。为能表述的更清楚，现以 MF47 型万用表为例给予说明。MF47 型万用表的技术性能指标，见表 1-3。MF47 型万用表的面板与表盘如图 1-5 所示。

表 1-3　MF47 型万用表的技术性能指标

量程范围		灵敏度及电压值	准确度等级	基本误差（%）	基本误差表示法
直流电压	0～0.25V～1V～10V～50V～250V～500V～1000V	20000Ω/V	2.5	±2.5	以量程的百分数计算
	2500V	20000Ω/V	5	±5	
交流电压	0～10V～50V～250V～500V～1000V 2500V	40000Ω/V 40000Ω/V	5 5	±5 ±5	以量程的百分数计算
电阻	0～2kΩ～20kΩ～200kΩ～2MΩ～40MΩ	中心阻值刻度为 22	2.5	±2.5	以标度尺弧长的百分数计算
直流电流	0～50μA～0.5mA～5mA～50mA～500mA～5A	0.3V	2.5	±2.5	
h_{FE}	0～300				
电感	20～1000H（50Hz）				
电容	0.001～0.3μF				
音频电平	-10～+22dB	0dB 1mV 600Ω			

1.2.1　电压挡的使用

1. 测量直流电压

（1）选择合适的量程

选择的方法可按下列情况进行。

① 如果知道被测直流电压的大小范围和极性时，将量程开关置于合适的挡位。例如所测电压为 20V 时，对于 MF47 型表就可选直流电压挡（DCV 或 V̲ ）50V 挡。

② 如果只知道被测电压的极性（+、-极），而电压的大小范围却不知道，此时可把量程开关置于直流电压挡的最高挡位。对于 MF47 型表就可置于直流电压 1000V 挡。然后将黑表笔先接在被测电压的负极（-极），再用红表笔去快速触碰被测电压的正极（+极），（当触碰时速度一定要快，看到表针有移动就马上将表笔离开测试点，以防打表。）此时如果表针向右摆动的幅度较小，则可逐步降低量程，直到选择一个较合适的量程为止（被测电压值为该量程挡的 2/3）。如果表针摆动很大，则要考虑再升高量程。对于 MF47 型表可将红表笔改插到直流电压

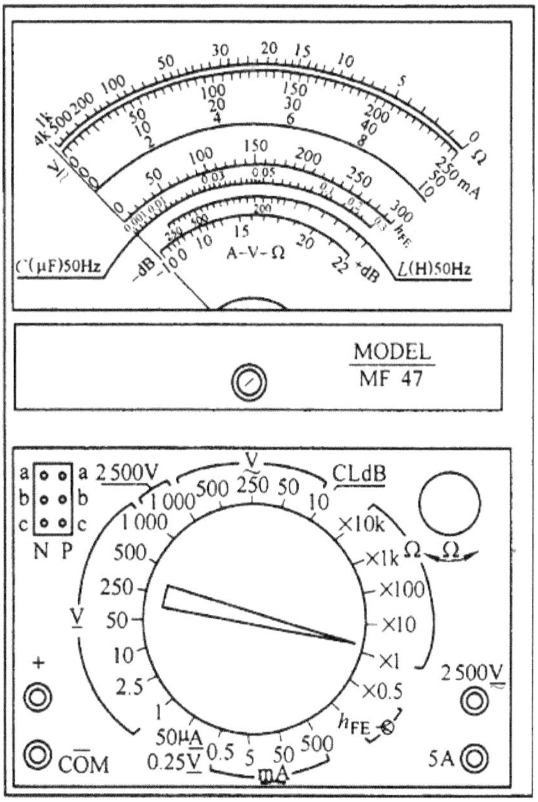

图 1-5　MF47 型万用表的面板与表盘

2500V挡。

③ 如果被测电压的大小范围不知道，极性也不知道。此时可把量程开关置于直流电压挡的最高挡位，并把黑表笔任接被测电压的一端，再用红表笔去快速触碰被测电压的另一端。此时要注意观察万用表指针的摆动方向，如果指针向左反转，表明两表笔极性接反了，应予以更换。如果表针向右摆动，则表明表笔的接法正确，即红表笔所接是被测直流电压的正极，（+极），黑表笔所接是被测直流电压的负极（-极）。量程的选择方法可照上文②的所述进行选择，不在另叙。

（2）测量直流电压

将万用表并联到被测电路的两端，即把红表笔接到被测直流电压的正极（+极或高电位），黑表笔接被测直流电压的负极（-极或低电位）。如果在不知道被测电路的正、负极（电位的高低）时，可采用上文③所述方法，即“点触试测法”加以判断。

（3）正确选择合适的刻度线及读取实测数值

万用表上的刻度线有好几条，在测量直流电压时应选用刻度线左端标有“≂”的一条，能读取直流电压的刻度线一般有三组刻度数，对于MF47型万用表的三组刻度数的满刻度数分别为10、50、250。在进行测量时，可据所测电压的大小选用其中的一组。例如所测直流电压为6V，就应选择满度数为10的来读取，如选用满度数为50的读取就会产生较大的误差。

这里要说明的是，从刻度线上读取的数与实测数是两个概念，两者有时相同，有时不相同。如选量程为10V的直流电压挡，使用满刻度数为10的一组读数，此时读取的刻度数为3，则读取的数与实测数是相同的，即被测电压为3V。又如选量程为500V挡时，使用满刻度数为50的一组读数，读取的刻度数为24，（指针所指的数值），此时的实测数值与读取的数值是不相同的。实测值为：

$$U=24\times\frac{500}{50}=240\text{V}$$

即实测的数值为：读取的刻度数×每个刻度数所代表的值。写成数学表达式为：

$$\text{实测数值}=\text{读取的刻度数}\times\frac{\text{所选量程}}{\text{满刻度数}}$$

（4）测量高电压

应将红表笔插入标有高电压数值的插孔内，量程开关应置于相应的位置。如用MF47型表测量1200V直流电压时，应将红表笔插入2500V插孔，量程开关置于直流1000V位置。

（5）测量电视机回扫变压器输出的25kV左右的高压

应采用与万用表相配的高压探头进行测量。如MF47型万用表就配有高压探头，在测量时，将高压探头的红、黑插头分别插入“+”、“-”插孔中，并把接地夹与电视机的公用地线连接，而后就可用探头去测量高压了，但测量时一定要注意安全。

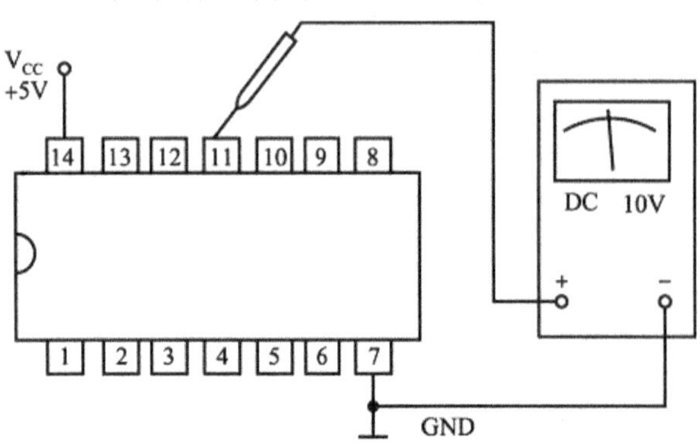

图1-6 检测集成电路各引脚的直流电压

（6）直流电压的检测实例

现欲测一集成电路的各引脚电压的大小，如图1-6所示。将量程选置10V直流电压挡（据图中所提供给集成电路的电压为5V），将红、黑表笔分别插入“+”、“-”插孔，黑表笔的另一端接至集成电路的地

（GND）引脚，而红表笔的另一端去触碰集成电路的其他各引脚，此时表针所指就为引脚的电压。使用满刻度数为 10 的一组读数，此时图中所测第 11 脚电压为 4.6V。

2. 测量交流电压

1）测量交流电压的方法与测量直流电压的方法基本相同，即量程的选择、读数的方法和万用表并联于被测电路两端的方法都相同。但在测量交流电压时，量程开关要置于交流挡位，其万用表的红、黑表笔可随意并接于被测电路的两端，不必分“+、−”极。

2）因一般万用表的频率测量范围是 45～2000Hz，所以在用万用表测量交流电压时，要考虑被测交流电压的频率不得超过万用表所允许的频率范围。若超出上述范围时，将使测量结果产生很大的误差，其测量的电压数值就没有什么参考价值了。

3）交流电压的测量实例。图 1-7 是欲测电源变压器次级交流电压。其次级交流电压的标称阻值为 7V。用 MF47 型表进行测量，首先将红、黑表笔插入“+”、“−”插孔，然后将量程选择开关置于 10V 交流挡位置，最后把红、黑表笔并联到被测变压器的次级输出端，使用满刻度数为 10 的一组读数，测得的交流电压为 7V。

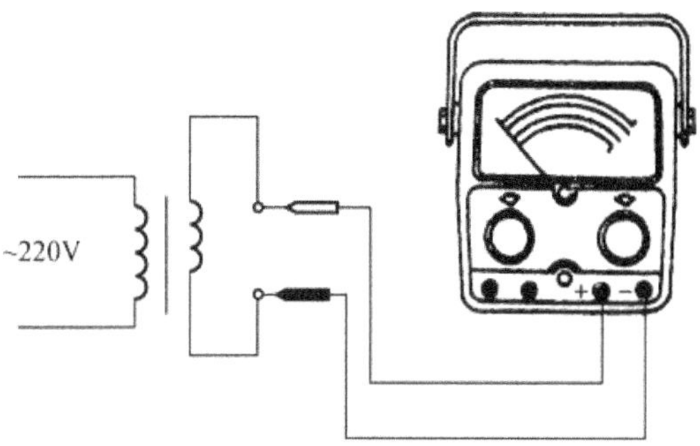

图 1-7　交流电压的测量

1.2.2　电流挡的使用

1. 直流电流的测量

1）在测量电流时，应将万用表串联到被测电路中。在串联时应使被测电流从红表笔流入，从黑表笔流出。也就是说红表笔接被测电路的正极，黑表笔接被测电路的负极。如果将表笔接反了，表针就会反转出现打表，将使表针弯曲。因此，在测量电流时一定要注意被测电流的方向。

2）在测量直流电流时，要据被测电流的大小选择合适的量程。在选择量程的同时也要考虑不同量程挡的内阻大小，这是因为在测量电流时万用表要串入到电路中，其内阻越大则测量结果误差就越大，为减少对被测电流的影响，应尽量选择电流挡量程大的挡位（量程越大其等效内阻就越小）。但也要兼顾指针摆动的幅度不能太小，否则就会造成较大的读数误差。

3）如不知被测电流的大小，应先选用最大的电流量程挡进行试测，待测到大概范围之后，再选择合适的量程。

如不知道被测电流的方向，也可采用试测的方法来判别，即首先将一支表笔接至被测电路的一端（红、黑笔均可），再用另一支表笔去快速触碰被测电路的另一端，此时如表针不反打，说明红、黑表笔接法正确。如出现表针反打，再把红、黑表笔对调接至被测端即可。在试测电流方向时，应选用最大的量程挡，同时触碰的时间要极短，否则就可能损坏万用表。

4）如测量的电流较大，且超出电流挡的量程范围时，可将红表笔插入标有较大电流的插孔（不同型号的表，其大小不同，如 2.5A、5A 等），并将量程开关置于相应挡位上。如 MF47 型万用表设有 5A 插孔，在使用时将量程开关置于 500mA 直流电流量程挡，红表笔插入 5A 专用插孔，黑表笔插入“-”极插孔即可。

5）在读取直流电流值时，要选标有直流电流符号“A̲”的刻度线去读测量值。选用满刻度数的方法及读取实测数值的方法同直流电压，不再重述。

6）直流电流的测量实例。使用MF47或MF500型万用表，测量晶体管收音机的整机静态电流的方法是：将万用表置于50mA直流量程挡（因为晶体管收音机的整体静态电流一般在50mA以下）。将万用表串入外接电池的电路中或串入电位器的开关中，图1-8是外接电源的测量方法。此时万用表的指针所指便是该收音机的整体静态电流。在读取数值时可选用满刻度数为50的一组读数，指针所指为6个格，而每个格为1mA，所以该机的整机静态电流为6 mA。

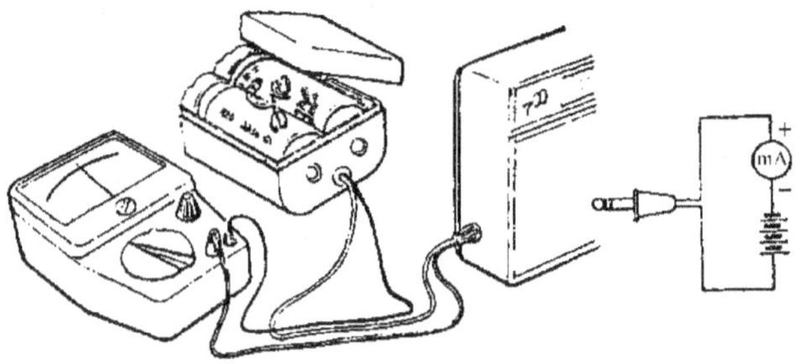

图1-8 晶体管收音机整机静态电流的测量

2. 交流电流的测量

交流电流的测量方法与直流电流的测量方法基本相同，只是不考虑万用表表笔的极性，仍是将万用表串入被测电路，读取数值的方法也完全一样。要说明的是有的万用表没有设置交流电流挡。交流电流的测量方法，如图1-9所示。

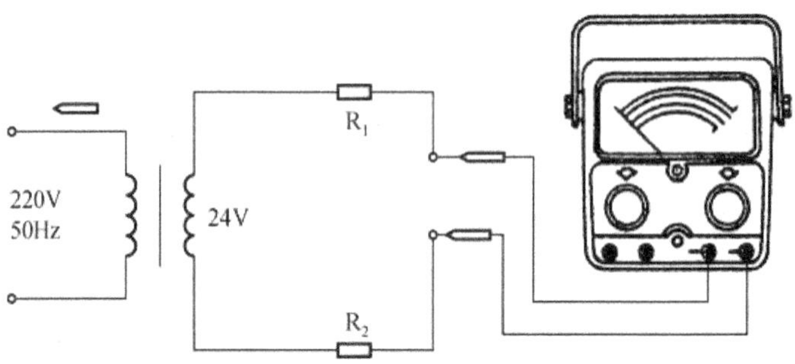

图1-9 交流电流的测量方法

1.2.3 电阻挡的使用

电阻挡是万用表使用中用的较多的一个挡，因为用电阻挡测量的内容较多，如用电阻挡判断元器件的好坏，测量电路的通与断等。因此掌握好电阻挡的使用方法，是提高测量技能的重要方面。

1. 电阻挡的刻度线

电阻挡的刻度线与表中其他挡位的刻度线是不同的。其他挡位的刻度线是线性的，而电阻挡的刻度线是非线性的，也就是说其他挡位的刻度线是均匀的，而电阻挡的刻度线是不均匀的。电阻挡的刻度线是右端较疏，越靠近刻度线的左端刻度越密。

电阻挡的刻度线与表中其他挡位的刻度线的另一个不同点是，与其他刻度线反向，即指针的偏转幅度越大，其被测的阻值越小，指针的偏转幅度越小，其被测的阻值越大。电阻挡的刻度线，如图 1-10 所示。

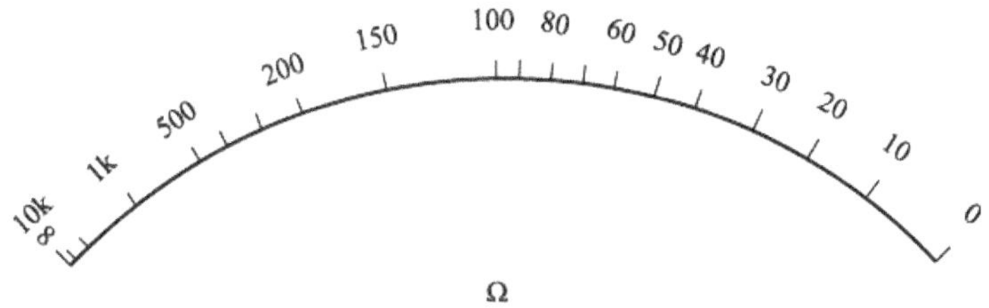

图 1-10　电阻挡的刻度线

2. 电阻挡的量程

电阻挡一般都设有五个量程，分别是 R×1、R×10、R×100、R×1k、R×10k。在使用时根据被测电阻的大小来进行选择。例如在不知被测阻值大小时，可选最高电阻挡进行试测，并逐步减小量程，使表针尽量指在刻度线的中间部位。

3. 电阻挡的读数

在用电阻挡测量电阻时，读取测量数值的方法是：用指针在Ω刻度线上的读数乘以所采用量程挡位的倍率，就是被测电阻的电阻值。例如万用表指针指在Ω刻度线上的读数为 30，所选用的量程是 R×10k，则被测电阻的阻值为 300kΩ。

4. 电阻挡的调零

在使用电阻挡时应注意调零，其方法是：将红、黑表笔短路，然后调整“电阻调零旋钮”使指针指到零欧姆的位置即可。

5. 使用电阻挡时注意事项

1）在用电阻挡测量电阻时，每更换一次量程就必须进行一次电阻挡的调零，否则将产生一定的误差。

2）选择合适的倍率是减少读数误差的重要环节，应尽量避免表针指示在刻度密集的部位。

3）用电阻挡测量元器件时应注意被测元器件不能带电。若带电检测轻则使测量结果不准确，重则很可能损坏万用表，尤其是测量容量较大的电容器时应特别注意。为避免此类事故的发生，在测量大容量电容时，应先用电压挡测量电容器是否带电，待确定无充电电压后，再用电阻挡测量其好坏。

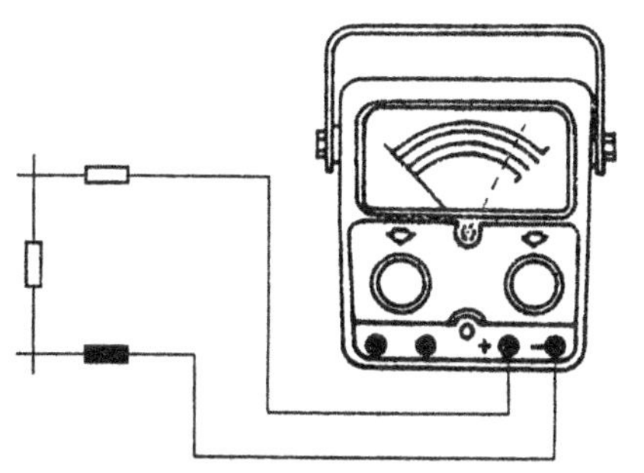

图 1-11　复合电阻器阻值

4）当用电阻挡“调零旋钮”调整零位时，如指针始终不能达到零位，则表明万用表内的电池电压太低或已没电了。此时，应及时更换新电池，否则将使测量结果产生很大的误差。

5）用万用表电阻挡测量同一个非线性元件时，选择量程的不同，测量的电阻值也会不同，

这属正常现象。是因为电阻挡各量程的中值电阻和满度电流各有不同所造成的

6）当电阻挡使用完毕后，应将转换开关拨至其他挡位，以预防红、黑两表笔相碰短路而使表内电池做不必要的消耗。

6. 电阻挡测量电阻实例

采用MF500型万用表，测量一个51Ω电阻器，欲复核其阻值，如图1-11所示。首先将量程开关置于“Ω”挡R×10量程挡，然后进行电阻挡调零，使指针指向零位，再将万用表的红、黑两表笔分别接到被测电阻器的两引脚上（不考虑表笔极性）。此时，表针所指刻度为5，其被测电阻的阻值为5×10（倍率），即50Ω。

1.3 数字式万用表

1.3.1 数字式万用表的概述

1. 数字式万用表的基本知识

数字式万用表与指针式万用表相比，其准确度、分辨力和测量速度等方面都有着极大的优越性。它是把连续的模拟量转换成不连续、离散的数字形式并以数字形式显示的仪表，是将电子技术、数字技术和微处理技术结合于一体的测量仪表。数字式万用表已广泛应用于电子与电工的测量。

2. 数字式万用表的种类

数字式万用表按工作原理（即按A/D转换电路的类型）可分为比较型、积分型、V/T型和复合型。其中比较型万用表的准确度高，分辨力强，电路复杂；积分型万用表的准确度也较高，分辨力比比较型高，电路比较简单；复合型万用表的准确度比比较型，积分型都高，分辨力比比较型高，但电路复杂，成本较高；V/T型万用表的准确度较低，分辨力也较低。在以上四种类型中用的较多的是积分型。数字式万用表按使用方式可分为台式、便携式和袖珍式，其中袖珍式应用较为普遍。

常用袖珍式数字式万用表有3½位、4½位、3¾位、自动量程选择和手动量程选择之分。

① 3½位的数字式万用表的应用最为普遍，常用的型号有DT810型、DT830型、DT840D型、DT890型和DT940C型等。

② ½位的数字式万用表的型号有DT930F型、DT980型、DT980改进型和DT1000型。

③ ¾位的数字式万用表的型号有DT910型、DT970型、DT970改进型等。

④ 自动量程数字式万用表的型号有DT860（3½位）型 、DT860B（3½位）型、DT970（3¾位）型等。

要说明的是，上述所列数字式万用表的同系列产品中，其电路设计、芯片配置、性能指标和量程设置等方面是互有差异的，但排在后面的型号一般为新产品，其性能要优于前者。

1.3.2 数字式万用表的特点

（1）读数清晰，使用方便

由于数字式万用表的测量数据可直接显示在显示屏上，故可直接读取测量结果和单位，而

且读数无视差。

（2）准确度高、分辨力高

数字式万用表的准确度相当高，是指针式万用表所不可比拟的。目前大量使用的 $3\frac{1}{2}$ 位、$4\frac{1}{2}$ 位数字式万用表的准确度为±0.5%至 0.03%，对于 $5\frac{1}{2}$ 位和 $8\frac{1}{2}$ 位的数字式万用表，其准确度分别为±0.0 02%及±0.00006%，而指针式万用的表的准确度仅为 2.5%，准确度较高的也只有 1.0%。

分辨力是表示数字式万用表灵敏度的，对于 $3\frac{1}{2}$ 位、$3\frac{3}{4}$ 位数字式万用表其分辨力为 100μV，对于 $4\frac{3}{4}$ 位的数字式万用表其分辨力为 10μV；对于 $5\frac{1}{2}$ 位、$6\frac{1}{2}$ 位、$7\frac{1}{2}$ 位、$8\frac{1}{2}$ 位的数字式万用表其分辨力分别为 1μV、100nV、10nV、1nV。

（3）测量速率快

数字式万用表的测量速率是指每秒内能够显示的次数，其次数的多少主要由 A/D 转换器的变换速率决定。由于数字式万用表的结构不同，其测量速率也不同。对于 $3\frac{1}{2}$ 位、$4\frac{1}{2}$ 位数字万用的测量速率为 2～4 次/s，对于 $4\frac{3}{4}$ 位至 $7\frac{1}{2}$ 位的数字式万用表测量速率可达到几十次/ 秒或更高；$8\frac{1}{2}$ 位的测量速率可达 10 万次/s。

（4）自动化和智能化程度很高

由于数字式万用表具有各种逻辑功能、存储功能及电压基准等功能，因此它能自动实现量程的转换和极性的转换(当被测电压或电流的极性与表笔极性不一致时，仪表能自动显示负号)，这样可以减少置换量程或调换表笔的麻烦。

数字式万用表具有自动调零功能，避免了调零的麻烦，这样也保证了测量值为零时读数也为零。

另外，当电池电压过低时能显示特定的符号给予提示。当测量某一个量时，还可以自动显示被测量的单位。

（5）具有完善的保护电路

数字式万用表具有很强的过载能力，比指针式万用表的过载能力强很多，这是由于数字式万用表本身的输入阻抗高及完善的保护电路决定的。

（6）输入阻抗高

数字式万用表的输入阻抗很高，通常为 10～10000MΩ，最高可达 1TΩ，对被测电路及电路的工作状态没有什么影响。由于输入阻抗高，从而提高了数字式万用表的测量准确度。

（7）测量参数多

数字式万用表的测量内容多于指针式万用表，它除能测量电阻、电压、电流外，还能测量三极管的共发射极电流放大倍数、二极管的正向压降、电容器的容量、频率的大小、温度的高低及电路的通断和电导等内容。

（8）存在的不足

数字式万用表比指针式万用表的电路复杂，且采用了大规模集成电路，因而给维修带来了一定的难度。另外，它不能够直观地反映被测量的连续变化过程和变化的趋势。

1.3.3　数字式万用表的基本结构

数字式万用表主要由直流数字电压表（DVM）和功能转换器构成，其中数字电压表是数字式万用表的核心。数字电压表的结构如图 1-12 所示。数字电压表是由数字部分及模拟部分构成，主要包栝 A/D（模/数）转换器、显示器（LCD）、逻辑控制电路等

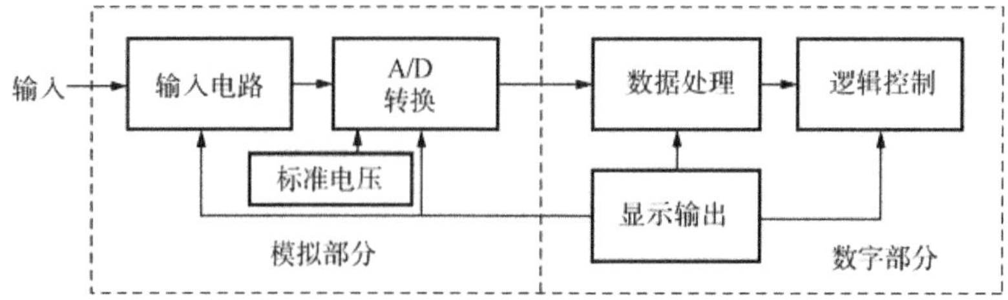

图 1-12 数字电压表的结构框图

A/D 转换器是数字电压表的核心，它的作用是将连续变化的模拟量转变为数字量，而且决定了数字电压表技术性能的基本特征，选用不同电路的 A/D 转换器，便构成了不同原理的数字电压表。

数字式万用表的结构框图如图 1-13 所示。从图中可知被测量经功能转换器（R/V、V/V、I/V）后都变成直流电压量，再由 A/D 转换器转换成数字量，最后以数字形式显示出来。指针式万用表则是把被测量通过各种转换电路（R/I、I/I、V/I）转换成电流量，通过一个磁电-电流表给予指示。

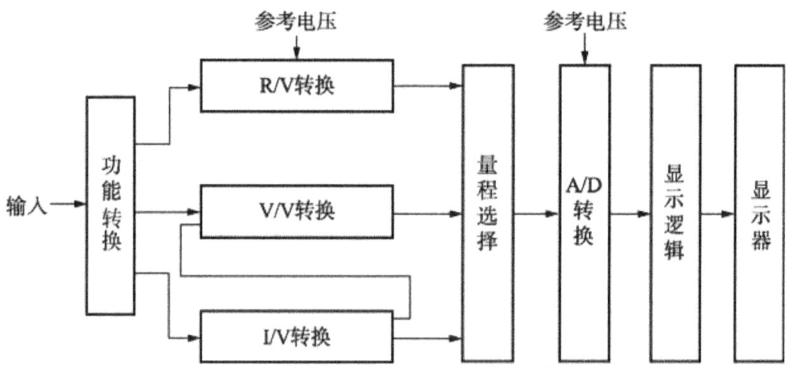

图 1-13 数字式万用表的结构框图

数字式万用表的 A/D 转换器的型号多种多样，但都为大规模集成电路，典型的型号有 7106、7116、7136、7135、7129 等，其中前三个为 $3\frac{1}{2}$ 位，后两个为 $4\frac{1}{2}$ 位。目前，数字式万用表多数采用双积分式 A/D 转换器来完成数/模的转换，该集成电路还具有能直接驱动液晶显示器的显示逻辑电路。为此，该集成电路的性能好坏决定了数字式万用表的特性。

数字式万用表测量功能的转换是通过拨档开关或琴键开关来完成的，其量程的切换可通过手动方式，也可通过切换电路的方式进行。

1.3.4 数字式万用表常用的符号及其意义

数字式万用表的种类较多，其面板的标志符号、文字符号各有不同，了解掌握这些符号的含义，对正确使用数字式万用表具有很重要的意义。表 1-4 列出了常见的符号及其意义供使用时参考。

表 1-4 数字式万用表常用的标志符号、文字符号及其意义

标志符号、文字符号	意　义
RANGE	量程键
R H	量程保持
FUNCTION	功能键

（续）

标志符号、文字符号	意　义
MEM	存储键
RST	复位键
MEM　RCL	读存储数据键
PRINT	打印键
HOLD、H、DH、DATA	读数（显示值）保持开关（保持键）
SET	预置键
ADJ	调整旋钮
AUTO CAL	自动校准
CAL	校准
AC/DC	直流/交流选择键
AUTO-MAN　RANGE	自动/手动转换量程
AUTO、AR、AUTO- RANGE	自动转换量程
MAN　RANGE	手动转换量程
DCV	直流电压挡
DCA	直流电流挡
ACV	交流电压挡
ACA	交流电流挡
Ω、OHM	电阻挡
C、CAP	电容挡
T、TEMP	温度挡
F、f、FREQ	频率挡
ZERO　ADJ	电容挡手动调零旋钮
H Ω	高阻挡
L Ω	低阻挡
G	电导挡
.)))	蜂鸣器挡
BZ	蜂鸣器
AUTO OFF POWER	自动关断电源
COM	公共地插孔，接黑表笔
F/V/ Ω (FV Ω)	频率、电压、电阻测量插孔
h_{FE}	三极管电流放大倍数测量插孔
Hz	频率测量插孔
mA	电流测量插孔
SLEEP MODE	休眠模式（备用状态）
LCD	液晶显示器
V/Ω	电压、电阻插孔
C　(K TYPE)	温度测量插孔
|	溢出符号（超量程时在最高位出现）
UR、UNDER	欠量程
OL	过载（超量程）
AP	自动极性显示

（续）

标志符号、文字符号	意　义
R MSAV、AVG	有效值（均方根值）平均值
△	相对值测量标志符
	注意！应参照说明书操作
	危险！此处可能出现高压
-	负极性显示标志符

1.3.5　使用注意事项

1）检查数字式万用表的电池和熔断器是否安装齐全完好。

2）在进行测量前，应认真检查表笔及导线的绝缘是否良好，如有破损应进行更换后再使用，以确保使用人员的安全。

3）在进行测量时，特别要注意表笔的位置是否插对，功能转换开关是否置于相应的挡位上，特别是测量220V以上交流电压时须更加小心，不能有麻痹思想。一旦出现表笔位置不对，功能开关位置不对时，便会损坏仪表。

4）在测量时如果无法估计所测量的大小（特别是电流、电压），应将量程拨至最高量限上进行测量，然后再据情况选择适宜的量程进行检测。

5）有的数字式万用表具有溢出功能，即在最高位显示数字“1”，其他位均消隐，表明仪表已发生过载，此时应更换新的量程。

6）数字式万用表在电路上虽然有较完善的保护功能，但在操作上仍要尽量避免出现误操作以免损坏仪表。例如用电阻挡去测电压、电流；用电流挡去测电压；将带电的电容器插入测电容插孔进行测量等。

7）现在多数数字式万用表都带有读数保持功能键（HOLD），在使用此键时便可使被测量的读数保持下来，用于记录或读数。如果对被测数据不需要进行长时间的读取或记录，尤其是进行连续测量时，就不需要使用此键。如果在使用数字式万用表的过程中，出现某一个显示数据不随测量而有所变化时，则可能是对读数保持键进行了误操作，此时将读数保持键松开，就可使显示器的读数正常。

8）对于具有自动关机功能的数字式万用表，当停止使用的时间超过15分钟时便会自动关机，切断主电源，使仪表进入备用状态，LCD显示器也为消隐状态。此时仪表就不能再进行测量了，如要继续使用必须按动两次电源开关才能恢复正常。

9）在使用数字式万用表时，要注意插孔旁边所注明的危险标记数据，该数据表示该插孔所输入电压、电流的极限值，使用时如果超过此值就可能损坏仪表，甚至击伤使用者。

10）由于数字式万用表在进行测量时会出现数字的跳动现像，为读数的准确，应等显示值稳定后再读数。

11）当每次使用完万用表后，应将量程开关拨至最高电压挡，以免在下次使用时不慎损坏万用表。同时也应把电源开关关掉，以延长电池的使用寿命。

1.3.6　数字式万用表的面板

数字式万用表的种类虽然很多，但面板的设置却大致相仿，所含内容也基本相同，下面以

DT930F 型为例给予说明。

DT930F 型数字式万用表的面板如图 1-14 所示，相应标识及功能说明如下：

① 开关按钮 ON、OFF：用于开机或关机。

② LCD 显示屏：用于显示被测量与标志符。

③ h_{FE} 插座：用于测量 NPN、PNP 晶体三极管的直流放大系数。在测量时将三极管的各极插入相应的孔位，并且将量程开关置于相应的 h_{FE} 挡位。

④ CAP 为电容挡：用于测量电容，在测量时将电容的两引脚插入孔中，并且要据电容器容量的大小，将量程开关置于相应的量程。

⑤ OHM 为电阻、二极管挡：将量程开关置于二极管挡位时，就可以测量二极管的正向压降 V_F；将量程开关置于电阻挡的不同挡位时，便可测量相应挡位的电阻值。

⑥ DCV 直流电压挡：用于测量直流电压。将量程开关置于该挡的不同量程时，便可测量相应量程的直流电压。

⑦ DCA 直流电流挡：用于测量直流电流。将量程开关置于该挡的不同量程时，便可测量相应量程的直流电流。

⑧ ACV 交流电压挡：用于测量交流电压。将量程开关置于该挡的不同量程时，便可测量相应量程的交流电压。

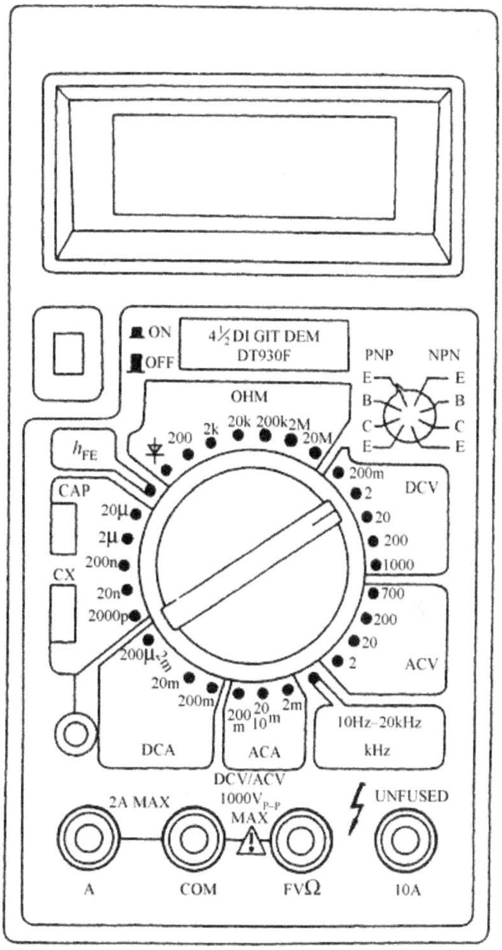

图 1-14　DT930F 型数字式万用表的面板

⑨ ACA 交流电流挡：用于测量交流电流。将量程开关置于该挡的不同量程时，便可测量相应量程的交流电流。

⑩ kHz 频率挡：用于测量电路的频率，其频率范围是 10Hz～20kHz。

⑪ 量程转换开关：用于选择不同的测量内容及同内容的不同测量范围。

⑫ 电容调零旋钮：在测量电容时用于调零，即用此旋钮调好零位（使显示值为零），再进行测量，否则将产生很大的测量误差。新型数字式万用表均采用自动调零，无此旋钮。

⑬ COM 插孔：用于插入黑表笔。

⑭ F/ V/Ω插孔：在测量电压、电阻、频率时将红表笔插入此插孔，同时将黑表笔插入 COM 插孔。

⑮ A 插孔：在测量 2A 以下电流时，将红表笔插入此插孔，同时将黑表笔插入 COM 插孔。

⑯ 10A 插孔：在测量 2A 以上，10A 以下电流时红表笔插入此孔，同时将黑表笔插入 COM 插孔。

1.3.7 数字式万用表显示屏所显示的内容

数字式万用表显示屏所显示的内容主要有：项目显示、数字显示、状态显示、计量单位显示、条图显示等。下面分别给予说明。

（1）项目显示

数字式万用表测量的主要项目多数通过字母与符号表示，其字母或符号所代表的意义，见表1-5。

表1-5 项目显示所用字母与符号的意义

字母与符号	意　义
DC 或—	直流
AC 或～	交流
Ω	电阻
C	电容
T	温度
F	频率
•)))♫	蜂鸣器
─▷|─	二极管

（2）状态显示

状态显示也采用字母与符号的方式显示，其字母与符号所表示的意义，见表1-6。

表1-6 状态显示所用字母与符号的意义

字母与符号	意　义
PK 或 PEAK	表示峰值
AV（av）或 AVG	表示平均值
TRMS 或 TEV	表示真有效值
MIN	表示最小值
MAX	表示最大值
TYP	表示典型值
RMS（rms）	表示有效值（均方根值）
LOW BATT 或 LOW BATTCONT	表示电源电池欠压
HOLD	表示读数保持
OR 或 OVER 或 RANGE 或 OL	表示超量程
用1的闪烁	表示超量程
UR 或 UNDER RANGE	表示欠量程
MEM	表示数据存储
SET	表示预置
LOGICOL	表示逻辑电平测试
AUTO	表示自动
MAN	表示手动
▲、▼	分别表示高电平、低电平
△	表示相对值测量
H（方框内）	表示读数保持
→或（电池符号）或用 LOW BATT	表示电源电池欠压

（3）计量单位显示

计量单位显示的字母与所表示的意义，见表1-7。

表 1-7 计量单位显示的字母与所表示的意义

字 母	意 义
V、mV	电压的单位，分别表示伏特、毫伏
A、mA、μA	电流的单位，分别表示安培、毫安、微安
MΩ、kΩ、Ω	电阻的单位，分别表示兆欧、千欧、欧姆
dBm	功率电平
℃（摄氏度）、F（华氏度）	温度的单位
kHz、Hz	频率的单位，分别表示千赫兹、赫兹
μF、nF	电容的单位，分别表示微法、纳法

（4）数字显示

数字式万用表的数字显示为一个动态值，随着测量内容的不同而随时变化。其显示内容有数值、小数点、极性。当被测量为正值时，极性符号不显示；当被测量为负值时，极性符号为“-”。

在数字显示中，小数点的位置是由量程的大小决定，它将随着量程开关的转换而有所不同。

对于 3½ 位数字式万用表，其最高位只显示“1”，其他各位所显示的数为“0～9”。显示值范围为-1999～1999。

对于 3¾ 位数字式万用表，其最高位可显示“0～3”的数字，显示值范围为-3999～3999。

1.4 数字式万用表的使用

为能更好地使用数字式万用表，让其在测量过程中发挥应有的功能，为此在使用前要认真、仔细地阅读使用说明书。了解所用数字式万用表的功能、特点及插孔，熟悉旋钮、各功能键、专用插口、附件的作用。另外，还应了解所用表的极限参数，出现过载显示时的显示方法，以及低电压显示、极性显示、报警显示和标志符显示的特征，并掌握小数点位置变化的规律等。

1.4.1 电阻挡的使用

1. 使用电阻挡时注意事项

1）在使用 200Ω电阻挡时，应先将两支表笔短路，其目的是测出两根表笔的引脚电阻值，（一般为 0.1～0.3Ω，此值随表型号的不同有所差异）然后再进行电阻的测量。每次测量的实际阻值应是显示器的显示数值再减去表笔引脚电阻值。在使用电阻挡的其他量程时（200Ω～20MΩ），其引脚电阻值可忽略不计。

2）在使用 2MΩ或以上电阻挡时，显示器的显示值将会出现跳跃现象，需经过几秒才能稳定下来，应该等数值稳定后再读取数值。

3）在使用 200MΩ电阻挡时，由于该挡存在 1MΩ的固有零点误差，因此测量的实际值应是显示器的读数减去固有零点误差。对于 3½ 位数字式万用表的零点误差是 10 个字；对于 4½ 位数字式万用表的零点误差是 100 个字。例如用 3½ 位数字式万用表 TSG960A 的 200MΩ挡测得某电路的电阻值是 301.0MΩ，其实际阻值为 300.0 MΩ。

4）在测量电阻时，不允许带电操作。即被测电路不能在通电的情况下使用电阻挡进行检测，这样容易造成仪表的损坏，且测出的结果也是无意义的。

5）在使用电阻挡进行检测时，两手不要同时碰触两表笔的金属部分，尤其是测试元器件的电阻时，不能用手同时捏住两引脚，否则将会引入人体电阻，严重影响测量结果

6）在测量电阻时，如果显示器所显示的数字为“1”，则表明被测阻值已超过所选用量程的测量值，此时应更换量程后再进行检测。

7）在测量电阻时，表笔插头与插孔之间应紧密接触，要防止接触不良现象的产生，以免引起测量误差。

8）当量程转换开关置于电阻挡时，其红表笔带正电，黑表笔带负电。

2. 实操方法

1）在测量电阻时，应将红表笔插入 V/Ω插孔，黑表笔插入 COM 插孔。

2）将量程开关置于“OHM”或“Ω”的范围内，并选择所需的量程位置。

3）打开万用表的电源，对表进行使用前的检查。首先将两表笔短接，显示屏应显示 0.00Ω 然后将两表笔开路，显示屏应显示溢出符号“1”。若以上两个数据的显示都正常时，表明该表可以正常使用，否则将不能使用。

4）在检测时将两表笔分别接被测元器件的两端或电路的两端即可。

3. 检测实例——电阻器的检测

1）先将表笔插入相应的孔位，如图 1-15 所示。

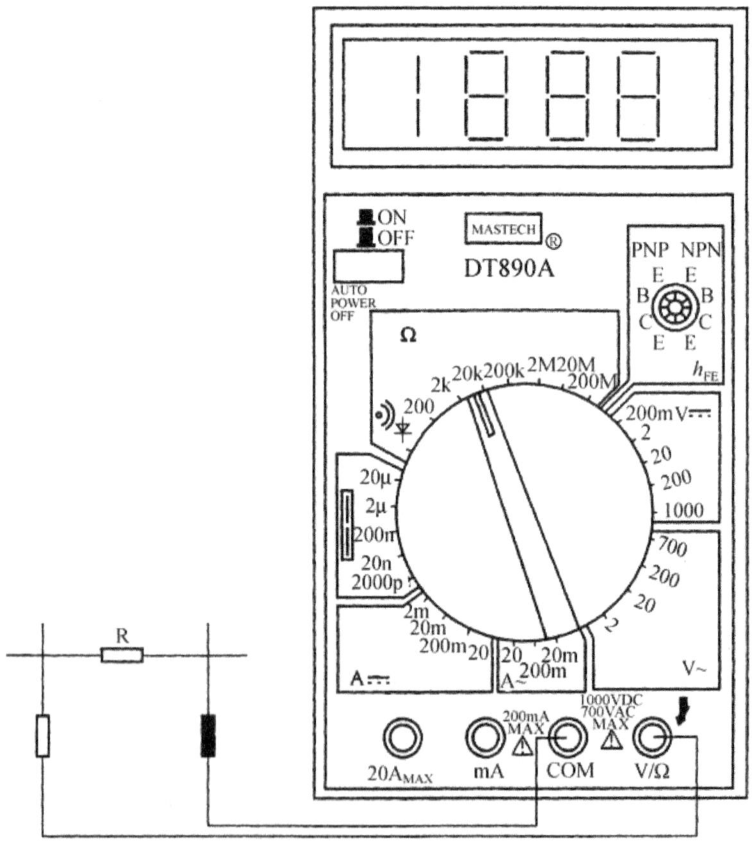

图 1-15　电阻器的检测

2）根据电阻器的大小选择合适的量程，如不知道电阻器的阻值，可将量程选的大一些。

3）将表笔的两端与电阻器的两端相接触（不分正、负）。

4）在测试时若显示屏显示溢出符号“1”，则表明量程选的不合适，应改换更大的量程进行测量。

5）在测试中若显示值为“000”表明被测电阻已经短路，若显示值为“1”（量程选择合适的情况下）表明被测电阻器的阻值为∞。

1.4.2　电压挡的使用

1. 使用电压挡时应注意的事项

1）在测量电压时，不论是直流，还是交流都要选择合适的量程，当无法估计被测电压的大小时，应先选最高量程进行测试，然后再根据情况选择合适的量程。

2）在测量电压时，万用表与被测电路是并联关系，因此万用表的两支表笔应并接于被测电路的两端。

3）当量程开关已置于电压挡位，而两支表笔处于开路状态时，由于数字式万用表的电压挡的输入阻抗很高，在万用表的低位上就会出现无规律变化的数字跳跃现象，此现象为正常现象，不会影响测量结果。

4）在使用电压挡测量较高的电压时，不论是直流，还是交流都要禁止拨动量程开关，否则将产生电火花烧坏电路及量程开关的触点。

5）在数字式万用表的面板上，直流电压挡及交流电压挡的旁边都标有符号“⚠”，表示在测量电压时不要超过所标示的最高值。直流电压挡一般为 1000V，交流电压挡一般为 700V。一旦超过所标示的最高值，就有可能损坏表内电路，因此在测量电压时，要弄清楚所测电路的最高电压值是多大，然后再进行测量。

6）在测量交流电压时，最好把黑表笔接到被测电压的低电位端（如 220V 的零线端，被测交流信号的公共端），这样有利于消除万用表输入端对地分布电容的影响，以减小测量误差。

7）在测量直流电压时，最好把万用表的红表笔接被测电压的正极，黑表笔接被测电压的负极，这样可以减少测量误差。虽然数字式万用表具有自动转换极性的功能，但有些数字式万用表的正、反向测量结果的绝对值是不相等的，为此就有误差产生。为避免此种测量误差的出现，一般使用数字式万用表进行直流测量时，也应使表笔的极性与被测电压的极性相对应。

8）数字式万用表的适测频率一般为 500Hz 以下，如果超出测量频率时就会产生误差，因此在进行交流信号测量时，其被测信号的电压频率最好在规定的范围内，以保证测试的准确度。

9）当测量较高的电压时，为保证测量的安全，不要用手直接去碰触表笔的金属部分。尤其是测量几百伏以上的高压时，必须保证测试表笔的绝缘性能良好，否则就有触电的危险。

10）在测量电压时，若万用表的显示屏显示溢出符号“1”时，说明已发生过载，此时便要更换高一级的量程，然后再进行测量。

11）在用电压挡测量直流电压或交流电压时，由于疏忽而出现用直流电压挡去测量交流电压，或者用交流电压挡去测直流电压时，万用表的显示屏将显示“000”或数字的跳跃现象，当遇此情况时应及时更换挡位。

2. 直流电压挡的实操方法

1）将红表笔插入 V/Ω插孔，黑表笔插入 COM 插孔。

2）将量程开关置于 DCV 或 V⎓挡合适的量程上。

3）将电源开关置于 ON 位置。

3. 检测实例——电源电压的检测

1）电源电压的检测连接如图 1-16 所示。

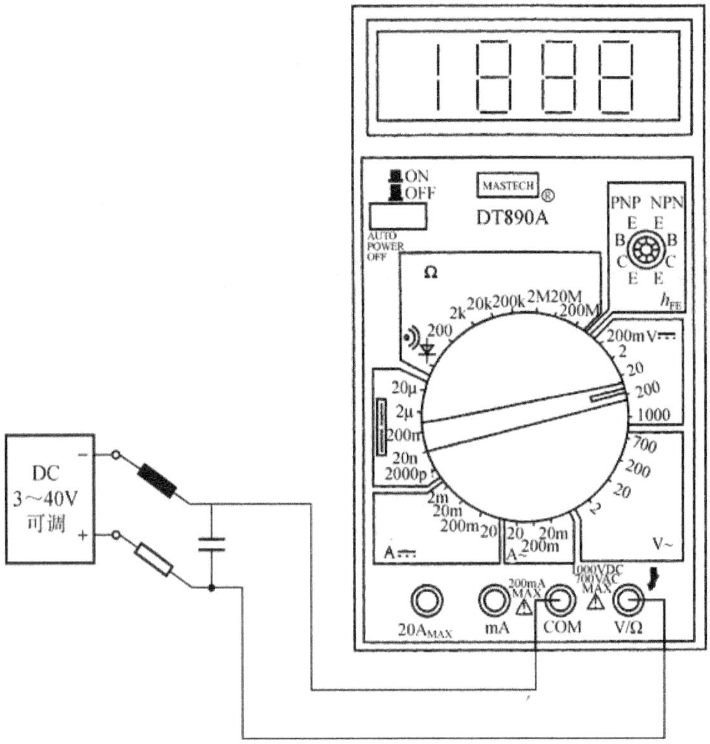

图 1-16　电源电压的检测连接

2）将量程开关置于 200V 挡位上，红表笔接“+”、黑表笔接“-”，即将表笔并联在电源的两端。此时显示屏显示的数值不带正、负号。如将表笔对调相接，其显示值就为负值。

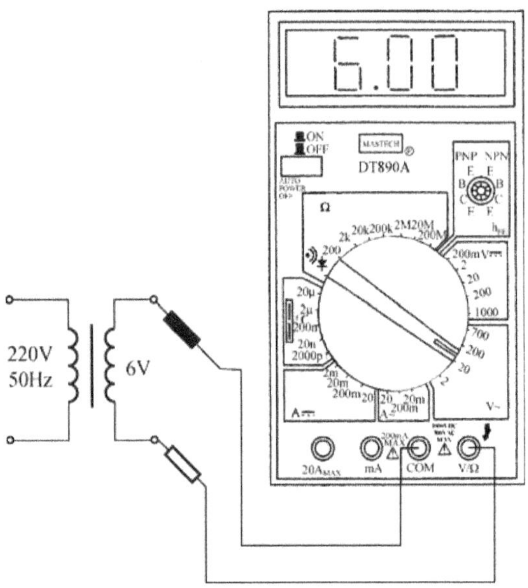

图 1-17　变压器次级交流电压的检测连接

4. 交流电压挡的实操方法

1）将红表笔插入 V/Ω插孔中，黑表笔插入 COM 插孔中。

2）量程开关置于 ACV 或 V~的合适量程挡位上。

3）实操过程同直流电压挡。

5. 检测实例——变压器次级交流电压的检测

1）变压器次级交流电压的检测连接，如图 1-17 所示

2）将量程开关置于～20V 挡位，两支表笔分别接次级线圈的两端（表笔不分正、负）。

3）将万用表的电源开关置于“ON”，显示屏显示的数值便是变压器次级线圈两端的交流电压。

1.4.3　电流挡的使用

1. 使用电流挡时应注意的事项

1）在测量电流时应把数字式万用表串联到被测电路中，表笔的极性可以不考虑，万用表可

以显示被测电流的极性。

2）当被测电流大于 200mA 时，应将红表笔插入 2A 或 10A、20A 插孔，对于大电流挡有的万用表没有设置保护电路，故测量时间应尽量短些，一般不要超过 15 秒为宜。当被测电流小于 200mA 时，应选用 200mA 挡进行检测

3）当测量电流时，如果显示屏显示溢出符号“1”，表示被测电流大于所选量程，这时应改换更高的量程。

4）在测量较大电流的过程中，不能拨动量程转换开关，以免造成量程转换开关的损坏（因为量程转换开关在转动过程中要产生电弧）。

5）如果被测电流源的内阻很低，为提高测量的准确度，应选用量程较大的挡位。

2. 直流电流挡的实操方法

（1）将量程开关置于 DCA 或 A⎓挡的合适量程。

（2）将红表笔置于 A 或 mA 插孔，黑表笔置于 COM 插孔。

3. 检测实例——W7900 集成稳压电路电流的检测

1）W7900 集成稳压电路电流的检测连接，如图 1-18 所示。

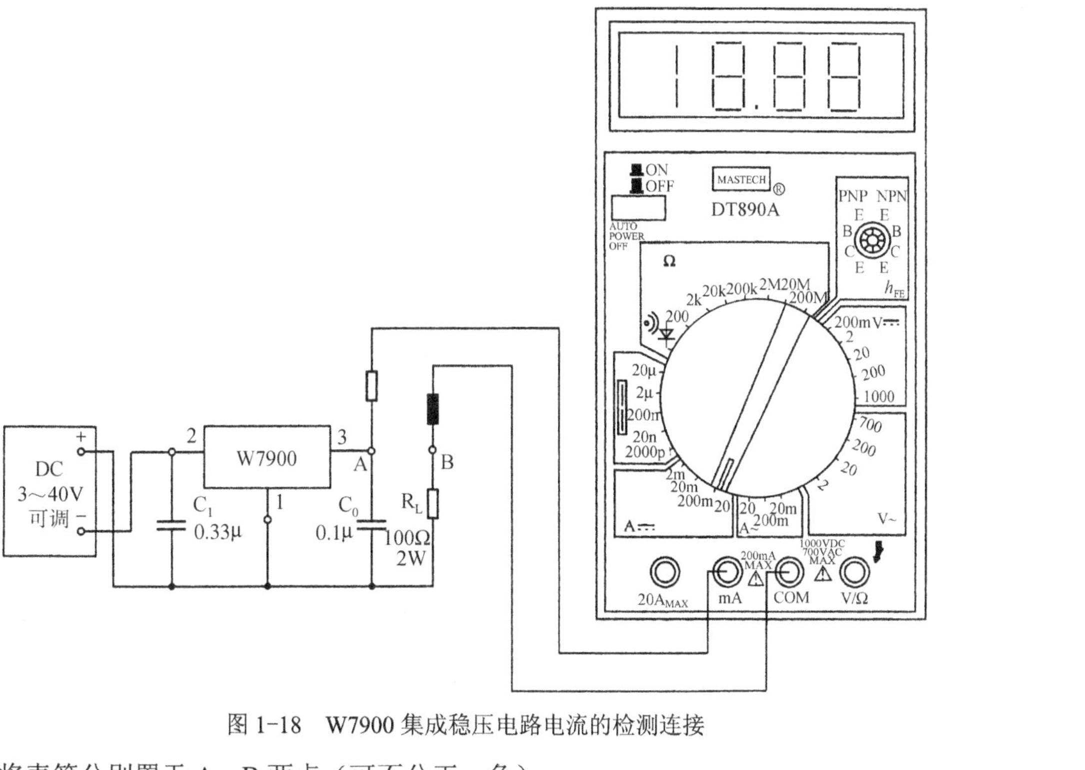

图 1-18　W7900 集成稳压电路电流的检测连接

2）将表笔分别置于 A、B 两点（可不分正、负）

3）先把量程开关置于 A⎓的 200mA 量程挡，然后可根据电流的大小向下一个量程挡调换。

4）将数字式万用表的电源开关置于“ON”位置，此时显示屏显示的数值就为被测电路的电流。

4. 交流电流挡的实操方法

1）将量程开关置于 ACA 或 A~挡合适的量程。

2）将红表笔置于 2A 或 20A 插孔，黑表笔置于 COM 插孔。

3）将数字式万用表串入被测电路。

5. 检测实例——电源变压器初级线圈的电流检测

1）电源变压器初级线圈的电流检测连接，如图 1-19 所示

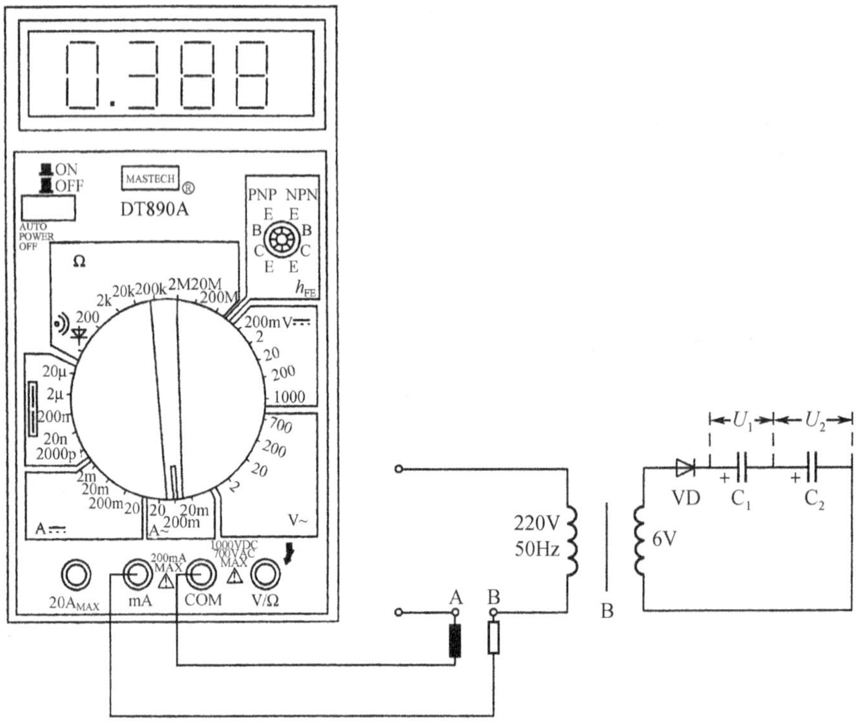

图 1-19 检测电源变压器初级线圈的电流检测连接

2）将两支表笔分别置于 A、B 两端。

3）将红表笔置于 10A 或 20A 插孔，黑表笔置于 COM。

4）把数字式万用表的开关置于“ON”位置，把电源插头插入 220V 电路，此时显示屏所显示的数值便是被测初级线圈的电流。

1.4.4 二极管挡的使用

1. 使用二极管挡时应注意的事项

1）在使用二极管挡时，显示屏所显示的值是二极管的正向压降 V_F，其单位为 mA。

2)在正常情况下,硅二极管的正向压降 V_F 为 0.5～0.7V,锗二极管的正向压降 V_F 为 0.15～0.3V。根据这一特点可以判断被测二极管是硅管，还是锗管。

3）由于电路的结构，其测试电流仅为 1mA，故二极管挡适宜测量小功率二极管，在测量大功率二极管时，其读数明显低于典型的工作值。

4）多数数字式万用表的二极管挡与峰鸣器挡是二者合用一个挡位，因此两表笔所接两测试点之间的电阻值小于 70Ω（此值对于不同型号的数字万用表，各有差异）时，峰鸣器将发出声响。

5）当红表笔插入 V/Ω插孔，黑表笔插入 COM 插孔时，红表笔带正电，黑表笔带负电，正好与指针式万用表相反，使用时应特别注意。

2. 二极管挡的实操方法

1)将红表笔插入V/Ω插孔,黑表笔插入COM插孔。

2)将量程开关置于二极管挡的位置。

3)在用峰鸣器挡检查电路通断情况时,将红、黑表笔各置于被测电路的两端即可,如被测电路的阻值小于发声阈值,峰鸣器就可发出声响。

3. 检测实例

(1)检测普通二极管的好坏

① 普通二极管的检测连接,如图 1-20 所示。

② 将红表笔接被测二极管的正极,黑表笔接被测二极管的负极。

③ 将数字式万用表的开关置于"ON"位置,此时显示屏所显示的就是被测二极管的正向压降 V_F。

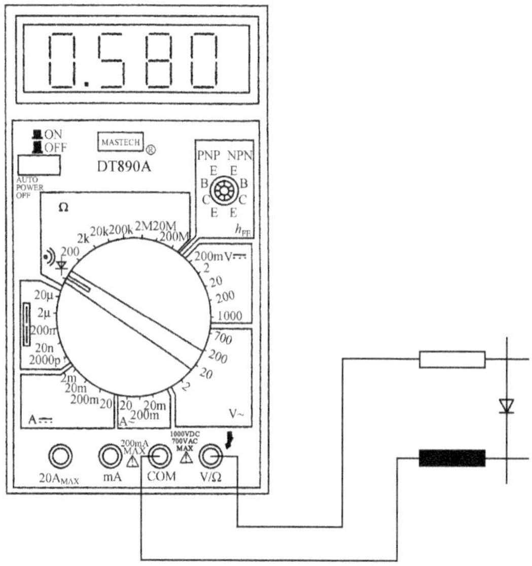

图 1-20 普通二极管的检测连接

④ 如果被测二极管是好的,在正偏时,硅二极管应有 0.5～0.7V 的正向压降,锗二极管应有 0.15~0.3V 的正向压降。如果在反偏时,硅二极管与锗二极管均显示溢出符号"1"。

⑤ 在测量时,若正、反向均显示"000",则表明被测二极管已被击穿短路。

⑥ 在测量时,若正、反向均显示溢出符号"1",则表明被测二极管内部已经开路。

(2)二极管正、负极的判断

① 将红表笔置于 V/Ω插孔,黑表笔置于 COM 插孔,此时红表笔带正电,黑表笔带负电。

② 将量程开关置于二极管挡。

③ 将红、黑两表笔分别接触被测二极管的两引脚,如果显示屏所显示的值为 1V 以下,则表明二极管处于正向导通状态,此时红表笔所接为二极管的正极,黑表笔所接为二极管的负极。如果显示屏所显示溢出符号"1",则表明二极管处于反向截止状态,此时红表笔所接为二极管的负极,黑表笔所接为二极管的正极。

(3)晶体管基极的判断

① 将量程开关置于二极管挡。

② 将红表笔置于 V/Ω插孔,黑表笔置于 COM 插孔。

③ 将红表笔接晶体管的任意一个引脚,黑表笔触碰另外两个引脚,在触碰两个引脚时,如果显示屏均显示小于"1V"或均显示溢出符号"1",则表明红表笔所接就是被测晶体管的基极 B。

④ 在上述③的测量中,如果在触碰两个引脚时,一次显示为小于"1V",另一次显示为溢出符号"1",则表明红表笔所接不是被测晶体管的基极 B。此时应将红表笔改接被测晶体管的其他引脚,重新按照步骤③的方法进行,直到测出基极 B 为止。

(4)NPN 型管与 PNP 型管的判断

① 将量程开关置于二极管挡。

② 将红表笔置于 V/Ω插孔,黑表笔置于 COM 插孔。

③ 将红表笔接被测晶体管的基极 B,黑表笔分别触碰另外两个引脚,在两次触碰引脚时,如果均显示 0.500～0.800V,则表明被测晶体管是 NPN 型管,如果两次都显示溢出符号"1",

则表明被测晶体管是 PNP 型管。

1.5 晶体管毫伏表

万用表中的交流电压挡只能测量零点几伏以上的交流电压，不能测量无线电设备中的毫伏级微弱信号，如收音机、电视机的信号等。另外，万用表的内阻较小，工作频率又比较低，这样会引起较大的测量误差， 因此不能正确反映出频率较高而又微弱的信号交流电压值。

要想精确地测量交流电压和微弱的高频信号，就必须采用输入阻抗高、工作频率高及输入电容小的晶体管毫伏表。常用的晶体管毫伏表有 DA—16 型、DA16-1 型、YB2173 型、NY4520 型等，下面介绍 DA16-1 型毫伏表的使用方法。

DA16-1 型晶体管毫伏表的面板图，如图 1-21 所示。

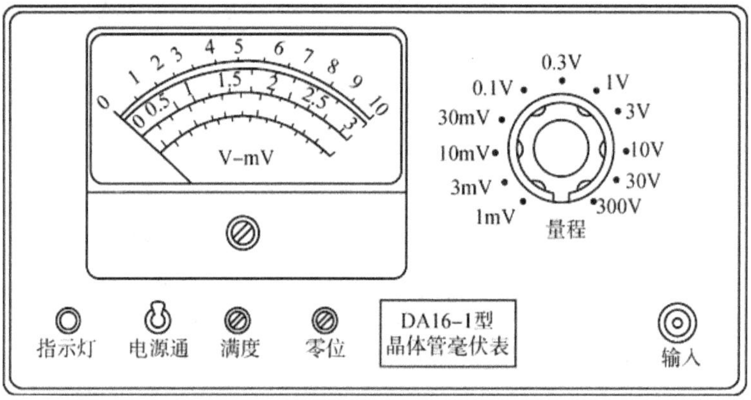

图 1-21 DA16-1 型晶体管毫伏表的面板图

1. 主要技术指标

1）测量交流电压的范围：100μV～300V。

2）测量电压的频率范围：20Hz～1MHz。

3）测量误差：

① 基本误差：小于±3%。

② 频率附加误差：当频率为 20Hz～100kHz 时，小于±3%；当频率为 20Hz～1MHz 时，小于±5%。

4）输入阻抗：频率为 1kHz 时，输入阻抗为 1.5MΩ。

5）输入电容：被测电压为 1mV～0.3V 时，各挡约 70pF；当被测电压为 1～300V 时，各档约 50pF。

6）电源电压：220V±10%；50Hz±4%；消耗功率 3W。

2. 面板上各旋钮的主要作用

1）量程开关：用于选择所需的测量电压范围。

2）零位调节旋钮：（电气调零旋钮）当仪表接通电源后，如表针不指零位，则要调整此旋钮。

3）输入插孔：被测电压由此输入。

4）机械调零螺钉：当仪表没有接通电源时，如表针不能指向零位，则要调整此螺钉。

5）指示灯：当灯亮时表示电源已接通。

6）电源通：当开关拨到“电源通”位置时，表示电源已接通。

3. 使用方法

1）在接通电源前，先观察表的指针是否指在零位上，如果有错位，可对表进行机械零点的调整。

2）在接通电源待仪表预热 3min 后，将输入端短路，调节“零位”旋钮，使表的指针指向零位。

3）当测量电压时，应将量程开关置于合适的挡位，如不知被测电压的最大值，可将量程开关先置于最大的量程挡位，然后再输入被测信号，以免打弯表针。

4）为减小测量误差，当测量时应根据被测电压的大小选择合适的量程，一般应使指针指示在满刻度线 1/3 以上的区域为最好。

5）在使用该表的低量程挡时，由于噪声的影响，会出现指针抖动现象，这是一种正常现象。

6）当测量电压时，应先接低电位线（即地线），然后再接高电位线。在测量结束后，应先取下高电位线，然后再取下低电位线，这样可避免交流感应把表的指针打弯。

4. 使用注意事项

1）在测量电压时，为避免感应现象的产生，当输入被测信号时应使用屏蔽线。

2）该表的电压刻度是按正弦波的有效值划分的，如果测试的电压是非正弦波电压时，指针所指示的电压值会有较大的误差。

3）在被测交流电压中的直流分量应小于 300V。

4）在使用该表时，应注意把机壳接好地线，以避免发生触电危险。

5）当电压测量完毕后，应将“量程” 开关置于最大的量程挡，然后再关电源。

1.6　信号发生器

1.6.1　信号发生器的分类

信号发生器是一种为电子测量提供具有一定标准和技术要求的电信号仪器。它所产生频率、幅度均可连续调节正弦波信号、调频、调幅信号和各种频率的锯齿波、三角波、方波等多种信号。它的用途广泛，而且种类很多，常见的分类方法如下。

（1）按信号发生器输出信号频率的高低

可分为低频信号发生器、超低频信号发生器、视频信号发生器、高频信号发生器、超高频信号发生器等。

常用的信号发生器型号有：XD-1、XD-2、XD-7、XD-22 等低频信号发生器；XD-5 超低频信号发生器；XB44、XG-15、AS1053 等高频信号发生器。

信号发生器的频段划分如下：

① 超低频信号发生器 0.0001～1Hz。

② 低频信号发生器 1Hz～1MHz。

③ 视频信号发生器 20Hz～10MHz。

④ 高频信号发生器 100Hz～30MHz。

⑤ 甚高频信号发生器 30MHz～300MHz。

⑥ 超高频信号发生器 300MHz 以上。

（2）按输出信号的波形

可分为正弦信号发生器、脉冲信号发生器、函数信号发生器等。

（3）按信号发生器的性能

可分为标准信号发生器、图像信号发生器、扫描信号发生器等。

1.6.2 XD-2 低频信号发生器

XD-2 低频信号发生器的面板图，如图 1-22 所示。

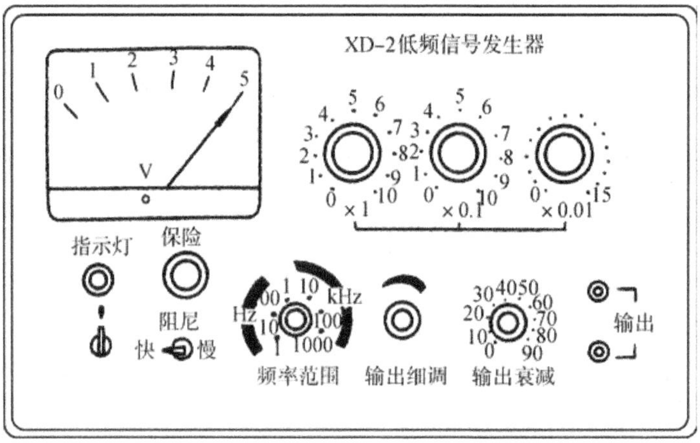

图 1-22 XD-2 低频信号发生器的面板

1. 主要技术指标

1）输出频率范围：1Hz～1MHz。

2）输出衰减：90dB。

3）输出幅度：大于 5V。

4）频率特性：小于±1dB。此项技术指标的含义是指信号频率在 1Hz～1MHz 范围内变化时，信号发生器对不同频率的信号增益的偏差要小于 1dB。

5）非线性失真：在 20Hz～20kHz 的范围内小于 0.1%。

2. 面板上各旋钮的主要作用

1）电源开关：接通与断开 220V 电源。

2）指示灯：当电源接通时点亮。

3）阻尼开关：通常放在“快”的位置，当表针摆动较快时，再放到“慢”的位置，以减少指针的来回摆动。

4）频率范围旋钮：用于选择输出信号的频率范围

5）输出细调旋钮：用来控制电压输出的大小，与输出衰减旋钮配合使用，便可得到所需的输出值。

6）输出衰减旋钮：用于输出信号的衰减，每挡衰减 10dB。

7）频率细调旋钮：该旋钮与频率范围旋钮共同完成所需频率的调整。频率范围旋钮主要选择频段，频率细调旋钮主要用于调准所需的频率值。

8）输出插孔：被测信号由此输出。

3. 使用方法

1）将“输出细调”旋钮置于最小位置，然后再开机。

2）将“电源”开关置于接通位置。

3）选择所需的频率：首先调节“频率范围”旋钮，得到相应的频段后，再调节“频率细调”旋钮，两旋钮的配合使用便可得到所需的频率。

4）选择所需的输出电压：调节“输出衰减”旋钮与 “输出细调”旋钮，使输出电压达到所需的电压值（输出电压的大小由电压表给予指示）。

1.6.3　函数信号发生器

函数信号发生器是一种能产生多种波形的仪表，可以满足不同的测试需求。它能直接产生正弦波，三角波、方波、可调对称脉冲波等。

函数信号发生器的型号有多种，而功能和使用方法基本相同，下面以 YB1610 型函数信号发生器为例加以说明。

1. YB1610 型函数信号发生器的主要技术参数

1）输出频率范围：0.1Hz～10MHz。

2）输出波形：正弦波、三角波、方波、脉冲波等。

3）输出电压幅度（峰-峰）：10V（50Ω负载）20V（1MΩ负载）。

4）扫描方式：线性、对数、内外扫描。

5）外调频电压（峰-峰）：0～3V。

6）输出阻抗：50Ω（函数，点频输出） 600Ω（TTL/CMOS 同步输出）。

7）输出信号衰减：0dB/20dB /40dB /（20+40）dB。

8）频率计测频范围：1Hz～30MHz。

9）外调频频率：10～20 Hz。

10）占空比调节范围：20%～80%。

2. 面板上各旋钮的作用

YB1610 型函数信号发生器的面板如图 1-23 所示。

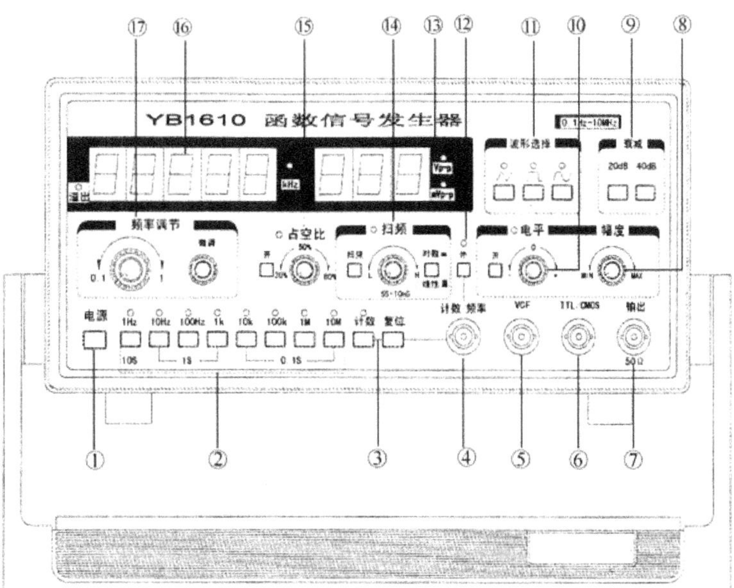

图 1-23　YB1610 型函数信号发生器的面板

图 1-23 所示面板标识及功能说明如下：

① 电源开关。按下为电源接通。

② 频率范围选择开关。

③ 计数/复位开关。按下计数键 LED 显示计数。

④ 计数/外测频率输入插口。外扫描信号与外测频信号由此输入。

⑤ VCF 插口。电压控制频率变化输入端。

⑥ TTL/ CMOS 输出插口。

⑦ 函数信号输出端。输出信号的电压峰-峰值为 10V（50Ω负载）。

⑧ 函数信号幅度调节旋钮，其调节范围为 20dB。

⑨ 函数信号幅度衰减开关。可产生-20dB 或-40dB 的衰减，若同时按下两按钮则可产生-60dB 的衰减。

⑩ 函数信号直流电平调节旋钮。按下电平调节开关，再调节电平旋钮即可改变直流电平。

⑪ 波形选择按钮。可分别选择三角波、脉冲波、正弦波。

⑫ 外测频开关。当按下时，LED 显示窗显示外测信号频率或计数值。

⑬ 电压幅度显示窗口。显示函数输出信号电压幅度，当输出接 50Ω负载时,应将读数除 2。

⑭ 扫频、线性、对数开关。按下扫频开关，再调节速率旋钮即可改变扫频速率。线性、对数开关分别控制线性扫频和对数扫频。

⑮ 占空比开关、占空比调节钮。按下占空比开关，再调节旋钮即可改变波形的占空比。

⑯ LED 频率显示窗口。显示输出信号的频率、外测信号的频率。如超出测量范围时，溢出指示灯会亮起。

⑰ 频率调节旋钮。调节此旋钮可改变输出信号频率，而调节微调旋钮可微调频率。

⑱ 50 Hz 正弦波输出端口、调频（FM）输入端口、交流 220V 输入插座在仪器的后面板上。

3. 使用方法

1）设定各旋钮及开关的位置：将衰减开关、外测频开关、电平开关、扫频开关及占空比开关弹出。此时 LED 窗口将显示本机输出信号的频率。

2）按下所需的波形选择开关，便可选择波形。

3）调节幅度旋钮，使输出波形幅度满足要求。

4）如需对输出波形进行衰减可按下衰减开关。

5）从计数/频率输入端口输入信号，再按下外测开关，LED 便会显示外测信号的频率。

6）TTL/ CMOS 输出端与示波器 Y 轴输入端相接，示波器将显示方波或脉冲波。

7）由 VCF 输入端口输入 0～5V 的调制信号时，幅度输出端口可输出压控信号。

8）由 FM 输入端口输入 10Hz～20kHz 的调制信号时，幅度输出端口可输出调频信号。

1.6.4 高频信号发生器

XB44 型标准信号发生器是一个频率输出和电压输出范围较宽的仪器，其输出频率调节采用了交流伺服电动机系统。该仪表还设置了频率校准系统，使输出频率的准确度得到了提高。

XB44 型标准信号发生器的面板如图 1-24 所示。

1. 主要技术指标

1）频率范围：5kHz～35MHz。

2）输出电压范围：0.1μV～1V（−20dB～120dB），终端匹配电阻为 50Ω（0 dB=1μV）。

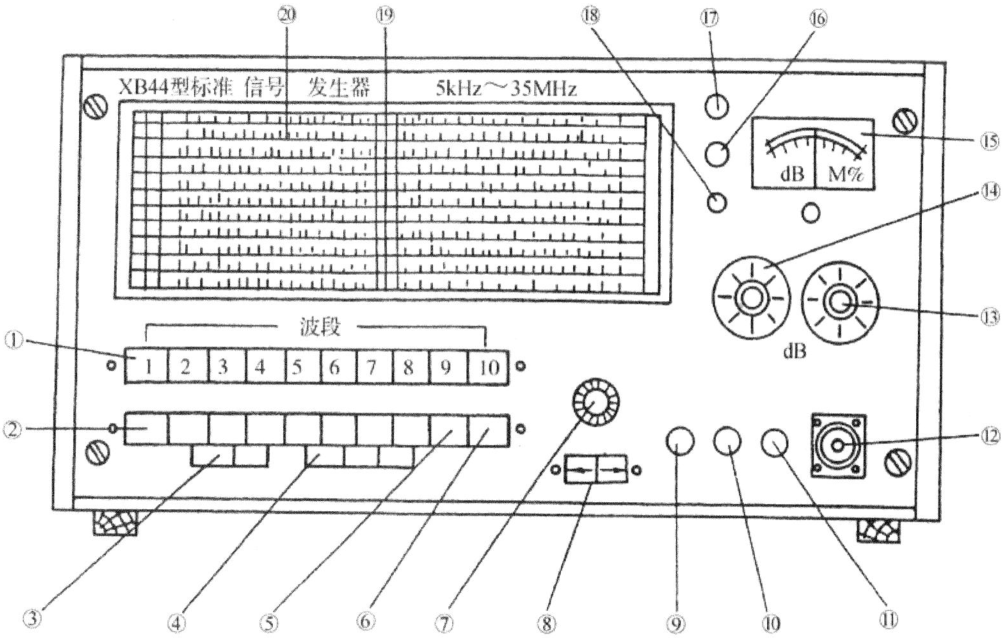

图 1-24　XB44 型标准信号发生器的面板

3）内调制信号及误差：400Hz 和 1000Hz，误差均小于 10%。调幅范围从 0%～80%连续可调。

2. 按键和旋钮的作用

图 1-24 所示面板标识说明如下：

① 波段按键开关（1～3 波段输出 5kHz～80kHz，4～10 波段输出 80kHz～35MHz）。

② 电源按键开关。

③ 晶振频率按键开关。

④ 工作选择按键开关。

⑤ 停振按键开关。

⑥ 电平检查按键开关。

⑦ 频率微调旋钮。

⑧ 频率快速调节按键。

⑨ 电平调节旋钮。

⑩ 调幅度调节按钮。

⑪ 音量调节旋钮。

⑫ 输出插座。

⑬ ×1dB 衰减器。

⑭ ×10 dB 衰减器。

⑮ 电表指示（电平指示和调幅系数指示共用一块表头）。

⑯ 频率标准旋钮。

⑰ 1V 校准电位器。

⑱ M%校准电位器。

⑲ 游标尺。

⑳ 频率刻度盘。

3. 使用方法

（1）使用前的准备工作。

1）先将表头的机械零点校准，使表针指向零位。

2）将所有按键全部弹出。

3）将“调幅度调节”与“音量”调节旋钮旋至最小位置。

4）将“衰减器”置于最大挡。（即将×1dB与×10 dB衰减器置于0dB挡）。

5）开机后需预热30min。

（2）载波工作状态的使用方法

1）将“载波”按键按下，同时按下所需波段按键。此时该波段指示灯亮，表头应有电平指示，应有电平信号输出。按下调节“电平调节”旋钮，使电平指示在0dB的基线上。

2）将“频率调节”按键按下，此时电动机可带动游标尺移动，并可根据需要按下标有“→”或“←”的按键，使游标尺左移或右移。当松开按键时，游标尺便会停在所需的输出频率上。当游标尺停的位置与需要的频率位置有偏差时，可进而调节“频率微调”旋钮。

3）将“标准频率”按键按下。校准频率分别为10kHz、100kHz、1MHz三个，可根据输出频率的高低合理选择校准频率。若输出10～100kHz时，用10kHz的频率校正；若输出100kHz～1MHz时，用100kHz的频率校正；若输出1～35MHz时，可用1MHz的频率校正。

将“音量”旋钮进行适当调整，会听到擦拍声，当输出的载频频率和晶振校准频率相一致时扬声器中无声，表明此时频率点已经校准好，校准好的频率刻度盘不能再变动。若对输出的频率准确度要求较高时，可增加校准点或用外接频率计进行监测

4）弹回“校准频率”按键，将音量调小，此时便可按所需要的输出频率调节使用。

5）根据使用时所需输出电压的大小，将十位衰减器、个位衰减器的刻度盘置于所需要的位置。输出电压的终端由50Ω匹配负载的特定输出电缆输出。

6）在使用过程中，表针指示应始终保持在0dB的基准线上，以保证电压读数的准确度。

7）若需要1μV（0dB）以下的小信号输出时，可外加本仪器的附件70dB衰减器。

（3）调幅状态的使用方法

1）当按下“调幅”按键时，“载波”按键即刻弹起（可据需要选择400Hz或1000Hz），这时电表的指示应为调幅系数M%。

2）调节“调幅度调节”旋钮，使调幅系数大小适中。

3）当需要外调幅时，可按下“外调幅”按键，此时内调制信号会自动切断。外调幅信号可由仪器后侧的“外调幅输入”插座输入。

4）读M%时，只有在载波电平指示保持在0dB的基准红线上，读数才能保证准确。

5）当按下“停振”按键时，信号发生器无信号输出，当弹回“停振”按键时，输出信号恢复正常。

（4）后面板上的插座

1）在仪器的后侧板上设有“外接频率计输出”插座，当仪器工作在“调幅”工作状态时，

可由频率计准确地读出已调波的载波信号频率的高低。

2）在仪器的后侧板上设有“校准频率输出”插座，可根据需要按下 10kHz、100kHz、1MHz 按键，即可输出相应的校准频率信号。

1.7　示波器

示波器现在已被广泛应用于电子行业，它的主要用途是观察和测量被测信号的波形，同时还可直接测量出被测信号的相位、周期、频率、时间和电压的大小。示波器不但能测量观察到电信号的动态过程，而且配上传感器后，还可以测量各种非电信号的一些参数量。为此示波器的应用越来越广泛，如科学研究、医疗卫生、工农业生产及航空航天等方面。

1.7.1　示波器的分类

示波器的种类很多，其用途和特点各有不同，根据性能和结构的不同，通常分为模拟示波器和数字示波器两种。

1．模拟示波器

根据用途的不同，模拟示波器可分为通用示波器、多踪示波器、取样示波器和专用示波器。

1）通用示波器：是应用较为广泛的一种示波器，它是采用单束示波管的宽带示波器。它的通用性很强，可对电信号进行定性、定量的分析和测量。常见的有单踪和双踪示波器。

2）多踪示波器：又称多线示波器，它能同时显示两个以上的波形，并且能对其进行定性、定量的比较和观察。这给使用者带来了很大的方便。因为它可以同时对两个电路进行测量。

3）取样示波器：是采用取样技术，把高频信号转换成模拟低频信号，再通过通用示波器的原理显示其被测波形。

4）专用示波器：是具有特殊测试功能的示波器。如矢量示波器、心电图示波器等。由于它们的用途比较单一，故适用范围比较窄。

2. 数字示波器

根据用途的不同，数字示波器可分为记忆示波器、数字存储示波器和数字荧光示波器。

1）数字记忆示波器：是利用记忆示波管及相应的电路来实现记忆的，记忆的时间可达数天，其主要用于记忆瞬变的单次信号。

2）数字存储示波器：是一种高性能的示波器，它不但具有通用示波器的功能，而且还具有对信号波形存储的作用。存储示波器是利用数字电路的存储技术实现存储功能的，其存储时间是无限的。它是通过 A/D 转换器将模拟信号转变成数字信息进行存储，再通过 D/A 转换器将数字信息变成模拟信号进行显示。

3）数字荧光示波器：是一种具有多层次辉度结构的示波器，能够显示长时间内的信号。

1.7.2　ST-16 示波器

1. 主要技术指标

（1）X 轴性能参数

① 频带宽度：10Hz～200kHz。

② 输入阻抗：1MΩ/55pF。

③ 输入灵敏度（峰-峰）：≤0.5 V/div。

④ 扫描时基：0.1μs/div～10ms/div，共分十六挡，误差不超过±10%。

⑤ 微调比：≥2.5∶1。

⑥ 触发电平（峰-峰）：内触发≥1 V；外触发≥0.5 V。

⑦ 触发极性：+、-。

⑧ 触发源：内、电视场、外。

（2）Y轴性能参数

① 频带宽度：

DC：0～5MHz，3 dB；0～10MHz，6 dB；

AC：10Hz～5MHz，3 dB；10Hz～10MHz，6dB。

② 输入灵敏度：20MV/div～10V/div，共分九挡，误差不超过±10%。

③ 微调比：≥2.5∶1。

④ 输入阻抗：直接时，输入电阻1MΩ，输入电容30 pF。经过探头时，输入电阻10MΩ，输入电容15 pF。

⑤ 输入电压：400V（DC+AC峰-峰值）。

（3）标准信号

① 波形：方波。

② 频率：等于使用电网的频率。

③ 幅度：100mV，误差不超过±5%。

（4）电源

220/110V±10%，50～60Hz，消耗功率约为55W。

（5）示波管

① 型号8SJ13J。

② 加速极电压：1200V。

③ 屏幕有效工作面：6div×10div。

④ 余辉：中。

2. 面板上各旋钮的作用

ST-16型示波器的面板如图1-25所示相应标识及功能说明如下：

① 辉度调节旋钮：调节该旋钮可以改变图形的亮度。在顺时针旋转时亮度增加，反时针旋转时亮度减弱。

② 聚焦调节旋钮：调节该旋钮可使电子束聚集成小圆点或细线，以得到清晰的波形。

③ 辅助聚焦调节旋钮：该旋钮与聚焦旋钮互相配合使用，使光点和波形的聚焦达到最佳状态。

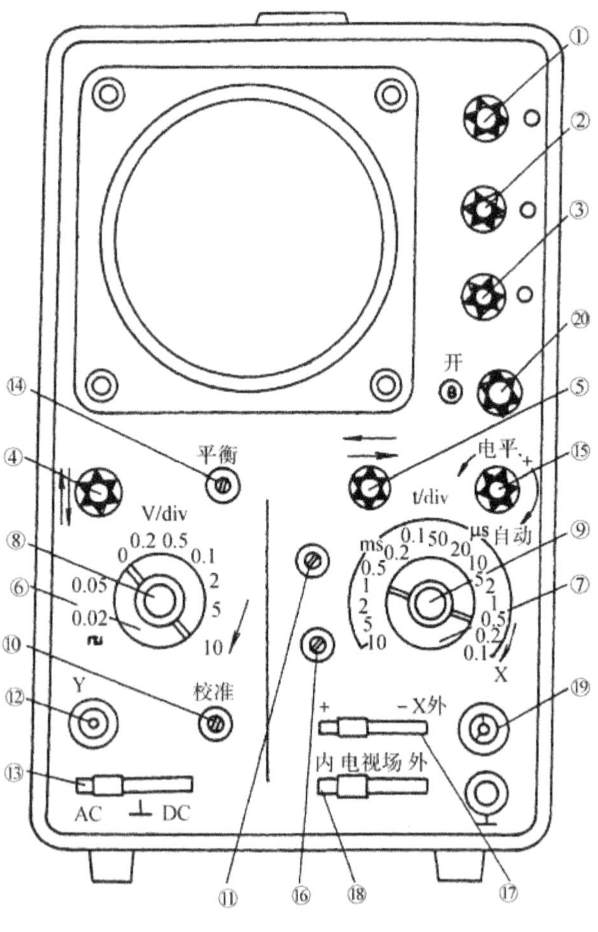

图1-25 ST-16型示波器的面板图

④ 垂直位移旋钮：在顺时针旋转该旋钮时，可使光点或波形上移，反之则下移。

⑤ 水平位移旋钮：在顺时针旋转该旋钮时，可使光点或波形右移，在逆时针旋转时光点或波形左移。

⑥ 垂直输入灵敏度选择开关：输入灵敏度自 0.02～10V/div，共分九个挡。根据被测信号的电压幅度及观察的方便，选择合适的挡位。其中，第一挡位（方波符号）为 100mV 的方波校正信号，供垂直输入灵敏度和水平时基扫速校准之用。

⑦ t/div 时基扫描速率选择开关：扫描速率的选择范围由 0.1μs/div～10ms/div，分十六个挡位。可根据被测信号的频率高低，选择适当的挡位。

⑧ Y 轴微调旋钮：用于调节垂直放大器的增益，当顺时针旋转时增益变大，当逆时针旋转时增益变小。

⑨ X 轴微调旋钮：用于调节时基扫描速度，当顺时针旋转时扫描速度加快，当逆时针旋转时扫描速度减慢。

⑩ Y 轴校准：用以校准垂直输入灵敏度。当“Y 轴微调”旋钮处于校准位置、“垂直输入灵敏度选择”开关处于方波符号位置时，屏幕上应显示出幅度为 5div 的方波。如果方波的幅度不是 5div，此时就应调整该旋钮，使方波的幅度达到 5div。

⑪ X 轴校准：用以校准时基扫描速度。

⑫ Y 输入插孔：用以输入被测信号。

⑬ Y 轴被测信号输入耦合方式的转换开关：“DC”表示输入端处于直流耦合状态；“AC”表示输入端处于交流耦合状态；“⊥”表示输入端处于接地状态。

⑭ 平衡：调整该电位器能使从 Y 轴输入的直流电平保持平衡状态。当荧光屏上的波形随“V/div”开关的挡位转换而出现 Y 轴方向的上、下移动时，可调整此旋钮，使上、下移动的范围减到最小。

⑮ 电平旋钮：当此旋钮置于关断状态时，扫描电路处于自激状态，能自动扫描。当该旋钮处于正常位置时，调节它可改变触发信号的电平值。

⑯ 稳定度：在触发扫描过程中，当遇到波形不稳定时，可调整此旋钮使之稳定。

⑰ +、-、外接 X：触发信号的极性转换开关。当开关置于“外接 X”时，使“X 外触发”插座成为水平信号的输入端。

⑱ 内、电视场、外：触发信号源选择开关。当该开关置于“内”时，触发信号来自 Y 放大器的被测信号。当该开关置于“外”时，触发信号来自“X”外触发。当该开关置于“电视场”时，触发信号来自 Y 放大器的被测电视信号。

⑲ X（水平）输入插孔：是水平信号或外触发信号的输入端。

⑳ 电源开关：用于整机电源的通、断。

3. 示波器的使用方法

（1）在使用前，对示波器的调整步骤

① 接通电源，指示灯亮，并进行预热（5min）。

② 将“电平”旋钮置于自动位置。

③ 将“t/div”置于 2ms 挡。

④ 将“X 轴微调”置于标准位置。

⑤ 将 “AC、⊥、DC” 开关置于“⊥”挡。

⑥ 将“+、-、外接 X”开关置于“+”位置。

⑦ 将“内、电视场、外”开关置于“内”位置。

⑧ 调节 “辉度”旋钮、“对比度”旋钮、“X 轴位移”、“Y 轴位移”，直到荧光屏上出现上、下跳动的扫描线。

⑨ 调节“电平”旋钮使扫描线稳定。

⑩ 继续调节 “Y 轴位移”，使扫描线居中即可。

（2）显示校正方波

在调出扫描线的基础上，将 “V/div”开关置于第一挡，将“Y 轴微调”置于“校准”挡，此时荧光屏上出现方波。对于校正方波应满足在 Y 轴方向上有 5 个格（div），X 轴方向有 10 个格，如不符合上述要求时，可调整“增益校准”和“扫描校准”直到符合要求为止。

（3）观察波形

① 将 Y 轴输入耦合方式开关置于所需的挡位。“AC”挡适合测量交流分量；“DC”挡适合测量含有直流成分的信号。

② 将触发信号的极性转换开关置于“+”或“−”。

③ 据被测信号的大小，选择合适的 t/div 挡及适当的 V/div 挡。

④ 将待测的信号输入 Y 轴插孔（通过电缆探头）。

⑤ 调节“电平”旋钮使波形稳定，根据屏幕的坐标刻度便可得知被测信号的幅度大小。

4. 直流电压的测量

直流电压的测量步骤如下：

① 将 Y 轴被测信号输入耦合方式的转换开关置于“⊥”位置。

② 将电平旋钮置于自激状态，即“自动”。此时便有扫描基线出现在荧光屏上。

③ 调节垂直位移旋钮，使扫描基线正好处于坐标上，记住此零电平基线的位置。

④ 将 Y 轴被测信号输入耦合方式的转换开关置于“DC 位置”。

⑤ 将被测信号直接或经 10∶1 的衰减探头送入“Y 轴输入插孔”。

⑥ 调节电平旋钮，使被测信号稳定。

⑦ 根据荧光屏显示的坐标刻度读出时基线与零电平基线之间的距离 H（几个 div），如图 1-26 所示。

⑧ 根据下式便可算出直流电压的大小：

$$U=\text{V/div}\times H\text{div}$$

如使用 10∶1 的探头测量时，则

$$U=\text{V/div}\times H\text{div}\times 10$$

若 V/div 挡的标称阻值为 0.5V/div，H 为 3div，则

$$U=0.5\text{V/div}\times 3\text{div}\times 10=15\text{V}$$

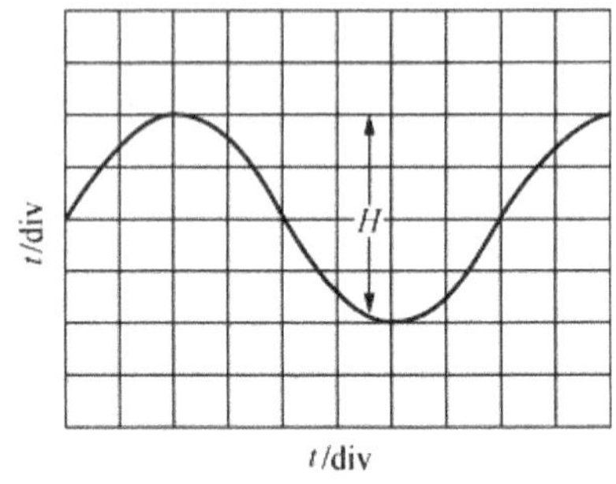

图 1-26 直流电压的测量

5. 交流电压的测量

1）在调出扫描基线后，将 Y 轴被测信号输入耦合方式的转换开关置于“AC 位置”。

2）将被测的输入信号通过隔直电容送入 Y 轴输入插孔，用于隔离信号中所含的直流分量。

3）根据被测信号的幅度与频率的大小选择合适的 V/div 和 t/div 的挡位。（让波形的大小与数量在屏幕上适中）

4）通过调节电平旋钮使波形稳定。

5）根据荧光屏显示的坐标刻度读出整个波形所占 Y 轴方向的高度 *D*（几个 div），如图 1-27 所示。

6）根据下式便可算出交流电压的峰-峰值：

$$U_{峰\text{-}峰}=\mathrm{V/div}\times D\mathrm{div}$$

如果使用 10∶1 的探头进行测量时则：

$$U_{峰\text{-}峰}=\mathrm{V/div}\times D\mathrm{div}\times 10$$

若 V/div 挡的标称阻值为 0.2V/div，*D* 为 4div 时则：

$$U_{峰\text{-}峰}=0.2/\mathrm{div}\times 4\mathrm{div}\times 10=8\mathrm{V}$$

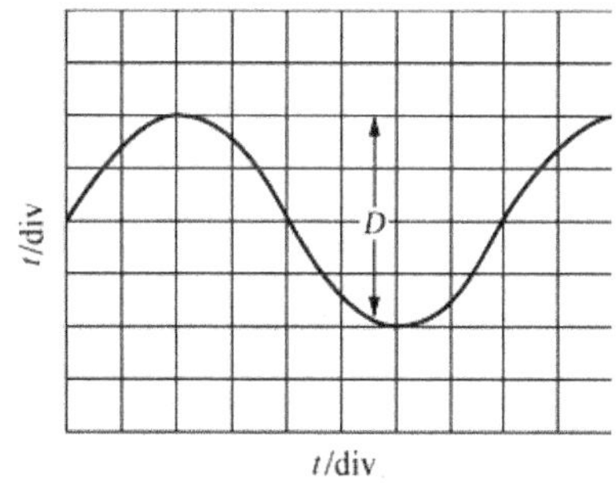

图 1-27　交流电压的测量

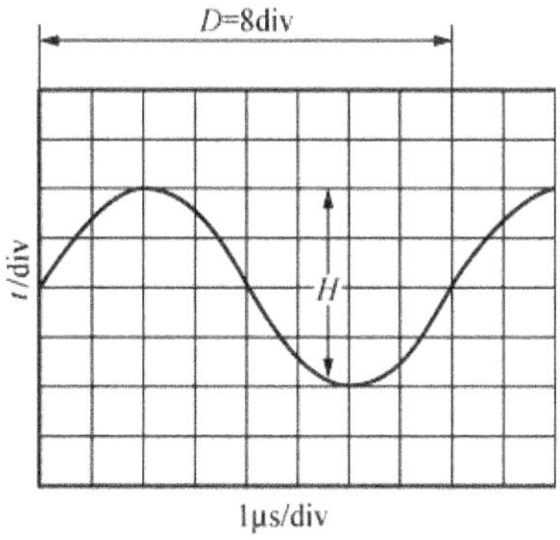

图 1-28　周期和频率的测量

6. 周期和频率的测量

要测量图 1-28 的信号波形的周期和频率步骤如下：

（1）选择合适的 t/div，使波形适中易读。

（2）根据屏幕显示的坐标读出被测信号一个周期波形所占 X 轴方向的距离 *D*（几个 div）。

（3）读取 t/div 时基扫描速率选择开关的标称阻值。

（4）根据下式算出被测信号的周期：

$$T=t/\mathrm{div}\times D\mathrm{div}$$

若选用的扫描速度为 0.2ms/div，*D* 为 8div 则

$$T=0.2\mathrm{ms/div}\times 8\mathrm{div}=1.6\mathrm{ms}$$

5）因为周期和频率之间互为倒数，所以 $f=\dfrac{1}{T}$

$$f=\frac{1}{1.6\mathrm{ms}}=0.625\mathrm{kHz}=625\mathrm{Hz}$$

1.8　频率特性测试仪

频率特性测试仪又称扫频仪，是一种通用的电子仪表。它的用途是测量电路的幅频特性曲线。在无线电、通信、雷达等技术领域中应用比较广泛。例如测试电视机的视频放大电路、伴音放大电路、中放电路，以及电子调谐器（高频头电路）、鉴频器等的频率特性。扫频仪的种类很多，下面以 BT-3C 型为例说明其使用方法。

1.8.1　扫频仪的主要技术性能

1）中心频率：1～300MHz 内任意调节。

2）扫频频偏：最小扫频频偏小于±0.5MHz，最大扫频频偏大于±15MHz，扫频频偏在±15MHz 以内。

3）频率标记信号：1MHz、10MHz、50MHz，外接为 1MHz、10MHz 综合显示。

4）全扫频率范围：1～300MHz 输出平坦度不大于 0. 7dB。

5）输出扫频信号电压：＞0.5V。

6）扫频信号输出阻抗：75Ω。

7）垂直输入灵敏度（峰-峰）：＞2.5V/cm。

8）输出衰减器：1dB×9 步进；10dB×7 步进。

1.8.2 扫频仪面板及面板上各旋钮的作用

BT-3C 型扫频仪的面板如图 1-29 所示。

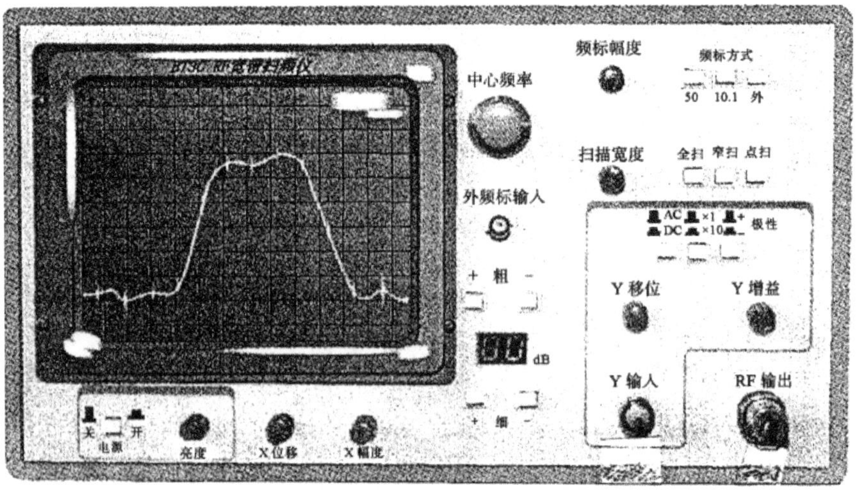

图 1-29 BT-3C 型扫频仪的面板

1）电源、辉度旋钮：用于接通和断开电源，控制曲线的亮度。

2）聚焦旋钮：用于亮点和曲线清晰度的调整。

3）Y 轴位移旋钮：用于扫描基线、测试曲线在垂直方向的上、下移动。

4）Y 轴增益旋钮：用于控制输入信号的幅度。

5）Y 轴输入插孔：扫频信号经被测电路后，再通过检波之后的输入端。

6）Y 方式选择：有 AC、DC、×1、×10、“+、−”极性开关：其中极性开关是用于测量鉴频特性曲线时，控制其曲线的极性，即处于“+”时，曲线为正向，处于“−”时，曲线倒置。

7）点扫、窄扫、全扫开关：当开关置于各位置时，扫频范围为 1～300MHz；当开关置于点扫位置时，可输出正弦波。

8）扫频宽度旋钮：用于调整扫频信号频偏的大小。

9）中心频率旋钮：用于调整扫频仪输出扫频信号的频率范围，以满足在测量各种不同电路时的频率要求。（调节范围是 1～300MHz）

10）输出衰减按钮：用于调整扫频信号电压的大小，以满足不同被测电路的需要。输出衰减分为粗衰减和细衰减。粗衰减的范围是 0～70dB，且为 10dB 步进；细衰减的范围是 0～9dB，且为 1dB 步进。

11）RF 输出插孔：是输出扫频信号的端口。通过输出探头与被测电路进行连接。

12）频标幅度旋钮：用于改变频标幅度的大小。

13）外频标输入插孔：当选用外输入频标时，由此输入。

14）频标方式按钮：用于选择频标的种类。频标可分为外频标、10.1MHz、50 MHz 三个挡位。

15）扫频仪显示屏：用于显示扫描基线、被测曲线。显示屏上有标尺刻度线，用于读取所测数据。

1.8.3 扫频仪在使用前的准备

1. 扫频仪在使用前各旋钮位置的调整

（1）检查显示系统

1）将“电源、辉度”旋钮向顺时针方向旋转，接通电源，预热 5min 以上。

2）调节“电源、辉度”与“聚焦”旋钮，使扫描线有一定的亮度和清晰度。

（2）检查频标

1）将“频标选择”开关置于 10.1MHz 位置，此时扫描基线上应有频标信号，然后调节“频标幅度”旋钮，频标幅度应能均匀地变化。

2）确定“零”频标。将“频标幅度”旋钮置于适中，把“扫频宽度”旋钮放在中间位置，然后调节“中心频率”旋钮，使中心频率在起始位置附近，在扫描基线上便有很多频标，其中有一个顶部下陷的菱形频标就为“零”频标。

3）观察频标数的多少。将“扫频宽度”旋钮从最大调节到最小时，扫描基线上的频标数应满足技术要求。

2. 输出扫频信号频率范围的检查

将 75Ω电缆插入“RF 输出”插孔，再将检波探头插入 Y 轴输入插孔，然后将检波探头与 75Ω电缆相连接，并接好地线，即把“扫频信号 输出”和“Y 轴输入”相连，此时屏幕上应出现以基线为零电平的方框图形。

将频标选择开关置于 1MHz，10MHz 位置后，调节“中心频率”旋钮，在零电平的方框图形上便有频标显示，认真检查频标的数量，以确定是否能满足测试的要求。

3. 扫频仪与被测设备的连接

1）如果被测设备不含检波器，其输入阻抗为 75Ω，则可用开路（75Ω）电缆将仪器的 RF 输出与被测设备的输入端连接起来，再用检波探头把被测对象的输出与扫频仪的 Y 输入连接起来，如图 1-30 所示。

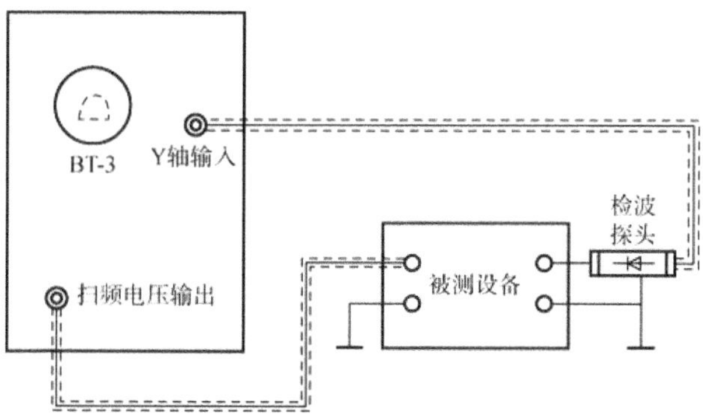

图 1-30　扫频仪与被测设备的连接

2）如被测设备本身带有检波器，则不再用检波探头，可直接用电缆把被测对象的输出与扫频仪的 Y 轴输入连接即可。

1.8.4　频率特性的测试

1）被测设备与扫频仪的连接如前所述，不再重复。

2）根据被测设备的工作频率或频带宽度，调节扫频仪的“中心频率”旋钮，使其置于相应的频率范围内。

3）把“频标选择”开关置于 1MHz，10MHz 的位置

4）将“Y 轴衰减”按钮置于 1 的位置，输出衰减可根据幅频特性曲线的大小而定。

5）调节“频标幅度”旋钮，使频标易读。

6）调节“扫频宽度”与“输出衰减”旋钮，使被测设备的幅频特性曲线在屏幕的有效范围内。

7）观察被测曲线上的频标数，便可知道被测设备的频率特性。

1.8.5 增益的测试

1）先将检波探头插入“Y 轴输入”插孔，再将 75Ω扫频电压输出电缆插头插入“RF 输出”插孔，然后将检波探头与 RF 电压输出电缆插头相连接，让屏幕上出现矩形扫频线。

2）调节扫频仪的粗、细“输出衰减”旋钮，使衰减都为 0dB，将“Y 轴衰减”按钮置于 1 的位置。调节（Y 轴增幅）旋钮，使扫频仪屏幕上出现高度为 4 大格的矩形扫频线。

3）将被测设备接入测试电路，即把扫频输出电压加到被测设备的输入端，然后用检波探头将被测设备的输出端与扫频仪的输入端相连。

4）在保持 Y 轴衰减和 Y 轴增幅不变的情况下，调节扫频仪的“输出衰减”旋钮，使被测的幅频特性曲线为 4 大格，此时输出衰减的分贝数就是被测设备的增益。

1.8.6 鉴频特性曲线的测试

1)被测的鉴频器与扫频仪的连接方法跟测试频率特性的连接方法相同,只是不用检波探头，而是将鉴频器的输出端直接与扫频仪的输入端相连接即可。

2）调节扫频仪的“Y 轴增幅”与“Y 轴位移”旋钮，使被测的“S”曲线在屏幕的适中位置。

3）由于 BT-3 扫频仪内接有钳位电路，因而使“S”曲线的下半部分被削去。若要观察被削去部分的曲线，只要拨动“+、–”极性开关，将曲线倒置便可观察被削去的那部分曲线。

1.8.7 扫频仪的测试实例

在电视接收机中的很多电路都需要用扫频仪进行调试，下面以μPC 型集成电路电视机为例来说明扫频仪在电视机测试中的应用。

1. 中放电路的测试

中放电路是电视机电路中的关键部分，该电路调试的好坏，将直接影响图像质量的好坏。其调试步骤如下：

① 在调试前先将扫频仪的各旋钮调整到位。

② 中放电路的调试，如图 1-31 所示。

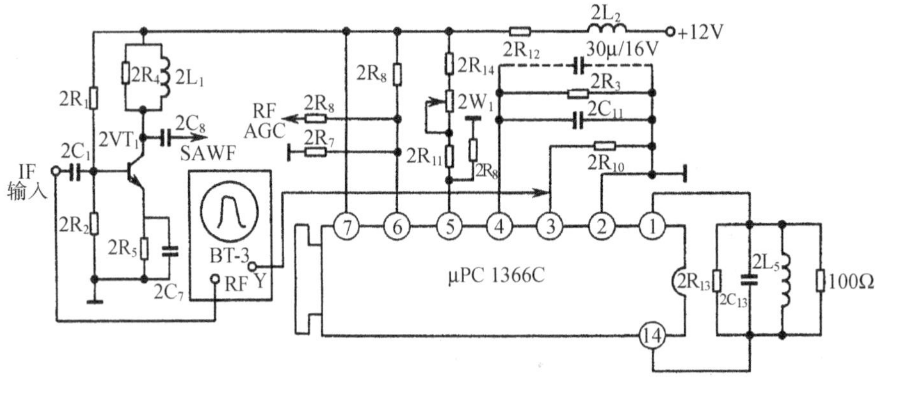

图 1-31 中放电路的调试

③ 扫描输出与被测中放电路的连接采用 75Ω电缆，但要接入一个隔直电容。Y 轴输入与被测中放电路的连接采用不带检波头的电缆（因中放电路内已有检波电路）。

④ 在被测电路中的三极管为预中放管，用以补偿声表面滤波器（SAWF）的插入损耗。μPC1366C 集成电路的③脚为预视放电路的信号输出端。

⑤ 调整“输出衰减”旋钮，使中放 AGC 刚刚起控，检查 37MHz 频率点在曲线上的位置是否处于曲线幅度的 60%～70%的位置上。

2. 伴音电路的测试

1）先将“Y 轴衰减”开关置于 10 位置，再将“输出衰减”置于 60dB。

2）伴音电路的测试，如图 1-32 所示。

3）扫频输出与被测电路的连接采用 75Ω电缆，连接点是μPC1366C 的③脚。Y 轴输入与被测电路的连接采用不带检波头的电缆，连接点是μPC1353C 的④脚。

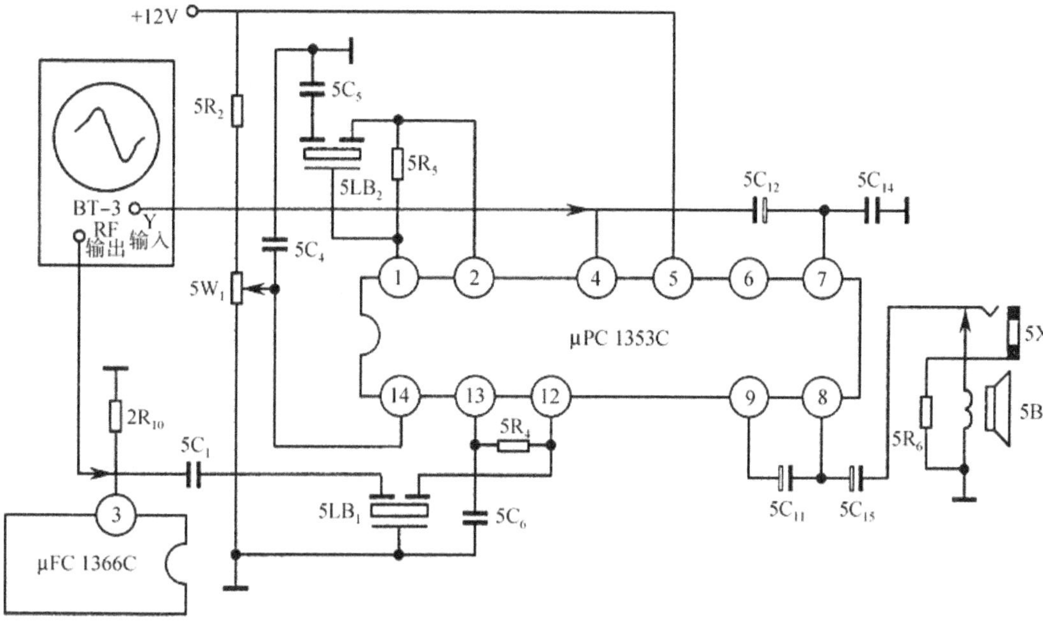

图 1-32 伴音电路的测试

4）测出的曲线应如图 1-34 所示，6.5MHz 应处于“S”曲线的中点位置上，而且曲线应上、下对称。

1.9 晶体管测试仪

晶体管测试仪是一种以直观显示方式观察各种晶体管特性曲线的专用仪器，可以通过示波器直接观测晶体管的输出特性、输入特性曲线、β参数及α参数等多项内容。是一种能测量晶体管静态参数的测量仪器，因而具有直观、读测方便的优点。常用的晶体管测试仪有 JT-1、XJ4810 型和 QT-14 型等。本节以 XJ4810 型为例来介绍其技术特性和使用方法。

1.9.1 XJ4810 型晶体管特性图示仪主要技术指标

1. Y 轴偏转因数

1）集电极电流的范围：10μA/div～0.5A/div，分 15 挡。

2）二极管反向漏电流的范围：0.2～5μA/div，分 5 挡。

3）基极电流或基极源电压：0.05V/div，误差不超过 3%。

4）外接输入：0.05V/div。

5）偏转倍率：×0.1。

2. X 轴偏转因数

1）集电极电压的范围：0.05～50V/div。

2）基极电压的范围：0.05～1V/div。

3）基极电流或基极源电压：0.05V/div，误差不超过 3%。

4）外接输入：0.05V/div。

3. 阶梯信号

1）阶梯电流范围：0.2μA/级～50mA/级，分 17 挡。

2）阶梯电压范围：0.05～1V/级。

3）串联电阻：0、10kΩ、1MΩ，分 3 挡。

4）每簇级数：1～10 连续可调。

5）每秒级数：200。

6）极性：正、负，分 2 挡。

4. 集电极扫描信号

1）峰值电压：0～10V、0～50V、0～100V、0～500V，分 5 挡，每挡连续可调。

2）功耗限制电阻：0～0.5MΩ，分 11 挡。

1.9.2 XJ4810 型晶体管特性图示仪面板结构

XJ4810 型晶体管特性图示仪的面板及测试台如图 1-33 所示。

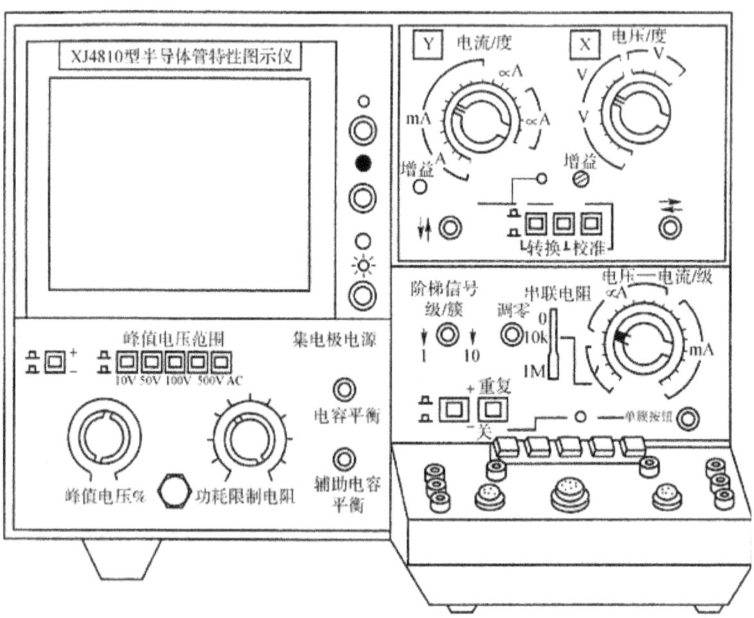

（a）XJ4810 型晶体管特性图示仪的面板

图 1-33 XJ4810 型晶体管特性图示仪面板及测试台

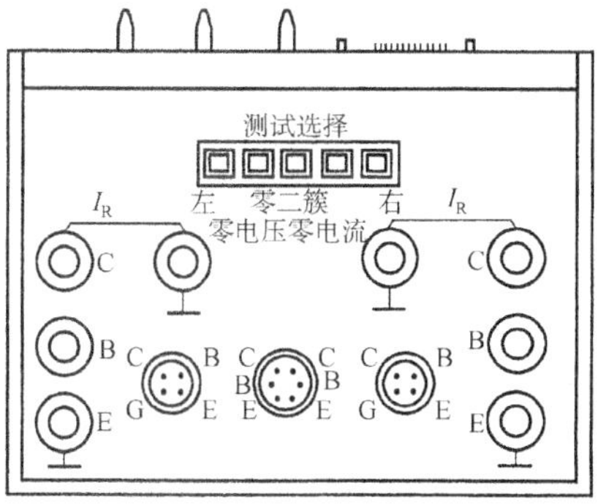

（b）XJ4810 型晶体管特性图示仪测试台

图 1-33　XJ4810 型晶体管特性图示仪面板及测试台

XJ4810 型面板中各旋钮及插孔的作用如下：

（1）示波管及其控制电路

① 电源开关及辉度：拉出旋钮，按通电源。辉度用以改变荧光屏上波形的亮度，当顺时针旋转时亮度增加，而逆时针旋转时亮度减弱，甚至消失。

② 电源指示灯：当指示灯亮时，表明电源已接通。

③ 聚焦：调节光点及波形的清晰度。

④ 辅助聚焦：配合聚焦旋钮进行细调，使荧光屏上的光点或线更清晰。

（2）集电极电源

⑤ 极性开关：用于转换集电极电压的极性。当选用共发射极电路时测 PNP 型晶体管时，应选用“-”，测 NPN 型晶体管时应选用“+”。

⑥ 峰值电压范围开关：用于选择集电极扫描信号电压的大小，分 0～10V（5A）、0～50V（1A）、0～100V（0.5A）、0～500V（0.1A）4 挡。使用该挡开关时，如需要从低挡改换高挡观察晶体管特性时，需要把 0～20V 改换到 0～200V 挡位，但在换挡前必须先将峰值电压调到 0 位，在换档后再根据需要的电压逐渐增加，否则容易将待测的晶体管烧坏。

⑦ 峰值电压%旋钮：该旋钮与峰值电压范围开关配合使用，可在 0～10V、0～50 V、0～100V、0～500V 之间连续可调。

⑧ 功耗限制电阻旋钮：用来改变串接在被测管集电极电路的电阻，以控制集电极功耗。可根据测试管的额定功率和测量时所加的峰值电压来选择电阻值，也可作为被测管的集电极负载电阻。

⑨ 电容平衡：由于集电极电流输出端对地存在各种杂散的电容，这将形成电容性电流，因而会在电流取样电阻上产生电压降，造成测量误差。为减少电容性电流，在测试前应调整该旋钮，使容性电流减至最小。

⑩ 辅助电容平衡：是针对集电极变压器次级绕组对地电容的不对称，而再次进行电容平衡调节的旋钮。

（3）Y 轴作用

⑪ Y 轴选择（电流/度）开关：是一个具有 22 挡 4 种偏转作用的开关，即对集电极电流、基极电压、基极电流和外接的转换。

⑫ Y 轴位移：可使被测信号和扫描线在垂直方向移动。当把旋钮拉出时为电流/度倍率开关，此时放大器增益扩大 10 倍，各挡集电极电流标称阻值×0.1。

⑬ Y 轴增益：改变垂直方向的增益。

（4）X 轴作用

⑭ X 轴选择（电压/度）开关：是一个具有 17 挡 4 种偏转作用的开关，即对集电极电压、

基极电流、基极电压和外接的转换。

⑮ X 轴位移：可使被测信号和扫描线在水平方向移动。

⑯ X 轴增益：改变水平方向的增益。

（5）显示控制

⑰ 显示开关

- 转换：使图像在Ⅰ、Ⅲ象限内相互转换。便于在 NPN 晶体管转测 PNP 晶体管时简化测试损作。
- 接地：表示放大器接地，输入为零的基准点。
- 校准：对放大器进行零位、放大倍数的校正，以保证屏幕标尺刻度的准确读数。以达到 10 度（即 10 个格）的校正目的。

（6）阶梯信号

⑱ 级/簇：用来调节阶梯信号的级数，范围为 1～10 连续可调。

⑲ 调零：在测试晶体管前，应首先调整阶梯信号的起始级零电平的位置。调整方法是：当在荧光屏上观察到基极阶梯信号后，将测试台上的测试选择按钮置于“零电压”，再观察光点停留在荧光屏上的位置，在复位后调节调零旋钮，使阶梯信号的起始级光点仍在该处，这样阶梯信号的零电位即被准确校正。

⑳ 串联电阻开关：当阶梯信号选择开关置于“电压/级”的位置时，串联电阻将串联在被测管的输入电路中。

㉑ 阶梯信号选择开关（电压-电流/级）：该开关共分 22 挡，具有选择“电流/级”和“电压/级”两种作用，是为被测晶体管基极提供信号的。

㉒ 重复-关按钮：当该按钮被按下时为“关”，此时阶梯信号处于待触发的状态。当该按钮被弹出时为“重复”，此时阶梯信号重复出现。

㉓ 极性按钮：选择什么极性，取决于被测管的特性。

㉔ 单簇按钮：按下此按钮可以使预先调整好的电压（电流）/级，出现一次阶梯信号后回到等待触发位置，此时便可利用它瞬间作用的特性来观察被测管的各种极限特性。

（7）测试台

㉕ 测试选择按钮：在测试时可任选左或右两个被测管的特性，当该按钮置于“二簇”时，便可通过电子开关自动地交替显示左右二簇特性曲线，以对两只晶体管的特性进行比较。

㉖ 零电压按钮：此按钮用于调整阶梯信号的起始级在零电位的位置。

㉗ 零电流按钮：按下此按钮，被测管的基极处于开路状态，此时便能测出晶体管的 I_{CEO} 特性。

1.9.3 XJ4810 晶体管特性图示仪的使用方法

1. 显示系统的调整

1）在开启电源 5min 后，当荧光屏显示出光点或亮线时，调节辉度旋钮和聚焦旋钮，使光点或亮线的亮度适中并清晰。

2）如果 5min 后荧光屏上仍没有出现光点和亮线，此时便要调节 Y 轴作用中的移位旋钮和 X 轴作用中的移位旋钮，将光点或亮线移至屏幕内，并调节清晰。

2. 阶梯信号的调零

为能保证测试的准确，在测试前必须使阶梯信号的起始值为零。因此就要在测试前必须对阶梯信号进行“零位”调节。

3. 极性的调整

1）测共发射极接地的 NPN 型管：

① 将基极阶梯信号的极性旋钮置于“+”位置；

② 将集电极扫描信号的极性旋钮置于“+”位置。

2）测 PNP 型管时，极性与 NPN 型管相反。

4. 使用注意事项

1）在使用前，要熟悉仪器的性能和操作方法，尤其是各旋钮的作用一定要弄清楚，不能随意调节，在测试过程中更不能随意拨动。

2）给被测管所输入电流、电压的大小，要根据被测管的型号的不同而有所不同，绝对不能盲目地输入不合适的电流、电压，以避免被测管的损坏。

3）加于被测管的电压、电流必须从低到高，从小到大，慢慢地提高，直到满足被测管的测试要求为止。

4）对于峰值电压，应由 0 逐渐加大。当测试完毕后应把该旋钮调回到零位，以防在下次使用时，不慎加压过大而损坏被测管。

5）选择好扫描和阶梯信号的极性，以适应不同的管型和测试目的的要求。

6）在测试过程中对于功耗电阻、峰值电压、阶梯选择这三个开关的位置要特别注意，不能随意调节。往往由于调节不当而造成被测管的损坏。

7）在测试中如要更换晶体管时，应先把“扫描电压”旋钮调到最小，以避免损坏晶体管。

1.9.4　XJ4810 晶体管特性图示仪测试举例

1. NPN 型小功率管输出特性的测试

1）各旋钮的位置如下：

① Y 轴作用(电流/度)：1mA 每度。

② X 轴作用（电压/度)：1V 每度。

③ 重复/关：置于重复。

④ 阶梯信号选择开关(电压—电流/级)：0.02mA/级。

⑤ 基极阶梯信号极性：“+”；集电极电源极性：“+”。

⑥ 级/簇：一般选 10 级/簇。

⑦ 显示开关：全部凸起。

⑧ 峰值电压范围：置 0～10V。

⑨ 峰值电压%：置为“0”。

⑩ 功耗电阻：置 1kΩ。

2）将被测管 3DG6 插入测试台测试插座。

3）将电源开关置于“开”的位置。

4）调整聚焦、辅助聚焦、辉度旋钮使光点或亮线清晰。

5）将测试选择开关置于被测管。

6）逐渐调节峰值电压旋钮（由 0 逐渐加大），使荧光屏上显示输出特性曲线。NPN 型管输出特性曲线，如图 1-34 所示。

2. PNP 型小功率管输出特性的测试

各旋钮的位置如下：

① 集电极扫描极性："-"。

② 基极阶梯极性："-"。

③ 阶梯选择：0.01mA/级。

④ X 轴作用：1V 每度。

⑤ 其他旋钮与测试 NPN 型管相同。

测试的 PNP 型管输出特性曲线，如图 1-35 所示。

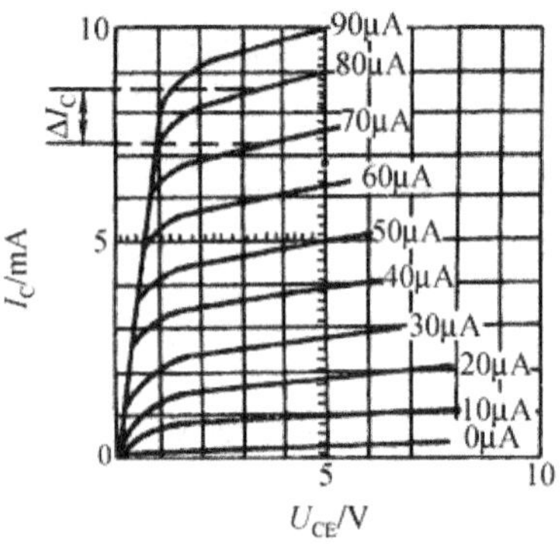

图 1-34 NPN 型管输出特性曲线

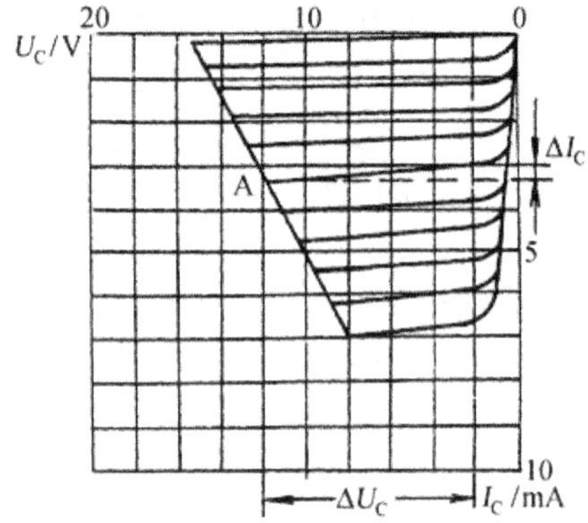

图 1-35 PNP 型管输出特性曲线

本章小结

1. 万用表分为指针式和数字式两种，其中指针式万用表应用最为普遍。数字式万用表具有测量准确度高和显示直观的特点。

2. 万用表可用于测量电阻、电流和电压，也可检测和判别电子元器件的性能好坏。

3. 在使用万用表时应注意的事项较多，但最根本的是要根据被测量的内容及大小，选择合适的挡位和量程。否则将造成万用表的损坏。

4. 晶体管毫伏表主要用于测量微弱信号的电压，在使用时应注意所测交流电压值不得大于 300V，而且在输入信号时应采用屏蔽线。当测量完毕时，应先断开不接地的一端，然后再断开地线，以避免将表头指针打弯。

5. 示波器是测量电信号波形的电子仪器，可以测量信号的电压、周期（或频率）、相位差、脉冲波的宽度及前后沿时间等。示波器的种类很多，可分为通用示波器、存储示波器、记忆示波器等，应用最广泛的是通用示波器。

6. 频率特性测试仪又称扫频仪，主要用于测量高频放大器、中频放大器、电视机的视频电路、公共通道等电路的幅频特性。

7. 信号发生器是一种能产生不同频率的信号源，可分为低频信号发生器、高频信号发生器、函数发生器等。

8. 晶体管测试仪是一种使用较为广泛的测试晶体管参数的测试仪器，能直接观测晶体管的输出特性、输入特性曲线，还能测试晶体管的β值等内容。

操作练习 1

1．指针式万用表的使用练习

（1）练习目的

掌握用万用表直流电压挡和直流电流挡测量直流电压和直流电流的方法。学会使用万用表的电阻挡测量电阻器电阻值。

（2）器材

指针式万用表一只、晶体管收音机一台、色环电阻器若干只（不同阻值）。

（3）测试步骤

1）检查万用表的指针是否指在零电压或零电流的位置上。如果指针没有指在零刻度线上，就要进行“机械调零”。

2）根据被测电阻器的阻值，将万用表的量程开关置于所需的电阻挡，把红、黑表笔短接，进行“零欧姆”的调整。把两表笔分别接于被测电阻器的两引脚上，此时从表盘读取数值并记录在表 1-8 中。

表 1-8　电阻器的测量记录

测量内容	电阻 1	电阻 2	电阻 3	电阻 4	电阻 5	电阻 6
电阻器标称阻值						
万用表量程						
测量值						

3）在收音机的线路板中（或元器件的引脚上）选择合适的测试点，根据测试点的电压大小，将万用表量程开关置于合适的直流电压挡。将黑表笔接于电源的负极，红表笔接于被测点，此时从万用表直流电压刻度线上便可读取所测点的电压值，并记录在表 1-9 中。

表 1-9　直流电压测量记录

测量内容	电压 1	电压 2	电压 3	电压 4	电压 5	电压 6
万用表量程						
测量值						

4）在收音机线路板上选择合适的位置断开铜箔，再选择合适的直流电流挡，将表笔串入断开的电路后，再将观察的测试值记录在表 1-10 中。

表 1-10　直流电流测量纪录

测量内容	电流 1	电流 2	电流 3	电流 4	电流 5
万用表量程					
测量值					

2．示波器的使用练习

（1）练习目的

学会实际操作示波器

（2）器材

示波器一台、信号发生器一台

（3）测试步骤

1）开机前的准备工作：

① 检查电源电压是否与该仪器所需电压相符。

② 弄清被测信号的波形、电压值的大小范围，是直流电压、交流电压，还是交直流合成电压。

③ 检查示波器各旋钮的位置是否符合使用的要求。

④ 检查探头与仪器的连接是否接好。

2）通电后各旋钮的调整：

① 首先调出扫描基线。

② 调节聚焦及辅助聚焦，使扫描基线清晰。

③ 根据被测信号决定耦合方式开关的位置。

3）接入被测信号：

① 将示波器本身输出的标准信号输入进行测试。

② 将信号发生器输出的信号输入进行测试。

习题 1

1.1 万用表主要用于测量什么内容？在万用表面板上各旋钮、插孔的作用都是什么？

1.2 使用指针式和数字式万用表时，应注意哪些事项？

1.3 使用指针式万用表的电阻挡如何复合电阻器的阻值。应用直流电压挡如何测试直流电压值？并说明如何看刻度盘才能使读数正确？

1.4 用万用表测试电路的电阻时，为什么不能带电测量？

1.5 用数字式万用表如何判断二极管的好、坏与正、负极性？又如何用数字式万用表判断三极管的管型和基极？

1.6 示波器可以分为几类？ 用示波器可以测量电信号的哪些参量？如何调出 ST-16 型示波器的扫描基线？

1.7 函数信号发生器能产生几种波形，如何使用？

1.8 晶体管特性图示仪测量 NPN 型三极管输出特性曲线时，各旋钮的位置应如何放置？

1.9 扫频仪的用途是什么？用 BT-3C 扫频仪如何测试被测设备的幅频特性曲线？

第 2 章　电子元器件

【本章内容提要】

任何一个电子产品都是由元器件构成的，没有元器件知识，就无法了解和掌握各种电子设备的原理与工作过程，更无法去进行装配与检修。本章主要讲述电阻器、电容器、晶体管、集成电路、继电器、显示器件的主要参数及其常用的种类。同时也用了相当的篇幅讲述元器件好坏的检测方法与选用常识。

2.1　电阻器

常见的电阻器有普通电阻器、可调电阻器、热敏电阻器、压敏电阻器、光敏电阻器及滑动电阻器，它们的电路符号如图 2-1 所示。

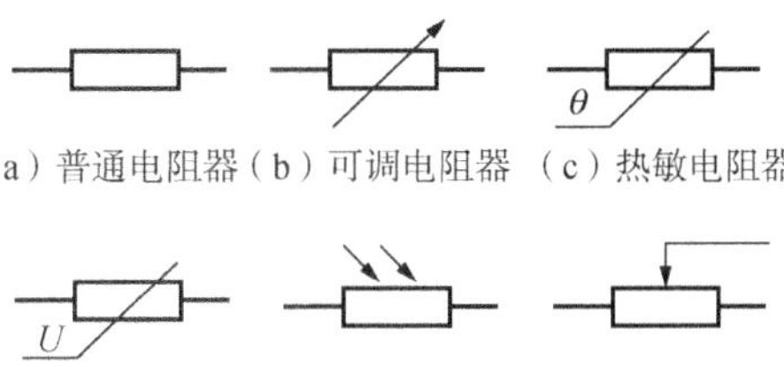

（a）普通电阻器（b）可调电阻器（c）热敏电阻器

（d）压敏电阻器（e）光敏电阻器（f）滑动电阻器

图 2-1　常见的电阻器电路符号

2.1.1　电阻器的主要参数

想正确地选用电阻器就必须了解电阻器的技术参数，电阻器的参数有标称阻值、阻值误差、额定功率、最高工作电压、最高工作温度、温度特性、高频特性等。现主要介绍以下 3 个。

1. 电阻器的标称阻值

标称阻值是指电阻器表面所标的阻值。电阻器的标称阻值是根据国家制定的标准系列标注的，不是生产者任意标定的，为了生产的便利，选购的方便，国家规定了系列阻值，因此在选用电阻器时，必须按照国家对电阻器的标称阻值范围去选用。

表 2-1 是国家规定的系列标称阻值，在使用时将表中的数值乘以 10、100、1000……直到 10^n（n 为整数）就可以成为这一系列阻值。例如在 E24 系列中的 1.5 就有 1.5Ω、15Ω、150Ω、1.5kΩ、15kΩ、150kΩ 等。在选择电阻器的阻值时，可能系列中没有，此时可在系列中选择相近值的电阻器使用。

表 2-1 标称阻值系列

阻值系列	允许误差	误差等级	电阻标称阻值（W）
E-24	±5%	I	1.0，1.1，1.2，1.3，1.5，1.6，1.8，2.0，2.2，2.4，2.7，3.0，3.3，3.6，3.9，4.3，4.7，5.1，5.6，6.2，6.8，7.5，8.2，9.1
E-12	±10%	II	1.0，1.2，1.5，1.8，2.2，2.7，3. 3，3.9，4.7，5.6，6.8，8.2
E-6	±20%	III	1.0，1.5，2.2，3.3，4.7，6.8，

2．电阻器的额定功率

额定功率是指电阻器在一定的气压和温度下，长期连续工作所允许承受的最大功率。如果电阻器上所加电功率超过额定值，那么电阻器可能会被烧毁。电阻器额定功率单位为瓦，用字母“W”表示。

电阻器的额定功率也是按照国家标准进行标注的，其标称阻值有 1/8W、1/4W、1/2W、1W、2W、5W、10W 等。

在电路图中为能标注出电阻器的额定功率，可采用图形符号法和直标法。直标法就是在电路图中直接标出电阻器的功率数值。图 2-2 是电阻器额定功率的图形符号。

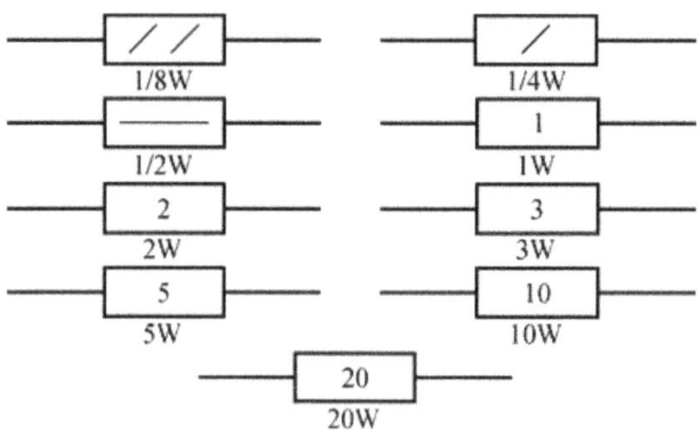

图 2-2 电阻器的额定功率的图形符号

3．电阻器的误差等级

由于生产电阻器工艺水平的差别，将使产品的实际阻值与标称阻值之间产生一定的误差，为能反映出误差的大小，国家规定了误差等级。具体等级的规定见表 2-1。允许误差越小其精度等级越高。

2.1.2 电阻器的标称阻值及误差的标注方法

（1）直标法

直标法就是将电阻器的标称阻值及误差直接标注在电阻器的表面，使用者可以从电阻器的表面直接读出阻值及阻值误差，如图 2-3 所示。

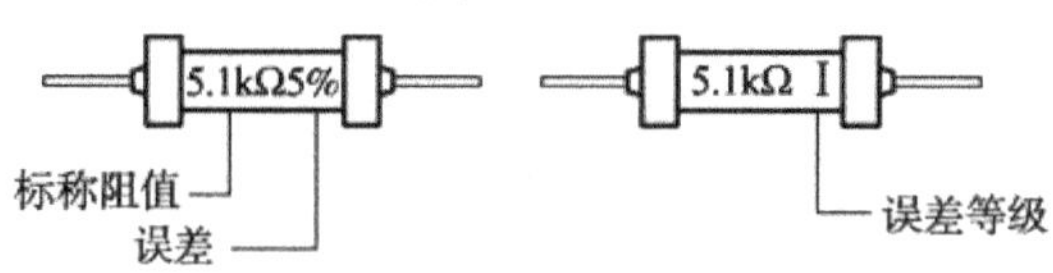

图 2-3 直标法

（2）文字符号法

文字符号法就是用文字、数字有规律地组合起来直接标注在电阻器的表面，来表示出电阻器的阻值与阻值误差。

文字符号有 R（Ω）、k、M、G、T，其意义分别为：R 表示 10^0 欧姆、k 表示千欧（10^3）M 表示兆欧（10^6）、G 表示吉欧（10^9）、T 表示太欧（10^{12}）。同时 R、k、M 等可以代替小数点。例如：3R3 表示 3.3Ω，5Ω1 表示 5.1Ω，3k3 表示 3.3kΩ，R33 表示 0.33Ω，3M3 表示 3.3MΩ 等。

在文字符号法中的允许误差也是用字母表示的，其字母代表的意义见表 2-2。

表 2-2　阻值允许误差与字母对照表

字　母	允许误差（%）	字　母	允许误差（%）
W	±0.05	G	±2
B	±0.1	J	±5
C	±0.25	K	±10
D	±0.5	M	±20
F	±1	N	±30

例如：2R2K 表示电阻器的电阻值为 2.2Ω，允许误差为±10%；6k8M 表示电阻器的电阻值为 6.8kΩ，其允许误差为±20%。

（3）色标法

色标法是将电阻器的标称阻值与误差用不同的颜色环标注在电阻器表面上。各色环所代表的意义，见表 2-3。

表 2-3　各色环所代表的意义

颜　色	有效数字第一位数	有效数字第二位数	倍　系　数	允许误差（%）
棕	1	1	10^1	±1
红	2	2	10^2	±2
橙	3	3	10^3	—
黄	4	4	10^4	—
绿	5	5	10^5	±0.5
蓝	6	6	10^6	±0.25
紫	7	7	10^7	±0.1
灰	8	8	10^8	—
白	9	9	10^9	—
黑	0	0	10^0	—
金	—	—	10^{-1}	±5
银	—	—	10^{-2}	±10
无色	—	—	—	±20

普通电阻器一般用四条色环来表示电阻器的阻值与误差，即靠近电阻器端头的为第一条色环，其余的顺次为第二、第三、第四条色环。第一条色环表示第一位数；第二条色环表示第二位数；第三条色环表示倍乘，即表示有效数字后应加“0”的个数；第四条色环表示误差范围，如图 2-4（a）所示。

精密电阻器一般用五条色环来表示，其前三环表示有效数字，第四环表示倍乘，第五环表示误差，表示误差的色环其颜色代表的意义是：紫色代表±0.1%，蓝色代表±0.25%，绿色代表±0.5%，红色代表±2%，棕色代表±10%，如图2-4（b）所示。

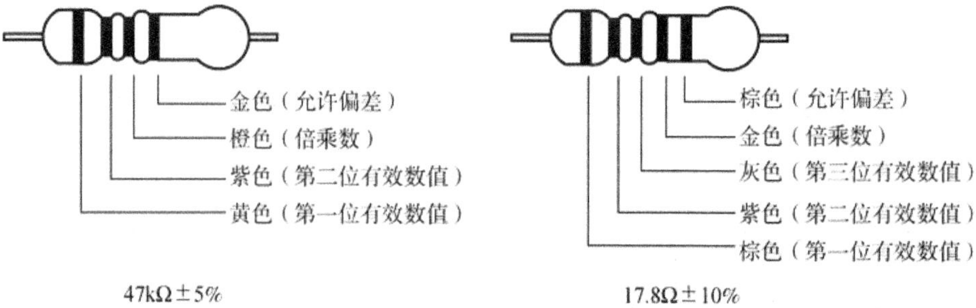

（a）普通电阻　　（b）精密电阻

图2-4　色环的表示方法

2.1.3　电阻器的种类

电阻器在电子产品中是一种必不可少的，用的最多的一种元件。它的种类繁多，形状各异，分类方法各有不同。通常可分为固定电阻器、可变电阻器、敏感电阻器等。

1）固定电阻器可分为碳膜电阻器、金属膜电阻器、金属氧化膜电阻器、金属玻璃釉电阻器、无机实心电阻器、有机实心电阻器、化学沉积膜电阻器、合成碳膜电阻器。

2）可变电阻器可分为半可调电阻器和电位器。

3）敏感电阻器可分为热敏电阻器、光敏电阻器、压敏电阻器、磁敏电阻器、湿敏电阻器、气敏电阻器、力敏电阻器。

4）线绕电阻器可分为精密线绕电阻器、通用线绕电阻器、功率型线绕电阻器、高频线绕电阻器。

5）按用途可分为通用电阻器、高阻电阻器、高压电阻器、高频无感电阻器、精密电阻器。

6）按结构可分为圆柱型电阻器、管型电阻器、圆盘型电阻器、片式电阻器、钮扣状电阻器。

7）按引脚形式可分为轴向引脚型电阻器、同向引脚型电阻器、无引脚型电阻器、领带式引脚电阻器、径向引脚电阻器。

8）熔断电阻器可分为一次性熔断电阻器、可恢复型熔断电阻器。

1．碳膜电阻器

碳膜电阻器的外形如图2-5所示，碳膜电阻器的引脚可分轴向引脚、领带式引脚及无引脚等几种形式。它的阻值范围宽，并具有良好的稳定性和高频特性，广泛应用于各种电子产品中。

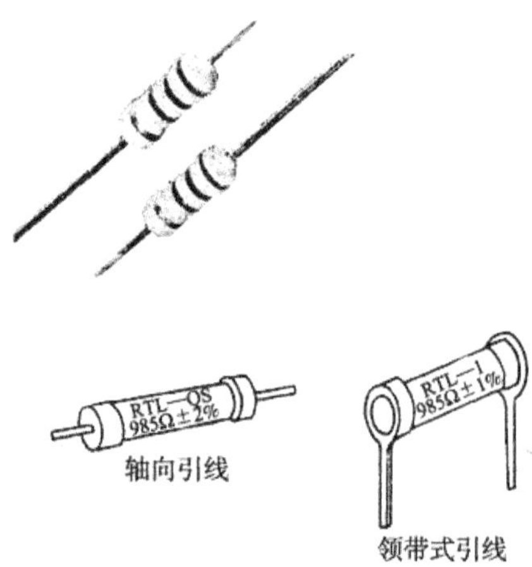

图2-5　碳膜电阻器的外形

2．金属膜电阻器

金属膜电阻器的外形结构如图2-6所示。金属膜电阻器有轴向引脚、无引脚等形式。

金属膜电阻器的外形和碳膜电阻器的外形基本相似，金属膜电阻器具有耐热性能好（能在125℃下长期工作），工作频率范围宽，稳定性好，噪声小等特点，在同种功率的情况下其体积比碳膜电阻器小很多，另外它还比碳膜电阻器精度高（可达±0.05%），且具有阻值范围更宽的特点（1～200MΩ），常用于要求较高的电子产品中。

3．线绕电阻器

线绕电阻器的特点。线绕电阻器与前面介绍的两种电阻器最大的不同点是：该电阻器是用高阻值的合金丝绕制在瓷管上制成。常用的高阻值线有镍铬合金电阻丝、锰铜电阻丝、康铜电阻丝等。线绕电阻器具有热稳定性好、精度高、噪声小、耐高温、（能在 300℃左右的温度下连续工作），能承受较大负荷的特点。其最大的不足是高频特性差。

线绕电阻器的种类较多，一般可分为固定式和可调式两种。线绕电阻器的外形，如图 2-7 所示。

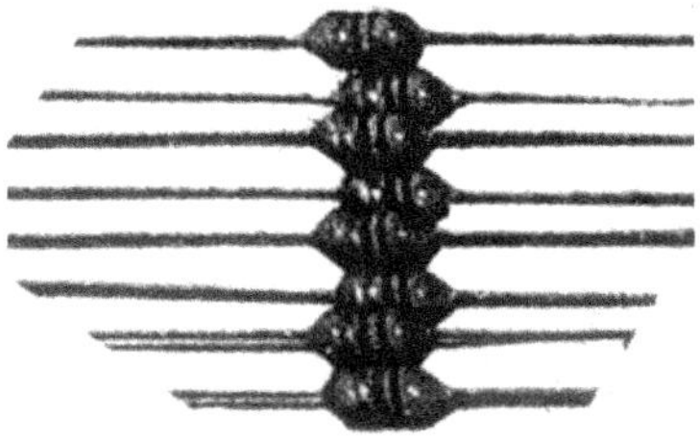

图 2-6　金属膜电阻器的外形

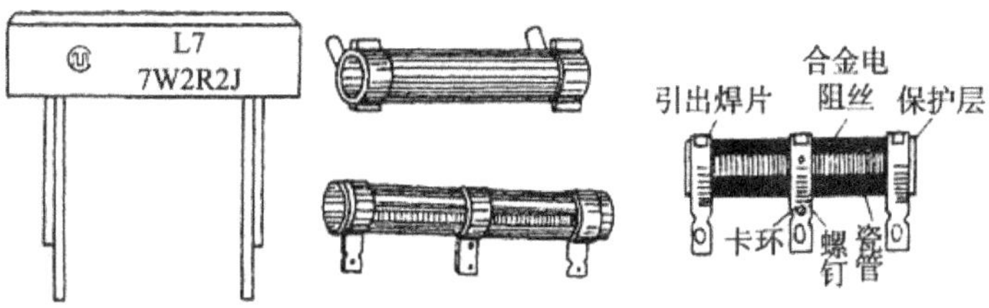

图 2-7　线绕电阻器的外形

4．熔断电阻器

熔断电阻器又可称为保险电阻器。由于它能在过流、过负荷时自动熔断，从而起到保护电子元器件的作用，且又有普通电阻的作用，故又称为双功能电阻器。它被广泛应用于各种要求过载、过压、过流时要求断路保护的电路中。熔断电阻器的外形，如图 2-8 所示。

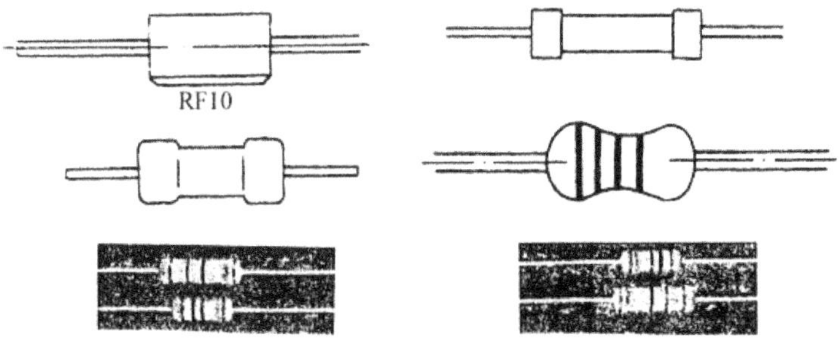

图 2-8　熔断电阻器的外形

熔断电阻器的图形符号，如图 2-9 所示。

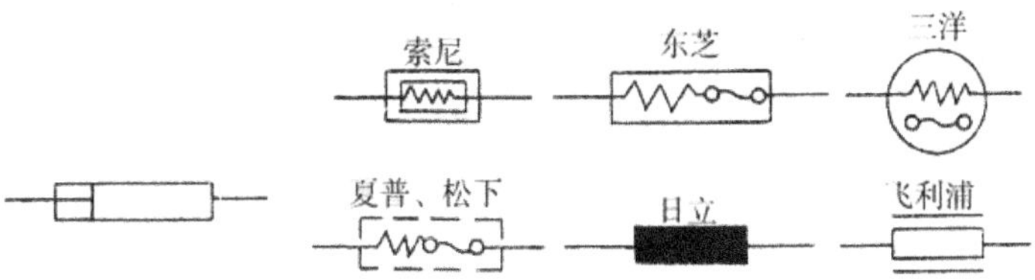

（a）图形符号　　（b）常见的国外图形符号

图 2-9　熔断电阻器的图形符号

2.1.4 特殊用途的电阻器

特殊用途的电阻器是将热、力、光、磁、温度、气体、电压等非电量信号转换成电信号的电阻器。特殊用途的电阻器也称敏感电阻器。

特殊用途的电阻器种类较多，主要有光敏电阻器、热敏电阻器、压敏电阻器、气敏电阻器、湿敏电阻器、磁敏电阻器等。以下主要介绍常用的热敏电阻器和光敏电阻器。

1. 热敏电阻器

热敏电阻器是一种对温度极为敏感的电阻器。该种电阻器在温度发生变化时，其阻值也随之而变化。

热敏电阻器的标称电阻值是指环境温度为 25℃时的电阻值。当用万用表测其阻值时，其阻值不一定和标称阻值相符。热敏电阻器的图形符号及外形，如图 2-10 所示。

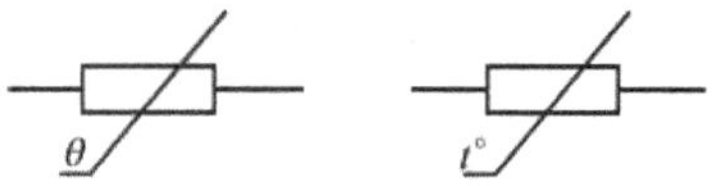

（a）新旧图形符号

（b）片状阻体外形

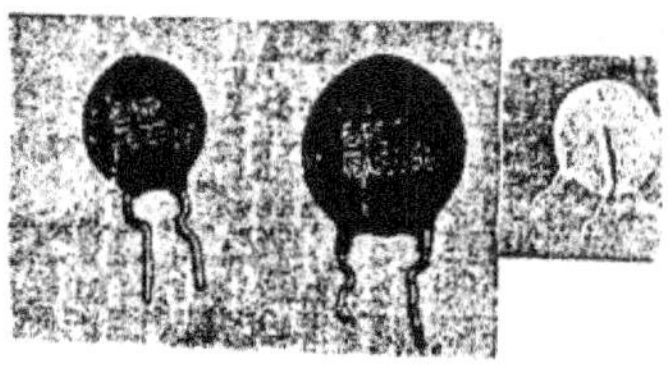

（c）实物外形

图 2-10 热敏电阻器的图形符号及外形

（1）正温度系数热敏电阻器

正温度系数热敏电阻器的特点。正温度系数热敏电阻器又称为 PTC 热敏电阻，该电阻器在温度升高时其电阻值也随之增大，而且阻值的变化与温度的变化为正比例关系，但当电阻器的温度超过一个定值时，其阻值将急剧增大，当增大到最大值时，其电阻值将随温度的增加而开始下降。它除了应用于温度控制和温度测量电路中外，还大量应用于彩色电视机的消磁电路、电冰箱、电驱蚊器、电熨斗等家用电器中。

（2）负温度系数热敏电阻器

负温度系数热敏电阻器的特点。负温度系数热敏电阻器又称为 NTC 热敏电阻器，其图形符号与 PTC 热敏电阻器相同。负温度系数热敏电阻器的种类很多且形状各异，常见的有管状、园片形等（见图 2-10）。NTC 热敏电阻器的最大特点是电阻值与温度的变化成反比，即电阻阻值随温度的升高而降低，当温度大幅升高时，其电阻值也大幅地下降。

负温度系数热敏电阻器的应用范围很广，如用于家电类的温度控制、温度测量、温度补偿等。在空调器、电冰箱、开关电源、UPS 电源、复印机的电路中普遍采用了负温度系数热敏电阻器。

2. 光敏电阻器

光敏电阻器是用光能产生光电效应的半导体材料制成的电阻器。

1）光敏电阻器的种类很多，根据光敏电阻器的光敏特性，可分为可见光光敏电阻器、红外光光敏电阻器及紫外光光敏电阻器。根据光敏层所用半导体材料的不同，又可分为单晶光敏电阻器与多晶光敏电阻器。光敏电阻器在电路中的图形符号如图 2-11（a）所示。

2）光敏电阻器的最大特点是对光线非常敏感，电阻器的电阻值在无光线照射时，其阻值很高，当有光线照射时，其阻值很快下降，即光敏电阻器的阻值是随着光线的强弱而发生变化的。它主要应用于各种光电自动控制系统，如自动报警系统，电子照相机的曝光电路，还可以用于非接触条件下的自控等。

2.1.5　集成电阻器

集成电阻器也称排电阻器还可称电阻器网络。集成电阻器现在被广泛应用于各种计算机、各种仪器仪表、自动控制设备及各类通信器材中。

集成电阻器主要用于电路的分压、分流。还可与其他元器件构成滤波器、衰减器等。

在集成电阻器中的电阻器与普通电阻器一样，可分为薄膜电阻器、厚膜电阻器、金属膜电阻器。其阻值误差可分为 10%～20%、3%～5%、0.1%～0.5%等几种。

集成电阻器的封装形式可分为单列直插式和双列直插式，其引脚数有 8 个、12 个、14 个、18 个等几种。

集成电阻器的内部电路结构及外形，如图 2-11（b）所示。

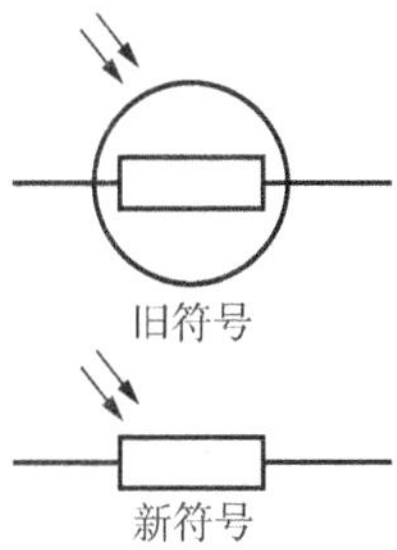

（a）光敏电阻器图形符号

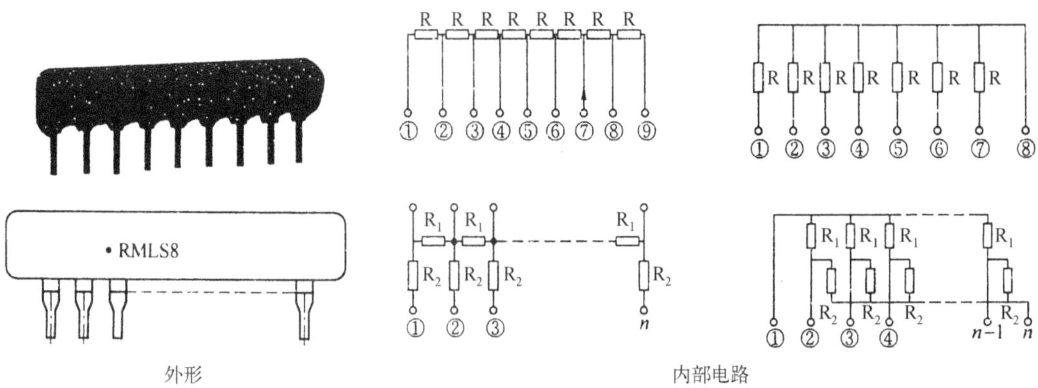

（b）集成电阻器

图 2-11　光敏电阻器图形符号与集成电阻器

2.1.6 电阻器的检测与代换

1. 电阻器的检测方法

对电阻器的检测主要是看其实际阻值与标称阻值是否相符。电阻器的检测方法，如图 2-12 所示。

具体的检测方法是：置万用表为欧姆挡，两支表笔分别接被测电阻的两根引脚。欧姆挡的量程应视电阻器阻值的大小而定。在一般情况下，应使表针落到刻度盘的中间段，以提高测量精度。这是因为万用表的欧姆挡刻度线是非线性的，而中间段分度较细且准确。

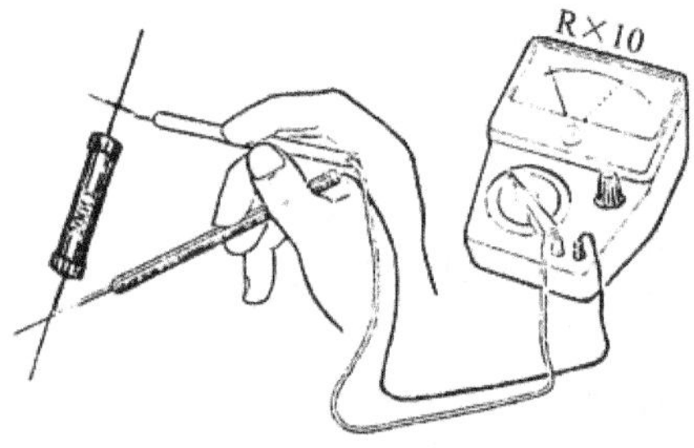

图 2-12 电阻器的检测方法

2. 检测电阻器的注意事项

1）在使用万用表欧姆挡的不同量程时，首先要进行表针的较零，即将红、黑表笔短接，调整 Ω 挡校零旋钮，使表针指向 0Ω 处。对不同量程的欧姆挡，在使用时均须调零一次。

2）在用万用表检测电阻器的阻值时，手不能同时接触被测电阻器的两根引脚，以避免人体电阻对测量结果的影响。

3）在测量电阻器时，红、黑表笔可以不分，它不影响测量结果。

4）欧姆挡量程选得是否合适，将直接影响测量的精度。例如在测 20Ω 的电阻器时，应选用 R×1 挡，如选用 R×1k 挡，其读数精度极差。因此认真选择欧姆挡量程是提高测量精度的重要环节。当被测电阻器的阻值为几欧姆至几十欧姆时，可选用 R×1 挡；当被测电阻器的阻值为几十欧姆至几百欧姆时，可选用 R×10 挡；当被测电阻器的阻值为几百欧至几千欧时，可选用 R×100 挡；当被测电阻器的阻值为几千欧到几十千欧时，可选用 R×1k 挡；当被测电阻器的阻值为几千欧以上时，应选用 R×10k 挡。

3. 电阻器的代换

当电阻器在使用中出现断裂、阻值与标称阻值不符、短路、端部引脚接触不良时，便要进行更换。

代换的原则是：阻值与功率最好与原来的一致。当没有同规格的电阻时，应采用额定功率大的代换功率小的；精度高的代换精度低的。当阻值不符时，可通过电阻器的串联、并联的方法取得相应的阻值。通过串联可增大阻值，通过并联可减小阻值。但要注意不同的阻值所分担的功率是不同的。在串联电路中阻值越大，其分担的功率就越大，而在并联电路中阻值越大，其承担的功率就越小。

4. 熔断电阻器的检测与代换

熔断电阻器的阻值可以用万用表的欧姆挡进行检测。当阻值为无穷大或大于标称阻值时，便可知电阻器已损坏。在一般情况下，熔断电阻器不会出现短路现象。如果无同规格的替换可采用下列方法进行代换。

1）用电阻器和熔丝串联代换。电阻器可选择与熔断电阻器的阻值与功率相同的。熔丝的额定电流可通过下式进行计算：

$$I=\sqrt{P/R}\times 60\%$$

式中 P——熔断电阻器的标称功率，单位为 W（瓦）；

R——熔断电阻器的标称阻值，单位为Ω（欧姆）；

I——所选熔丝的额定电流，单位为 A（安培）。

2）直接用熔丝代换 对于阻值较小只有几欧姆的熔断电阻器，可直接选用熔丝代换。熔丝的额定电流可照上述公式进行推算。

3）作为临时代用，也可采用与原熔断电阻器阻值相同、功率相同的普通电阻器来代换，在采用这种方法代换时，必须在排除电路故障后再进行。

5. 热敏电阻器的检测与代换

1）热敏电阻器的检测。由于热敏电阻器对温度很敏感，一般不易用万用表测其阻值，（万用表电流在通过热敏电阻器时，会使电阻器阻值变化），但在业余条件下，也只能采用万用表进行检测。

在常温下用万用表的欧姆挡测量热敏电阻器的阻值，同时用电电烙铁烘烤热敏电阻器，此时热敏电阻器的阻值会慢慢增大，表明是正温度系数的热敏电阻器，而且是好的。如果热敏电阻器的阻值慢慢减小，表明是负温度系数的热敏电阻器，而且也是好的。当被测的热敏电阻器阻值没有任何变化，则说明热敏电阻器已损坏。当被测的热敏电阻器的阻值超过原阻值的很多倍或为无穷大时，表明电阻器内部接触不良或已断路。当被测的热敏电阻器阻值为零时，表明内部已经击穿短路。

2）热敏电阻器的代换。在确认热敏电阻器已损坏后，可用同型号、同阻值、同功率的进行更换。如没有同型号的也可选用同一系列的其他型号代用。

6. 光敏电阻器的检测与代换

1）光敏电阻器的检测。检测光敏电阻器可用万用表的 R×1k 挡，先将万用表的表笔分别与光敏电阻器的引脚接触，然后观察当有光照射光敏电阻器时，看其亮电阻值是否有变化，当用遮光物挡住光敏电阻器时，看其暗电阻值有无变化，如果有变化则说明光敏电阻器是好的。或者使照射光线强弱变化，此时，万用表的指针应随光线的变化而进行摆动，说明光敏电阻器也是好的。

如果在用上述方法进行检测时，亮阻值和暗阻值均无变化，则说明此光敏电阻器已损坏。

2）光敏电阻器的代换。当光敏电阻器损坏后，可用同型号的代换。如无同型号的，也可选用其他类型、型号或参数接近的光敏电阻器代换。

2.1.7 电阻器在电路图中单位的标注规则

若阻值在 1kΩ 以下的可标注单位，也可不标注单位。例如 2.7Ω 可标注为 2.7，又如 820Ω 可标注为 820。

若阻值在 1kΩ 至 100kΩ 之间的可标注单位为 k，如 2.2kΩ 可标注为 2.2k。

若阻值在 100kΩ 至 1MΩ 之间的可标注单位为 k，也可标注为 M。例如 270kΩ，可标注为 270k，也可标注为 0.27M。

若阻值在 1MΩ 以上的可标注单位为 M。例如 2.4MΩ，可标注为 2.4M。单位也可以省略，但要加小数点和 0，如电阻器“R4 为 3.0”表示电阻器 R4 为 3MΩ。

2.2 电位器

2.2.1 电位器的主要参数

电位器的参数很多，如标称阻值、额定功率、阻值变化规律、动噪声、零位电阻、接触电阻、湿度系数、绝缘电阻、耐磨寿命、最大工作电压、精度等级等。下面主要介绍经常用到的几个参数：

1. 电位器的标称阻值

标注在电位器上的阻值叫标称阻值。其标称阻值等于电位器两根固定引脚之间的阻值，电位器的阻值系列采用 E12、E6，而且分线绕和非线绕两种。

2. 电位器的额定功率

电位器的额定功率是指在一定的大气压及规定湿度下，电位器能连续正常工作时所消耗的最大允许功率。

电位器的额定功率也是按照标称系列来进行标注的，而且线绕与非线绕有所不同。例如线绕电位器有 0.25W、0.5W、1W、1.6W、2W、3W、5W、10W、16W、25W、40W、63W、100W；而非线绕电位器有 0.025W、0.05W、0.1W、0.25W、0.5W、1W、2W、3W。

3. 电位器的滑动噪声

在外加电压的作用下，当电位器的动触点在电阻体上滑动时，所产生的电噪声被称为电位器的动噪声。

电位器的动噪声是选择电位器的一个主要参数，因为它对电子设备影响较大，有时还会使电子设备工作失常，如收音机、电视机等。

4. 电位器的额定工作电压

电位器的额定工作电压，又称最大工作电压，是指电位器在规定的条件下，能长期可靠的允许承受的最高电压。在使用时工作电压一般要小于额定电压，以保证电位器的正常使用。

5. 电位器的阻值变化规律

阻值变化规律这一参数是指电位器的阻值，随转轴的旋转角度而变化的关系。变化规律有三种不同的形式，即直线式、对数式、指数式，分别用字母 X、Z、D 表示。

1）直线式电位器的阻值是指随转轴的旋转做匀速变化的，并与旋转角度成正比，即阻值随旋转角度的增大而增大。这种电位器适于作分压、偏流的调整。

2）对数式电位器的阻值是指随转轴的旋转做对数关系的变化，即阻值的变化开始较大，而后变化逐渐减慢。这种电位器适于作音调控制和黑白电视机的黑白对比度的调整。

3）指数式电位器的阻值是指随旋转轴的旋转做指数规律变化，即阻值变化开始时比较缓慢，以后随转角的加大，阻值变化会逐渐加快。这种电位器适于用做音量控制。

2.2.2 常用电位器介绍

电位器的种类很多，分类方法也有所不同。电位器的外形与图形符号，如图 2-13 所示。

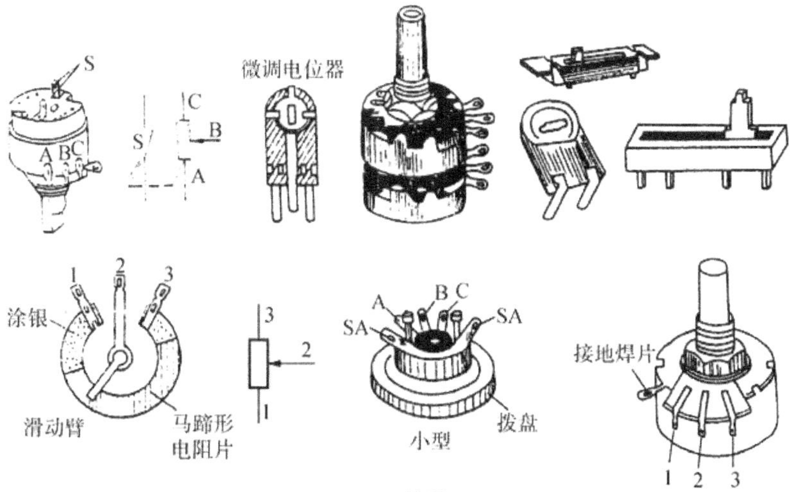

（a）外形

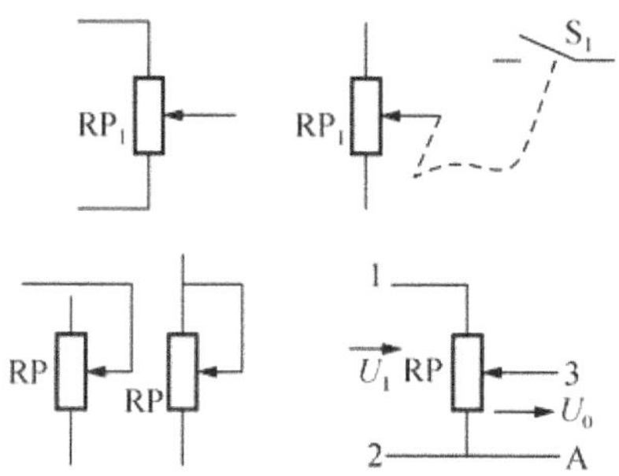

（b）图形符号

图 2-13　电位器的外形与图形符号

1）按照电阻体材料可分为线绕电位器和非线绕电位器。

2）按照结构特点可分为单联电位器、双联电位器、单圈电位器、多圈电位器、锁紧电位器、非锁紧电位器、带开关电位器等。

3）按照操作调节方式可分为直滑式电位器、旋转式电位器。

4）按照阻值的变化规律可分为直线式电位器、指数式电位器、对数式电位器。

随着科技的不断发展，近几年来又推出了电子电位器、光敏电位器、磁敏电位器等非接触式电位器。

1. 合成碳膜电位器

合成碳膜电位器的特点是寿命长、经济耐用、型号较多、外观形状多、应用广泛，普通的家用电器一般都采用该种电位器。另一个特点是阻值范围宽，从几百欧到几兆欧，其不足之处是滑动噪声大，随着使用时间的增长，其噪声也在不断地增大。另一个不足之处是此类电位器低阻值的不易制作。

2. 线绕电位器

线绕电位器的特点是能耐高温，有较高的额定功率，而且噪声低、精度高、稳定性好。其不足之处是高频特性及可靠性差，不能用于高频电路。线绕电位器的外形，如图 2-14 所示。

3. 带开关的电位器

带开关的电位器是收音机中用的最多的一种电位器。其电位器上的开关部分用于电路电源的通断控制，而电位器部分用于音量的控制，且电位器动触点的位置改变与开关的导通与切断，用的是同一个轴进行控制。其外形有多种。带开关电位器的外形如图 2-15 所示。

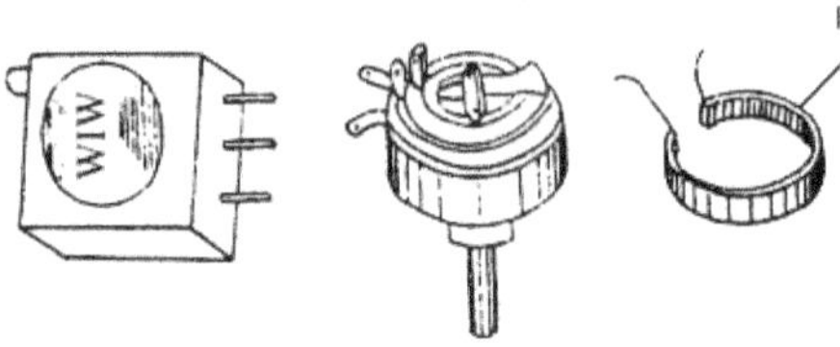

图 2-14 线绕电位器外形

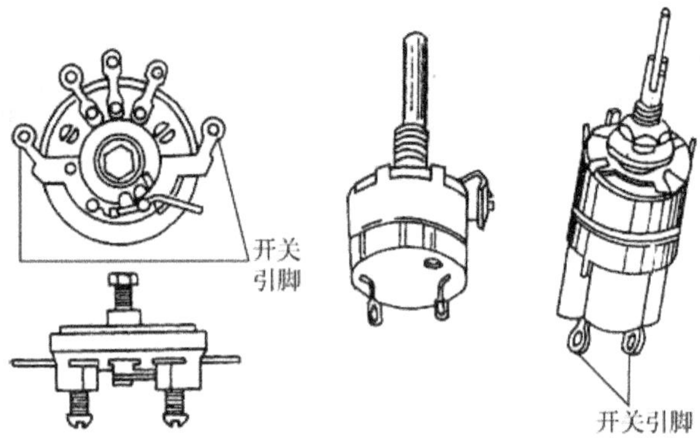

图 2-15 带开关电位器的外形

4. 步进电位器

步进电位器是为自动化控制而设计的一种电位器。例如较为高档的音响设备，其音量控制就是采用步进电位器，即通过遥控器使步进电动机运转从而改变音量的大小，以达到远距离控制音量的目的。步进电位器是由步进电动机、电阻体、动触片组合而成。该电位器除用遥控器控制外，还可手动调节。

2.2.3 非接触式电位器

非接触式电位器是一种不依靠滑动触点而改变电参数的电位器，它具有反应速度快，可靠性高，寿命长等优点。现已被广泛应用于电子产品中。

1. 光敏电位器

光敏电位器是利用光线照射的强弱使阻值发生改变的电位器。现在市场上有电阻型光敏电位器与结型光敏电位器出售。其中结型光敏电位器更具有优势，因为它具有响应时间短、成本低、成品率高的特点

2. 数字电位器

数字电位器也称电子式电位器，实际上是一种新型的集成电路。

数字电位器具有的优点是：无机械触点、体积小、可靠性高、调节方便、调节速度快、响应快、寿命长。

数字电位器的读/写次数可达数十万次以上，与触点式的电位器调整次数相比则是提高了数

万倍。因此，它是一种理想的无摩擦、无活动部件的电位器。

由于数字电位器是采用串行方式进行数据传输，故可采用串行外设接口编程进行调节，也可采用上/下脉冲计数进行调节。

数字电位器的种类很多，按存储器特性可分为易失与非易失两种类型；按变化函数可分为线性与非线性两种类型；按照分辨率可分为高分辨率和低分辨两种类型。

数字电位器的应用十分广泛，可以在电子系统中用来替代传统的机械式电位器。例如音视频电路、亮度控制电路、可编程序的差动放大器、电压-电阻转换电路、可编程低通滤波器、可编程移相电路等。现已被广泛应用于计算机、数码产品、仪器仪表、自动控制等领域。

2.2.4　电位器的检测

1．使用前的检测

1）标称阻值的检测。根据电位器标称阻值的大小，选择万用表欧姆挡的合适量程，如图 2-16（a）所示。将两表笔分别测试 A、C 两端的阻值是否与标称阻值相符。当阻值为无穷大时，表明电阻体与其相连的引脚断开了。

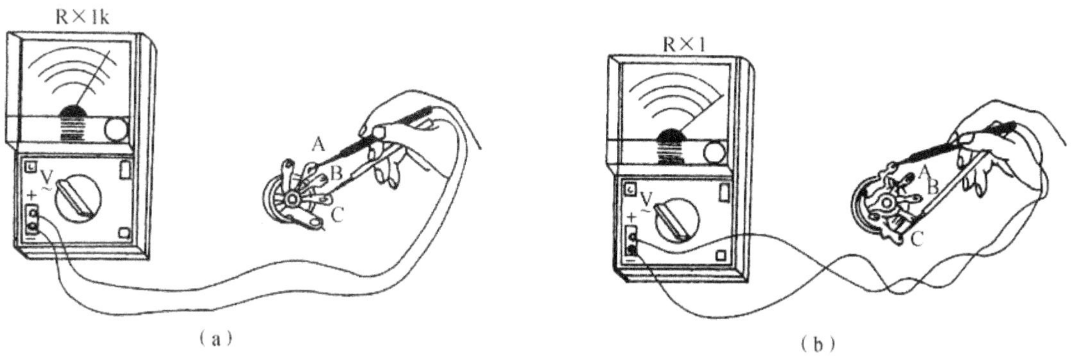

图 2-16　电位器的检测

2）开关的检测。电位器开关好坏的检测如图 2-16（b）所示，可通过万用表欧姆挡（R×1）进行，将两表笔分别接开关的两根引脚，然后转动电位器的转轴，当听到“喀哒”一声后，再查看万用表的阻值，如果是无穷大，表明电位器开关处于断开状态，如果阻值是零，表明电位器是接通状态。如果阻值在“喀哒”一声前后无任何变化，则说明电位器开关已损坏。

3）动触点与电阻体接触是否良好的检测。先将万用表调至合适量程后，再将两表笔分别接电位器的一个固定引脚与动触点引脚，然后慢慢的旋转转轴，这时表针应平稳的向一个方向移动，且阻值不应有跌落和跳跃现象。在检测时应注意表笔与引脚不应有断开现象，否则将影响测量结果的准确性。

2．对转动噪声大的电位器的检测与修理

电位器常出现的故障有：转动噪声大、引脚内部断路、电阻体磨损、烧坏、开关损坏等。

转动噪声大的电位器主要原因是由于电阻体磨损，使动片触点与电阻体之间接触不良，且电阻值忽大忽小，从而产生“喀哒、喀哒”的声音，此时可用万用表照前述方法进行检测，就会发现指针有跳跃现象。对于有这种故障的电位器，可用清洗法排除故障，即用镊子夹上蘸有无水酒精的棉球，让棉球靠近转轴，使其酒精顺着转轴注入电阻体，并不断的转动转轴，直至噪声消失。

2.3 电容器

电容器是家用电器及各种电子设备中不可缺少的电子元件。正确的选用电容器是保证电器质量的关键。下面介绍电容器的型号、种类、检测及选用方法。

电容器在电路中的图形符号，如图2-17所示。

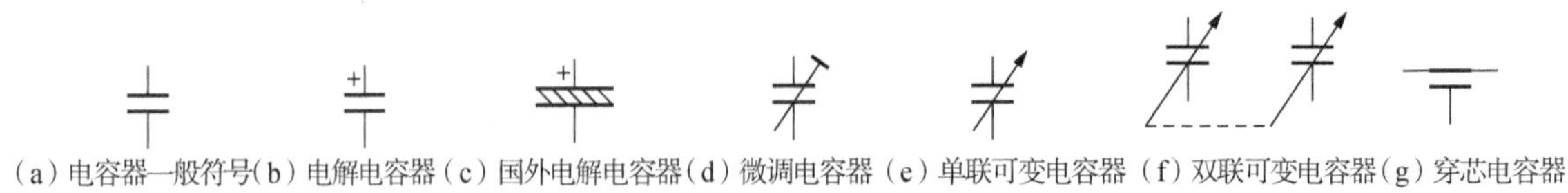

图2-17　电容器在电路中的图形符号

2.3.1 电容器的主要参数及其标注方法

1．标称容量

标在电容器外壳上的电容量数值称为电容器的标称容量。

为了便于生产和使用，国家规定了一系列容量值作为产品标准，如E24、E12、E6、E3系列。在使用时应按国家标准进行选购，否则难以买到。表2-4是电容器标称容量系列和允许误差。

表2-4　电容器标称容量系列与允许误差

标称容量系列	允许误差	标称容量值
E24	±5%	1.0 1.1 1.2 1.3 1.5 1.6 1.8 2.0 2.2 2.4 2.7 3.0 3.3 3.6 3.9 4.3 4.7 5.1 5.6 6.2 6.8 7.5 8.2 9.1
E12	±10%	1.0 1.2 1.5 1.8 2.2 2.7 3.3 3.9 4.7 5.6 6.8 8.2
E6	±20%	1.0 1.5 2.2 3.3 4.7 6.8
E3	>20%	1.0 2.2 4.7

在实际应用时，将所列数值再乘以10^n。其中，n为正整数或负整数。

电容量的常用单位有：法拉（F），微法（μF），微微法（pF）。它们之间的换算关系为：

$$1\text{F}=10^6\,\mu\text{F}=10^{12}\,\text{pF}$$

电容量的单位还有毫法（mF）、纳法（nF）。它们之间的换算关系为：

$$1\text{mF}=1000\mu\text{F}、1\text{nF}=1000\text{pF}$$

2．允许误差

表2-4中的允许误差是指电容器的标称容量值与实际容量之差，除以标称容量值所得的百分数。误差一般分为三级，可写成Ⅰ级、Ⅱ级、Ⅲ级，即±5%、±10%、±20%。

3．额定工作电压

额定工作电压又称耐压值，是表示电容器在接入电路后，能长期、连续可靠的工作而不被击穿所能承受的最高工作电压。在使用时绝对不允许超过这个耐压值，否则电容器就要损坏或被击穿。

电容器除上述参数外，还有频率特性、温度系数、损耗因数、漏电流等参数。

4. 电容器电容量的标注方法

（1）直标法

直标法是指在电容器的表面直接用数字或字母标注出标称容量、额定电压等参数。

例如：电容器上标有 CY-8、620pF、200V 字样，就表示这一电容器是云母电容器，标称容量是 620pF，额定电压是 200V。

（2）字母与数字混合标注法

1）该种标注法的具体内容是：用 2～4 位数字和一个字母混合后表示电容器的容量大小。其中，数字表示有效数值，字母表示数值的量级。常用的字母有 m、μ、n、p 等。字母 m 表示毫法（10^{-3}F），μ 表示微法（10^{-6}F）；n 表示毫微（10^{-9}F）；p 表示微微法（10^{-12}F）。

例如：100m 表示标称容量为 100mF=100000μF；10μ 表示标称容量为 10μF；10n 表示标称容量为 10nF=10000pF；10p 表示标称容量为 10pF。

2）字母有时也表示小数点。

例如：3μ3 表示标称容量为 3.3μF；3F32 表示标称容量为 3.32F；2p2 表示标称容量为 2.2pF。

3）有的是在数字前面加 R 或 P 等字母时，表示零点几微法。

例如：R22 表示标称容量为 0.22μF；P50 表示标称容量为 0.5pF。

（3）三位数字的表示法

三位数字的表示法也称电容量的数码表示法。三位数字的前两位数字为标称容量的有效数字，第三位数字表示有效数字后面零的个数，它们的单位都是 pF。

例如：102 表示标称容量为 1000pF；221 表示标称容量为 220pF。

在这种表示法中有一个特殊情况，就是当第三位数字用“9”表示时，是用有效数字乘上 10^{-1} 来表示容量大小。

例如：229 表示标称容量为 22×10^{-1}pF=2.2pF。

（4）四位数字的表示法。

四位数字的表示法也称不标单位的直接表示法。这种标注方法是用 1～4 位数字表示电容器的电容量，其容量单位为 pF。如用零点零几或零点几表示容量时，或标称于电解电容器时，其单位为 μF。

例如：3300 表示标称容量为 3300pF；680 表示标称容量为 680pF；7 表示标称容量为 7pF；0.47 表示 0.47μF。

（5）色标法

电容器的色标法与电阻器的色环法基本相似，各种颜色代表的数值是一样的，单位为 pF。

5. 电容器容量允许误差的标注方法

电容器容量允许误差的标注方法主要有三种

（1）用字母表示误差

各字母表示的意义见表 2-5。

表 2-5　字母表示误差法中各字母表示的意义

字母	B	C	D	F	G	J	k	M	N	Q	S	Z	P
误差（%）	±0.1	±0.25	±0.5	±1	±2	±5	±10	±20	±30	+30～−10	+50～−20	+80～−20	+100～0

例如：223Z 表示电容器容量为 22000pF=0.022μF，字母 Z 表示误差为+80%～−20%。

（2）直接标出误差的绝对值

例如：68pF±0.2pF 则表示电容器的电容量为 68pF，误差在±0.2pF 之间。

（3）直接用数字表示百分比的误差

例如：0.068/5 中的 5 就表示误差为±5%，而将%省去。

2.3.2 常用电容器介绍

常用电容器的种类很多，其分类方法也各有不同。

1）按介质材料可分为气体介质电容器、电解介质电容器、无机介质电容器、有机介质电容器。

2）按封装形式可分为圆柱形电容器、长方形电容器、圆片形电容器、管形电容器、球形电容器、方形电容器等。

3）按电容量的调节方式可分为固定电容器、可变电容器、微调电容器等。

4）按电容器用途可分为高频电容器、高压电容器、低频电容器、低压电容器。

5）按电容器的引脚方向可分为轴向引脚电容器、径向引脚电容器、同向引脚电容器、无引脚电容器。

1．电解电容器

电解电容器是电子电路应用较为广泛的电容，电解电容器又可分为铝电解电容器、钽电解电容器、铌电解电容器、钛电解电容器等。

电解电容器是有极性的电容器，即有正极与负极之分的电容器，它用于直流电路中，正极接电源的正极，负极接电源的负极。在使用中不能错接，否则将损坏电容器。由于制作工艺的不同也可生产无极性的电解电容器，该种电解电容器可用于交流电路。

1）铝电解电容器。铝电解电容器在电路中用的较多，这种电容器还有质量小、较经济的特点，故使用广泛。其不足之处是损耗大、频率特性差，而且容量是随温度下降而减小。该种电解电容器可用于低频电路，作为旁路电容、耦合电容和滤波电容，常用的型号有 CD 等。它们的外形如图 2-18（a）所示。

2）钽电解电容器的外形如图 2-18（b）所示。其特点是寿命长、可靠性高、稳定性好、损耗低、体积小、温度特性好，它的工作温度可达 200℃。其不足之处是价格较高。

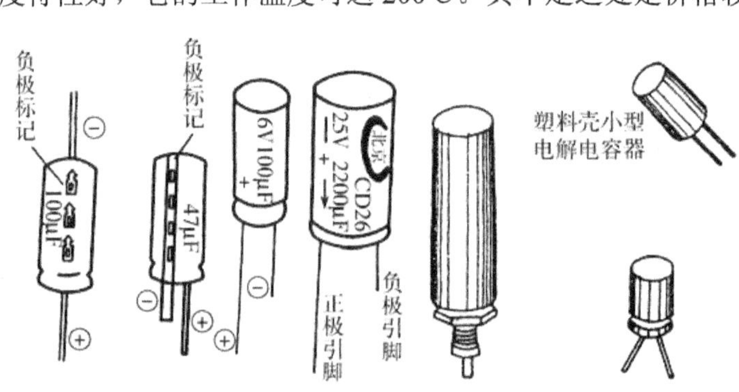

（a）铝电解电容器的外形

图 2-18 电解电容器的外形

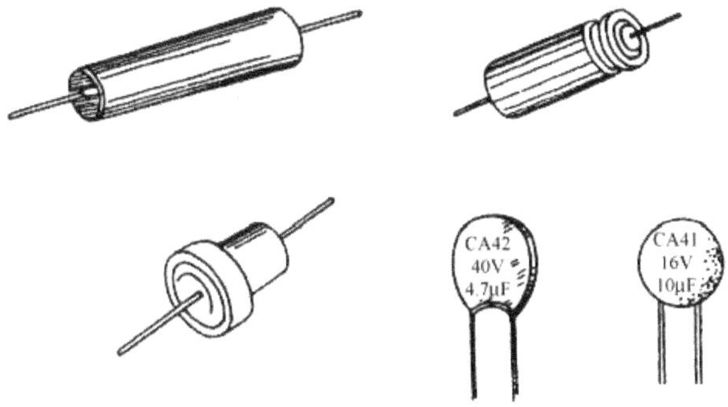

（b）钽电解电容器的外形

图 2-18　电解电容器的外形（续）

2. 涤纶电容器

涤纶电容器是以涤纶薄膜作介质的电容器。该种电容器的特点是电容量大、工作电压范围宽、能耐热（130℃左右）、成本低等。其金属化涤纶电容器的容量更宽，耐压可达万伏左右，但不足之外是稳定性不高。涤纶电容器主要用于要求不高的电子电路和低频电路中。常用的涤纶电容器的型号有 CL11 系列、CL21 系列等。

3. 聚苯乙烯电容器

聚苯乙烯电容器可分为箔式聚苯乙烯电容器和金属化聚苯乙烯电容器两种类型。该电容器的特点是绝缘电阻大，可达 10000MΩ 以上，稳定性好，能耐高压（几百伏至几千伏），受温度影响小，但不能在较高的温度下工作，一般工作在 75℃以下。常用的型号有 CB10 系列，CB11 等。

4. 聚丙乙烯电容器

聚丙乙烯电容器是继聚苯乙烯电容器后的产品，由于其具有良好的高频绝缘特性、损耗小、稳定性和机械性能好等优点。被广泛用于高频电路中，如电视机、仪器仪表等。

5. 瓷介电容器

瓷介电容器是以陶瓷材料做为电容器的介质，由于其成本低，绝缘性能优良，种类很多，故应用很广泛。其形状有管形、园片形、穿芯形、筒形、叠片形、鼓形、球形、方形等。

6. 云母电容器

云母电容器是用云母做为介质并在云母表面上喷一层银以形成电极，再经压制而构成的电容器。它具有绝缘性能好（1000～7500MΩ）、温度稳定性好、精密度高、可靠性高、高频特性好的特点。常用的型号有 CY 系列、CYZ 系列和 CYRX 系列等。

7. 微调电容器

微调电容器又称半可调电容器，它的容量调整范围一般为 5～45pF 之间。微调电容器的种类很多，常见的有云母微调电容器、薄膜介质微调电容器、拉线微调电容器、瓷介微调电容器、筒形微调电容器、短波专用微调电容器等。微调电容器的外形，如图 2-19 所示。

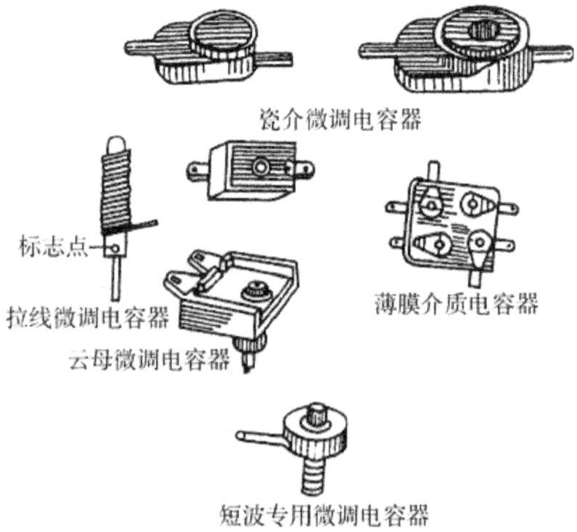

图 2-19　各种微调电容器的外形

8. 可变电容器

可变电容器以介质的不同可分为空气介质可变电容器和固体介质可变电容器。它们的外形如图 2-20 所示。

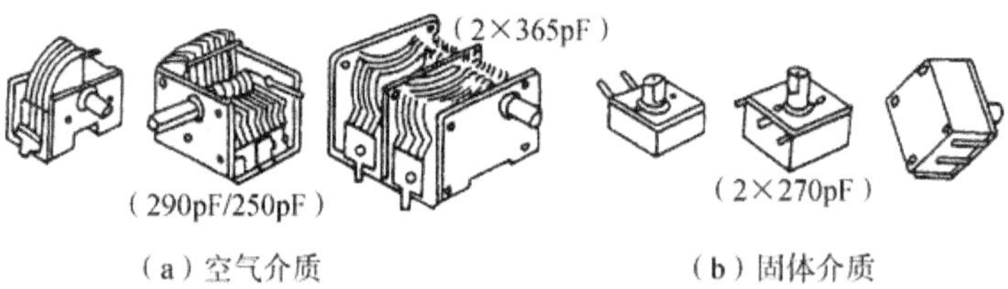

图 2-20　可变电容器的外形

1）空气介质可变电容器的动片、定片均由金属片构成，其动片由转轴带动，通过改变动片与定片之间的相对面积来改变电容量。当动片与定片的相对面积增大时，其容量增大，否则相反。

2）固体介质可变电容器的动片与定片仍是由金属片构成，在动片与定片之间采用云母或塑料薄膜做为介质，其特点是体积较小，比空气可变电容器的质量小，但不足之处是介质薄膜易磨损，在使用一段时间后容易出现噪声。

9. 数字可编程电容器

数字可编程电容器是一种不用机械方式调节容量的电容器，而是通过数字接口进行编程来改变电容量的。它改变了传统的通过调节动片和定片之间的相对面积来改变电容量。

数字可编程电容器的优点是无噪声、寿命长、可靠性高、体积小，其不足之处是电容量不能连续可调，只能进行分级调节。

2.3.3 电容器的检测

电容器是各种电子产品中都要采用的元件，是使用数量较多的一种，其故障发生率要比电阻高，而且检测要比电阻麻烦。

由于电容器的种类很多，容值范围较宽，结构又有所不同，故采用了不同的检测方法。

1. 固定电容器的检测

（1）漏电电阻的测量

先将万用表调至合适量程后（R×10k 或 R×1k 挡，视电容器的容量而定。在测大容量的电容器时，把量程放小，而测小容量电容器时，把量程放大），再把两支表笔分别接触电容器的两根引脚，此时表针很快向顺时针方向摆动（R 为零的方向摆动），然后逐渐退回到原来的无穷大位置，随之断开表笔，并将红、黑表笔对调，重复测量电容器，如表针仍按上述的方法摆动，说明电容器的漏电电阻很小、性能良好，能够正常使用。

当测量中发现万用表的指针不能回到无穷大的位置时，此时表针所指的阻值就是该电容器的漏电电阻。表针距离阻值无穷大的位置越远，说明电容器漏电越严重。有的电容器在测其漏电电阻时，表针退回到无穷大位置后，又慢慢的向顺时针方向摆动，摆动的越多表明电容器漏电越严重。用万用表测电容器漏电电阻的过程，如图 2-21 所示。

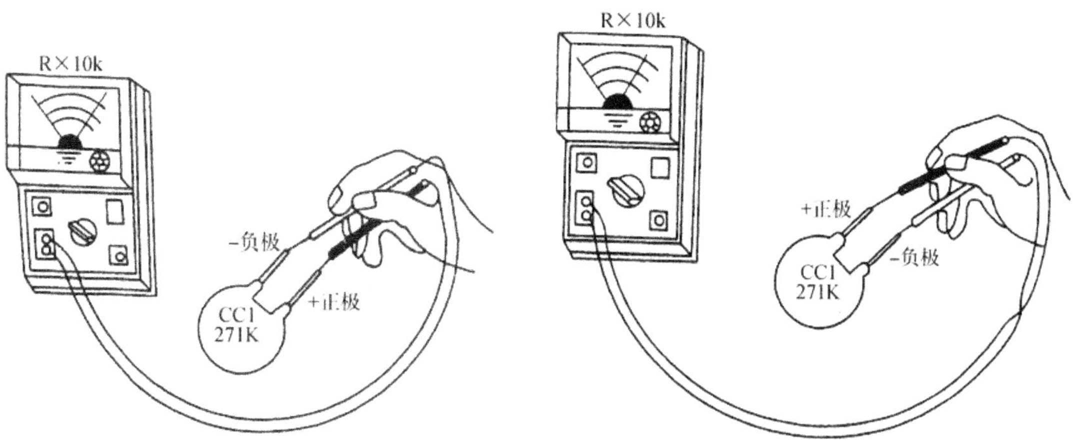

图 2-21　测电容器漏电电阻

（2）电容器断路的测量

电容器的容量范围很宽，在用万用表判断电容器断路的情况时，首先要看电容量的大小。对于 0.01μF 以下的小容量电容器，用万用表不能准确地判断其是否断路，只能用其他仪表进行鉴别（如 Q 表）。

对于 0.01μF 以上的电容器，在用万用表测量时，必须根据电容器容量的大小，选择合适的量程进行测量，才能正确地给予判断。

如在测量 300μF 以上容量的电容器时，可选用 R×10 挡或 R×1 挡；如在测 10～300μF 电容器时，可选用 R×100 挡；如在测 0.47～10μF 的电容器时，可选用 R×1k 挡；如在测 0.01～0.47μF 的电容器时，可选用 R×10k 挡。

按照上述方法在选择好万用表的量程后，便可将万用表的两支表笔分别接电容器的两根引脚，在测量时，如表针不动，可将两支表笔对调后再测，如表针仍不动，则说明电容器断路。

（3）电容器的短路测量

先将用万用表调至合适的量程后，再将两只表笔分别接电容器的两根引脚，如表针所示阻值很小或为零，而且表针不再退回无穷大处，则说明电容器已被击穿短路。需要注意的是在测量容量较大的电容器时，要根据容量的大小，依照上述介绍的量程选择方法来选择适当的量程，否则就会把电容器的充电误认为是击穿。

2．电解电容器的检测

在测量电解电容器的漏电电阻时，应依照上述介绍的量程选择方法，先将万用表调至合适量程后，再将红表笔接电解电容的负极，黑表笔接电解电容的正极，此时，表针应向 R 为零的方向摆动，摆到一定幅度后，又反向向无穷大方向摆动，直到某一位置停下，此时指针所指的阻值便是电解电容器的正向漏电电阻，正向漏电电阻越大，说明电容器的性能越好，其漏电流越小。将万用表的红、黑表笔对调（红表笔接正极，黑表笔接负极），再进行测量，此时指针所指的阻值为电容器的反向漏电电阻，此值应比正向漏电电阻小些。如测得的以上两漏电电阻阻值都很小（几百千欧以下），则表明电解电容器的性能不良，不能使用。检测电解电容器的方法，如图 2-22 所示。

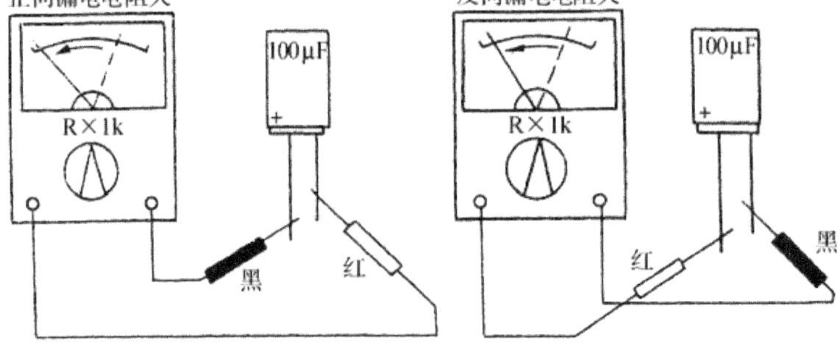

（a）测量正向漏电电阻　　（b）测量反向漏电电阻

图 2-22　检测电解电容器

3．可变电容器的检测

1）可变电容器的故障现象。可变电容器的主要故障是转轴松动，动片与定片之间的相碰短路，如是固体介质的密封可变电容器，其动片与定片之间有杂质与灰尘时，还可能有漏电现象。

2）对于碰片短路与漏电的检查的方法是：用万用表的 R×10k 挡，测量动片与定片之间的绝缘电阻，即用两支表笔分别接触电容器的动片、定片后，再慢慢旋转动片，如碰到某一位置阻值为零时，则表明有碰片短路现象，应予以排除再用。如动片转到某一位置时，表针不为无穷大，而是出现一定的阻值，则表明动片与定片之间有漏电现象，应清除电容器内部的灰尘后再用。如将动片全部旋进、旋出后，阻值均为无穷大，则表明可变电容器良好。检测可变电容器是否碰片的方法，如图 2-23 所示。

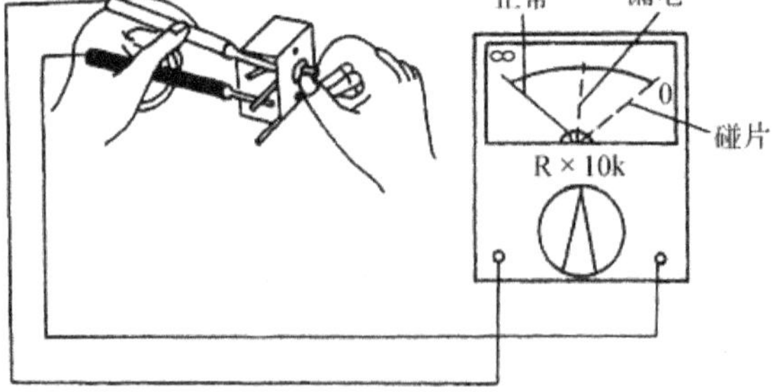

图 2-23　检测可变电容器

2.3.4　在电路图中电容器容量单位的标注规则

当电容器容量大于 100pF，而又小于 1μF 时，一般不标注单位，没有小数点的电容量单位为 pF，有小数点的电容量单位为 μF，如 4700 就是 4700pF；0.22 就是 0.22μF。

当电容量大于 10000pF 时，可用 μF 为单位。当电容量小于 10000pF 时，可用 pF 为单位。

2.4　电感线圈

电感线圈简称电感，它也是家用电器，各种仪器仪表及各种电子类产品中不可缺少的元件。

电感器是用漆包线绕在骨架上而成的电子元件。常用的电感线圈可分为两大类，一类是应用自感作用的电感线圈；另一类是应用互感作用的变压器。

常见的电感线圈有天线线圈、高频振荡线圈、中波本振线圈、短波振荡线圈、低频阻流圈、高频阻流圈、行偏转线圈、场偏转线圈等。

电感线圈的图形符号如图 2-24 所示。电感线圈在电路图中用字母“L”表示。

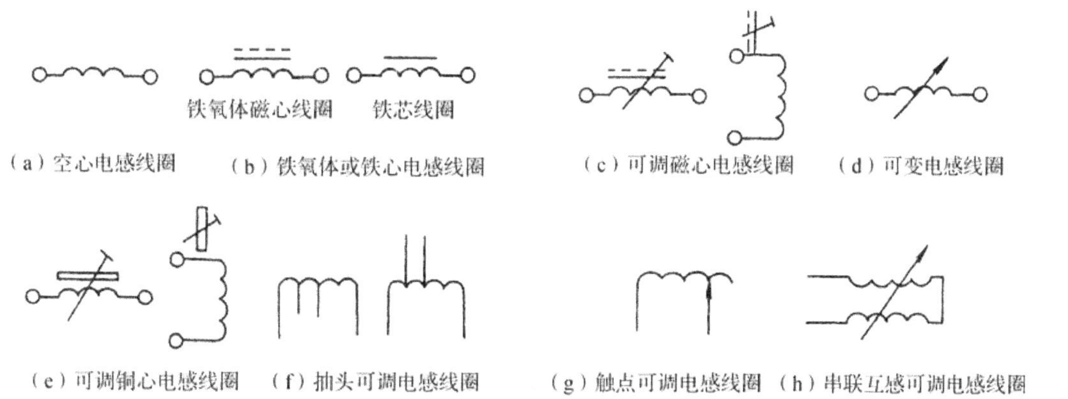

图 2-24　电感线圈的图形符号

2.4.1　电感线圈的参数标注方法

1. 直标法

电感线圈一般都采用直标法，就是将标称电感量用数字直接标注在电感线圈的外壳上，用字母表示电感线圈的额定电流，用 I 、II、III表示允许误差。小型固定电感线圈就采用这种数字与符号直接表示其参数。

电感线圈的标称电流，一般以字母表示，见表 2-6。

表 2-6　电感线圈标称电流的代表字母及意义

字　母	A	B	C	D	E
意　义	50mA	150mA	300mA	0.7A	1.6A

如电感线圈外壳上标有 C、II、330μH 标志，说明电感线圈的电感量为 330μH，最大工作电流为 300mA，允许误差为±10%。

如电感线圈外壳上标有 10μH、B、II 的标志，说明该电感线圈的电感量为 10μH，最大工作电流为 150mA，允许误差为±10%。

也有的电感线圈采用下列标注方法。

例如：LGX—B—560μH—±10%标志是表明小型高频电感器、最大工作电流为150mA，电感量为560μH，允许误差为±10%。

电感线圈的标注方法，如图2-25所示。

2. 色标法

在电感线圈的外壳上，使用颜色环或色点来表示其参数方法的被称为色标法。采用这种方法表示电感线圈主要参数的，小型固定高频电感线圈被称为色码电感。色码电感线圈的标注法，如图2-26所示。

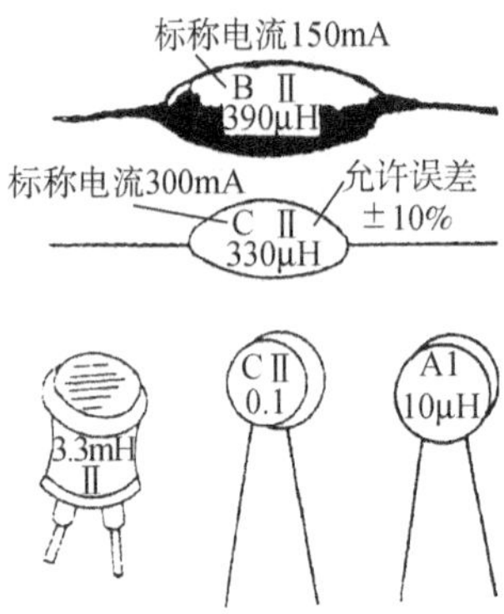

图2-25 电感线圈的直标法

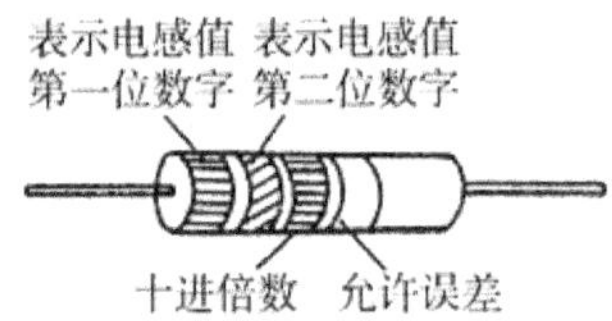

图2-26 电感线圈的色标法

如某一电感线圈的色环依次为蓝、灰、红、银，则表明此电感线圈的电感量为6800μH（微亨），允许误差为±10%。

2.4.2 电感线圈的种类

电感线圈的种类很多，分类方法也不一样。

1）按电感线圈的芯可分为空心电感线圈、磁心电感线圈、铁心电感线圈和铜芯电感线圈，有磁心可调电感器、铜心可调电感器、空心滑动接点可调电感线圈。

2）按照安装的形式可分为立式和卧式电感线圈。

3）按工作的频率可分为高频电感线圈、中频电感线圈和低频电感线圈。

4）按电感线圈的用途可分为电源滤波线圈、高频滤波线圈、高频阻流圈、低频阻流圈、行偏转线圈、场偏转线圈、行振荡线圈、行线性校正线圈、本振线圈、高频振荡线圈。

2.4.3 常用电感线圈的介绍

1. 单层电感线圈与多层电感线圈

1）单层电感线圈。单层电感线圈是电路中应用较多的一种电感线圈。它的电感量一般只有几微亨或几十微亨，其 Q 值一般都比较高，并多用于高频电路中，如图2-27所示。

2）多层电感线圈。由于单层电感线圈的电感量较小，为获得较大的电感量，而又不增加线圈的体积，为此可绕制多层线圈。

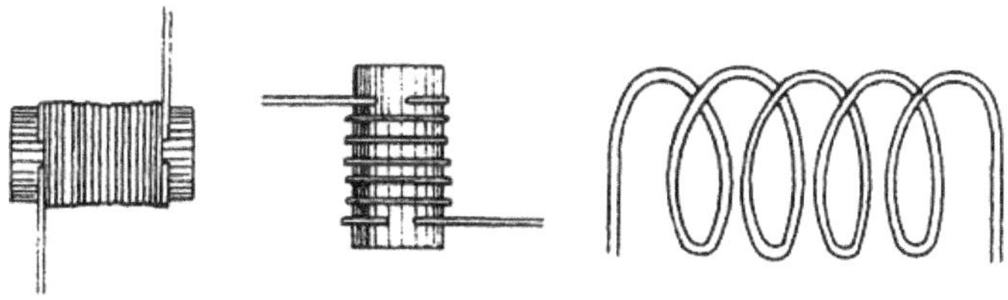
(a)　(b)　(c)

图 2-27　单层电感线圈

2. 小型固定电感线圈

小型固定电感线圈是电路中应用较多的一种电感线圈。其特点是体积小、质量小、结构简单而牢固，使用方便，而且电感量范围较宽，适用于多种电路，其外形如图 2-28 所示。

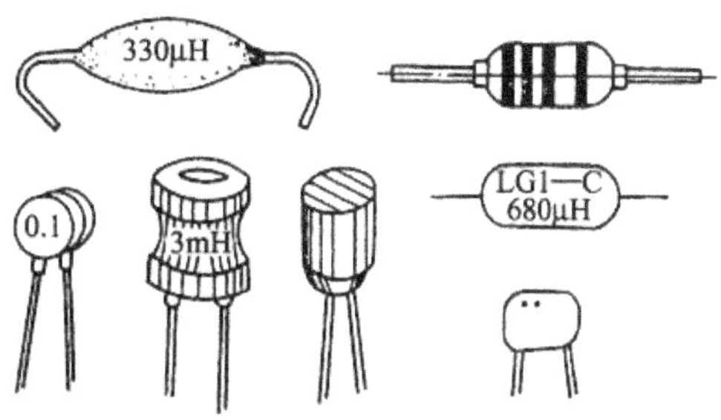

图 2-28　小型固定电感线圈的外形

小型固定电感线圈是用绝缘导线绕在磁心上，然后再用环氧树脂封装而成。主要应用于振荡电路、滤波电路、延时电路和陷波电路。

小型固定电感线圈有卧式和立式两种，为在不同的条件下使用带来了方便。

常用的型号有 LG1、LGA、LGX 等卧式系列，LG2、LG 等立式系列。

3. 偏转线圈

偏转线圈是套在显像管颈部的部件，偏转线圈分为行偏转线圈和场偏转线圈。行偏转线圈产生的磁场是垂直的，使显像管内的电子束作水平方向偏转。在行偏转线圈外部套有铁氧体磁环，用以提高 Q 值，把线圈分为上、下两部分（见图 2-29（b）），其目的是为了获得比较均匀的磁场。

场偏转线圈也分为两个绕组，它们分别绕在铁氧体磁环的左右两侧，如图 2-29（c）所示。场偏转线圈产生水平方向的磁场，使电子束作垂直方向偏转。由于行、场偏转线圈的共同作用，便形成了显像管的光栅。偏转线圈的外形，如图 2-29（d）所示。

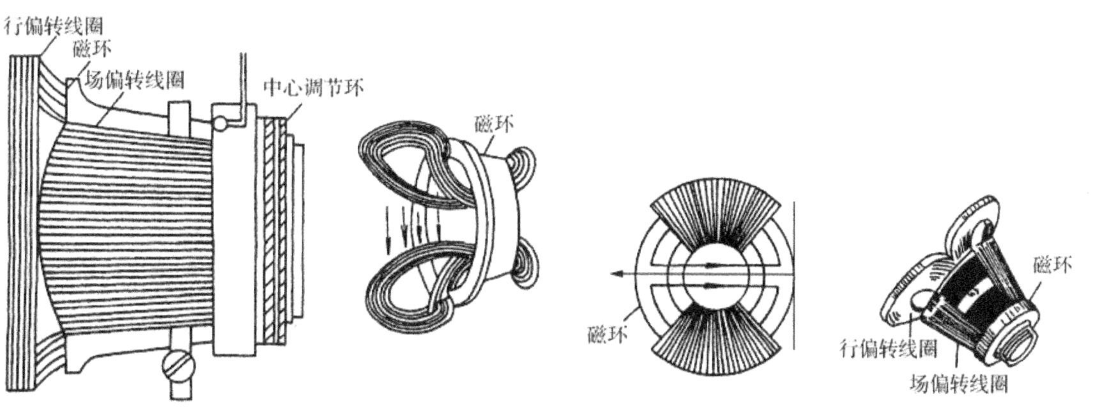

（a）外形侧视图　（b）行偏转线圈　（c）场偏转线圈　（d）偏转线圈的整体

图 2-29　偏转线圈

4．振荡线圈

振荡线圈是超外差式收音机中不可缺少的元件（见图 2-30）。在超外差式收音机中需要产生一个比外来信号高 465kHz 的高频等幅信号，这个任务就是由振荡线圈与电容组成的振荡回路来完成的。

振荡线圈分为中波振荡线圈、短波振荡线圈。

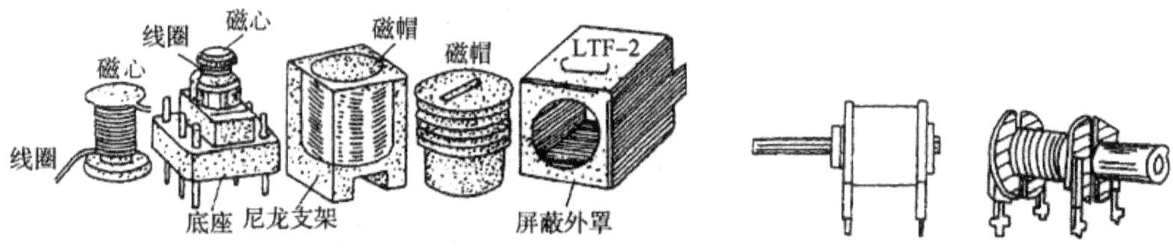

（a）收音机振荡线圈的结构　（b）黑白电视机振荡线圈的外形

图 2-30　振荡线圈

2.4.4　电感线圈的检测

在业余条件下检测电感线圈的性能是无法进行的，即对电感量大小的检测，Q 值多少的检测均需用专门的仪器，对于一般使用者来讲无法做到。在业余条件下可从以下两个方面进行检测：

1）从电感线圈外观查看是否有破裂现象，线圈是否有松动、变位的现象，引脚是否牢靠？并查看电感器的外表上是否有电感量的标称阻值。还可进一步检查磁芯旋转是否灵活，有无滑扣等。

2）用万用表检测通断情况。先将万用表置于 R×1 挡后，再用两只表笔分别碰接电感线圈的引脚。当被测的电感器电阻值为 0Ω 时，说明电感线圈内部短路，不能使用。如果测得电感线圈有一定的阻值，则说明正常。电感线圈的电阻值与电感线圈所用漆包线的粗细、圈数多少有关。电阻值是否正常可通过相同型号的正常值进行比较。

当测得的阻值为∞时，说明电感线圈或引脚与线圈接点处发生了断路，此时不能使用。

2.5　变压器

变压器是根据电磁感应原理制成的，它的主要作用是传输交流信号、变换电压、变换交流阻抗、进行直流隔离、传输电能等。

变压器主要是由铁心和线圈组成的，一般的变压器有两个绕组，即初级绕组和次级绕组。有两个以上绕组的变压器，除有一个初级绕组外，其他的绕组统称为次级绕组。初级绕组就是指接电源的绕组或者是信号输入端的绕组。次级绕组就是指输出电压或输出信号的绕组。

变压器的种类很多，可分为高频变压器、中频变压器、低频变压器。其天线线圈、振荡线圈为高频变压器。收音机的中放电路所用的变压器、电视机的中频放大电路所用的变压器都为中频变压器。电源变压器、推动变压器、线间变压器、隔离变压器、输入变压器、输出变压器等都为低频变压器。

变压器在电路中用字母“T”表示，其电路图形符号，见表 2-7。

表 2-7　变压器的电路图形符号

图 形 符 号	名　　称	图 形 符 号	名　　称
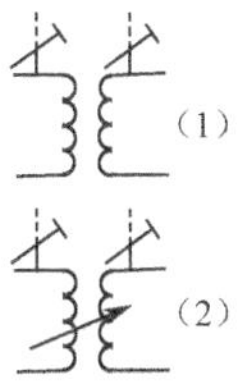	绕组是可用铁氧体磁心进行微调的变压器 （1）固定耦合 （2）可变耦合	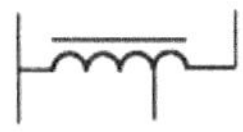	铁心自耦变压器
	铁心双绕组变压器	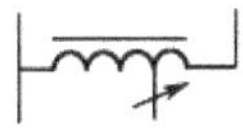	连续调压有铁心自耦变压器
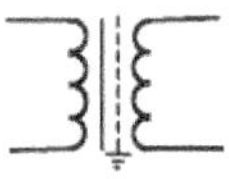	有屏蔽隔离的铁心双绕组变压器	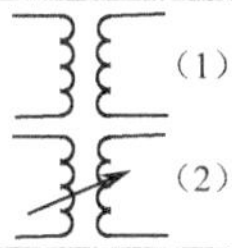	无铁心变压器 （1）固定耦合 （2）可变耦合
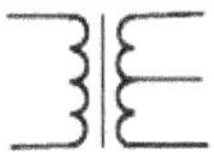	铁心双绕组抽头变压器	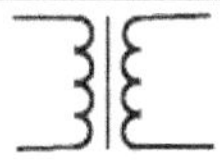	铁氧体磁心变压器
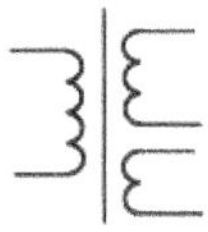	铁心三绕组变压器	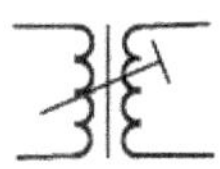	铁氧体磁心微调变压器

2.5.1　变压器的结构

变压器是由绕组、铁心、紧固件、绝缘材料等构成。

1）变压器的绕组是由漆包线或纱包线绕制而成的。根据用途不同，其漆包线的线径和绕组的绕制方法也不同。一般初级线圈绕在里层，次级线圈绕在外层。

2）为了使变压器的绝缘性能得到保证，线圈各层之间都加有衬垫纸等绝缘材料。一般采用青壳纸、黄蜡布或黄蜡绸。

3）骨架一般由青壳纸、玻璃纤维、酚醛树脂等绝缘材料做成。也有的采用尼龙材料做成骨架。

4）紧固件。变压器的铁心在插入线圈后，必须用紧固件夹紧。一般的方法是采用夹板条，其形状如图 2-31（a）所示，然后用螺栓杆插入硅钢片预先打好的孔中，再将螺钉拧紧便可。对于小功率的变压器则采用 U 形夹子夹紧便可。U 形夹子如图 2-31（b）所示。

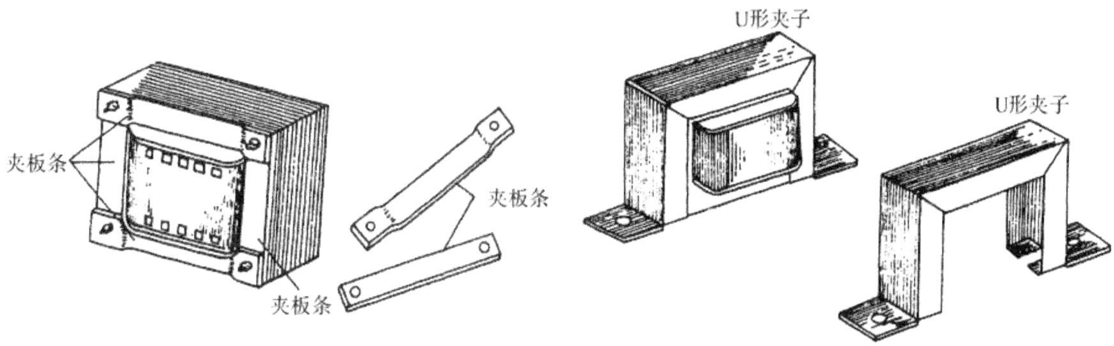

（a）　　（b）

图 2-31　紧固件

5）铁心。变压器的铁心一般由硅钢片、坡莫合金、铁氧体材料制成。不同类型的变压器对铁心的要求也不同，可根据变压器的性能选用，如电源变压器，一般采用硅钢片铁心。常见的铁心形状有 E 形、口形和 C 形，它们都是采用冷轧硅钢板或热轧硅钢板做成的，其中 E 形铁心是使用最多的一种。高频变压器、音频变压器一般采用铁氧体磁性材料。铁心的形状如图 2-32 所示。

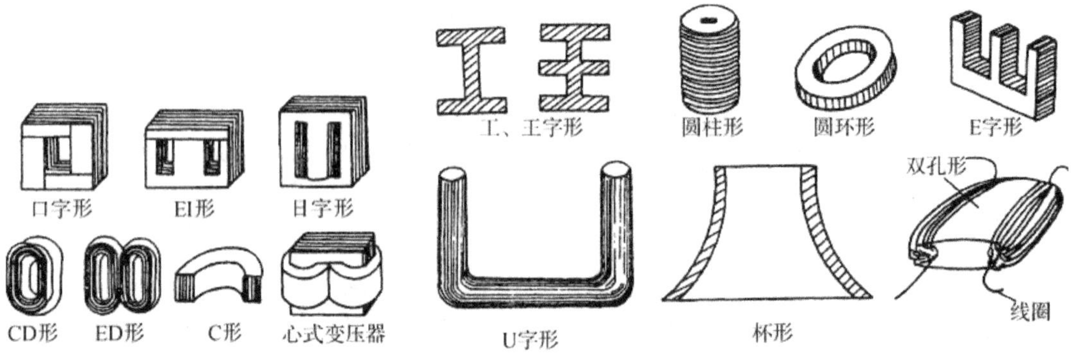

（a）硅钢片的铁心形状　　（b）铁氧体材料的磁心形状

图 2-32　铁心形状

2.5.2　常用变压器的介绍

1. 电源变压器

电源变压器是各种家用电器、仪器仪表等电子设备中不可缺少的元件，其主要作用是降压，即将 220V 的交流电压降至所需的电压值。而有些电子设备需要将 220V 电压升高到所需的电压值，为此电源变压器为各种电子设备提供了各种类型的电源。

电源变压器的类型很多，但基本结构相同，它们的外形如图 2-33 所示。电源变压器在电路中用 T 表示。

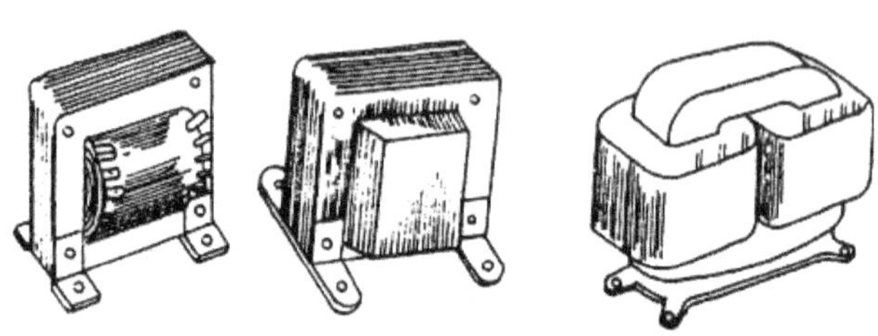

（a）日字式结构　　（b）心式结构

图 2-33　电源变压器外形

2. 中频变压器

中频变压器的结构基本与振荡线圈相似，也是由胶木座、尼龙支架、磁帽和金属屏蔽罩组成。中频变压器有单调谐式和双调谐式，单调谐式是指只有一个谐振回路，而双调谐式是指具有两个谐振回路。单调谐电路比双调谐电路简单，但选择性差，而双调谐电路的选择性较好。

3. 天线线圈

（1）天线线圈的结构

在磁棒上绕两组彼此不连接的线圈，就构成了收音机输入电路用的天线线圈，而两个彼此独立的线圈就构成了高频性质的变压器。

（2）天线线圈的种类

天线线圈根据磁棒的形状不同可分为圆形磁棒和扁形磁棒，如图 2-34 所示。两种磁棒在相同长度和相同截面积的情况下，其效果是相同的。磁棒是用锰锌铁氧体（黑色，用 MX 表示）和镍锌铁氧体（棕色，用 NX 表示）的材料做成的。其锰锌铁氧体磁棒只能用于接收中波段信号，镍锌铁氧体适合接收短波段信号，两种磁棒不能互相代用。有的收音机只用了一根磁棒，能接收中、短波信号，是因为这根磁棒是用中波磁棒与短波磁棒对接而成的磁棒。

4. 行输出变压器

行输出变压器是电视机行扫描电路的专用一体化结构变压器，简称 FBT，也常称为回扫变压器。该种变压器从结构上可分为分立结构和一体化结构两种。分立结构的行输出变压器目前已不采用。一体化结构的行输出变压器，其高压绕组、低压绕组、高压整流二极管等均被封灌在一起。它的特点是体积小、重量轻、可靠性高、输出的直流高压稳定。已广泛地应用于目前生产的各种电视机和显示器中。行输出变压器的外形，如图 2-35 所示。

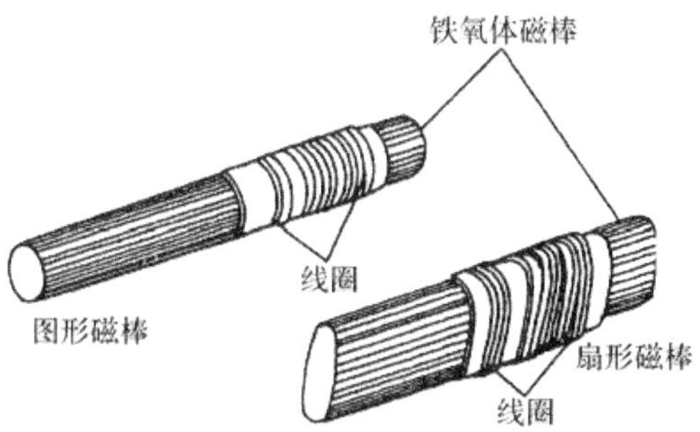

图 2-34　天线线圈

图 2-35　行输出变压器的外形

2.5.3　变压器的检测

变压器常出现的故障有短路、断路、绝缘不良而引起的漏电声等。当变压器出现故障时，应及时检查互换，尤其是当变压器出现焦糊味、冒烟，输出电压降低很多且温升很快时，应立即切断电源，找出故障所在。下面介绍电源变压器的检查方法。

1）检测初、次级绕组的通断。先将万用表置于 R×1 挡，再将两支表笔分别接初级绕组的引脚，阻值一般为几十至几百欧姆，若出现∞时，则为断路，若出现 0 阻值时，则为短路。用同样的方法测试次级绕组的阻值，一般为几欧姆至几十欧姆（降压变压器），如次级绕组有多个时，输出标称电压值越小，其阻值越小。

当线圈断路时，无电压输出，而断路的原因有外部引脚断线，引脚与焊片脱焊，受潮后内部霉断等。

2）检测各绕组间、绕组与铁心间的绝缘电阻。先将万用表置于 R×10k 挡，再将一支表笔接初级绕组的一引脚，另一支表笔分别接次级绕组的引脚，万用表所示阻值应为∞位置，若小于此值时，表明绝缘性能不良，尤其是阻值小于几百欧姆时，表明绕组间有短路故障。

用上述的方法再继续检测绕组与铁心之间绝缘电阻。（一支表笔接铁心，另一支表笔接各绕组引脚）

3）测试变压器的次级空载电压。先将变压器初级接入 220V 电源，再将万用表置于交流电压挡，根据变压器次级的标称电压值，选好万用表的量程，依次测出次级绕组的空载电压，允

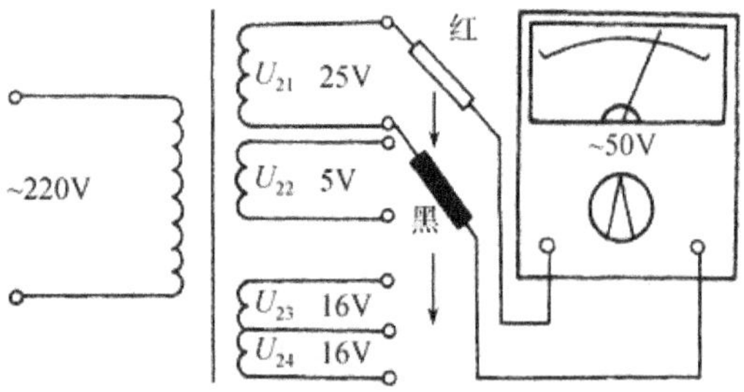

图 2-36 空载电压的测试

许误差一般不应超出 5%～10%为正常（在初级电压为 220V 的情况下），其测量过程如图 2-36 所示。若出现次级电压都升高，则表明初级线圈有局部短路故障，若次级的某个线圈电压偏低，则表明该线圈有短路故障。

4）若电源变压器出现“嗡嗡”声，可用手压紧变压器的线圈，若“嗡嗡”声立即消失，则表明变压器的铁心或线圈有松动现象，也有可能是变压器固定位置有松动。

2.6 传感器

传感器是一种能够获取信息的器件，它能够检测一些非电量信息，并能转换成电信号，而且能按照一定的规律给予输出。因此可以说传感器是一种具有感知功能的器件。

由于传感器具有感知功能，因此能够替代人的视觉、听觉、嗅觉、味觉、触觉等功能，人类无法直接获取的信息，传感器能够完成。

传感器的种类很多，分类方法也很多。目前应用较多的传感器有湿敏传感器、磁敏传感器、气敏传感器、光敏传感器、热敏传感器、压敏传感器、红外传感器、测速传感器、位移传感器、可燃气体传感器等。

传感器的应用十分广泛，涉及各个行业。例如，工业监测、医疗诊断、环境监测、工业过程的控制、国防军事、航天航空、生态控制、汽车行业等。

1. 集成传感器

将传感器及与传感器相关的电路封装在同一芯片上，便可构成集成传感器。

1）集成传感器中的电路有的较为复杂，有的就比较简单。其中集成 CMOS 图像传感器的电路就较为复杂，不但包含了 CMOS 图像传感器阵列，还包括图像信号放大电路、信号读取电路及图像信号处理电路等。而集成温度传感器电路就比较简单，只包含有温度传感器及滞后比较电路与输出电路。

2）集成传感器的微型化。由于微电子技术的发展及其加工技术的成熟，使集成传感器实现了器件的微型化。

2. 集成温度传感器

集成温度传感器分为模拟式温度传感器和数字式温度传感器两种。其中数字式温度传感器有 LM92、LM99、MAX6625、MAX6626 等型号。

3. 固态指纹传感器

固态指纹传感器是一种采集指纹的器件，其原理是接触手指的电极为电容的一个极，电极的表面为电介质，由于手指纹路及深浅的不同，故可使电容的容值发生改变，进而导致了电压值的变化，经过处理电路后便可得到灰度不同的指纹图像。

固态指纹传感器现已被广泛应用到身份认证、门锁控制、数据库的安全登录及操作等方面。

2.7　二极管

二极管的电路图形符号如图 2-37 所示，在电路中用“V”或“VD”表示。

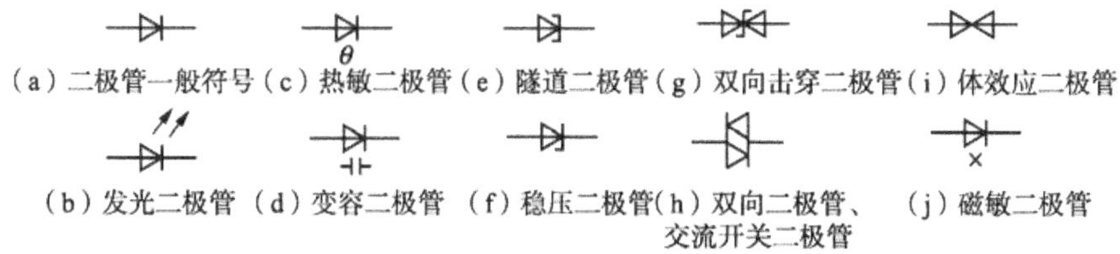

图 2-37　二极管电路图形符号

2.7.1　二极管的主要参数

1）二极管的额定电流。二极管的额定电流是指在其正常连续工作时，能通过的最大正向电流值。在使用时电路的最大电流不能超过此值，否则二极管就会因发热而烧毁。

2）二极管的最高反向工作电压。二极管的最高反向工作电压是指二极管在正常工作时所能承受的最高反向电压值。它是击穿电压值的一半，也就是说将一定的电压反向加在二极管的两端，而二极管的 PN 结不致引起击穿。在使用时，一般不要超过此值。

3）二极管的最大反向电流。二极管的最大反电流是指二极管在最高反向工作电压下，允许流过的反向电流。反向电流的大小，直接反映了晶体二极管单向导电性能的好坏，此值越小越好。

4）二极管的最高工作频率。二极管的最高工作频率是指二极管在正常工作下的最高频率。如果通过二极管的电流频率大于此值，二极管将不能起到它应有的作用。在选用二极管时，应选用满足电路频率要求的二极管。

5）二极管的正向电压降。二极管的正向电压降是指二极管在导通时，其二极管两端产生的正向电压降，此值越小越好。

6）二极管的功率损耗。二极管的功率损耗是指二极管在正常工作时所消耗的功率。

二极管除以上参数外还有结电容、温度系数、效率、动态电阻等。

2.7.2　二极管的导电特性、结构和种类

1．二极管的导电特性

二极管是一个单向导电的器件，即在二极管两端加上电压，电流只能从正极流向负极，而不能从负极流向正极，这种特性称作二极管的单向导电特性。

二极管的另一个导电特性是当加在二极管上的正向电压，必须达到某一个定值后才能导通，而这个电压就被称为导通电压。硅二极管的起始导通电压约为 0.6～0.7V，锗二极管的起始导通电压约为 0.2～0.3V。

2．二极管的结构

二极管是一块 P 型半导体和一块 N 型半导体紧密地结合在一起而构成的。在它们的交界面上形成一个界面，这个界面就称 PN 结，如图 2-38 所示。在 P 型与 N 型半导体上各加上一根引脚，然后进行封装，便构成一个二极管。其 P 型半导体的引脚称为“+”极，N 型半导体的

引脚称为“–”极。

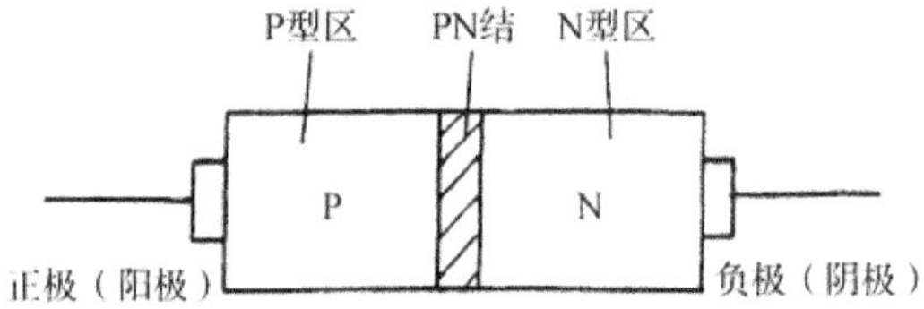

图 2-38　二极管的 PN 结

由于制做工艺的不同二极管可分为点接触型和面接触型两类。点接触型二极管由于金属触丝与半导体的接触面很小，故只能通过较小的电流，但能够在较高的频率下工作，多用于检波电路。面接触型二极管由于 P 型与 N 型半导体的接触面较大，便可以通过较大的电流，但由于结电容较大，工作频率较低，故不能用于检波，适用于整流等电路。

3. 二极管的种类

二极管的种类很多，分类方法也不尽相同。

1）按制作材料的不同可分为锗二极管、硅二极管和砷化镓二极管。在锗二极管中又分为 N 型和 P 型，在硅二极管中也分为 N 型和 P 型。

2）按制作工艺的不同可分为面接触型二极管和点接触型二极管。

3）按用途的不同可分为整流二极管、发光二极管、检波二极管、磁敏二极管、开关二极管、压敏二极管、阻尼二极管、湿敏二极管、稳压二极管、变容二极管、光敏二极管、双基极二极管、肖特基二极管、隧道二极管、恒流二极管、快恢复二极管、双向触发二极管、激光二极管和热敏二极管等。

4）按封装形式可分为玻璃封装二极管、塑料封装二极管和金属封装二极管。

5）按二极管的工作频率可分为高频二极管和低频二极管。

6）按二极管功率大小可分为大功率二极管、中功率二极管和小功率二极管。

2.7.3　检波、整流二极管的特点与选用、检测

1. 检波二极管的特点与选用

检波二极管的特点是要求结电容小、工作频率高、反向电流小。它的作用是把调制在高频载波上的音频信号检出来，检波二极管多用点接触型结构，封装形式多数采用玻璃封装，以保证良好的高频特性。

检波二极管一般选用 2AP 系列和进口的 1N60、1N34、1S34 等型号的二极管。2AP 系列二极管的型号较多，常用的有 2AP1～2AP7、2AP9～2AP11、2AP12～2AP17 等，在选择检波二极管时，主要考虑的是检波二极管的工作频率要满足电路的要求。

2. 整流二极管的特点与选用

整流二极管是利用 PN 结的单向导电特性，把交流电变成脉动直流电。整流二极管的整流电流较大，多数采用面接触型硅材料制成的金属封装或塑料封装的二极管。整流二极管的外形如图 2-39 所示。另外，整流二极管的参数除前面介绍的几个外，还有最大整流电流，它是指整流二极管在长时间工作下所允许通过的最大电流值。它是整流二极管的主要参数，是选用二极管的主要依据。

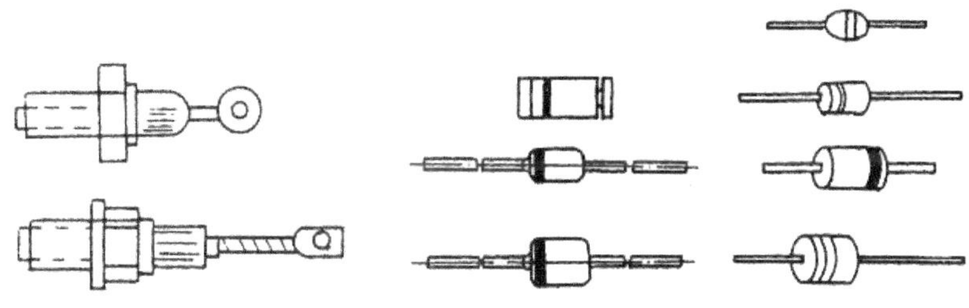

（a）金属封装　　（b）塑料封装

图 2-39　整流二极管的外形

3．检波二极管、整流二极管的检测

（1）检波二极管的检测

检波二极管一般都工作在小电流状态下，其最大工作电流为 100mA 左右，故在检测时应选用万用表的 R×10 挡或 R×100 挡、R×1k 挡，不易选用 R×1 挡或 R×10k 挡。因 R×1 挡的电流较大，而 R×10k 挡电压较高，两者都容易造成二极管的损坏。

1）判断检波二极管的好坏。将万用表置于 R×100 挡，测量二极管的正、反向电阻值，其方法是将两支表笔任意接二极管的正、负极后，读出一阻值，然后交换表笔再测一次，又测得一电阻值，其中阻值小的一次为正向电阻，阻值大的一次为反向电阻，对于正常的锗材料的二极管的正向电阻应为几百欧至几千欧姆，反向电阻应为几百千欧姆以上。对于硅材料的二极管的正向阻值应为几千欧姆，反向电阻接近于∞。总之，不论何种材料的二极管，正、反向阻值相差越多表明二极管的性能越好，如果正、反向的阻值相差不大，此二极管不易选用。如果测得的正向电阻太大也表明二极管性能变差，若正向阻值为∞，则表明二极管已经开路。若测得的反向电阻很小，甚至为零，则说明二极管已被击穿。

2）判断二极管的正、负极。将万用表置于 R×1k 挡或 R×100 挡，测二极管的电阻值，如果测得的阻值较小，表明是正向电阻，此时黑表笔所接触的一端为二极管的正极，红表笔所接触的一端为负极。如所测得的阻值很大，则表明为反向电阻值，此时红表笔所接触的一端为正极，另一端为负极，如图 2-40 所示。

（2）整流二极管的检测

整流二极管的整流电流一般都比检波二极管的工作电流大，所以可以用 R×1 挡或 R×10k 挡进行检测，也可以用 R×1k 挡或 R×100 挡进行检测，但应注意的是用不同量程所测的阻值是不完全一样的。

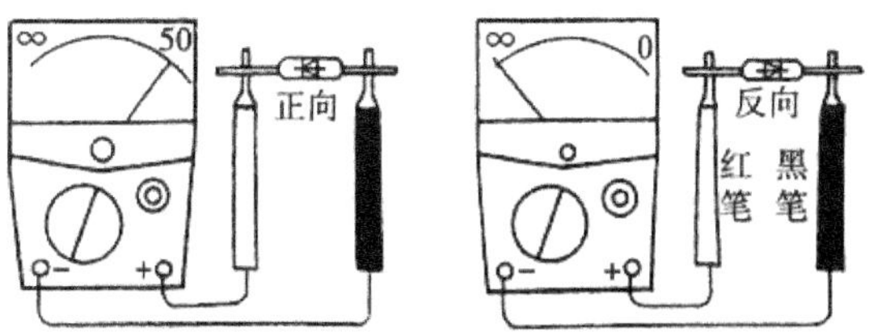

（a）　（b）

图 2-40　二极管的检测

对整流二极管的检测方法与检波二极管的方法基本一样，其过程不再重述，在用 R×1k 挡检测时测得的正向阻值一般为几千欧至十几千欧姆，其反向阻值应为∞。如反向阻值为零，则表明二极管已被击穿。

2.7.4　稳压二极管的特点与检测

1．稳压二极管的特点

稳压二极管是电子电路中常用的一种二极管，它在电路中起稳定电压的作用，且是工作在反向击穿状态下的二极管。

反向击穿状态是指给二极管加反向电压，加到一定值后会被击穿，此时流过二极管的电流虽在变化，但电压的变化却很小，即电压维持在一个恒定值范围内，而稳压二极管就是利用二极管此种特性来进行稳压的。如果通过二极管的反向电流是在一定范围内变化时，则二极管两端的反向电压就能保持基本不变，但是反向电流若超过允许值时，稳压二极管就会被烧毁。为此在使用时一定要在允许的工作电流内使用。

稳压二极管的参数除与前述的相同之外，还有稳定电压特有参数，它是指稳压二极管在起稳压作用范围内，其两端的反向电压值。根据稳压二极管型号的不同，其稳压值也不同。

2. 稳压二极管的种类

稳压管的种类很多，从封装形式上可分为塑料封装稳压二极管、金属封装稳压二极管和玻璃封装稳压二极管。目前，应用较多的是塑料封装稳压二极管。

稳压二极管从其本身消耗的功率大小可分为小功率稳压二极管（1W 以下）和大功率稳压二极管。

根据内部结构分有普通稳压二极管和温度互补型稳压二极管。温度互补型二极管是指由于在工作时，一个反向击穿，一个正向导通，其管压温度的变化特性正好相反，所以两者能起到互补的作用。

稳压二极管一般采用硅材料制成，其热稳定性比锗材料的要好得多。稳压二极管的外形和电路图形符号如图2-41所示。

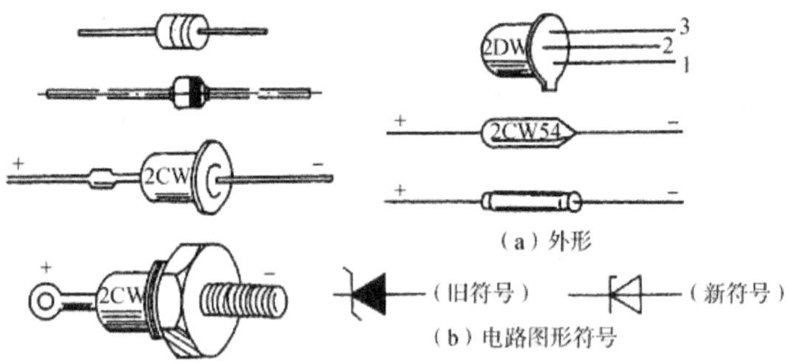

图2-41 稳压二极管外形及电路图形符号

3. 稳压二极管的检测

（1）稳压二极管的引脚识别方法

稳压二极管和普通二极管一样，其引脚也分正极、负极，在使用时不能接错。它可根据管壳上的标记进行识别，如根据所标记的二极管符号、引脚的长短、色环、色点等。其中塑封二极管上带色点的一端为正极，带色环的一端为负极，对于同向引脚的二极管，其引脚长的一根为正极。

如果管壳上的标识已不存在，可利用万用表测量二极管的正、反向电阻，其方法是先将万用表置 R×100 挡后，再将两表笔分别接稳压管的两引脚，在测得阻值较小的一次中，黑表笔所接的引脚为稳压二极管的正极，红表笔所接引脚为稳压二极管的负极。

（2）稳压二极管性能好坏的判别

判别普通稳压二极管是否断路或击穿损坏，可直接用万用表的 R×100 挡或 R×1k 挡测其正向电阻或反向电阻，以其阻值的大小进行判断，其方法与检测检波二极管的好坏的方法相同，可参考前述方法进行，在此不再重述。

（3）测试稳压二极管的稳压值

稳压二极管的稳压值的测试方法是：先将万用表置于 R×10k 挡，再将红表笔接稳压二极管的正极，黑表笔接稳压二极管的负极，待指针偏转到一稳定值后，读出万用表的直流电压挡 DC 10V 刻度线上的值，注意不要读欧姆刻度线上的值，然后按下式计算出稳压二极管的稳压值。稳压值 V_Z=（10V-读数）×1.5，单位为 V。

用此种方法测试稳压二极管的稳压值范围，要受万用表高阻挡所用电池大小的限制，即只能测量高阻挡所用电池电压以下稳压值的稳压二极管。

2.7.5 普通发光二极管的特点、种类与检测

1. 发光二极管的特点

发光二极管与普通二极管一样都是由 PN 结构成的，也具有单向导电特性，是采用磷化镓（GaP）或磷砷化镓（GaAsP）材料制成的。它与普通二极管的不同之处是能将电能直接转换为光能，能发出红、绿、黄、橙等单色光或多色光。

发光二极管的体积都比较小，且功耗也很小。同时还具有响应速度快、寿命长，以及抗振、工作电压可用直流也可用交流等优点，故应用范围很广。目前，在各种家用电器中的指示器件多数为发光二极管。

发光二极管的形状有圆形、矩形、方形等。其中圆形发光二极管的外径可从ϕ2～ϕ20mm 等各种规格，常用的是ϕ3mm、ϕ5mm 等。

2. 发光二极管的种类

发光二极管的种类很多，分类方法各有不同。

1）按照发光二极管所用的材料可分为砷化镓发光二极管、磷砷化镓发光二极管、磷化镓发光二极管、砷铝化镓发光二极管和磷铟砷化镓发光二极管等。

2）按照发光二极管的发光颜色可分为红色、绿色、黄色、橙色等可见光发光二极管，以及不可见光的红外发光二极管。

3）按照发光二极管的管体颜色可分为红色、黄色、绿色、白色、浅蓝色、黑色、透明无色、橙色等发光二极管。

4）按发光二极管的封装外形可分为圆柱形、矩形、方形、三角形、组合形等发光二极管。

5）按封装形式可分为有色透明封装（C）、无色透明封装（T）、有色散射封装（D）和无色散射封装（W）。按封装材料的不同可分为塑料封装、陶瓷封装、金属封装、树脂封装和无引脚封装。

6）按发光二极管的颜色又可分为单色发光二极管、双色发光二极管、三色发光二极管、变色发光二极管、闪烁发光二极管等。

常见发光二极管的外形和电路图形符号，如图 2-42 所示。

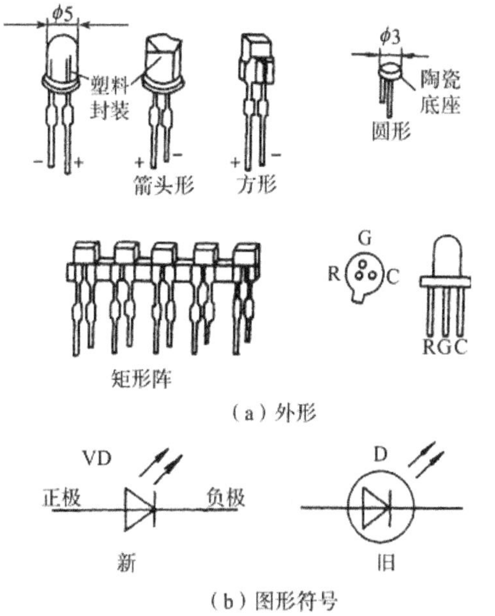

图 2-42　发光二极管的外形与电路图形符号

3. 发光二极管的检测

（1）发光二极管正、负极的判别

通常在发光二极管的引脚中，较长的引脚为正极，较短的引脚为负极。另一种判别发光二

极管正、负极的方法是将发光二极管置于灯光照射处，可观察到两引脚在管体内的形状，其中较长的一端是负极、较短的一端是正极。

（2）发光二极管性能好坏的判别

先选一个 330μF 的电解电容，再选择万用表的 R×100 挡，然后将红表笔接电容负极，黑表笔接电容正极，给电容充电。在充电后，黑表笔接电容的负极，红表笔接被测发光二极管的负极，而被测发光二极管的正极接电解电容的正极，三者（电解电容、发光二极管、万用表）为串连关系，此时发光二极管若发光且慢慢熄灭，则表明被测发光二极管是好的。如果按照上述的方法进行连接后，发现被测发光二极管一点亮度都没有，则说明发光二极管是坏的。

2.7.6 红外发光二极管

1．红外发光二极管的用途

红外发光二极管是一种把电能直接转换成红外光能的发光器件，（红外光是一种不可见光），而且能把红外光辐射到空中。因此也称红外发射二极管。它的主要用途是与其他电路配合，共同构成红外线遥控系统中的发射电路。例如彩色电视机的遥控、音响的遥控、空调的遥控等均采用红外发光二极管构成的遥控电路。

2．红外发光二极管的特点

红外发光二极管与普通发光二极管的主要区别是所选用的材料是砷化镓或砷铝化镓，而普通发光二极管所用的材料是磷砷化镓和磷化镓等。红外发光二极管所发的光是视觉看不到的红外光，而普通发光二极管发出的是可见光。

红外发光二极管的封装通常采用的是环氧树脂，能看到管内的结构，同时也能提高发光效率。其管径有ϕ3mm、ϕ5mm 两种，常用的是ϕ5mm 的。

红外发光二极管有两根引脚，其较长的一根为正极，短的一根为负极。

红外发光二极管的外形有顶射式、侧射式，它们的外形如图 2-43 所示。

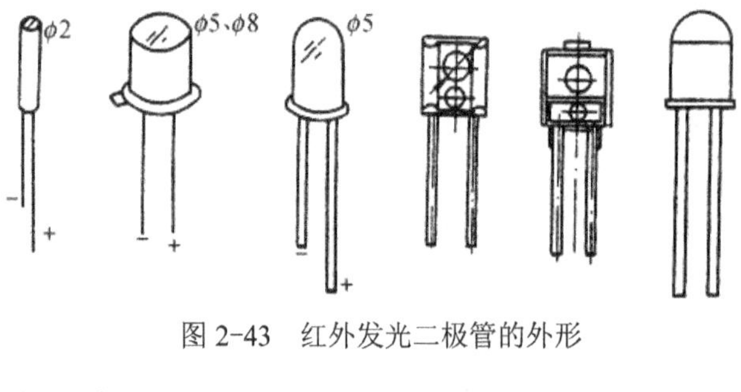

图 2-43　红外发光二极管的外形

3．红外发光二极管的检测

1）红外发光二极管正、负极的判别　红外发光二极管的正、负极的区别除前面介绍的通过引脚长短区分外，还可以用万用表进行判断，其方法是：先将万用表置于 R×1k 挡，然后测其正、反向电阻，其中阻值较小的一次为正向电阻，为 20～40kΩ，其中黑表笔所接引脚为正极，红表笔所接引脚为负极。

2）红外发光二极管好坏的判别　红外发光二极管好坏的判断也可采用万用表检测其正、反向电阻值进行区别。其方法同判别正、负极一样测其正向电阻和反向电阻，好的红外发光二极管的正向电阻应在 20～40kΩ 之间，反向电阻应在 500kΩ 以上。其中反向电阻越大越好，如果反向电阻只有几十千欧，则表明红外发光二极管的质量不好，如果正、反向电阻都是∞或零时，表明红外发光二极管已损坏，不能再使用。

3）普通发光二极管与红外发光二极管的区别方法。先将万用表置于 R×100 挡后，再测量待区分的普通发光二极管和红外发光二极管的正、反向电阻，其中正、反向电阻均接近无穷大的就为普通发光二极管，而正向电阻为 30kΩ 左右，反向电阻为 500kΩ 以上的就为红外发光二极管。因为普通发光二极管的起始电压为 1.6～2V，而红外发光二极管的起始电压为 1～1.3V。

常见的红外发光二极管有 HG 型、GL 型、SIR 型、SIM 型、HIR 型。

2.7.7 红外接收二极管

1. 红外接收二极管的特点

红外接收二极管又叫红外光电二极管，也可称红外光敏二极管。它广泛用于各种家用电器的遥控接收器中，如音响、彩色电视机、空调器、VCD 视盘机、DVD 视盘机及录像机等。

红外接收二极管能很好地接收红外发光二极管发射的波长为 940nm 的红外光信号，而对于其他波长的光线则不能接收。因而保证了接收的准确性和灵敏度。

最常用的型号为 RPM-301B。

2. 红外接收二极管的检测

（1）正、负极的识别

从红外接收二极管的外形上可以看到受光的窗口，让受光窗口面对自己，其左面的一根引脚就为正极，右面的一根引脚就为负极。

将万用表置于 R×1k 挡，然后测量其正、反向电阻值，其中阻值较小的一次测量为正向电阻，红表笔所接引脚为负极，黑表笔所接引脚为正极。

（2）性能好坏的检测

先将万用表的挡位放在 DC50μA 或 0.1mA 位置上，再将红黑表笔分别接其正极和负极，然后让被测管的受光窗口对准灯光或阳光，此时万用表的指针应向右摆动，而且向右摆动的幅度越大，则表明其性能越好。如果万用表的指针根本就不摆动，说明红外接收二极管性能不良，不能使用，如图 2-44 所示。

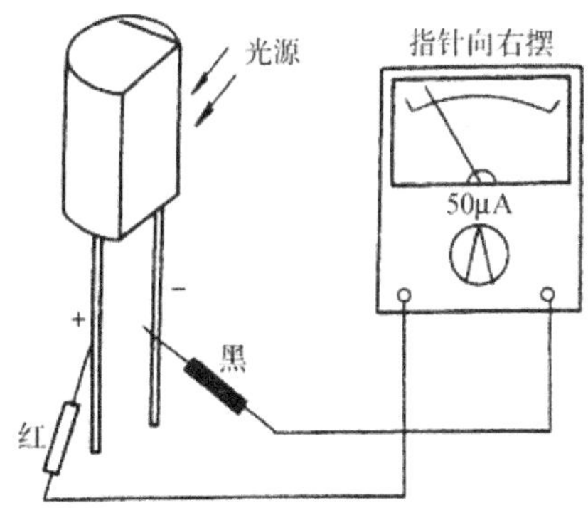

图 2-44　用万用表检测红外接收管

用万用表的 R×1k 档测量红外接收二极管的正、反向电阻，当正向电阻为 3～4kΩ，而反向电阻大于 500kΩ 以上时，则表明被测红外接收二极管是好的，如果被测管子的正、反向电阻值均为零或无穷大时，则表明被测红外接收二极管已被击穿或开路，不能使用。

红外接收二极管的型号有 HP 型、TDE 型、OSD 型、J16 型等多种。

2.7.8 光电二极管（光敏二极管）

光电二极管也称光敏二极管，它与普通二极管基本相似，但制作的工艺不同。光电二极管的外形与电路图形符号如图 2-45 所示。光电二极管用 PD 表示。

1. 光电二极管的特点

光电二极管是一种光电转换器件，也就是说能把接收到的光转变成电流的变化。

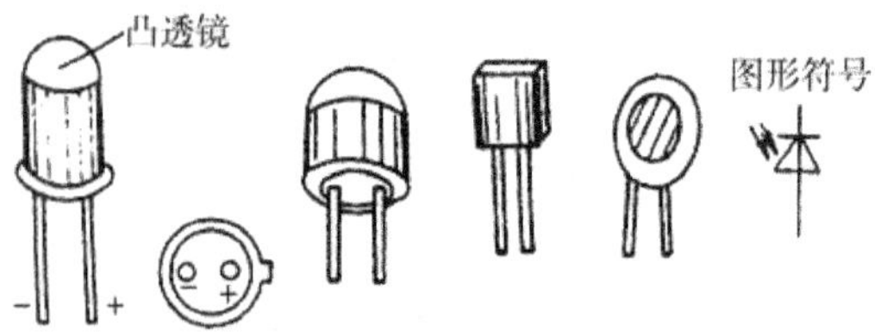

图 2-45 光电二极管的外形与电路符号

光电二极管的工作方式可分为加反向电压或不加电压两种状态。在给其加反向偏压时，光电二极管中的反向电流将随光照强度的改变而改变。光照强度越大，则反向电流也就越大。

光电二极管对于照射光线的响应程度是不一样的，它对某一范围内的光波有着最强烈的响应，而对另外一些光波则响应不佳，其表现为反向电流的大小不一。

光电二极管主要用于自动控制。例如，光电耦合、光电读出装置、红外线遥控装置、红外防盗、路灯的自动控制、过程控制、编码器、译码器等。

光电二极管的封装有金属外壳封装，在其顶端有玻璃窗口，或在侧面开有受光窗口。还有的光电二极管采用黑色树脂封装。

光电二极管的种类较多：由通用光电二极管、雪崩光电二极管、蓝光光电二极管、视敏光电二极管、红外光电二极管、激光光电二极管、紫外光电二极管和插件式光电二极管。

2. 光电二极管的检测

（1）光电二极管好坏的检测

先将万用表置于 R×1k 挡后，再测光电二极管的正向电阻，其阻值应当在 10kΩ左右，然后用挡板挡住光电二极管的光线接收窗，再测其反向电阻，其阻值应为∞。把挡板去掉，让光电二极管接受光照，当光线越强时，其反向电阻应越小。符合以上阻值特点的被测光电二极管是好的。若在上述的测量中，被测光电二极管接收光照与不接收光照的反向阻值没变化，则说明光电二极管已损坏。

（2）光电二极管引脚的区别

通常直接查看光电二极管的引脚长短来区分：引脚长的为正极（P 极），引脚短的为负极（N 极）。

对于有色点或有管键标识的光电二极管，其靠近标识的一脚为正极，另一脚为负极。

用万用表的区别方法是先将万用表置于 R×1k 挡，再用挡板挡住光电二极管的受光窗口，然后将红、黑表笔对调测出两次阻值，其阻值较大的一次测量为反向阻值，黑表笔所接的引脚为负极，红表笔所接的引脚为正极。

2.7.9 全桥

全桥是把四只整流二极管按照全波整流电路的连接方式连接起来，并封装在一起的整流器件。

1）全桥的种类。全桥可分为单相全桥和三相全桥。在家用电器中用的是单相全桥。

2）全桥的主要参数。全桥的主要参数有正向整流电流 I_0 与反向峰值电压 U_{RM}。此两个参数一般都与型号一起标注在全桥的外表面上。其参数是选用全桥时最重要的依据。

3）全桥的内部电路与电路图形符号。全桥的内部电路由四个二极管按要求连接，如图 2-46（a）所示，电路图形符号如图 2-46（b）所示。

4）全桥好坏的检测。由于全桥是由四支二极管构成的，因此全桥好坏的判断就可以分别去检测每个二极管的好坏便可得知。其方法是先将万用表置于 R×1k 挡或 R×100 挡，再用红、黑表笔接相邻两个引脚，测其正、反向阻值，这样可以测得四组正、反向阻值，其正向阻值一般为几千欧姆，反向阻值接近∞，全部符合这个数值的表明全桥是好的，如果有一组正、反向阻值不符合要求，则表明全桥不能使用。

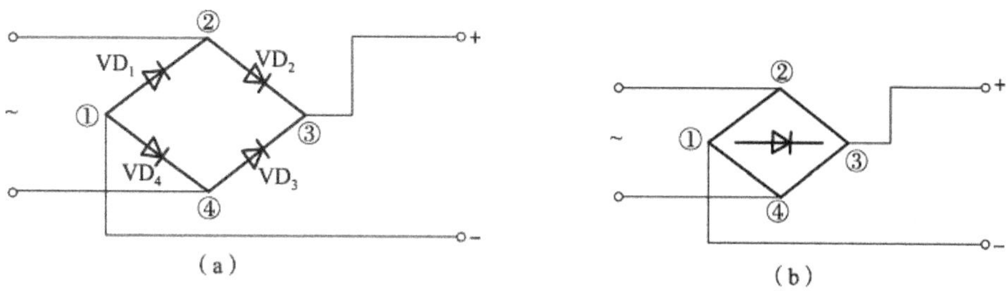

图 2-46　全桥内部电路与电路图形符号

5）全桥的选用。全桥的常见型号有 QL（国产）、RB（国外）、RS（国外）等。在选用时主要是根据电路的工作电流及工作电压，选择合适的 I_0 与 U_{RM} 值。一般情况下 I_0 值要大于电路工作电流的 1 倍以上。如果选用的全桥 I_0 值较小，就会使全桥过热而烧毁。

2.8　晶体管

晶体管也可称为三极管，它的应用十分广泛，在电子电路中是主要的器件之一。它的作用是对信号进行放大或者是工作在开关状态时对电路进行控制。在彩色电视机、收音机、录音机、CD、VCD、DVD、录像机等家用电器中都得到了广泛的应用。

晶体管一般有三个引脚，分别用 B（基极）、E（发射极）、C（集电极）三个字母表示。也有少数的晶体管有四个引脚，其中有一个引脚是与管壳相连的。

晶体管的电路图形符号如图 2-47 所示。图 2-47（a）表示 NPN 型三极管，图 2-47（b）表示 PNP 型晶体管，如果晶体管符号外边有一个圆圈，而且集电极与圆圈之间有一个黑点相连，表示集电极就是晶体管的外壳。

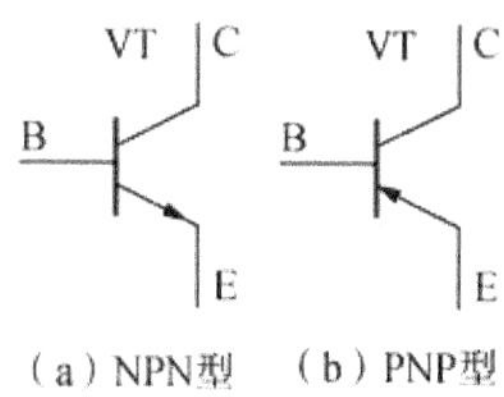

图 2-47　晶体管电路图形符号

在晶体管的电路图形符号中，有一个带箭头的引脚，它表示晶体管的发射极。其箭头方向表示电流的流向，同时也表示了晶体管的极性，箭头朝外的表示位 NPN 型，箭头方向朝里的表示为 PNP 型。

2.8.1　晶体管的主要参数

根据晶体管的参数可分为直流参数、交流参数和极限参数。晶体管的参数是使用与选用晶体管时的重要依据，为此了解晶体管的参数可避免选用或使用不当而引起三极管的损坏。

1. 直流参数

1）集电极——基极反向电流 I_{CBO}。当发射极开路、在集电极与基极间加上规定的反向电压时，集电结中的漏电流就称 I_{CBO}。此值越小表明晶体管的热稳定性越好。一般小功率管约 10μA，硅管更小些。

2）集电极——发射极反向电流 I_{CEO}，也称穿透电流。它是指在基极开路时，在集电极与发射极之间加上规定的反向电压时，集电极的漏电流。此值越小越好。硅管一般较小，约在1μA以下。如果测试中发现此值较大，此管就不宜使用。

2．极限参数

1）集电极最大允许电流 I_{CM}。当晶体管的 β 值下降到最大值的一半时，管子的集电极电流就称为集电极最大电流。因此，当实际应用时 I_C 要小于 I_{CM}。

2）集电极最大允许耗散功率 P_{CM}。当晶体管工作时，由于集电极要耗散一定的功率而使集电结发热，当温度过高时就会导致参数的变化，甚至烧毁晶体管。为此规定晶体管集电极温度升高到不至于将集电结烧毁所消耗的功率，就称为集电结最大耗散功率。在使用时为提高 P_{CM} 值，可给大功率管子加上散热片，散热片越大其 P_{CM} 值就提高得越多。

3）集电极——发射极反向击穿电压 BU_{CEO}。当基极开路时，集电极与发射极之间允许加的最大电压。在实际应用时，加到集电极与发射极之间的电压，一定要小于 BU_{CEO}，否则将损坏晶体管。

3．电流放大系数

1）直流放大系数 $\overline{\beta}$，也可用 h_{FE} 表示。它是指在无交流信号时，共发射极电路，集电极输出直流 I_C 与基极输入直流 I_B 的比值。

即
$$\overline{\beta}=\frac{I_C}{I_B}$$

$\overline{\beta}$ 是衡量晶体管电流放大能力的一个重要参数，但对于同一个晶体管来说，在不同的集电极电流下有不同的 $\overline{\beta}$。

2）交流放大系数 β，也可用 h_{FE} 表示。这个参数是指有交流信号输入时，在共发射极电路中，集电极电流的变化量 ΔI_C 与基极电流的变化量 ΔI_B 的比值。

即
$$\beta=\frac{\Delta I_C}{\Delta I_B}$$

以上两个参数分别表明了晶体管对直流电流的放大能力和对交流电流的放大能力。但由于这两个参数值近似相等，即 $\beta\approx\overline{\beta}$，因此在实际使用时一般不再区分。

由于生产工艺的原因，即使同一批生产的管子，其 $\overline{\beta}$ 值也是不一样的，为方便实用，厂家将 $\overline{\beta}$ 值标记在晶体管上。标记的方法有两种，即色标法和英文字母法。

色标法是在晶体管的顶部标上不同颜色的色点，表示不同的 $\overline{\beta}$ 值。锗、硅高频、低频小功率管、硅低频大功率管D系列、DD系列、3CD系列分档标记，见表2-8。

表2-8 色点的含义

色点	棕	红	橙	黄	绿	蓝	紫	灰	白	黑
$\overline{\beta}$	5～15	15～25	25～40	40～55	55～80	80～120	120～180	180～270	270～400	400～600

4．特征频率 f_T

因为 $\overline{\beta}$ 值随工作频率的升高而下降，频率越高，$\overline{\beta}$ 下降的越严重。晶体管的特征频率 f_T 是指 $\overline{\beta}$ 值下降到1时的频率值。就是说在这个频率下工作的晶体管，已失去放大能力，即 f_T 是晶体管使用中的极限频率，因此在选用晶体管时，其一般的特征频率 f_T 要比电路的工作频率至少高出 3 倍以上。但不是 f_T 越高越好，如果选的太高，就会引起电路的振荡。

2.8.2　晶体管的种类与结构

晶体管的种类很多，其分类方法也有多种。下面按用途、频率、功率、材料等进行分类。

1）按材料和极性分有硅材料的 NPN 型与 PNP 型晶体管、锗材料的 NPN 型与 PNP 型晶体管。

2）按用途分有高、中频放大管、低频放大管、低噪声放大管、光电管、开关管、高反压管、达林顿管、带阻尼的晶体管等。

3）按功率分有小功率晶体管、中功率晶体管、大功率晶体管。

4）按工作频率分有低频晶体管、高频晶体管和超高频晶体管。

5）按制作工艺分有平面型晶体管、合金型晶体管、扩散型晶体管。

6）按外形封装的不同可分为金属封装晶体管、玻璃封装晶体管、陶瓷封装晶体管、塑料封装晶体管等。

晶体管的结构如图 2-48 所示。它由发射结、集电结和 N 型与 P 型半导体构成，有三个电极，即基极（B）、发射极（E）、集电极（C）。PNP 型晶体管是由两块 P 型和一块 N 型半导体构成，而 NPN 型半导体则是由两块 N 型和一块 P 型半导体构成。在 P 型与 N 型半导体的交界处形成的部分称为 PN 结，基极与集电极之间的 PN 结称为集电结，基极与发射极之间的 PN 结称为发射结。

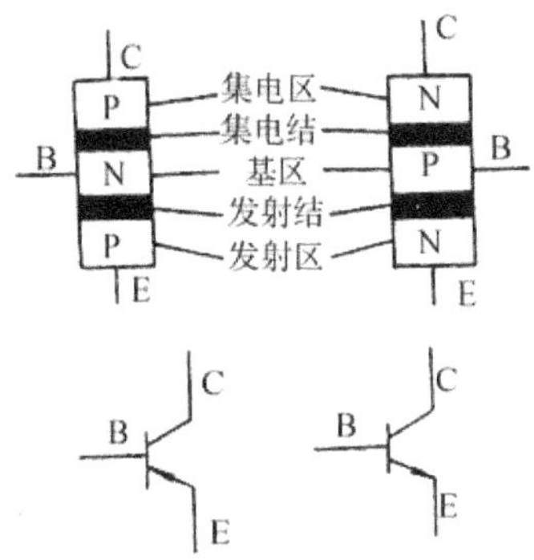

图 2-48　晶体三极管结构

2.8.3　晶体三极管的封装

1. 国产晶体管的封装形式

国产晶体管的封装外形和引脚分布如图 2-49 所示，有数十种之多，其外形结构和规格分别用字母和数字表示。常见的晶体管外形封装介绍如下。

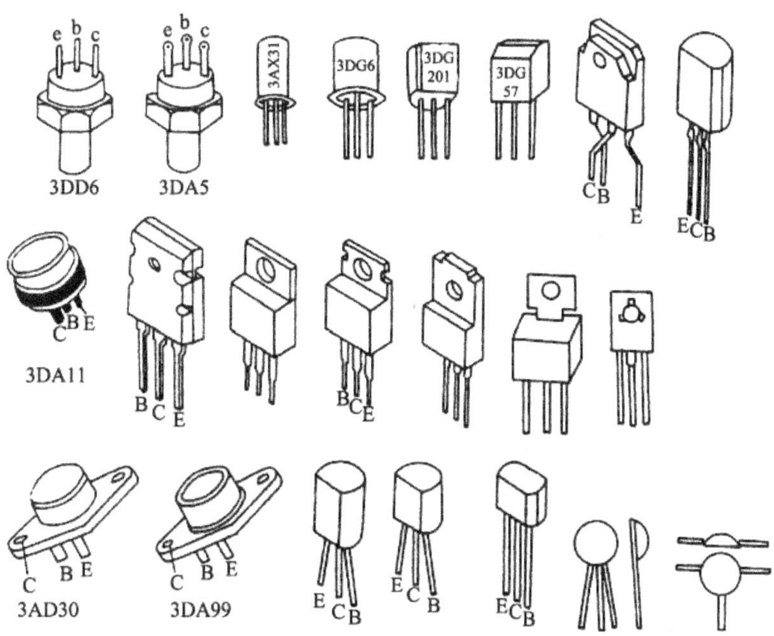

图 2-49　国产晶体管的外形和引脚分布

1）塑料封装形式。塑料封装的晶体管在各种电子设备和家用电器等电路中，应用十分普遍，而且是晶体管的主要封装形式。它主要分为S-1型、S-2型、S-4型、S-5型、S-6型、S-7型、S-8型及F3和E4等型号。

2）金属封装形式。金属封装的晶体管可分为B型、C型、D型、E型、F型、G型6种，各型号中又分为多种不同的规格。

3）其他封装形式的晶体管。

① 玻璃封装的晶体管，其管身标有色点，靠近色点的引脚为集电极 C（或此脚比其他引脚短些），中间的一根为基极引脚，另外的一根便是发射极 E；

② 陶瓷与环氧树脂封装的晶体管。此种封装的三极管为微型三极管，其体积较小，引脚的识别方法是将球面朝上，让轴向的二引脚平行于自己，从左边的引脚起，逆时针依次是：B脚、C脚、E脚。

2. 国外晶体管的封装形式

国外晶体管普遍采用TO系列的封装形式，如日本、美国、欧洲等国。

TO系列金属封装的编号有：TO-1、TO-3、TO-39、TO-66、TO-105等。

TO系列塑料封装的编号有：TO-92、TO-126、TO-3P、TO-202、TO-220等。

常用TO-3P、TO-92、TO-202的实物外形，如图2-50所示。

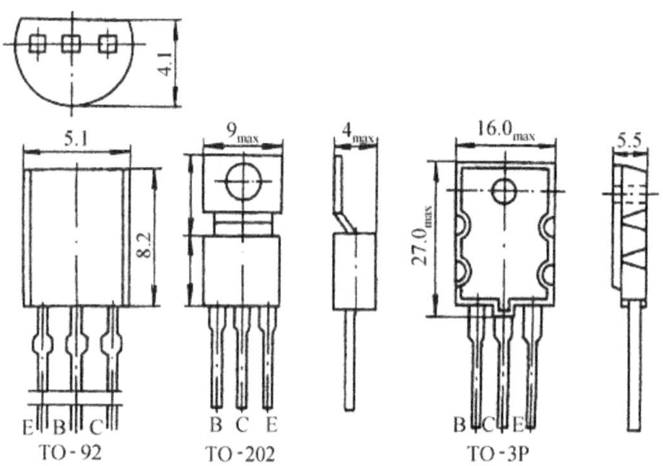

图2-50 常用TO-3P、TO-92、TO-202的实物外形

2.8.4 晶体管型号的识别

由于晶体管的型号很多，为能在使用中很好地识别晶体管的型号，应注意以下几点：

1）国内的合资企业生产的晶体管有相当一部分是采用国外同类产品的型号，如2SC1815、2SA562等。

2）有些日产晶体管受管面积较小的限制，为打印型号的方便，往往把型号的前二个部分2S省掉。例如2SA733型晶体管可简化为A733；2SD869型可简写为D869；2SD903型可简写成D903等。

3）表面封装的晶体管因受体积微小的限制，其型号是用数字表示的，在使用时应将数字表示的型号与标准型号相对应，以防用错。

4）美国产的晶体管型号是用2N开头的，N表示美国电子工业协会注册标志，其后面的数字是表示登记序号。从型号中无法反映出管子的极性、材料及高、低频特性和功率的大小，如2N6275、2N5401、2N5551等。

5）欧洲国家生产的晶体管型号中字母和数字的含义，见表2-9。

表2-9　欧洲国家生产的三极管型号中字母与数字的含义

第一部分	第二部分	第三部分	第四部分
A表示锗材料 B表示硅材料	C—低频小功率 D—低频大功率 F—高频小功率 L—高频大功率 S—小功率开关管 U—大功率开关管	三位数字表示登记号	β表示分档标志

例如，BU408D、BU607D、BU206A、BC548、BD234、BD410、BF458等。

6）韩国三星电子公司生产的晶体管在我国电子产品中应用也很多，它是以四位数字表示晶体管的型号。常用的有9011～9018等几种型号。

① 9011、9013、9014、9016、9018/为NPN型晶体管；9012、9015为PNP型晶体管；

② 9016、9018为高频晶体管，它们的特征频率f_T都在500MHz以上；

③ 9012、9013型晶体管为功放管，它的耗散功率为625MW。

7）日本生产的晶体管型号中第四部分，表示注册登记的顺序号，其数字越大，则表明是近期产品。

2.8.5　晶体三极管的功率

通常把集电极耗散功率小于1W的晶体管称为中、小功率晶体管。中、小功率晶体管的种类很多，外形各异，但体积不是很大。小功率晶体管根据其特征频率的高、低可分为高频小功率晶体管、低频小功率晶体管。一般情况下特征频率f_T大于3MHz的称为高频小功率晶体管，而特征频率f_T小于3MHz的称为低频小功率晶体管。

高频小功率晶体管多用于高频放大电路，混频电路，高频震荡电路等，如电视机、收录机的高频电路等。

大功率晶体管是指其集电极耗散功率大于1W的晶体管，它们的特点是工作电流大，各电极的引脚较粗而硬，其集电极引脚与金属外壳或散热片相连。大功率三极管根据其频率的不同，可分为高频大功率晶体管（f_T>3MHz）和低频大功率晶体管（f_T<3MHz）。

2.8.6　晶体管的检测

要想知道晶体管的性能好坏，并定量分析其参数，则需要专门的测量仪器，如JT-1晶体管特性图示仪等。当不具备专用的测量仪器时，用万用表可以粗略地判断晶体管的好坏。大功率晶体管的检测方法与中、小功率晶体管的检测方法完全一样，但在检测大功率管时，万用表的量程需换用R×1挡或R×10挡、R×10k挡。因为大功率晶体管的漏电流都比较大，如果仍用R×100挡、R×1k挡测量极间电阻时就会出现阻值特别小的现象，这样就很难判断管子的性能，因此在检测大功率晶体管时应选用R×1挡或R×10挡。

1. 晶体管性能好坏的检测

（1）晶体管极间电阻测量

通过测量晶体管极间电阻的大小，可以判别晶体管的内部是否短路、断路。其方法是：用万用表的 R×1k 档或 R×100 档测量管子的基极与集电极之间的正向电阻与反向电阻，基极与发射极之间的正向电阻和反向电阻。

对于正常的中、小功率晶体管而言，其正向电阻为几百欧姆至几千欧姆，其反向电阻为几百千欧姆以上。不论是正向电阻还是反向电阻，硅材料的晶体管都要比锗材料的晶体管的极间电阻高。

当测得的正向电阻近似于无穷大时，表明晶体管内部断路。如果测得的反向电阻很小或为零时，说明晶体管已被击穿或短路。在检测小功率晶体管时，应选用万用表的 R×100 挡或 R×1k 挡，绝不能用 R×1 挡或 R×10k 挡，因为前者的电流大，后者的电压较高，都可能造成晶体管的损坏。

（2）晶体管穿透电流的测量

在检测 PNP 管时，将红表笔接集电极，黑表笔接发射极，万用表的量程为 R×1k 挡测得的阻值应在 50kΩ以上。阻值越大，说明晶体管的穿透电流越小，晶体管的性能就越好，如果阻值小于 25kΩ时，说明管子的穿透电流大，工作不稳定并有很大噪声，不宜选用。在检测 NPN 管时，应将表笔对调测集电极与发射极之间的电阻值，阻值应比 PNP 管大得多，一般应在几百千欧以上。

（3）电流放大系数值的估测

在测 PNP 型晶体管时，先将万用表置于 R×1k 挡或 R×100 挡，再把红表笔接集电极，黑表笔接发射极，测其阻值并做好记录，然后将 100kΩ电阻接入电路，如图 2-51 所示。在接入电阻后的阻值应比不接电阻时小，即表针的摆动变大，表针摆动越大说明晶体管的放大能力越好，如接入电阻后表针停留在原位不动，则表明晶体管的放大能力很差。

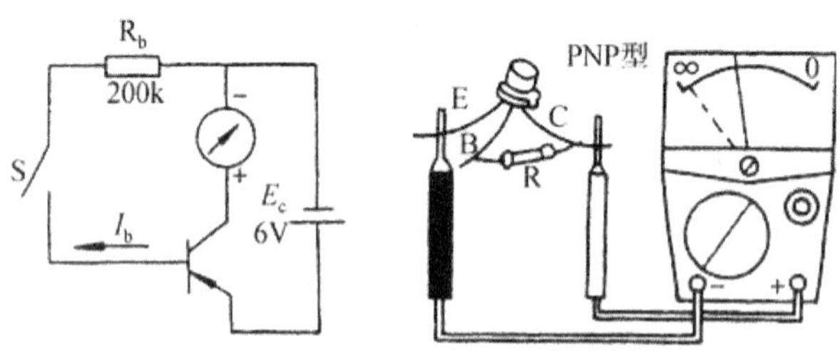

（a）测量原理　　（b）实测方法

图 2-51　晶体管 β 值的估测

在测量 NPN 型晶体管时，其方法与 PNP 型晶体管完全一样，只是把红、黑表笔对调就可以了。

2．晶体管的引脚判别

晶体管的引脚位置，可用万用表的欧姆挡测其极间阻值来进行判别。

（1）基极的判别

先将万用表置于 R×1k 挡，再用黑表笔接晶体管的任意一极，然后将红表笔分别去接触另外两个电极测其正、反向电阻，直到出现测得的两个电阻都很大。（在测量过程中，如果出现一个阻值很大，另一个阻值很小时，就需将黑表笔换一个电极再测），此时黑表笔所接电极就是晶体管的基极 b，而且为 PNP 型晶体管。当测得的两个阻值都很小时，黑表笔所接就为基极，而且为 NPN 型晶体管。

（2）集电极、发射极的判别

对锗材料的 PNP、NPN 待测晶体管，可先用上述方法来确定晶体管的基极 b，然后置万用表为 R×1k 挡，再测剩余两个电极的阻值，对调表笔各测一次，在阻值较小的一次测量中，对于 PNP 型晶体管红表笔所接为集电极，黑表笔所接为发射极。对于 NPN 型晶体管红表笔所接为发射极，黑表笔所接为集电极，如图 2-52 所示。

对于 NPN 型硅晶体管可在基极与集电极之间接一个 100kΩ 的电阻，用上述同样的方法，测出基极以外的两个电极间的阻值，其中阻值较小的一次，黑表笔所接应为集电极，红表笔所接应为发射极，如图 2-53 所示。

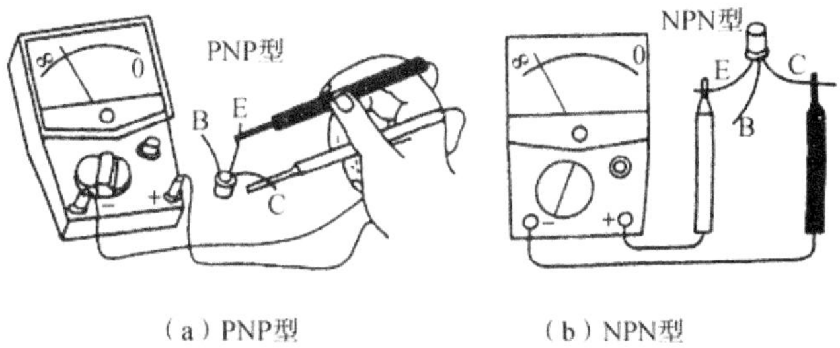

图 2-52　锗晶体管引脚的判别

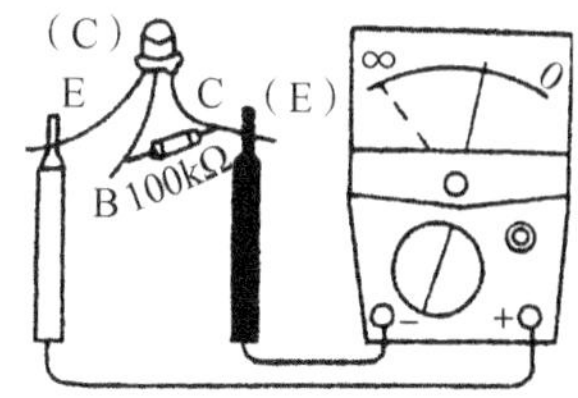

图 2-53　NPN 硅晶体管引脚的判别

3. 判别三极管是硅管还是锗管

根据硅管的正向压降比锗管正向压降大的特点来判断硅管还是锗管，其方法如图 2-54 所示。在基极与发射极回路中接入 1.5V 电池和 10kΩ 的电阻，然后用万用表的 2.5V 挡测其发射结的正向压降，若是 0.2～0.3V 时，便为锗管，若是 0.6～0.8V 时，便为硅管。

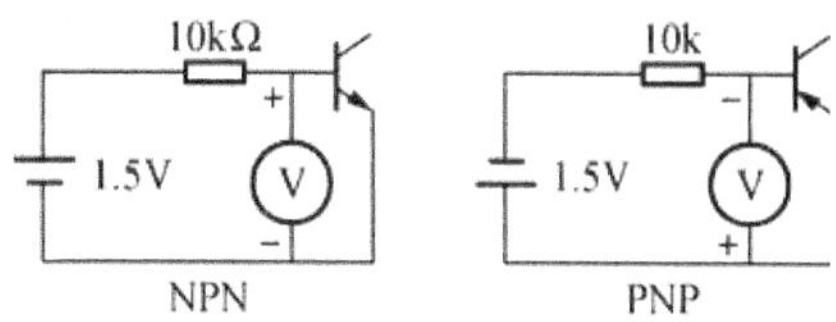

图 2-54　硅管与锗管的判别

2.9　集成电路

集成电路在各种电子设备中得到了广泛的应用，如家用电器、通信器材、电子计算机、各种自动化的控制设备、卫星及各种军事装备等。

集成电路是把二极管、晶体管、电阻、电容等元器件，或者一个单元电路、万能电路制作在一个硅单晶片上，经封装后构成的。它有重量轻、耗电省、可靠性高、寿命长等优点。

集成电路实际上是半导体集成电路、膜集成电路、混合集成电路的总称。

2.9.1　集成电路的种类和封装

1. 集成电路的种类

集成电路的种类很多，在电路中都用“IC”两个字母表示。

（1）按集成度的高、低分类

1）小规模集成电路：该电路是指芯片上的集成度为 100 个元件内或 10 个门电路的集成电路。

2）中规模集成电路：该电路是指芯片上的集成度为 100～1000 个元件之间或 10～100 个门电路的集成电路。

3）大规模集成电路：该电路是指芯片上的集成度为 1000 个元件以上或 100 个门电路以上的集成电路。

4）超大规模集成电路：该电路是指芯片上集成度为十万个元器件以上或一万个门电路的集成电路。

（2）按功能的不同分类

1）模拟集成电路：该集成电路是处理模拟信号的电路。它又可分为线性和非线性集成电路。输出信号随输入信号的变化成线性关系的称为线性集成电路，如电视机、收录机等用的集成电路就属这种。输出信号不随输入信号变化的电路称为非线性集成电路，如对数放大器、检波器、变频器等。

2）数字集成电路：该集成电路是以“开”和“关”两种状态或以高、低电平来对应“1”和“0”两个二进制数字，并进行数字的运算或存储、传输及转换的电路。集成电路又可分为 TTL 电路、HTL 电路、ECL 电路、CMOS 电路、存储器、微型机电路等。

（3）按制作工艺的不同分类

1）半导体集成电路：该集成电路又可分为双极型电路和 MOS 电路。

2）膜集成电路：该集成电路又可分为厚膜集成电路和薄膜集成电路两种。

3）混合集成电路：它是指在无源膜电路上外加半导体集成电路或二极管、晶体管等有源器件构成的电路

2. 集成电路的外形封装和引脚识别

（1）外形封装

集成电路的外封装形式有多种，最常见的有圆形金属封装、扁平形陶瓷或塑料封装、双列直插型等。它们外形如图 2-55 所示。其中双列直插式、单列直插式的较为多见，它们的引脚有 8、10、12、14、16、24 个等多种，多者可达 60 余个或更多。

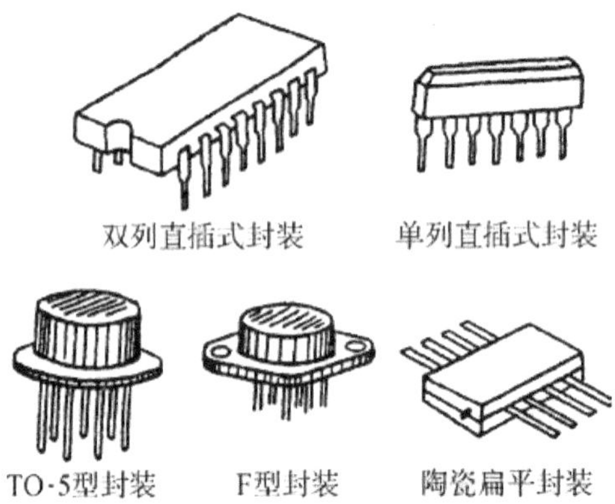

图 2-55　集成电路的封装外形

（2）引脚的识别

集成电路的引脚较多，正确识别排列顺序是很重要的，否则将造成在使用上的失误，轻则电路不能正常工作，重则将损坏集成电路。

1）对圆筒形和菱形金属封装的集成电路引脚的识别。让引脚对着自己，由靠近定位标记的引脚开始，顺时针方向依次为①、②、③…n 脚。该类集成电路的定位标记为圆孔，突耳或引脚排列的空位等。

2）单列直插式集成电路引脚的识别。该种集成电路的定位标记有缺角、小孔画点、凹坑、线条、色带等。在识别时，让引脚朝下，让定位标记对着自己，从定位标记一侧的第一根引脚数起，依次为①、②、③…n 脚，如图 2-56 所示。

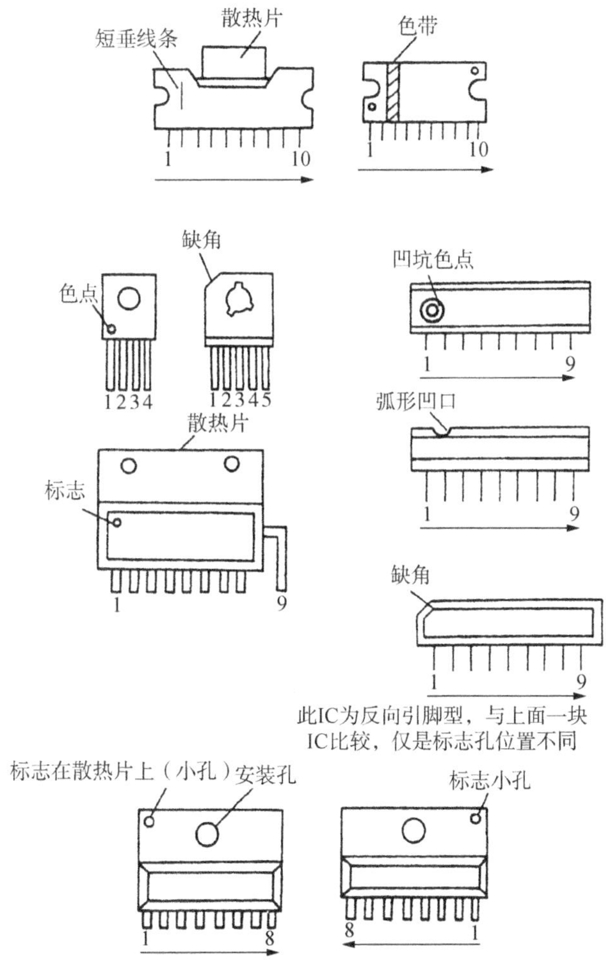

图 2-56　单列直插式集成电路引脚的识别

3）双列直插式集成电路引脚的识别。图 2-57 为该种集成电路的定位识别，其识别标记有色点、半圆缺口、凹坑等。在识别时将集成电路水平放置，引脚向下，识别标记对着自己身体的一边，从有识别标记一边的第一个引脚开始按逆时针方向，依次为①、②、③…*n* 脚。

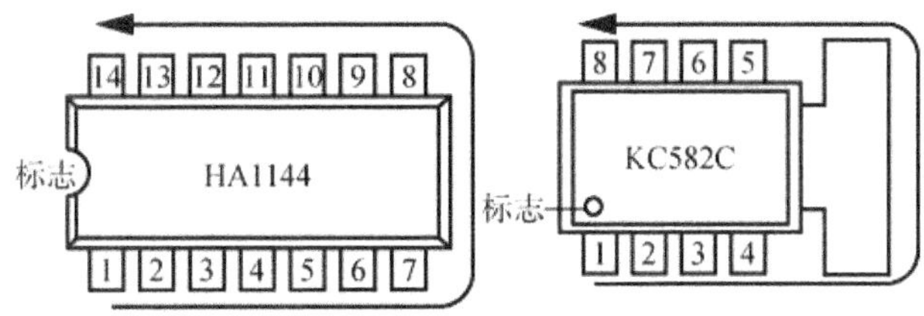

图 2-57　双列直插式集成电路引脚的识别

4）集成电路引脚的排列及形状。随着集成电路的种类、型号在不断地增多，其引脚的排列和形状也在不断的改进，但其引脚的识别方法与上述方法基本相同。

2.9.2　集成电路的选用、使用与检测

1. 集成电路的选用

集成电路的种类很多、功能各异，引脚排列及形状也各不相同，而且有国产、进口、合资

等各种产品，因此在选用时应注意下面几个方面：

1）根据电路要求选择。各种电子产品都用不同的电路组成，根据各部分电路功能的不同，要求也不同。例如电源电路，是选用串联型还是开关型，输出电压是多少，输入电压是多少等都是选择时要考虑的。

2）在选择集成电路时，要了解所选用集成电路的性能，因为不同类型的集成电路的参数各不相同，如有不清楚，则要查阅有关资料。总之在装入电路前，要全面了解该集成电路的功能、电气参数、引脚功能或排列规律等。

3）对功能相同，但封装不同的集成电路应根据使用条件而定。

4）对要求较高的电路，可选用参数指标高的集成电路，而对各项指标要求不太高的电路，不一定选择高指标的产品。

2．集成电路的使用

在集成电路的使用中应注意下面几点：

1）认真核实集成电路的型号是否与所需的型号一样，此型号的集成电路所具备的功能与你所需求的是否一致等内容。

2）集成电路在装入电路前要核实引脚的排列顺序，并了解各引脚的功能，尤其是电源引脚、信号输入脚、输出脚等。一旦接错了位置就可能造成集成电路的损坏。

3）集成电路在使用前要进行好坏的检查。最简单的检查方法是通过测量集成电路各引脚对接地脚之间的正、反向阻值与其正常值作比较，来判断其好坏。

4）集成电路在插入印制板时一定要注意对准孔位，轻轻地插入便可，切忌硬插，以免将引脚折断或折弯。

5）对集成电路进行焊接时，一般采用功率为 20W 的内热式电烙铁为宜，在焊接时最好把电烙铁的外壳接地，以免漏电将集成电路损坏。对每个引脚的焊接时间不易过长，一般 2～3s 即可，如一次焊接不成，间歇后可进行二、三次的焊接。在焊接时注意焊点要小，千万不能与临近的引脚短路。

6）在使用功率较大的集成电路时需加散热片，但必须加符合尺寸的散热片，当尺寸过小时，将影响集成电路的正常工作。

3．集成电路的检测

由于集成电路内部电路较为复杂，引脚也比较多，故用专门的检测仪进行检测是最理想的，但对于业余和无线电爱好者，由于条件的限制，往往是不可能的。因此只能采用简单的方法，粗略地确定其好坏。

1）没有装入整机电路前的检测方法。先将万用表置于欧姆挡，再根据引脚与对接地脚之间的阻值，选择量程，其方法是：先测出已确认是好的集成电路的每个引脚与接地脚之间的阻值（或从有关资料中查得）并作好记录。然后用万用表测待查集成电路每个引脚与接地引脚之间的阻值，并将作好的记录与正常值进行比较，当阻值相差不多时，就认为待查的集成电路是好的，如出现某引脚或整体的各引脚阻值相差太悬殊时，就可认为待查的集成电路是坏的。在检测时一般黑表笔接触地引脚，红表笔接触其他各引脚。

2）集成电路在装入整机线路板后的检测方法。①用万用表欧姆挡测集成电路各引脚对地的电阻，然后与标准值进行比较，从中发现问题。②用万用表的直流电压挡测集成电路各引脚对地的电压值，然后与正常值比较。（当集成电路供电电压符合规定的情况下）如有不符合标准值的引脚，先查其外围元件，若无损坏和失效，就认为是集成电路的问题。③用示波器观察关键引脚的波形，并与标准波形进行比较，从中发现问题。④用同型号的集成电路进行替换试验，这是见效最快的一种方法，但拆焊较为麻烦。

2.10 晶闸管与场效应管

2.10.1 晶闸管

1. 晶闸管的特点

晶闸管是在硅二极管基础上发展起来的一种大功率半导体器件。它又称为“可控硅或晶体闸流管”简称“晶闸管”。它具有三个 PN 结四层结构。晶闸管有三个电极，单向晶闸管的三个电极分别为阳极（A）、阴极（K）、控制极（G）。双向晶闸管的三个电极分别为 G、T_1（第一阳极）、T_2（第二阳极）。其外形及电路图形符号如图 2-58 所示。晶闸管主要有螺栓型、平板型和塑封型。通过的电流可以从几安培倒千安培以上。

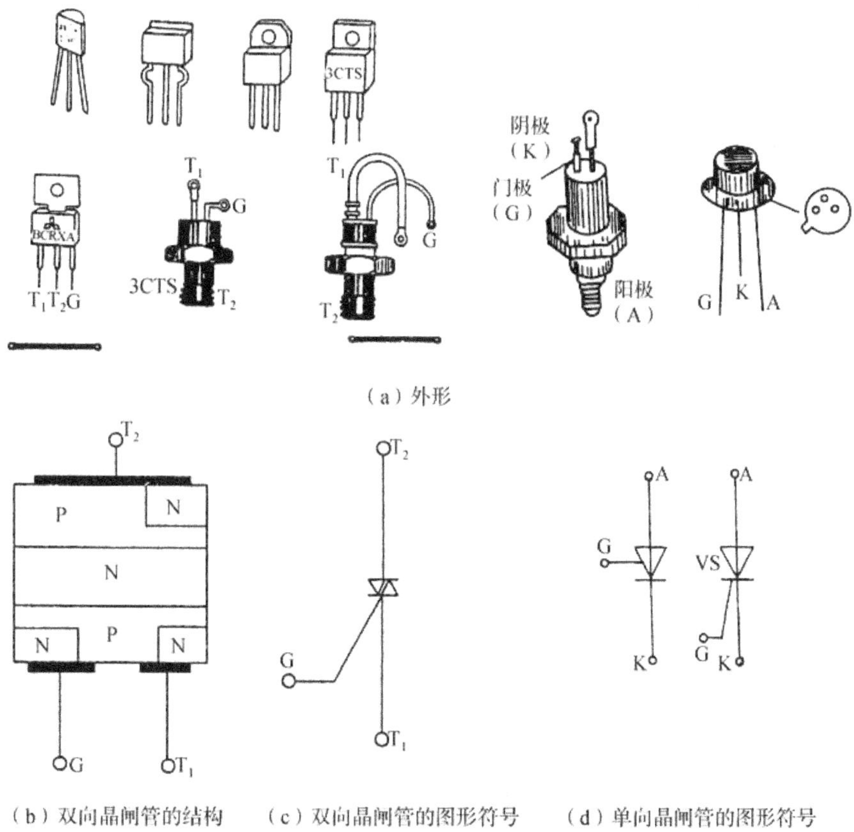

（b）双向晶闸管的结构　（c）双向晶闸管的图形符号　（d）单向晶闸管的图形符号

图 2-58　晶闸管外形及电路图形符号

晶闸管的控制极电压、电流，一般是比较低的，电压只有几伏，电流只有几十毫安至几百毫安，但被控制的器件中可以通过很大的电压和电流，其电压可达几千伏，电流可达到千安以上。因此晶闸管是一个可控的单向导电开关，它能以弱电去控制强电的各种电路。利用晶闸管的这种特点，将它用于整流、调速、交/直流转换、开关、调光等自动控制电路中。同时晶闸管还有控制特性好、反应快、寿命长、体积小、质量小等优点。

我国目前生产的晶闸管元件的型号有两种表示方法，即3CT系列和KP系列。它们的参数规定有一些差别。晶闸管的类型有很多种，如有单向、双向、可关断、光控晶闸管等，并各有不同的用途。用的较多是单向晶闸管、双向晶闸管、它们主要用于交流控制电路，如灯光的控制、温度的调整等。还有快速晶闸管，主要用在频率较高的条件下，如激光电源、电脉冲加工电源的电路中。可关断晶闸管，它能弥补晶闸管一旦导通后，控制极失去控制作用的不足，能很方便地控制通和断，如用它作无触点开关等。它们的型号有3CT001、3CT010、3CT103等。

2. 晶闸管的测试

（1）晶闸管极性的判断

对晶闸管的电极有的可从外形封装加以判断，如外壳就为阳极，而阴极引脚比控制极引脚长。从外形无法判断的晶闸管，可用万用表进行判别。将万用表拨至R×1k挡或R×100挡后，分别测量各引脚间的正、反向值，如测得某两脚之间的电阻较大（约80kΩ）时，应将两表笔对调，再重测这两脚之间的电阻，如阻值较小（大约2kΩ），这时黑表笔所接触的引脚为控制极G，红表笔所接触的引脚为阴极，剩余的一个引脚就为阳极。在测量中如正、反向阻值都很大，则应更换引脚位置重新测量，直到出现上述的情况为止。

（2）晶闸管质量好坏的判别

晶闸管质量好坏的判别可以从四个方面进行。第一是三个PN结均应完好；第二是当阴极与阳极间电压反向连接时能够阻断，不导通；第三是当控制极开路时，阴极与阳极间的电压正向连接时也不导通；第四是当给控制极加上正向电流，而给阴极与阳极间加正向电压时，晶闸管应当导通，把控制极电流去掉，仍处于导通状态。

用万用表的欧姆挡测量晶闸管的极间电阻，就可对前三个方面的好坏进行判断。具体方法是用R×1k挡或R×10k挡测量阴极与阳极之间的正、反向电阻（控制极不接电压），此两个阻值均应很大。电阻值越大，表明正、反向漏电电流越小。如果测得的阻值很低或近于无穷大时，说明晶闸管已经击穿短路或已经开路，此晶闸管不能使用了。

用R×1k挡或R×10k挡，测量阳极与控制极之间的电阻，电阻值很小表明晶闸管已经损坏。

用R×10挡或R×100挡，测量控制极和阴极之间的PN结的正、反向电阻，如出现正向阻值接近于零值或为无穷大时，表明控制极与阴极之间的PN结已经损坏。反向阻值应很大，但不能为无穷大。在正常情况下的反向阻值应明显大于正向阻值。

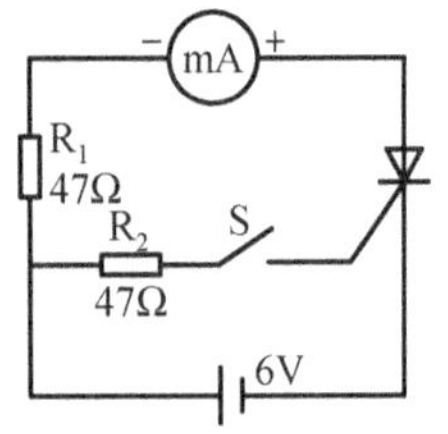

图2-59 晶闸管测试电路

晶闸管是否具有晶闸管特性，仅通过电流的测量是看不出来的，应通过下面的试验电路来加以判断。首先按图2-59接好电路。电源为6V直流，电阻R_1、R_2都为47Ω，电流表量程应大于100mA。先在不合开关时测量，其电流应很小为正常，如表针指示数很大，则表明晶闸管已损坏。

当合上开关S时，表针应在几十毫安以上为正常，如此时电流很小或表针几乎不动，则说明晶闸管已损坏。最后将开关S打开，这时表针的指示应与打开前一样，说明晶闸管是好的。如打开开关S后，表针指示降为零，说明晶闸管没有维持导通的功能，已损坏。

2.10.2 场效应管

1. 场效应管的特点

场效应管也是用半导体材料制成的一种三极管，由于它有输入阻抗大、噪声低、热稳定性好及抗辐射能力强等特点，因而得到了广泛的应用，如各种放大电路、数字电路等。

场效应管的外形与普通三极管基本一样，但它的工作原理却与普通三极管不同。普通晶体管是电流控制器件，即通过控制基极电流达到控制集电极电流或发射极电流的目的。而场效应管是电压控制器件，它的输出电流决定于输出信号电压的大小，即管子电流受控于栅极电压。因而它的输入阻抗可达 10^9～$10^{14}\Omega$。

场效应管可分为结型场效应管与绝缘栅型场效应管。

（1）结型场效应管

结型场效应管的结构，如图 2-60 所示。它是在一块 N 型硅半导体两侧用扩散的方法产生两个 PN 结。N 型半导体的两个极分别叫漏极和源极，分别用字母 D 和 S 表示。把两个 P 区连在一起引出的电极叫栅极，用字母 G 表示。结型场效应管分为 N 型沟道型和 P 型沟道型两种（沟道就是电流通道）。

（2）绝缘栅型场效应管

绝缘栅型场效应管按其工作状态可以分为增强型与耗尽型两类，每类又有 N 沟道和 P 沟道之分。

绝缘栅型场效应管结构，如图 2-61 所示。它是在一块低掺杂的 P 型硅片上，通过扩散工艺形成两个相距很近的高掺杂 N 型区，分别作为源极 S 和漏极 D。在两个 N 型区之间硅片表面上有一层很薄的二氧化硅（SiO_2）绝缘层，使两个 N 型区隔绝起来，在绝缘层上面，引出一个金属电极就称为栅极 G。因为栅极和其他电极及硅片之间是绝缘的，所以叫绝缘栅型场效应管，或称为金属-氧化物-半导体场效应管，简称为 MOS 场效应管。该场效应管由于栅极是绝缘的，故输入电流几乎是零，输入电阻很高，一般在 $10^{12}\Omega$ 以上。

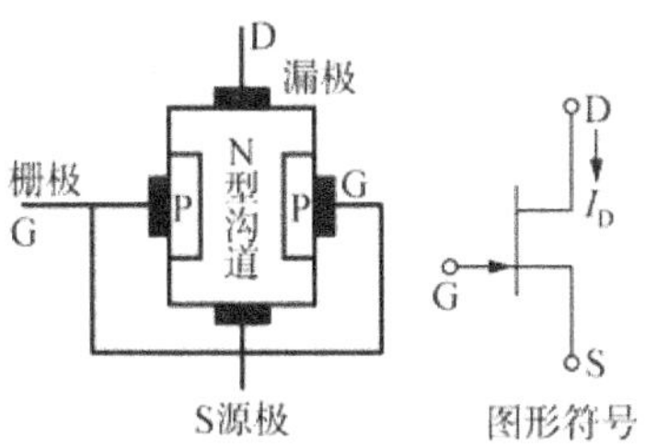

图 2-60　结型场效应管的结构

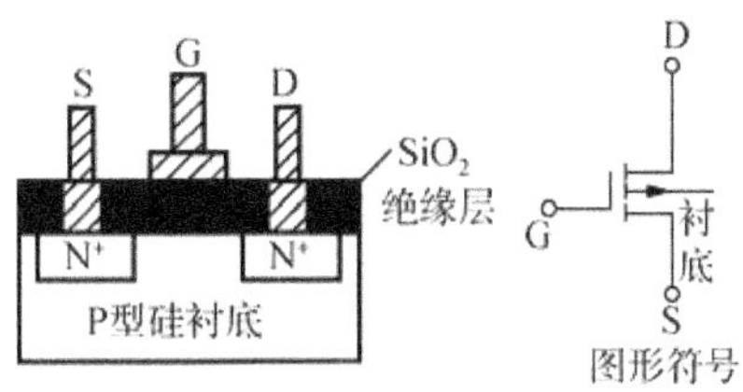

图 2-61　绝缘栅型场效应管的结构

2．结型场效应管栅极的判别

先将万用表置于 R×1k 挡，再将黑表笔接触场效应管的一个极，红表笔分别接触另外两个电极，若两次测得的阻值都很小，则黑表笔所接的电极就是栅极，而且是 N 型沟道场效应管。如果将红表笔接触一个电极，黑表笔分别去接触另外两个电极，如测得的阻值两次都很小，则红表笔所接触的就是栅极，而且是 P 型沟道场效应管。在测量中如出现两阻值相差太大，可改换电极重测，直到出现两阻值都很小或都很大时为止。

3．结型场效应管好坏的判别

先将万用表置于 R×1k 挡，测 P 型沟道场效应管，当将红表笔接源极 S 或漏极 D，黑表笔接栅极 G 时，测得的电阻应很大，交换表笔重测，阻值应很小，表明场效应管基本上是好的。如测得的结果与其不符，说明场效应管已损坏。当栅极与源极间、栅极与漏极间均无反向电阻时，表明场效应管已损坏。或者将红、黑表笔分别接触源极 S、漏极 D，然后用手碰触栅极，若表针偏转较大，则说明场效应管是好的，如表针不动，说明场效应管是坏的或性能不良。

4. 在使用场效应管时的注意事项

1）由于MOS场效应管的输入电阻非常高，容易造成感应电压过高而被击穿。所以在焊接时，不论是将场效应管焊到电路上，还是从电路上取下来，都应先将各极短路，并先焊接漏、源极后，再焊接栅极。还应注意把电烙铁地线接好或者断开电源，再进行焊接。

2）不能用万用表测MOS场效应管的各极。MOS场效应管在保管储存时应将三个电极短路。

3）由于结型场效应管不是利用电荷感应的原理工作的，所以不致于形成感应击穿的情况，但应该注意栅、源极之间的电压极性不能接反，否则容易烧坏场效应管。

4）由于场效应管的源极、漏极是对称的，互换使用不影响效果，因此除栅极以外的两个极中，任何一极都可为源极或漏极。

2.11 电声器件

电声器件是将声音信号转换成电信号，或是将电信号转换成声音信号的器件。电声器件的应用范围很广，如收音机、录音机、扩音机、电视机、计算机、通信设备等。

电声器件的种类很多，如扬声器、传声器、耳机、拾音器、受话器、送话器等。

2.11.1 扬声器的种类

扬声器的种类很多，分类方法也有很多种。

1）按扬声器的工作频率可分为低音扬声器、高音扬声器、中音扬声器，全频带扬声器等。

2）按扬声器外形可分为圆形扬声器、椭圆形扬声器、超薄形扬声器、号筒式扬声器等。

3）按扬声器的驱动方式或能量转换方式可分为电动式扬声器、电磁式扬声器、压电式扬声器、电容式扬声器、数字式扬声器、晶体式扬声器等。

4）按扬声器的磁体可分为外磁式扬声器、内磁式扬声器、励磁式扬声器等。

5）按扬声器音膜可分为纸盆扬声器、非纸质扬声器、带橡皮边的、带布边的、带泡沫边的扬声器等。

6）按声波的辐射方式可分为直射式扬声器和反射式扬声器。

扬声器的图形符号，如图2-62所示。

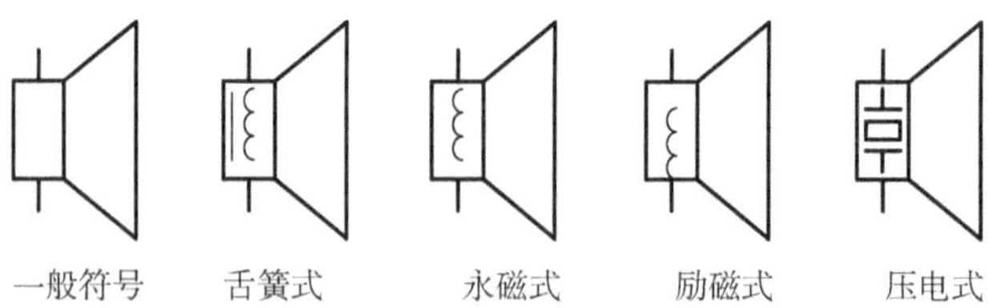

图2-62 扬声器的图形符号

1. 电动式扬声器

电动式扬声器是被广泛采用的一种扬声器。它的特点是电气性能优良、成本低、结构简单、品种齐全、音质柔和、低音丰满、频率特性的范围较宽等，是家用电器中采用最多的一种扬声器。

1）电动式扬声器的结构。电动式扬声器的外形与结构，如图2-63所示。它主要由磁路系统和振动系统两大部分组成。振动系统由音圈、纸盆、音圈定位支架组成；磁路系统由环形磁铁、软铁心柱、上导磁板、下导磁板组成。

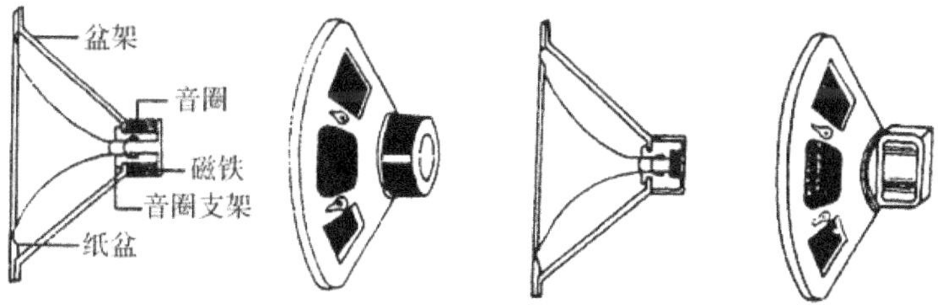

图 2-63　电动式扬声器的外形与结构

2）电动式扬声器纸盆（音膜）的发展。新型扬声器在纸盆的边缘的折边处做了较大的改进，使扬声器的低音更加丰富。因而出现了布边扬声器、尼龙边扬声器、橡皮边扬声器等。它们的出现意味着纸盆扬声器的新发展。

2. 号筒式扬声器

1）号筒式扬声器的特点。号筒式扬声器具有方向性强、功率大和效率高的优点，因此广泛用于会场、田间、广阔的原野等场合。专业用的高频号筒式扬声器有音质好、频率响应好的特点，该种扬声器主要用于剧场等要求较高的场合。

2）号筒式扬声器的结构。号筒式扬声器由发音头和号筒两大部分组成。号筒式扬声器的外形如图 2-64 所示，其中图 2-64（a）为早期号筒式扬声器，图 2-64（b）为目前流行的号筒式扬声器。

（a）早期号筒式扬声器

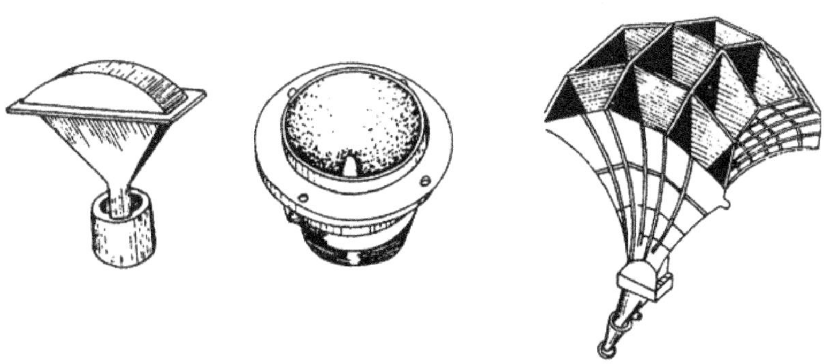

（b）目前流行的号筒式扬声器

图 2-64　号筒式扬声器的外形

3）号筒式扬声器的种类。号筒式扬声器的种类很多，分类方法也各异。常用的号筒式扬声器按换能方式可分为电动式号筒扬声器、压电式号筒扬声器和静电式号筒扬声器等。按振膜形状可分为球顶形号筒扬声器和反球顶形号筒扬声器等。按号筒的形状可分为圆柱形号筒扬声器、锥形号筒扬声器、矩形号筒扬声器、抛物线号筒扬声器、扁形号筒扬声器、多格号筒扬声器等。

3．音箱

音箱又称扬声器箱，它是把工作在不同频段的扬声器置于专门设计的箱体内，经分频器把功率放大器的输出信号，分成高频、中频、低频信号后，再分别送往各相应的扬声器中进行重放的系统。

音箱的结构如图 2-65 所示。

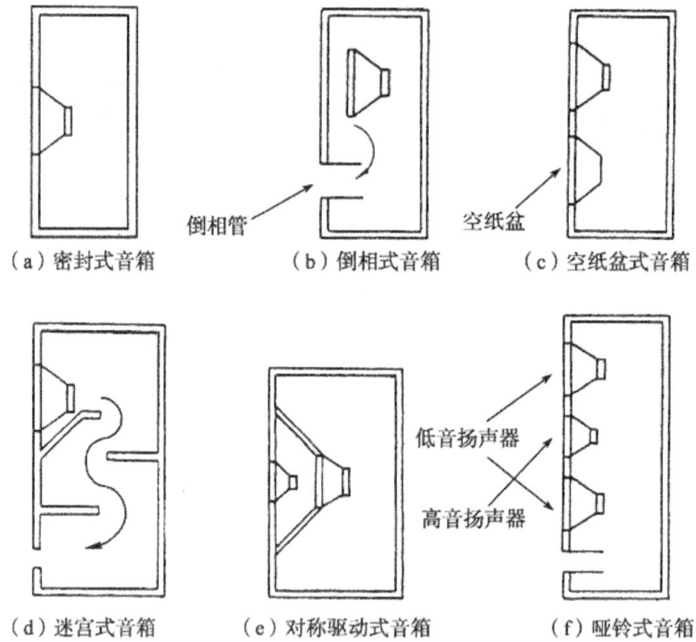

（a）密封式音箱　（b）倒相式音箱　（c）空纸盆式音箱

（d）迷宫式音箱　（e）对称驱动式音箱　（f）哑铃式音箱

图 2-65　音箱的结构

2.11.2　传声器

传声器又称话筒，俗称麦克风。它是一种把声音信号转换成电信号的声电器件。

1．传声器的种类与图形符号

传声器的种类很多，但基本上都属于动圈式和电容式。常用的有动圈式传声器、驻极体式传声器、电容式传声器、晶体式传声器、炭粒式传声器、铝带式传声器等。

按外形的不同可分为领夹式传声器、手持式传声器、头戴式传声器等。按输出阻抗的不同可分为高阻抗传声器和低阻抗传声器。另外还有无线传声器、有线传声器和无线、有线两用传声器及近讲传声器等。传声器的外形如图 2-66 所示。

传声器的图形符号如图 2-67 所示。其中图 2-67（a）为新电路符号。图 2-67（b）、（c）、（d）、（e）为旧电路符号。传声器在电路中用“B”或“BM”表示。但也有的电路用“M”或“MIC”表示（旧标准符号）。

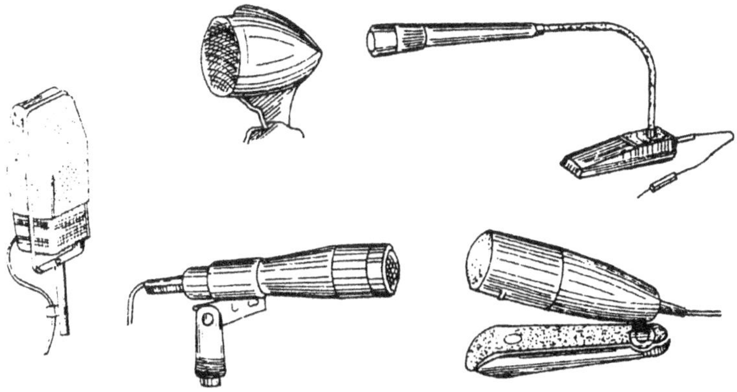

图 2-66　传声器的外形

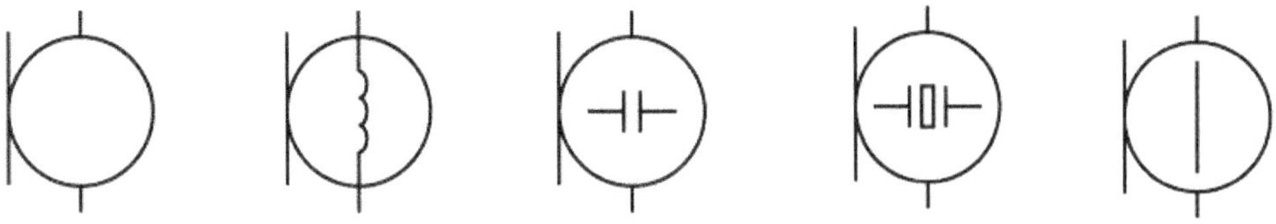

（a）新电路符号　（b）动圈式　（c）电容式　（d）晶体式　（e）铝带式

图 2-67　传声器的图形符号

2．动圈式传声器

动圈式传声器也称电动式传声器，是目前应用较为最广泛的一种传声器。

动圈式传声器的结构如图 2-68 所示。它由永久磁铁、音膜、音圈、输出变压器组成，且音圈位于磁隙中。

动圈式话筒的优点是结构合理、坚固耐用、工作稳定、性能好，经济实用。

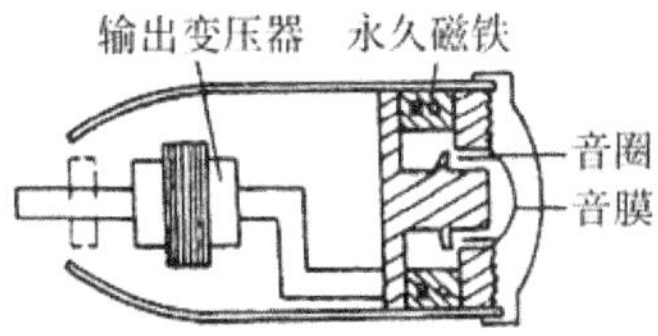

图 2-68　动圈式传声器的结构

3．驻极体传声器

驻极体传声器由于体积小、重量轻、电声性能好及结构简单等优点，因此得到了广泛的应用，如收录机电路、声控电路等。

驻极体传声器的内部结构如图 2-69 所示。它是由声电转换系统和阻抗转换系统两部分组成的。

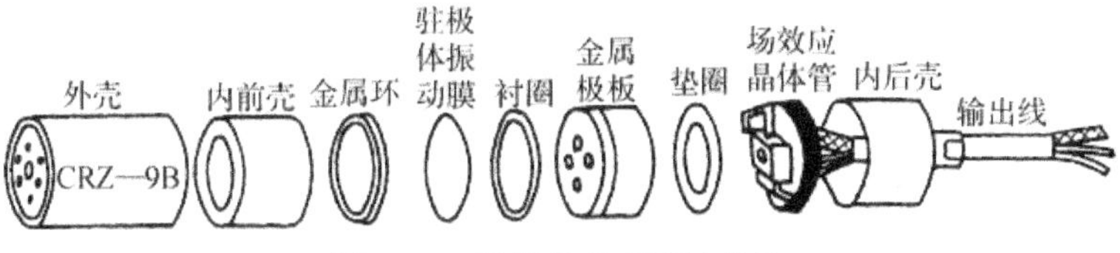

图 2-69　驻极体传声器的结构

驻极体话筒灵敏度的表示方法：驻极体话筒的灵敏度通常用蓝、白、黄、红等色点来分档，红点灵敏度最低，白的最高；有的驻极体传声器用绿、红、蓝三档表示，其绿色为灵敏度最高；也有的用 A、B、C 字母表示，A 为最低，其他依次类推。

常用的驻极体传声器有 ZCH-12、CRZ2-11、CRZ2-9、CZ、CNZ 等型号，它们都是两线输出方式，屏蔽层接正极。

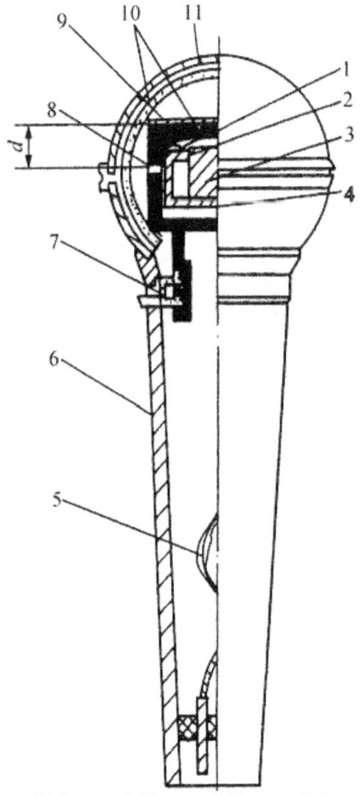

1—振膜；2—音圈；3—磁体；4—磁碗；5—引线；6—外壳；7—防振系统；8、9—进声孔；10—防风罩；11—网罩

图2-70 近讲传声器结构

4. 无线传声器

无线传声器即无线话筒，该种传声器一般佩戴在演员、播音员、主持人身上。它是由小型话筒极头和发射电路构成的。而且小型话筒极头与发射电路紧密地连成一个整体，另外还必须配有接收系统。

当讲话时，话筒极头把声音转换成电信号后，经发射电路发射出去，经接收系统接收后，再经过放大与解调还原成音频信号，而音频信号再经放大电路放大，便可输出。

无线传声器多数采用调频制，其工作频段可分为：78～82MHz、88～108MHz、155～167MHz。

5. 近讲传声器

近讲传声器又称歌手传声器，是近几年用于舞台的一种新型传声器，它的结构如图2-70所示。与动圈式传声器结构大体相同。其特点是：

1）近讲传声器在近距离使用时，对低频部分的响应明显，使声音更加纯厚，增加了临场的亲切气氛，可获得较好的演唱效果。

2）近讲传声器由于有防振系统，可防止手持话筒时的振动噪声窜入传声器。

3）近讲传声器由于有防风罩，可防止在近距离使用时呼吸气流影响传声器的音质。

4）近讲传声器在近距离使用时灵敏度高，中、低频响应特性较好。

2.11.3 耳机

耳机、耳塞机主要用于收音机、收放机、单放机、随身听及VCD、CD中作放声用，同扬声器的作用一样，也是将电信号转换成声信号的换能器件。

1. 耳机的种类、图形符号

按结构形式的不同可分为耳挂式、头戴式、帽盔式、听诊式、耳塞式、手柄式等。

按换能原理的不同可分为电磁式、电动式、压电式、静电式等。

按使用形式的不同可分为广播收音专用耳机和语言通信耳机及飞行员专用耳机等。

耳机、耳塞机的图形符号如图2-71所示。在电路中用字母“B”或“BE”表示。

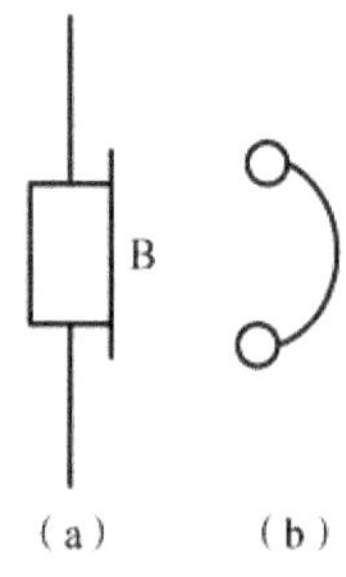

图2-71 耳机、耳塞机图形符号

2. 常见耳机的特点

常见耳机、耳塞机的外形如图2-72所示。

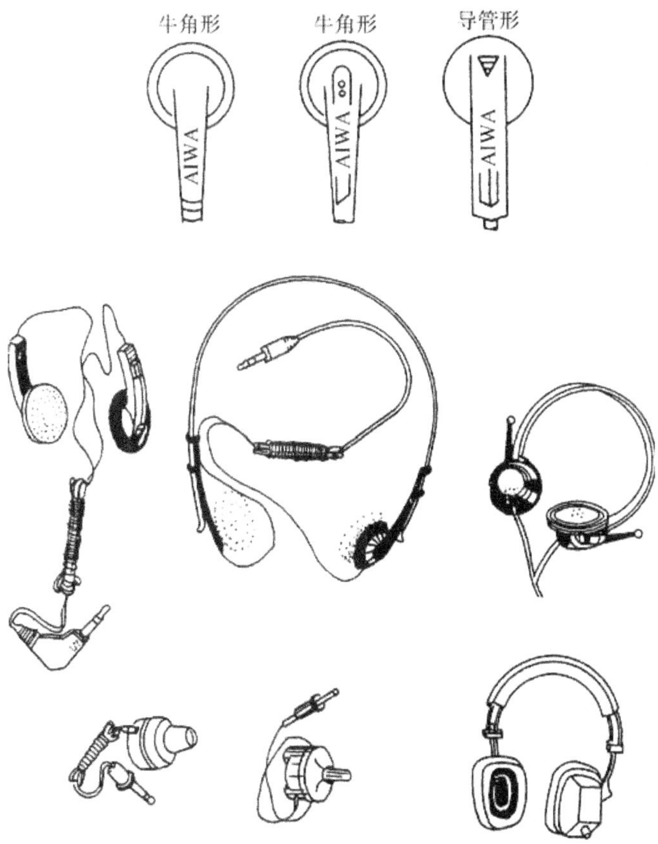

图 2-72　常见耳机、耳塞机的外形

1）动圈式耳机的特点是频率响应宽、灵敏度高、音质好，其不足之处是质量较大、结构较复杂。多用于语言与音乐的重放或监听。

动圈式耳机主要是由音圈、音膜（振膜）、磁体、外壳等构成。

2）压电式耳机的特点是结构简单、重量轻、耐潮性能好、成本低，其不足之处是音质较差，不适于用作音乐的重放。其主要是由压电片、振膜和壳体构成。

3）电磁式耳机的结构如图 2-73 所示。其主要是由永久磁铁、线圈、振动膜片、外壳等构成。

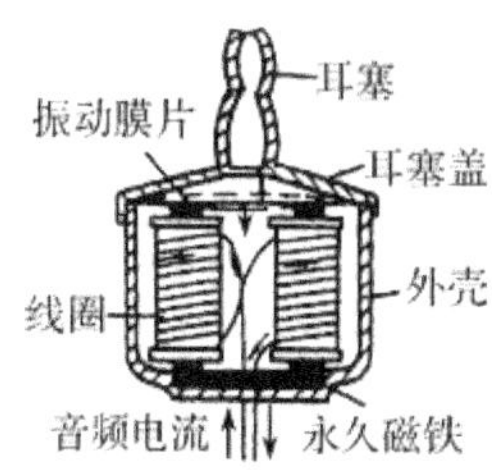

图 2-73　电磁式耳机的结构

2.11.4　扬声器、传声器、耳机的检测与修理

1．扬声器的检测

（1）扬声器好坏的判断

1）先将万用表置于 R×1 挡后，再将两表笔分别接扬声器的两根引线，此时测得的为扬声器音圈的直流电阻。此阻值如为无穷大表明音圈断路，扬声器不能使用。如测得的阻值小于标称阻抗值，则表明扬声器良好。

2）先将万用表置于 R×1 挡，再将一支表笔与扬声器一引线相接，另一支表笔断续地触碰扬声器的另一引线，此时扬声器若发出“喀喀”声，且指针作相应的摆动时，则表明扬声器是好的。如扬声器没有声音，若万用表指针也不摆动，则表明扬声器有故障。

（2）扬声器阻抗的判断

扬声器的阻抗一般都标注在它的商标（铭牌）上，但在商标脱落或标注不清的情况下，就很难知道其阻抗的大小。此时便可用下列办法进行判断：

先将万用表置于 R×1 挡，再测量扬声器的音圈直流电阻值，然后将此值乘以 1.2，便是此扬声器的阻抗值。例如测得音圈的直流电阻值为 6.5Ω，则阻抗值为 6.5×1.2=7.8Ω。此值接近 8Ω，便可认为扬声器的阻抗为 8Ω。

2. 传声器的检测

动圈式传声器是应用比较广泛的一种传声器，它可分为低阻抗和高阻抗两种。阻抗在 600Ω 以下的为低阻抗；阻抗在 10kΩ 以上的为高阻抗。目前，在使用的动圈式传声器中，有的因改变了音圈的制做工艺，采用细线多层绕制方法，省掉了升压变压器，其阻抗为 200Ω 左右。

1）对于低阻抗传声器可选用万用表的 R×1 挡来测其输出端（插头的两个部位）的电阻值，一般阻值在 50～200Ω 之间（直流电阻值应低于阻抗值）。在测试时，一支表笔断续地触碰插头的一个极，若传声器发出“喀喀”声，且指针作相应的摆动时，则表明扬声器是好的。如传声器无任何反应，则表明有故障，例如阻值为 0Ω 说明传声器有短路故障，如阻抗为∞说明传声器有断路故障。

2）对于高阻抗传声器应选用万用表的 R×1k 挡，其阻值应在 0.5～1.5kΩ 之间。测试的方法同上述相同。

3）置万用表的交流 0.05mA 挡，将两支表笔分别接传声器插头的两个极，然后对准扬声器讲话，若万用表的表针有摆动，说明传声器良好，如表针不动，表明传声器有故障。表针摆动幅度越大，说明传声器灵敏度越高。

3. 耳机的检测

（1）耳机好坏的判断

1）单声道耳机好坏的判断方法是置万用表 R×10 挡或 R×100 挡，两支表笔分别断续地触碰耳机引脚插头的地线和芯线，此时，若听到耳机发出“喀喀”声，则表明耳机良好。如果表笔断续地触碰耳机输出端引脚时，听不到“喀喀”声，则表明耳机不能使用。如果对两侧或两侧以上耳机同时进行同种方法检测时，其声音较大者，灵敏度较高，在检测中如果出现有失真的声音，则表明有音圈不正或音膜损坏变形的故障。

2）对于双声道耳机好坏的检测判断方法是置万用表 R×1 挡，测量耳机音圈的直流电阻。将万用表的一支表笔接触插头的公共端（地线），另一支表笔分别接触耳机插头的两个芯线，其阻值均应小于 32Ω，因为立体声耳机的交流阻抗为 32Ω，而直流电阻总比交流阻抗低，一般双声道耳机的直流阻值应为 20Ω 以上 30Ω 以下。若测得的阻值过小或超过 32Ω 很多时，则说明耳机有故障。

（2）耳机的常见故障及排除方法

1）由于耳机在使用时引线经常弯折，所以耳机的根部引线容易折断，其表现为有时有声，有时无声。修理的方法是先将折断的引脚剪断，再把剪断的引线剥去绝缘层，从线孔中穿进去，分别焊在两引线片上。

2）耳机引线的另一个断线部位是耳机插头接线处，其表现是有时有声，有时无声。排除方法是：

① 对于不可拆的一次性插头，只能将插头带线一起剪去，重新换插头。

② 对于可拆插头，可将断线剪去，将引脚重新焊好便可。

3）耳机的无声故障一般是耳机音圈引线断开所致。在用万用表进行检测时，其阻值为无穷大。排除方法是找到断线处，用电烙铁重新焊好便可。

2.12　CD 唱机和 VCD、DVD 视盘机用器件

CD、VCD、DVD 技术是近几年发展起来的数字音、视频新技术，它们是集光、声、像、机、电为一体的高新技术，是新兴的数字图像家电产品，它的发展速度非常迅猛，而且在不断地更新产品，已成为家电消费的新热点。

CD 唱机、VCD、DVD 视盘机的结构较为复杂，主要是由激光读取系统、伺服系统、控制系统、机械系统和复杂的信号处理系统组成，其中激光读取系统是唱机和视盘机的基础，没有这个系统就无法读取信息，也就无法将光信号转为电信号。激光头、激光二极管是激光读取系统的关键部件，以下将分别给予介绍。

2.12.1　激光头的种类

激光头的种类较多，且型号更多，各生产厂生产不同工作方式的激光头，现归纳如下：

1）按光学系统的空间结构的不同可分为一体式激光头和分体式激光头。

2）按照激光头的功能可分为只读式激光头；能读、能写式激光头；能读、能写、能擦式激光头。

3）按输出信号的类型可分为输出电压信号的激光头和输出电流信号的激光头。

4）按激光头的光束不同可分为单光束型激光头和三光束型激光头。

5）按光学路径可分为普通型和全息照相复合型。

2.12.2　激光头的基本结构

激光头主要是由激光发射系统、激光传播系统和光接收系统组成。激光头的基本结构如图 2-74 所示。

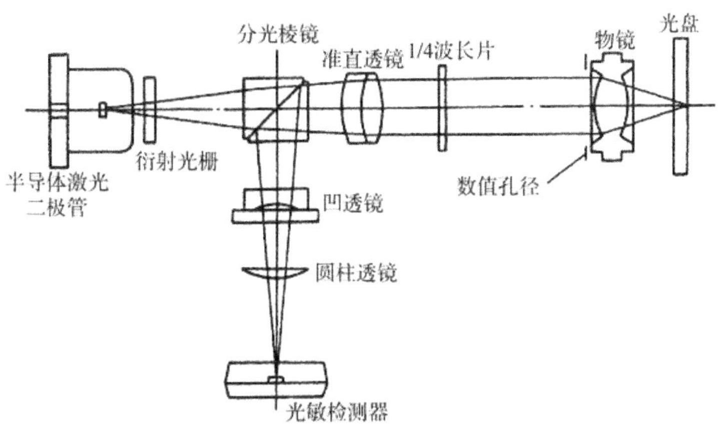

图 2-74　激光头的基本结构

1. 激光发射系统

激光的发射系统主要是由半导体激光二极管和衍射光栅组成。半导体激光二极管能发射出

波长、相位一致的激光，其波长为 0.65～0.78μm。衍射光栅可以把半导体激光二极管发射出的单束光分裂成三束光。对于单束循迹则无衍射光栅。

2. 激光传播系统

光学系统按照读取信息激光束的数目可分为单束光学系统和三束光学系统。单束光学系统是用一支激光束来完成所有信息的读取，而三束光学系统是用衍射光栅，将激光二极管发出的光束分成主光束和二支辅助光束来共同读取信息。

激光传播系统是由不同作用的光学镜片组成，并形成光路。由图 2-74 中可看出激光传播系统由物镜、1/4 波长片、准直透镜、分光棱镜、圆柱透镜等组成。

1）物镜：又称为聚焦透镜，它的作用是把平行激光束会聚，并聚焦于光盘的信号面上来读取信号。物镜是光学系统中最主要的光学镜片，它的另一个作用是收集从光盘信号面上反射回来的光脉冲信号，送往光电检测器。

物镜的质量决定了激光头的质量，光束通过物镜后必须聚焦成一个极小的光点，其直径必须小于 1.67μm，否则无法读出信号，为提高分辨信号的能力，其聚焦光点的直径应选取 1μm。

物镜可分为玻璃球面物镜和塑料非球面物镜，现多数激光头采用的是非球面塑料物镜，其质量约为 0.12g，焦距为 4.5mm。

物镜机构比较复杂且精密，通常采用的有模压铰链型、4 线型和轴向滑动型。

2）准直透镜：又称为平行光透镜，它的作用是把散射的激光束变成平行光束。

3）1/4 波长片：它是一个旋光器件，光束经 1/4 波长片后，发生折射，能将偏光轴旋转 45°。

4）分光棱镜：它的作用是把偏光轴不同的激光束分离，能使激光二极管发射的光束直线通过（透射性），而对于从光盘反射回来的光束呈反射性（在斜面处呈 90°方向反射）。

5）圆柱透镜：它的作用是当光束通过该透镜后聚焦于光电检测器的光靶上。

激光传播系统的光学路径是由分光棱镜、1/4 波长片、准直透镜、物镜构成入射光传播路径，将激光二极管发射出的激光束入射到光盘面上；由物镜、准直透镜、1/4 波长片、分光棱镜和圆柱透镜构成反射光路径，把从光盘反射回来的激光引入到光电检测器的光靶上。

3. 光接收系统

光接收系统是由光敏检测器构成，它是一种光敏器件，能把光信号转变成电信号，由硅光二极管构成。当从光盘上反射回来的信息光束，照到光敏检测器上时，就会产生相应的电信号。

光敏检测器可分为 6 分光敏检测器和 5 分光敏检测器，如图 2-75 所示。6 分光敏检测器一般用于衍射光栅型激光头，5 分光敏检测器一般用于全息照相复合型激光头。

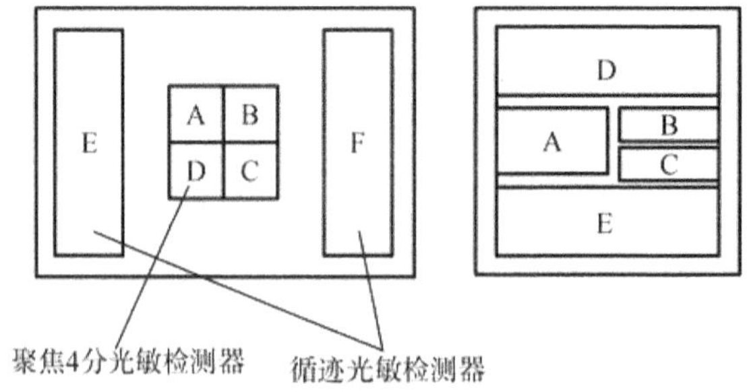

（a）6分光敏检测器　（b）5分光敏检测器

图 2-75　光敏检测器

2.12.3　CD、VCD 激光头结构特点

CD、VCD 激光头的结构基本相同，它们都是由激光二极管、物镜、聚焦线圈、循迹线圈，以及光路系统的 1/4 波长片、分光棱镜、衍射光栅、圆柱形透镜等构成。

CD、VCD 用激光头的激光二极管所发射的波长一般为 780nm（纳米），在检修时肉眼能清晰地观察到它发出的是红色光点，它的工作电流为几十毫安，工作电压为 2V 左右，管耗为上百毫瓦，为此激光二极管配有散热器。

CD、VCD 激光头的物镜表面均涂有紫色或黄色的加膜层，以提高透光率和透镜的性能。在进行维护时注意不要把这层膜揭去，否则会造成激光头的效率降低，甚至损坏。

CD、VCD 用激光头可分为单光束、三光束和全息型等几种，以下将分别给予介绍。

1. CD 用激光头

CD 唱机用激光头常见的有四线型激光头，该型激光头由聚焦线圈、循迹线圈、磁铁、物镜、激光器、透镜、光电检测器等组成。其聚焦线圈直接绕在支架四周，物镜固定在塑料骨架的中央圆孔顶端上，可沿二维方向移动。

该激光头的光学系统主要是由激光二极管、分光棱镜、衍射光栅、反光镜等组成，激光二极管发射的激光束由衍射光栅分裂成三光束，然后经分光镜反射，由物镜聚焦于光盘的信息纹迹上。再由光盘反射回来的光束再通过反光镜反射到光电检测器上，最后经光电转换后输出电信号。

2. 三光束型激光头

三光束型激光头的结构如图 2-76 所示。它是由激光器、衍射光栅、分光棱镜、准直透镜、1/4 波长片、物镜与圆柱形透镜和光电二极管等构成。其构造比单光束的复杂，从图中可看出，在半导体激光二极管的上方有一个衍射光栅，它将激光二极管发出的激光束一分为三，变成了一支主光束和二支辅助光束，此三光束通过分光棱镜（偏振棱镜）后，再经准直透镜、1/4 波长片、物镜，将激光束聚焦于光盘表面，读取信息后的光束再通过物镜成为平行光束，又经 1/4 波长片偏光轴再旋转 45°，其方向与偏振膜互相垂直，在分光棱镜斜面上转向 90°反射（此处不形成透射）后，经圆柱形透镜射向光电检测器，再由光电检测器完成信号的光电转换，输出 RF 信号。

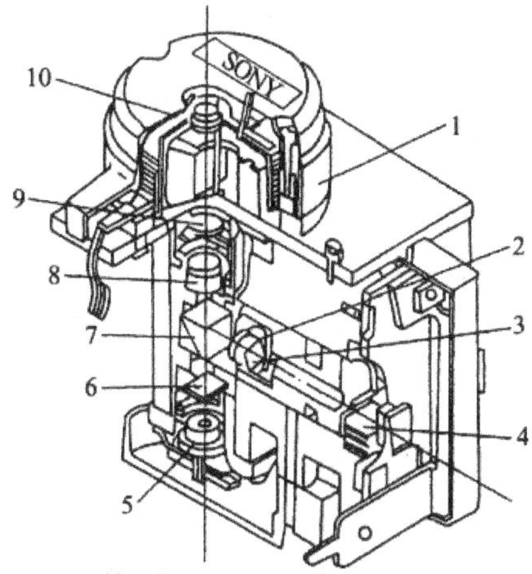

1—2 轴调节器；2—凹透镜；3—圆柱形透镜；4—光敏二极管；5—半导体激光器；6—衍射光栅；7—PBS（偏振光束分裂器）；8—准直透镜；9—1/4 波长片；10—物镜

图 2-76　三光束型激光头结构

三光束激光头是使用比较广泛的一种激光头，在 CD 唱机、VCD 视盘机中应用很多。国内生产的 VCD 视盘机普遍采用了索尼公司生产的三光束型激光头，如新科、康佳、长虹、上海等厂家。其具体型号有 CDM14-5BD1、CDM14-K5、KSL-210、KSL-212BM、KSS-213、KSS-2104、KSS-212B 等。

3. 全息激光头

全息激光头是采用全息照相复合型激光管的激光头，如飞利浦公司的 L1210 型、夏普公司的 RCJRH8317AF 和索尼公司的 KHS-150 型就为全息激光头。

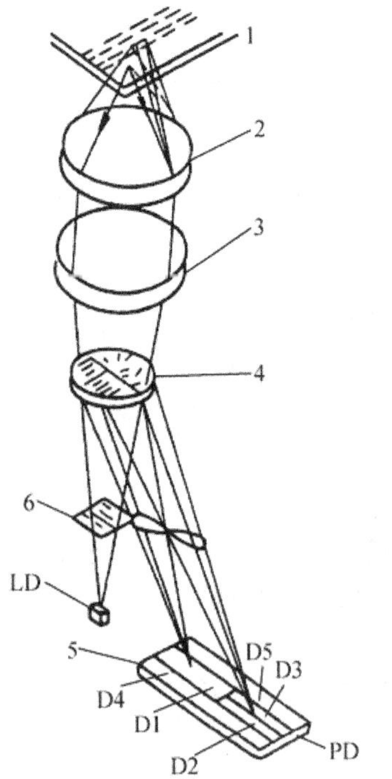

1—光盘坑；2—物镜；3—平行光透镜；4—全息镜片；5—光敏二极管；6—衍射光栅

图 2-77 全息激光头的组成

全息激光头是由物镜、平行光透镜、全息镜片、衍射光栅、激光二极管等构成，如图 2-77 所示，由激光二极管发射出的激光束由衍射光栅分成三束光，即一束主光束和两束辅助光束，然后通过平行光透镜和物镜，把光束聚焦在光盘的信息纹迹上。再由光盘上反射回来光束通过物镜和平行光透镜照射到全息镜片上。由于全息镜片由两个不同周期的衍射光栅组成，使它对激光二极管的发射光束有透射性，而对从光盘反射回来的信息光束具有折射性，即可以让激光二极管发射的光束直线通过，而对反射回来的信息光束要进行折射，使其分开，具体而言就是把反射回来的主光束分成两束光，把反射回来的两辅助光束分成四束光，然后将这六束光投射到 5 分光电检测器上，并从光电检测器输出 RF 信号、聚焦信号和循迹信号。

2.12.4 DVD 激光头的结构特点

DVD 激光头需要读取 DVD 光盘信号，也要读取 CD 光盘信号，但 CD 与 DVD 光盘的信号坑、轨迹宽度和碟片厚度等都不一样，为能达到兼容的目的，DVD 激光头的生产厂家采用了不同的方式给予解决。目前采用的方式有两个透镜切换方式、单透镜改变光束焦点方式、液晶快门方式和双波长方式等。

1. 切换镜头式激光头

切换镜头式激光头是采用了两种不同的透镜进行切换，可分别对 DVD 光盘和 CD 光盘进行读取。DVD 用的透镜比 CD 用的透镜直径要大，其焦点落在碟片的 0.6mm 厚度处，这样就可以读取单面双层、双面双层的光盘信息。CD 用的透镜直径比 DVD 要小，其焦点落在 1.2mm 厚度处，这样就可以读取 CD、VCD 光盘信息。

切换镜头式激光头的外形如图 2-78 所示。其透镜可以进行循迹跟踪，即在音圈电动机通电后使透镜在水平方向上做移动，以达到两个透镜切换的目的。

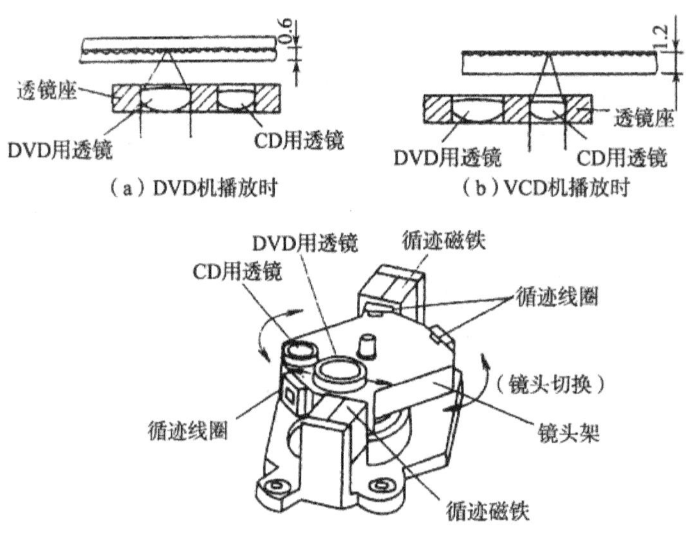

图 2-78 切换镜头式激光头的外形

2. 双焦点式激光头

双焦点式激光头是利用一个物镜形成两个聚焦点，来分别读取 DVD 光盘和 CD 光盘。其方法是把物镜的一面做成全息面，并与非球面镜头结合在一起，构成全息透镜，使激光束透过非球面模压玻璃透镜时，在其表面形成特殊的全息衍射，来改变激光的波长，以形成两个聚焦点。

双焦点式激光头的工作原理如图 2-79 所示。在物镜的中央部分配置全息透镜，激光束通过全息镜头衍射出来，形成一次光（或称 1 阶光）形成全息焦点，用于 CD、VCD 光盘的信息读取。对于通过全息镜头但没有发生衍射而透过透镜的 0 次光（或称 0 阶光），则形成 DVD 光盘的信息读取。

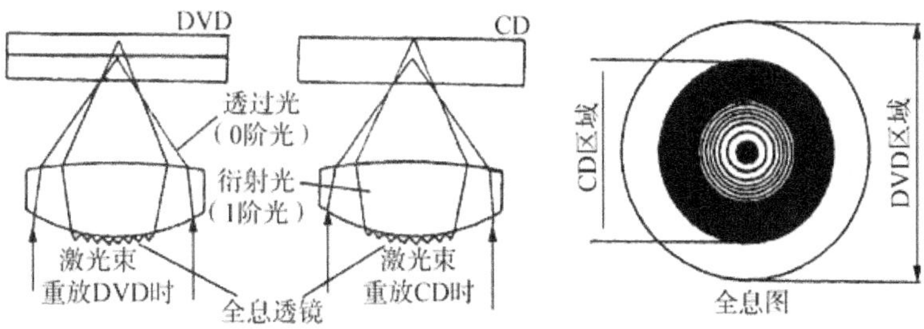

图 2-79 双焦点式激光头的工作原理

3. 液晶快门式激光头

液晶快门式激光头的工作原理如图 2-80 所示。当重放 DVD 时，使液晶光闸（液晶快门）不起作用，将全部激光束入射到物镜上，形成 DVD 光点。当重放 CD 或 VCD 时，使液晶光闸发生作用，遮挡了激光束的边缘部分，形成 CD 聚光点，获取 CD 光盘信息，即通过液晶光闸的切换达到兼容的目的。

2.12.5 激光二极管

激光二极管是激光头中的关键部件，它广泛应用于各种视盘机、计算机的光驱、激光打印机等产品中。用于激光唱机和 VCD、DVD 影碟机中的激光二极管主要分为普通型激光二极管和全息照相复合型激光二极管。

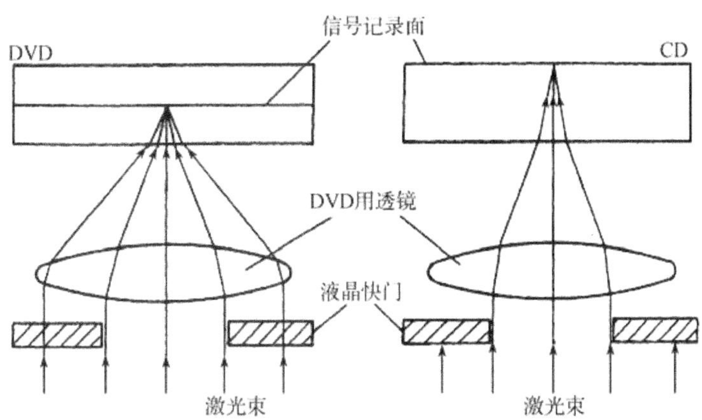

（a）重放DVD时，液晶快门：OFF （b）重放CD时，液晶快门：ON

图 2-80 液晶快门式激光头的工作原理

1. 普通型激光二极管

普通型激光二极管如图 2-81 所示。根据普通型激光二极管发射窗的不同可分为斜面型与平面型。斜面的一般用于CD唱机，平面型的主要用于视盘机。

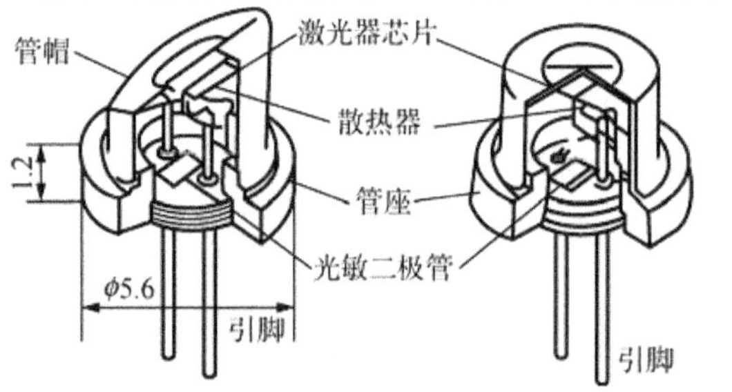

图 2-81 普通激光二极管结构

普通型激光二极管主要是由散热器、激光器芯片（激光二极管管芯）和光敏二极管 PD 构成。其散热器主要为激光器在工作时，由于振荡所产生的热量散发而安装。光敏二极管的主要作用：①接收激光器发出的光，②监测激光器光输出的变化，并将这一变化，反馈到激光发射功率自动控制电路，去驱动激光器的驱动电流，使输出的光功率保持恒定。

2. 全息照相复合激光二极管

全息照相复合激光二极管与普通型激光二极管的不同之处是①在激光二极管发射面的光路中增设了一个衍射光栅；②在其顶部增设了一个全息照相镜片；③在激光二极管侧面排列了一个光电检测器。

全息照相复合激光二极管的管座采用多引脚形式，在管壳底座的外边缘有“V”形缺口和凹形缺口，其作用是作为定位标记。

3. 激光二极管的更换

激光二极管损坏后，一般只能采用更换的方法。在更换时，应尽量采用原型号的二极管，如没有原型号的只能找与原型号波长、起振电流、输出功率、电源电压基本一致的激光二极管进行代替。

2.12.6 光盘

1. 光盘的概况

光盘是记录存储器、视频信号的载体，它是采用数码信号来进行记录和重放的软件。

光盘的优点是高保真、高密度的记录、寿命长、功能多、体积小。

光盘的兼容性好是光盘的特点之一，VCD 光盘不仅能在 VCD 机上播放还可在安装有 CD-ROM 驱动器和 MPEG1 解码卡的计算机上播放， 同样光盘也能在装有 MPEG2 解码卡的计算机上播放。

2. CD、VCD 光盘的结构

（1）CD 光盘的结构尺寸

CD 光盘的直径为 120mm，厚度为 1.2mm，质量为 15g。光盘的中心孔直径为 15mm，节目从内圈 50mm 开始到直径为 116mm 处结束。播放时间最长为 74min。

光盘由透明塑料 PC 聚碳酸酯基片做成，由衬底层、反射层及保护层和最上面的商标层组成。光盘的信息是通过激光反射原理从信息面通过透明塑料来读取的。在反射层中由凹凸坑来表示信息。当激光头的激光束照射这些凹凸坑时，会产生强弱不同的反射光，再将这些反射光变为大小不同的电流，经解码电路还原成信号。

光盘的信息坑长为 0.9～3.2μm，信息坑宽为 0.5μm，信息坑深为 0.11μm，信息纹迹间距为 1.6μm。

（2）VCD 光盘的结构

VCD 光盘的结构与 CD 光盘的结构完全相同。VCD 光盘的记录格式由三部分组成，即引入区、数据区和引出区，如图 2-82 所示。

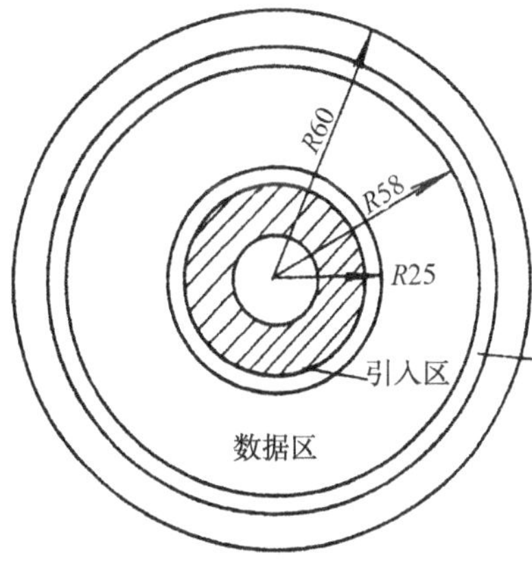

图 2-82　VCD 光盘的信息区域

VCD 光盘是采用 MPEG1 的技术标准的数字压缩技术，以数字形式录制和读取的。

（3）VCD 光盘的种类

VCD 光盘可分为 VCD1.0 版本、VCD1.1 版本、VCD2.0 版本、VCD3.0 版本，以及 SVCD 光盘和 CVD 光盘。

VCD 光盘、VCD1.1 光盘、VCD2.0 光盘、VCD3.0 光盘可以在不同的 VCD 机上播放，即 VCD 光盘有它的兼容性。但应注意的是不同版本的光盘只有在具有其技术标准的 VCD 机上播放时，才显示出该版本光盘的特有功能。例如使用较多的 VCD2.0 版本的光盘，它可以在具有 VCD1.0、VCD1.1、VCD2.0、VCD3.0 技术标准的 VCD 机上播放，但只有在 VCD2.0 或 VCD3.0 技术标准的 VCD 机上播放时，才能具有 VCD2.0 版本的功能。

3．DVD 光盘的结构

DVD 光盘是在 CD、VCD 的基础上，利用更短的波长和 MPEG2 的压缩技术，在同 CD 尺寸一样的光盘上记录更长时间的数字光盘。

DVD 光盘所用的材料与 CD 相同即 PC（聚碳酸酯）。

DVD 光盘的外形与 CD 相同，其外径为 120mm，内孔径为 15mm，其光盘转动所夹持的部位与 CD 光盘完全一样。DVD 光盘与 CD 光盘不同之处是，它由两片外形完全一样的、厚度为 0.6mm 的盘片黏合而成，其厚度为 1.2mm。

为了提高 DVD 光盘的记录密度，DVD 盘片的凹坑尺寸比 CD 的尺寸缩小了很多，其坑长为 0.47μm（CD 为 0.83μm），坑高为 0.1μm，坑宽为 0.3μm，坑与坑的间距为 0.74μm（CD 为 1.6μm），DVD 光盘与 CD 光盘信息坑的比较如图 2-83 所示。

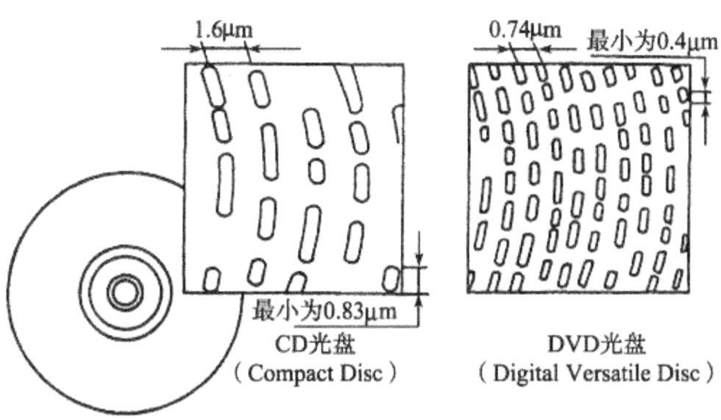

图 2-83　CD 光盘与 DVD 光盘凹坑比较

DVD 光盘的另一个与 CD 不同的是使用光盘的两个记录格式，以及在一个面上制作双层记录的格式，通过改变激光的焦点，来识读不同层的信息。激光首先聚焦于第一层半反射膜上，来读取该层的数据，当第一层数据识读完毕后，激光透过半反射膜聚焦于第二层全反射膜上，直到识读完毕。

2.13 开关、继电器、插接件、光耦合器

2.13.1 开关

开关在各种电子设备和家用电器中都要用到，是用来接通和断开电路的元件。

1. 开关电路符号

开关在电路中的图形符号如图 2-84 所示。

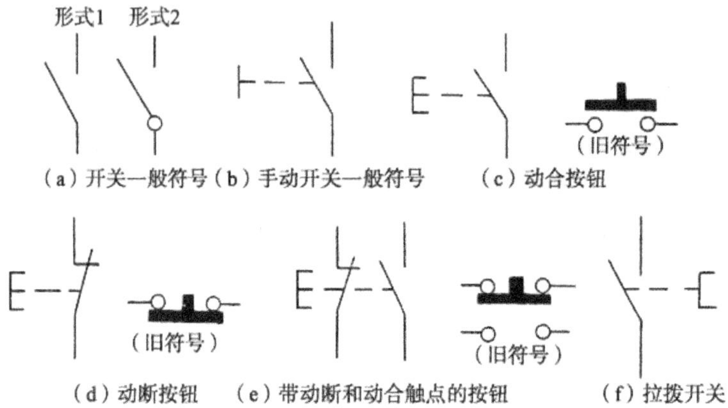

图 2-84 开关的图形符号

开关在电路中用字母“S”或“SA”、“SB”表示。在有些电路图中用“K”表示，是旧标准表示法。

2. 开关的种类

开关的种类较多，通常按开关的用途、结构及操作方式来进行分类。

常用开关的外形如图 2-85 所示。

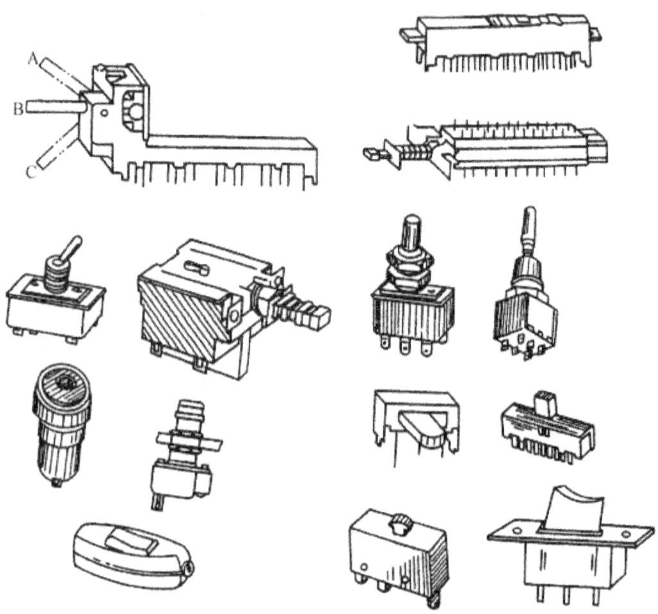

图 2-85 常用开关的外形

1）按开关的用途可分为波段开关、录放开关、电源开关、预选开关、限位开关、控制开关、转换开关、隔离开关等。

2）按开关的操作方式可分为按键开关、推拉开关、旋转开关、拨盘开关、直拨开关、推推开关、杠杆开关等。

3）按开关的结构可分为滑动开关、钮子开关、拨动开关、按钮开关、薄膜开关等。

3. 开关的检测

1）直观检测。观察开关的手柄是否能活动自如，或有松动现象，能否转换到位。观察引脚是否有折断，紧固螺钉是否松动等现象。

2）测量触点间的接触电阻。测量方法是：用万用表的 R×1 挡，将一支表笔接其开关的刀触点引脚，另一支表笔接其他触点引脚，让其开关处于接通状态，此时所测阻值应在 0.1～0.5Ω 以下，如大于此值，表明触点之间有接触不良的故障。

3）测量开关的断开电阻。测量方法是：用万用表的 R×10k 挡，将一支表笔接开关的刀触点引脚，另一支表笔接其他触点的引脚，让开关处于断开状态，此时所测的电阻值应大于几百千欧姆。如小于几百千欧姆时，表明开关触点之间有漏电现象。

4）测量各触点间电阻。用万用表 R×10k 挡测量各组独立触点间的电阻值，其阻值应为∞，各触点与外壳之间的阻值也应为∞。若测出一定的阻值则表明有漏电现象。

5）开关的故障。开关的故障率比较高，其主要故障是：接触不良、不能接通、触点间有漏电、工作状态无法转换等。其中接触不良的故障较为多见，表现为时通、时断，且造成的原因有多种。其中有触点氧化，触点打火而损坏，触点表面脏污等。此类故障可通过无水酒精清洗触点的方法得以解决。

2.13.2 各种接插件

接插件应用于各种电子产品中，其作用是连接线路。它是线路板与线路之间、电子设备与电子设备之间连接所需要的主要元件。

接插件的规格和品种很多，按其频率可分为高频接插件、低频接插件；按机械连接方式可分为卡口、螺口、平口接插件；按其芯数可分为单芯和多芯接插件；按其接触对的排列状态可分为矩形接插件和圆形接插件。

1. 接插件的图形符号

接插件的图形符号如图 2-86 所示。在电路中用字母 XP 表示插头，XS 表示插座，XB 表示连接片。

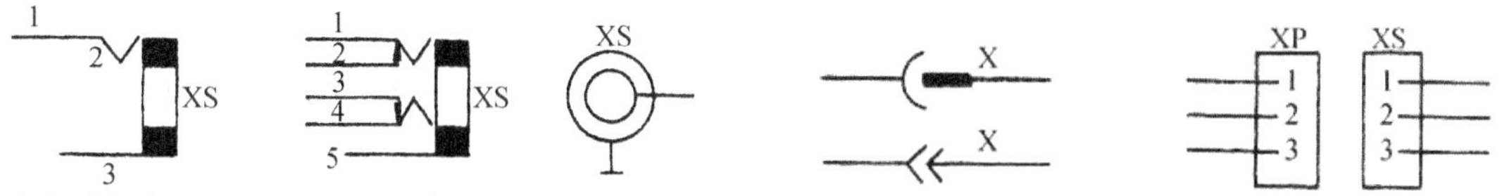

（a）单声道插座　（b）双声道插座　（c）针形插座　（d）单根引线的插头、插座　（e）三根引线的插头、插座

图 2-86　接插件的图形符号

2. 常用接插件

（1）印制板接插件

印制板接插件有单引脚的和多引脚两种，如图2-87（a）、（b）所示。它们的特点是使用灵活，占据面积小，插、拔方便等。它们的结构是插座内有接线片（金属片），在插头内有引脚接线针。对于多引脚接插件，为了防止插头插错方向，每个插座都有定位挡，插头只有在规定的方向上才能插入插座，如有反向或移位都不能插入插座。该种接插件在使用时需将插座部分直接焊接在电路板的铜箔印制线路上，插头上引脚，然后将插头插入插座，便可接通线路。

图 2-87（c）为引脚较多的一种接插件，引脚数目从 7 线到 200 余线不等，还可分为单排和双排两种，并有直接型、绕接型、间接型。该种接插件的插头由“子”印制板边缘上的镀金排状铜箔条构成。多用于计算机及其音视频设备和仪器仪表的印制板中。

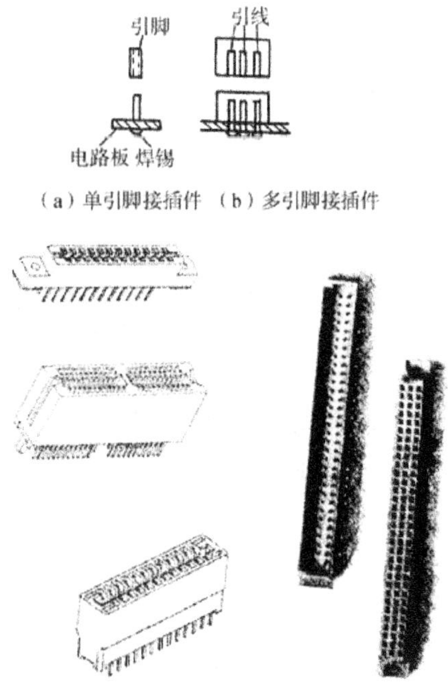

（a）单引脚接插件 （b）多引脚接插件

（c）单、双排印制板接插件

图 2-87 印制板接插件

（2）条形接插件

条形接插件又称条形连接器。它的结构特点是接触对的数目不是太多，如图 2-88 所示。它主要用于导线与印制板之间的连接。

（3）小型二、三芯插接件

小型二、三芯插接件的种类很多，常用的插头与插孔的类型不同。用于收音机外接耳机的两芯插头、插座，如图 2-89（a）。用于收录机、VCD 机上的外接立体声耳机的三芯插头、插座，如图 2-89（b）所示。

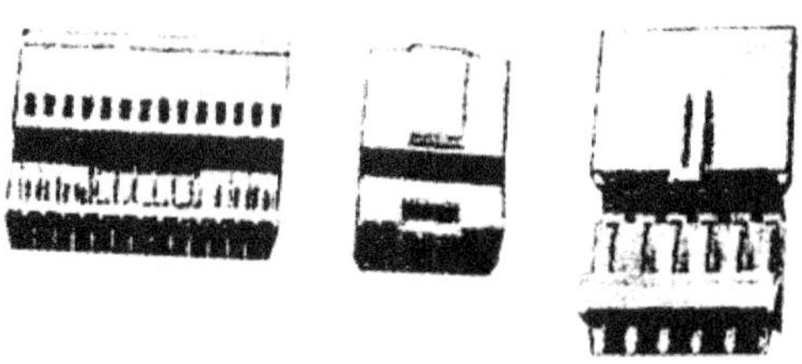

图 2-88 条形接插件

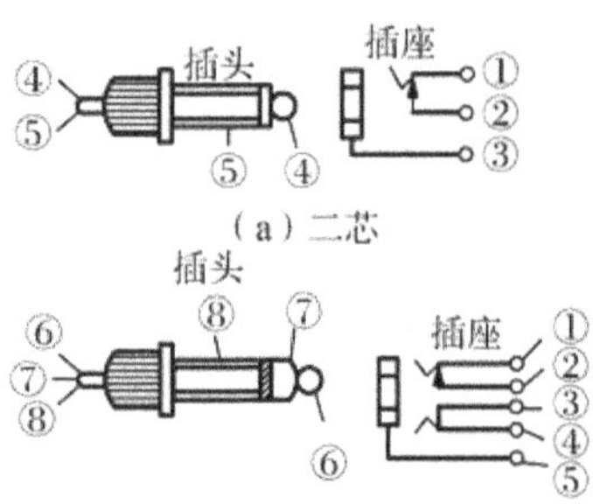

（a）二芯

（b）三芯

图 2-89 二、三芯插接件

二、三芯接插件的规格不同，根据插头、插座的口径不同可分为 2.5mm、3.5mm、6.5mm 三种。其中 2.5mm、3.5mm 的用得最多。

（4）矩形接插件

矩形接插件是在绝缘性能较好的矩形塑料壳中，装上数量不等的接触对制成的。

矩形接插件常用于低频低压电路、高低频混合电路，更多的是用在无线电的仪器、仪表中，其外形如图 2-90 所示。

矩形插头与插座中的接触对的数目不等，多的可达几十对。排列方式，有双排、三排、四排等数种。每个接触对中由于有弹性形变，其产生的正压力、摩擦力都能保障接触对的良好接触。为提高性能，有的在接触对上镀有镀金层或镀银层。

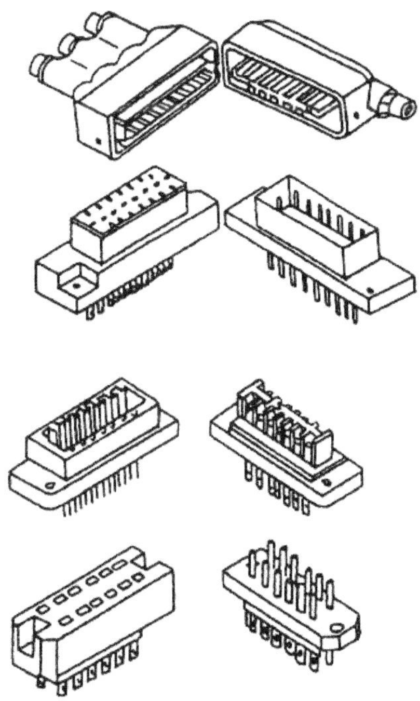

图 2-90　矩形接插件

（5）圆形接插件

圆形接插件是在圆筒形壳体中，装有一对或多对接触片构成的。可分为插接与螺纹接两类，前者多用于低压小电流的连接，后者多用于较高电压、较大电流的连接。

插接的圆形接插件由于插接方便，常用于低压电源、键盘、鼠标与主机的连接。

螺纹接的圆形接插件，接触片多为引脚插座式，并且都是锡焊接型，而且外壳都带有接地装置、电缆夹、保护机构。该种接插件中常用的有 3 种型号（YC 型、YS1 型、YS2 型）。其中的 YC 型，它的接触对数目是 2、3、5、6、7、8 对，插头与插座的连接方式是直插连接，额定电流为 2A，额定电压为 34V，阳接触件的插合端的直径尺寸为ϕ1.5mm。

圆形接插件的外形如图 2-91 所示。

（6）带状电缆接插件

带状电缆接插件如图 2-92 所示。由带状电缆、插头、插座构成。其特点是插头与电缆的连接不用焊接，而是靠插头内的刀口刺破电缆的绝缘层来实现电气连接。该种接插件主要用于微型计算机中与音视频电路中。

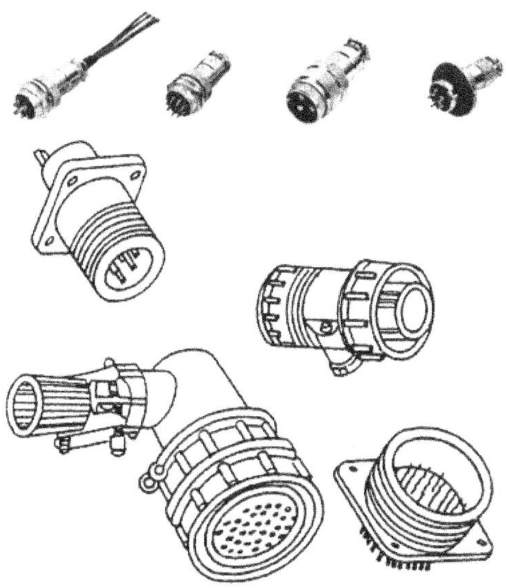

图 2-91　圆形接插件

（a）带状电缆插头与插座

（b）带状电缆

图 2-92　带状电缆接插件

（7）同轴接插件

同轴接插件又称射频接插件，如图 2-93 所示。同轴接插件用于同轴电缆之间的连接，其工作频率较高。

（8）音/视频接插件

音/视频接插件如图 2-94 所示，用于音/视频信号的传输，用于耳机、话筒、视频播放设备的接口。

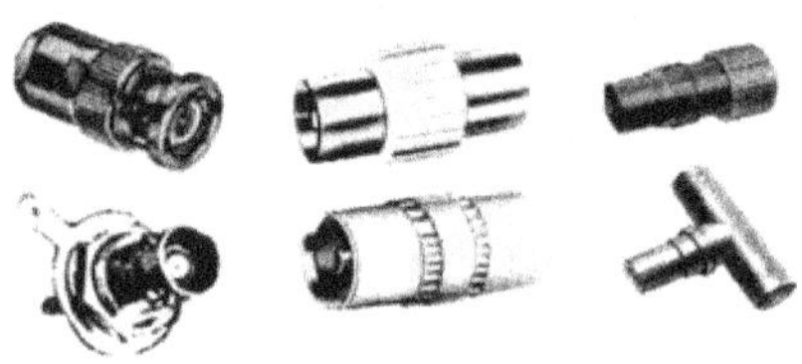

图 2-93　同轴接插件

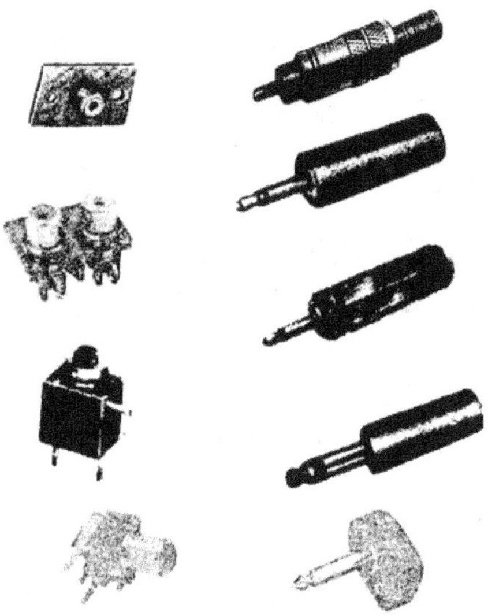

图 2-94　音/视频接插件

3．接插件的检测

1）接插件的主要故障是接触对之间的接触不良，而造成的断开故障。另外就是插头的引脚断开故障。

2）对接插件的主要检测方法是直观检查和万用表检查。

直观检查是指查看是否断线和引脚相碰故障。对于插头是可以旋开外壳进行检查的，检查是否有引脚相碰故障等。

用万用表检查是指通过欧姆挡查看接触对的断开电阻和接触电阻。接触对的断开电阻值均应该是∞，若断开电阻值为零，则说明有短路处，应检查是何处相碰。

接触对的接触电阻值均应该小于 0.5Ω，若大于 0.5Ω则说明存在接触不良故障，当接插件出现接触不良故障时，对于非密封型插接件可用砂纸打磨触点，也可用尖嘴钳修整插座的簧片弧度，使其接触良好。对于密封型的插头、插座一般无法进行修理，只能采用更换的方法。

2.13.3　继电器

继电器是自动控制电路里经常用到的一种元件，其应用十分广泛，它是利用电磁原理，机电原理使接点闭合或断开来控制相关电路。实际上它是用较小的电流来控制较大电流的一种自动开关。

1．继电器的图形符号

继电器的图形符号如图 2-95 所示。

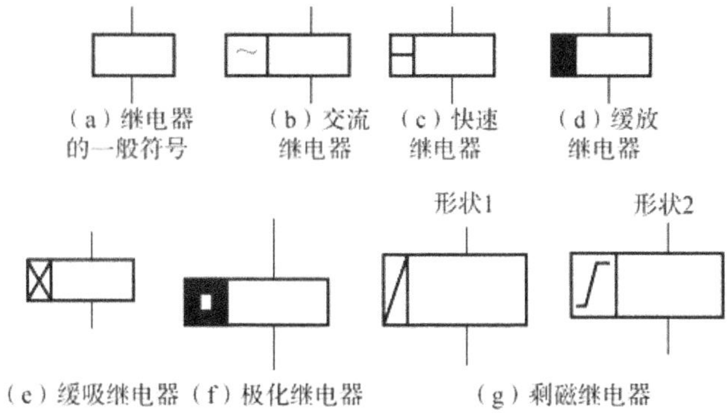

图 2-95 继电器的图形符号

继电器在电路中用字母“K”或“KR”、“KM”等表示。

2. 继电器的结构与种类

(1) 电磁继电器的结构

电磁继电器的结构与外形如图 2-96 所示。它是由铁心、线圈、触点、弹簧、衔铁、簧片等组成。

电磁继电器的工作过程是：

1) 在继电器线圈没有通电时，簧片和触点 1 闭合，形成常闭触点。簧片和触点 2 断开，形成常开触点。

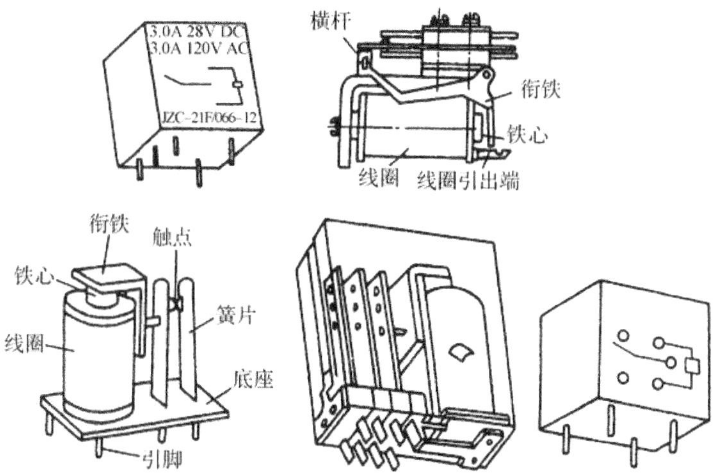

图 2-96 电磁继电器的结构与外形

2) 当继电器线圈有电流通过后，铁心产生电磁力，便吸合衔铁，使常闭触点 1 断开，使常开触点 2 闭合，此时外电路接通，电灯就会发亮，如图 2-97 所示。

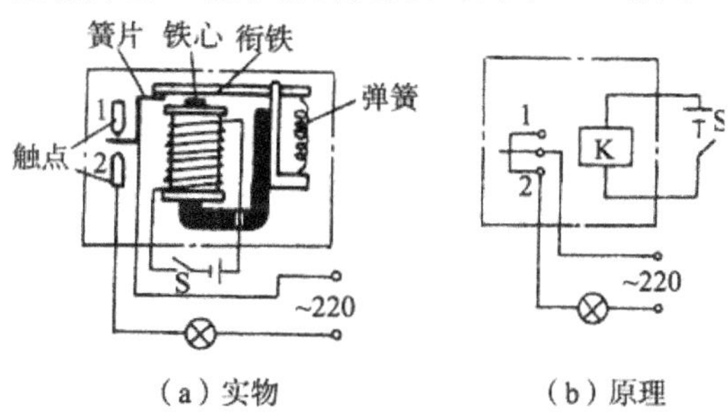

图 2-97 电磁继电器的工作过程

当线圈断电后，线圈中没有电流通过，铁心磁力消失，衔铁在弹簧的作用下复位，使簧片离开触点2，回到触点1的位置，故触点1闭合，触点2断开，此时外电路开路，电灯熄灭。

（2）继电器的种类

继电器的种类很多，其分类方法各异。

1）若按功率大小可分为微功率电磁继电器、弱功率电磁继电器、中功率电磁继电器、大功率电磁继电器。

2）若按用途可分为启动继电器、过载继电器、步进继电器、限时继电器、中间继电器等。

3）按结构的不同可分为电磁式继电器、固态继电器、干簧式继电器、时间继电器、光学继电器等、声继电器等。

最常用的是直流电磁继电器、交流电磁继电器、固态继电器、时间继电器、干簧继电器等。

3. 电磁继电器

电磁继电器是继电器中应用较为广泛的一种，根据供电的不同，电磁继电器可分为交流继电器、直流继电器。又可根据线圈与电源的接法不同，分为电流继电器和电压继电器。电流继电器的线圈与电源回路是串联的，以电流为输入量；电压继电器的线圈与电源是并联的，以电压为输入量。而电压继电器是用得最为普遍的一种。

在电磁继电器中一般只有一个线圈，有一组触点或多组触点。触点有常开触点和常闭触点之分。所谓常开触点就是指线圈没有通电时，处于断开位置的触点。常闭触点是指线圈没有通电时，处于接通位置的触点。

常用小型电磁继电器的种类很多，如 JRX-11、JRX-13F、JQX-4F、JWX-1 等。小型继电器是指继电器的体积不超过 $30cm^3$ 的产品，体积为几个立方厘米或更小的，称为微型继电器。小型继电器在通信设备、测量仪表、家电产品等方面得到了广泛的应用。

4. 时间继电器

时间继电器广泛用于各种电子产品的自动控制系统，以及各种家用电器的定时电路。时间继电器的特点是能精确地控制电路的工作时间，而且动作可靠、结构简单。

时间继电器的控制方式分为两种：一种是设定时间闭合型，另一种是设定时间断开型。设定的时间可以从几秒到几小时不等。

时间继电器是一种用机械方式来实现时间控制的继电器。

5. 固态继电器

固态继电器是一种无机械触点的电子开关器件。它的简称为 SSR，其图形符号、外形如图 2-98（a）、（b）所示。

（1）固态继电器的特点

固态继电器因为没有机械触点及其他机械部件，因此它的可靠性非常高、寿命长，在通与断的瞬间不会产生电火花，更没有噪声，其开关速度相当快、工作频率也相当高。又因该种继电器的输入与输出间采用光耦合，因此又具有良好的抗干扰性能。

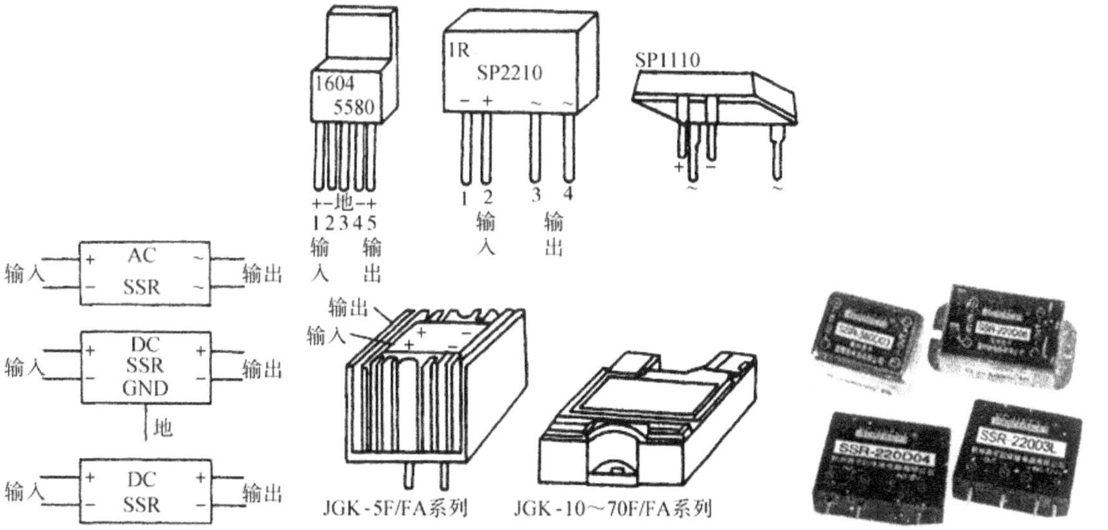

（a）图形符号　（b）SSR 外形　（c）实物

图 2-98　固态继电器外形与图形符号

固态继电器的另一个特点是驱动电压、电流很小，也就是给输入端一个很小的信号，就能完成对系统的控制。因此可由 TTL、CMOS 等数字电路直接驱动。所以被广泛应用于数字程控装置、数据处理系统的终端装置，以及其他各种自动控制系统。

（2）固态继电器的种类

固态继电器的种类很多，按其所控制的负载电源进行区分有交流固态继电器（AC-SSR）和直流固态继电器（DC-SSR）。交流固态继电器能够控制交流负载电源的接通与断开，其输出开关器件多为双向晶闸管。直流固态继电器能够控制直流负载电源的接通与断开，其输出开关器件多为大功率晶闸管。固态继电器的内部结构如图 2-99 所示。

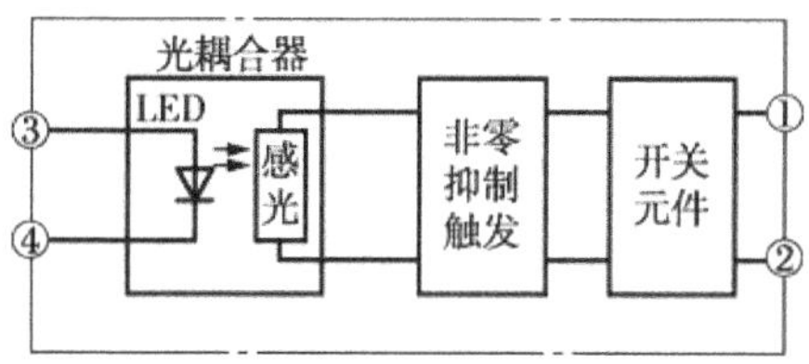

图 2-99　固态继电器的内部结构

6. 继电器的选用

继电器的种类很多，用途各异，其特性参数对不同的继电器也各有不同，因此在选用时必须了解清楚继电器的特性参数后再使用，否则将使继电器的可靠性得不到保证，进而使被控制电路失去控制。继电器的选用方法如下：

1）继电器的触点额定负载能力应高于所控制电路的负载。由于继电器的额定负载是指纯阻性负载，因而在选用时应考虑被控制电路的特性，予以不同的处理。如负载为电动机电路时，触点负载应高于负载的 20%选取；如负载为白炽灯泡时，触点负载应高于负载的 15%选取；如负载为纯感性电路或纯容性电路时，触点负载应高于负载的 30%选取。

2）继电器的触点类型有单组触点、双组触点、多组触点、常开式触点、常闭式触点等，在选用继电器时，应按照负载电路的需要进行选择，不能盲目地选用多组触点型。

3）不能把继电器小功率负载的触点并联后，再接入大功率负载电路中使用。因为继电器的触点从断开到闭合所用的时间是不一样的，如并联使用后，动作时间短的那组触点就要承受较大功率的负载，必然造成该组触点的损坏。

4）对于电磁式继电器线圈的额定电压值、额定电流值在使用时要给予满足，即根据驱动电压与电流的大小来选择继电器的线圈额定值。如果驱动电压、电流小于继电器的额定电压值、电流值，则不能保证继电器的正常工作。如大于额定电压值、电流值，就可能使继电器的线圈被烧毁。

5）在选用固态继电器时，应根据受控电路的电源类型、电源电压和电源电流，来确定固态继电器的电源类型和固态继电器的负载能力。

当受控电路的电源为交流电压时，就应选用交流固态继电器，当受控电路的电流为直流电压时，就应选用直流固态继电器。

固态继电器负载能力的选择应根据受控电路的电压和电流来决定，一般情况下，继电器的输出功率应大于受控电路功率的1倍以上。

7．继电器的检测

（1）电磁继电器的检测

1）检测线圈的直流电阻。继电器的型号不一样，其线圈的直流电阻也不一样，通过检测线圈的直流电阻，可判断继电器是否正常。其方法是用万用表的欧姆挡，量程可据继电器的标称阻值或通过线圈的额定电压估测来确定，其额定电压越高，阻值也就越大，一般选择R×100 挡或 R×1k 挡。将两支表笔分别接到线圈的两根引脚，如测得的阻值与标称阻值基本相同则表明线圈良好，如电阻值为∞，则表明线圈开路。如果线圈有局部短路，用此方法，不易发现。

2）检测继电器触点接触电阻。用万用表的 R×1 挡，将两支表笔分别接常闭触点的两引脚，其阻值应为 0Ω，然后将表笔再接常开触点的两引脚，其阻值应为∞。然后给继电器通电，使衔铁动作，将常闭转为开路，将常开转为闭合，再用上述方法进行检测，如其阻值正好与初次测量相反，则表明触点良好。如果触点在闭合时，测出有阻值，则说明该触点在打开时阻值不为∞，也说明触点有问题，需检测后再用。

（2）固态继电器的检测

1）确定固态继电器的输入、输出端的方法。对无标识或标识不清的固态继电器的输入、输出端的确定方法是：先将万用表置于 R×10k 挡，再将两支表笔分别接到固态继电器的任意两根引脚上，观察其正、反向电阻值的大小，当测出其中一对引脚的正向阻值为几十欧姆至几十千欧姆、反向阻值为无穷大时，此两根引脚即为输入端。其黑表笔所接就为输入端的正极，红表笔所接就为输入端的负极。

经上述方法确定输入端后，输出端的确定方法是：

对于交流固态继电器，剩下的两引脚便是输出端且没有正与负之分。对直流固态继电器仍需判别正与负，其方法是与输入端的正、负极平行相对的便是输出端的正、负极。

2）判别固态继电器的好坏。先置万用表于 R×10k 挡，再测量继电器的输入端电阻，如其正向电阻值为十几千欧姆左右，反向电阻为无穷大，则表明输入端是好的。然后用同样挡位测继电器的输出端，如其阻值均为无穷大，则表明输出端是好的。如与上述阻值相差太远，表明继电器有故障。

2.13.4　光耦合器

光耦合器是将发光器件与光敏器件组合在一起构成的。它是以光作为媒介，把输入端的电信号耦合到输出端，从而完成对电路的控制，以实现电—光—电的转换。

1. 光耦合器的种类

根据光耦合器的结构可分为光隔离型和光传感型。根据其输出形式可分为光敏二极管型、光敏三极管型、光敏电阻型、光控晶闸管型等。

（1）光隔离型

光耦合器的输入端采用的是发光二极管，输出端的光敏器件采用的是光电二极管、光电三极管、光敏电阻、光电池、光控晶闸管等。将发光器件与光敏器件组装在同一个管壳中，就构成了光耦合器。在管壳中除发光器件与光敏器件的光路部分外，把其他部分的光完全遮住的结构类型，就为光隔离型。

光隔离型有三种结构形式，如图 2-100 所示。目前使用最多的是集成电路式，它的外形为双列直插式，其引脚分成两排，每排三个，如图 2-101 所示。

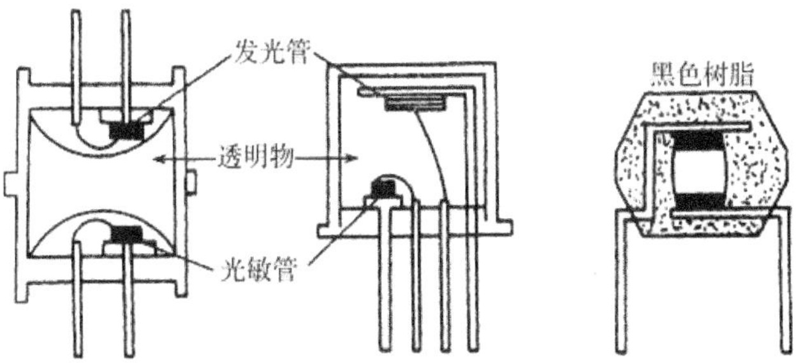

（a）单座式　（b）双座对焊式　（c）集成电路式

图 2-100　光隔离型光耦合器的结构

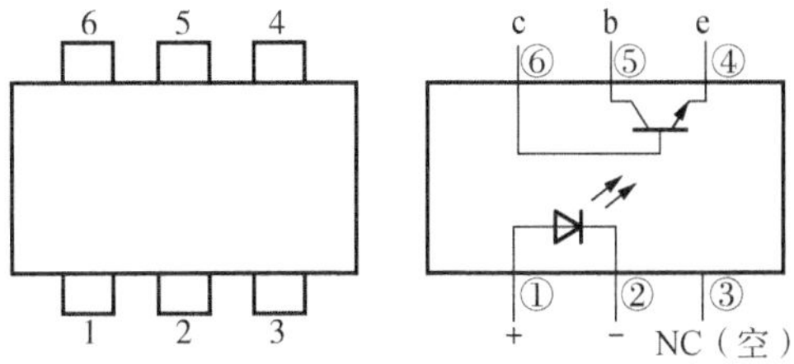

（a）俯视图　（b）引脚功能

图 2-101　光隔离型中的集成电路式

光隔离型光耦合器具有可靠性高、使用灵活、响应速度快、无噪声、低功耗、频率范围宽等特点。另外它还有体积小、质量小、耐冲击等优点。因此它的使用范围在不断地扩大，有逐步替代继电器的可能。

光隔离型光耦合器，普遍应用在计算机系统中，它可作为终端负载，也可作为接口电路等，在彩色电视机中也得到了广泛的应用。

（2）光传感型

光传感型也由发光器件和光敏器件组成，其发光器件和光敏器的距离要根据测试对象和应用场合而定。光传感型又可分为透过型和反射型两种。

1）透过型：发光器件与光敏器件相对保持一定距离，被测物在通过两器件之间的距离时，可引起光通量的变化，从而改变光敏器输出的变化，以达到控制电路的目的。透过型的结构示意图如图 2-102（a）所示。

2）反射型：反射型光耦合器，如图 2-102（b）所示。它是通过把发光器件和光敏器件按照相同方向并联组装而成，将被测物置于发光器件与光敏器件的前方，通过被测物体反射光量的变化，使传感器作出反应，以达到控制电路的目的。

光传感型光耦合器可用在计算机终端设备中读取纸带、卡片；也可用在自动售货机中检测硬币数目；在传真机、复印机、民用电器等电路中都得到了广泛的应用。

2. 光耦合器的内部电路

常用光耦合器的内部电路如图 2-103 所示。光耦合器的内部电路分为 4 引脚和 6 引脚两种，其四引脚的光耦合器的输入端为一个发光二极管，一般由砷化镓发光二极、磷化镓或磷砷化镓等发光二极管担任，①脚为正极，②脚为负极。输出端为光敏三极管，③脚为光敏三极管的发射极，④脚为光敏三极管的集电极。其六引脚的光耦合器的输入端①脚仍为发光二极管的正极，②脚仍为发光二极管的负极。输出端的③脚为空脚，④脚为光敏三极管的集电极，⑤脚为光敏三极管的发射极，⑥脚为光敏三极管的基极。

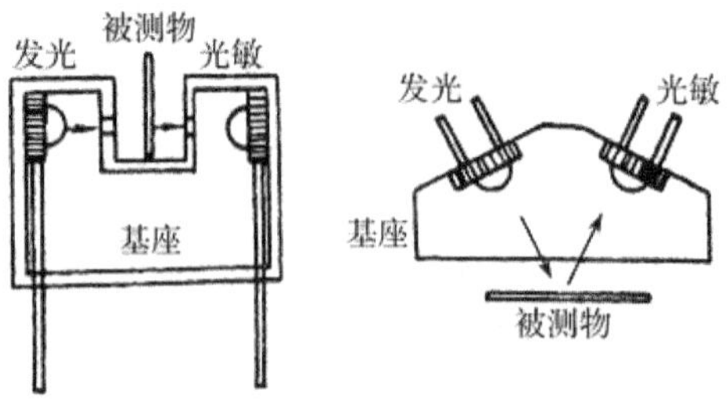

（a）透过型　　（b）反射型

图 2-102　光传感型光耦合器的结构

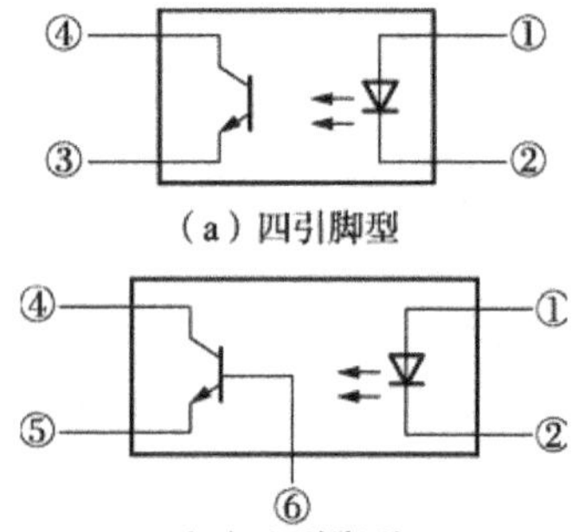

（a）四引脚型　　（b）六引脚型

图 2-103　光耦合器的内部电路

3．光耦合器的应用

光耦合器具有无触点、无噪声、寿命长、抗干扰能力强，以及输入与输出间在电气上的完全隔离，体积小、驱动功率小、动作速度快等优点。

由于光耦合器具有以上优点，故可以取代继电器。而且还能应用于开关电路、高压控制电路、负载接口电路、放大耦合电路等。

图 2-104 为光耦合器的实际应用电路，在此电路中实现了电—光—电的转换。

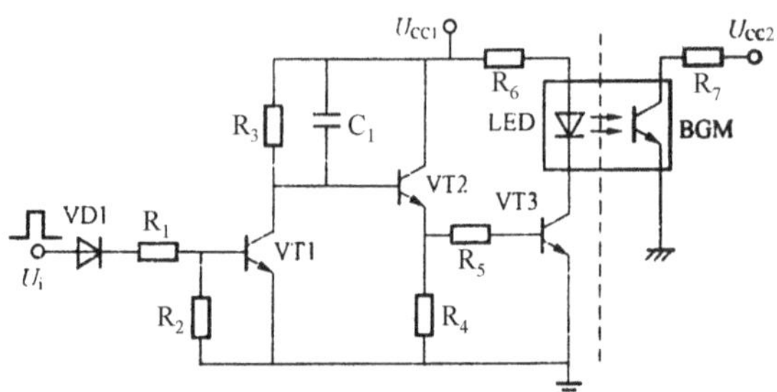

图 2-104　光耦合器的实际应用电路

光耦合器的常用型号有 PC503、PC504、PC507、PC812、PC818、TLP503、TLP508、TLP519、TLP532、TLP535、4N25、4N27、4N28、4N35、4N36 等。

4．光耦合器的检测

（1）确定光耦合器引脚的方法（见图 2-105）

被测光耦合器是一个双列直插、四引脚、型号为 4N25 的耦合器，哪两个引脚是发光二极管的正、负极呢？其检测方法是：先把万用表置于 R×100 挡或 R×1k 挡，再将黑表笔接四个引脚的任意一个，将红表笔分别去接另外三个引脚，当万用表显示的阻值大约为几千欧姆时，则表明此时红、黑表笔接的引脚是发光二极管的两个极，其中红表笔所接是发光二极管的负极，黑表笔所接是发光二极管的正极。如果按照上述方法进行测量，而万用表没有出现几千欧姆时，则要把黑表笔换到另外一个引脚上，照上述方法继续测试，直到出现几千欧姆时就可知道是哪两个引脚。

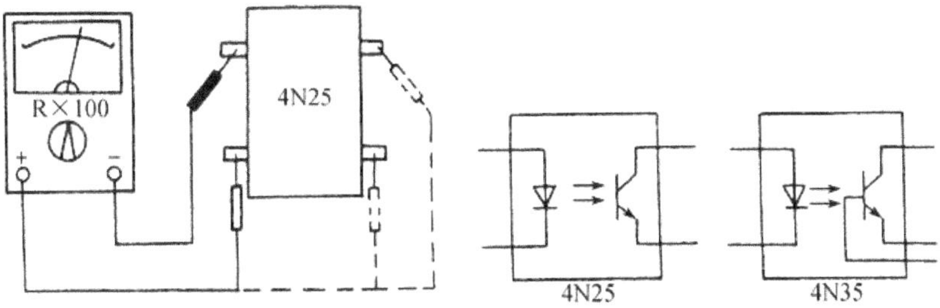

（a）测试方法　　（b）内部结构

图 2-105　找发光二极管的引脚

当测出发光二极管的两根引脚后，剩下的两根引脚便是光敏三极管的 C、E 两引脚，C 与 E 脚的确定方法是：将 100Ω 电阻与 1.5V 电池串联，再把电池的负极与发光二极管的负极相连，然后把电池的正极通过 100Ω 电阻与发光二极管的正极相连后，再将万用表置于 R×1k 挡，用两支表笔分别接光敏三极管的两引脚，记下此时的显示数值后，将两支表笔对调再与光敏三极管的两根引脚相接进行测试，比较两次万用表的显示数值，在显示电阻值小的一次中，黑表笔所接就是光敏三极管的集电极，红表笔所接就是光敏三极管的发射极，如图 2-106 所示。

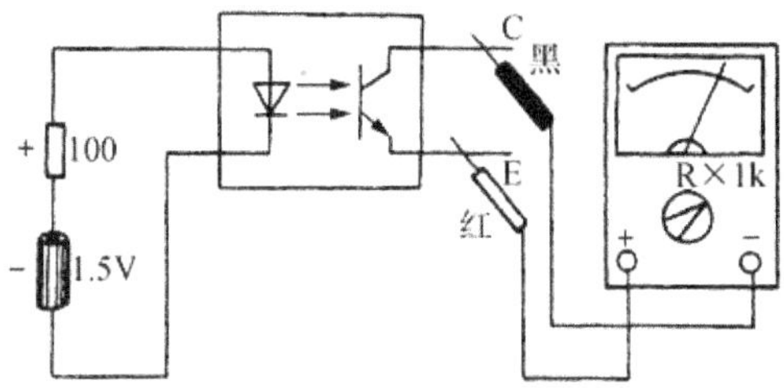

图 2-106　测光敏三极管的 C、E 极

（2）确定光耦合器的好坏

首先确定光耦合器输入端发光二极管的好坏，如图 2-107 所示，先将万用表置于 R×100 挡或 R×1k 挡，再将黑表笔接发光二极管的正极，红表笔接发光二极管的负极，此时万用表显示的电阻值应为几百欧姆至两千欧姆，然后对调表笔再测试，若阻值接近∞，表明输入端的发光二极管是好的。如出现阻值与上述阻值相差甚远，则表明发光二极管的性能不良或是已经损坏。

（3）测试光耦合器的输出端

首先将万用表置于 R×1k 挡或 R×100 挡，按图 2-108 所示的接好，即将黑表笔接光敏三极管的集电极，红表笔接光敏三极管的发射极，此时万用表的显示应为接近∞，交换表笔再进行测试，若阻值仍为∞，则表明输出端的光敏三极管是好的。如果测试的阻值与上述相差的太多，则表明光敏三极管性能已不良或损坏。

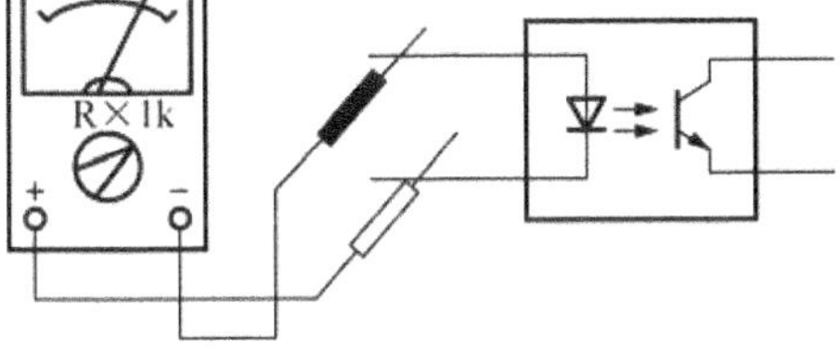

图 2-107　测试光耦合器的输入端

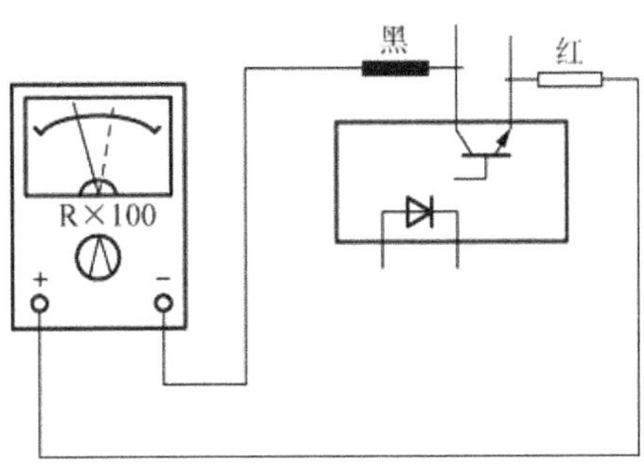

图 2-108　测试光耦合器的输出端

如果输出端不采用光敏三极管，而是采用其他类型的光耦合器时，应根据不同结构的光敏器件进行判断。

2.14 过热保护元件

过热保护元件是一种用于电热器具的不可复位的一次性热保护元件，用于电饭锅、电水壶、电烤箱、电暖器、电吹风、电磁炉等家用电器的保护。

通常用的过热保护元件称为温度熔断器或过热熔断器、超温熔丝。

温度熔断器的封装有多种形式，但它们都是两根引脚的元件。而且是串联在用电器的交流电源的输入端。

温度熔断器的工作原理是：当电流通过温度熔断器时，其熔丝周围的温度就会上升，当温度上升到设计温度时，熔丝便会熔化并且收缩到两引脚端，此时电路电流被阻断，从而起到过热保护器具的作用。

温度熔断器的主要技术参数有：保持温度、极限温度、额定熔断（动作）温度、实际熔断温度、额定电流和额定电压等。在选购时主要是看额定熔断温度和额定电流、额定电压是否符合器具的要求。同时要区别于普通的熔断电阻器。

温度熔断器的常用型号有 RF 系列、RH 系列。例如，RF150-5（额定熔断温度为 150℃，额定电流为 5（A）、RF165-10、RF210-10、RF250-10；RH03B100（额定熔断温度为 100℃，额定电流为 2A）、RH03B120、RH03B140、RH03B150 等。

2.15 显像器件

电子显示器可分为主动发光型和非主动发光型，显像管（CRT）就属于前者，它是利用信息来调制各象素的发光亮度和颜色而直接显示的。而液晶显示器（LCD）本身不发光，而是利用信息调制外光源以使其达到显示的目的。下面将介绍常用的 LED 显示器、液晶显示器（LCD）、真空荧光管显示器（VFD）、等离子体显示屏（PDP）。其中除 LCD 显示器为非主动发光型外，其他均为主动发光显示。

显示器按颜色可分为黑白、单色、多色、彩色。按显示内容、形状可分为字符、数码、图表、图形及图像等。

2.15.1 显像管（CRT）

1. 显像管的主要参数

1）荧光屏尺寸。荧光屏尺寸是指显像管屏面的对角线尺寸，单位为 cm 或英寸。

2）偏转角。偏转角是指从偏转线圈中心位置至荧光屏对角线两端的张角。小荧光屏一般采用 70° 和 90° 的偏转角，尺寸较大的屏幕大都采用 114° 和 110° 的偏转角。

3）灯丝电压。灯丝电压是指显像管灯丝的额定工作电压。彩色显像管为 6.3V，黑白显像管为 12V 或 6.3V。

4）灯丝电流。灯丝电流是指显像管灯丝的额定工作电流。偏高或偏低将影响其寿命。

5）管长。管长是指显像管管基与荧光屏中心处的长度。管长越短，所需偏转功率越大。

6）管颈直径。管颈直径是指显像管管颈的粗细。管颈越细，所需偏转功率越小。彩色显像管的管颈可分为 22.5mm、29mm、29.1mm、36.5mm，黑白显像管多为 20mm。

7）显像管的参数还有加速极电压、阳极高压、聚焦极电压、截止电压等。

2. 显像管的结构与特点

（1）黑白显像管的结构

黑白显像管的图形符号如图 2-109 所示。黑白显像管的结构如图 2-110 所示，它主要是由荧光屏、电子枪和玻璃外壳三部分组成的。

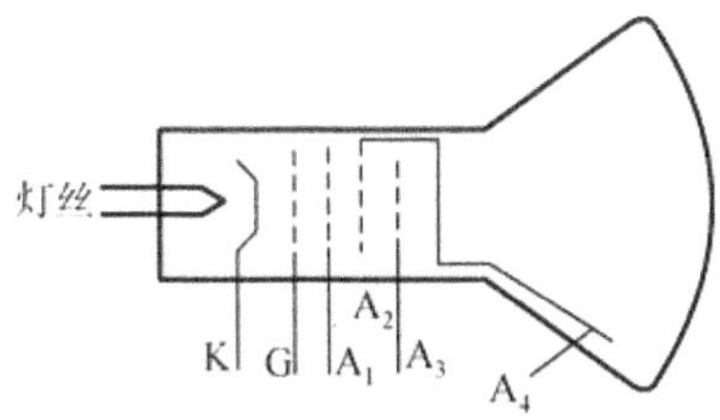

图 2-109　黑白显像管的图形符号

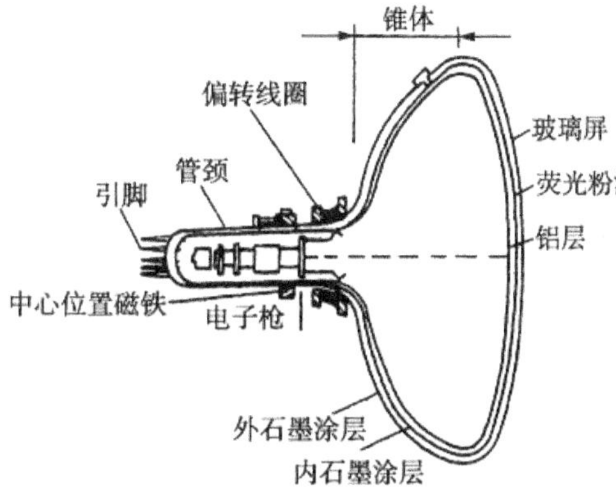

图 2-110　黑白显像管的结构

1）荧光屏。荧光屏是显示图像的，在其内侧沉积了一层厚度为 10μm 的荧光粉。当电子束以极高的速度轰击荧光屏时，荧光粉便能发光，其发光的强度与荧光粉发光效率、电子束流大小和轰击速度有关。电子束流越大，速度越高，荧光粉的亮度就越亮。

2）电子枪。电子枪是用来产生电子束的，它被装在管颈内，由阴极、栅极、加速极、聚焦极、高压阳极等组成，各电极的引脚固定在管颈的尾部。

3）玻璃外壳。玻璃外壳由管颈、锥体及屏面三部分组成。这三部分连接成一个整体，内部抽成真空。其抽真空封闭管置于管颈的尾部，在使用时注意不要碰坏，以免显像管漏气而报废。

在玻璃壳的锥体部分，内、外壁都涂有石墨导电层，内壁的石墨导电层接高压阳极，外壁石墨导电层接电视机的地端。内、外壁导电层由于互相绝缘而形成一个很大的电容，可对阳极高压进行滤波。

（2）彩色显像管

彩色显像管的种类较多，有三枪三束彩色显像管、单枪三束显像管、自会聚彩色显像管、大屏幕彩色显像管。在大屏幕彩色显像管中又可分为超平显像管、纯平显像管、超薄显像管、超净显像管。下面以自会聚彩色显像管为例说明其结构。

自会聚彩色显像管采用了一体化的电子枪，而且在显像管管颈上安置有精密的偏转线圈和调整会聚的磁性组件，这样便省去了会聚电路。自会聚彩色显像管的结构如图 2-111 所示。该种显像管的特点是：

1）电子枪是三枪一体化结构，电子枪中除三个阴极是独立的以外，其他各电极都是公用的。而且三个阴极在水平方向排列成一字形。所谓一体化，就是指电子枪中除阴极以外，其他电极都是三个连成一体，如三个聚焦极连成一体，三个加速阳极连在一起等。

2）选色板采用了开槽式荫罩板，与之相对立的荧光屏上的荧光粉排列成条状形式，而且每条荧光粉之间采用了黑底材料，以提高对比度。

3）自会聚彩色显像管使用的是特别的环形精密偏转线圈。偏转线圈的结构如图 2-112 所示。

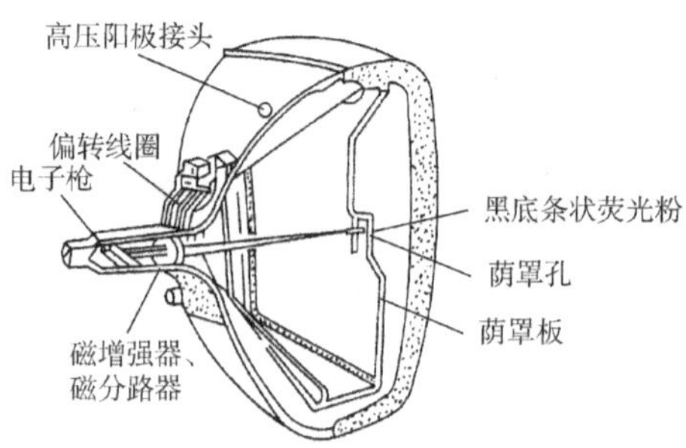

图 2-111　自会聚彩色显像管的结构

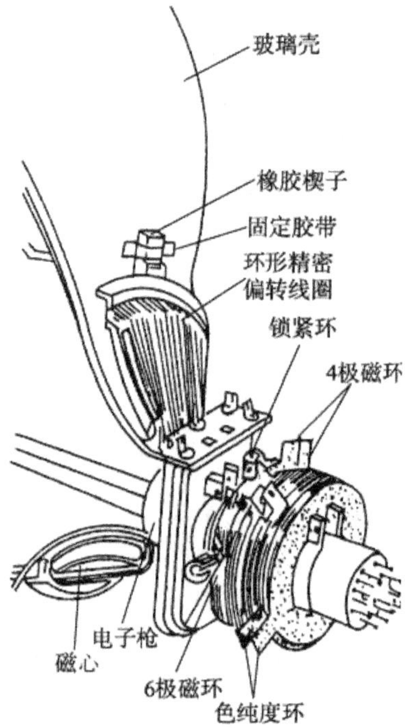

图 2-112　偏转线圈的结构

它是生产显像管的厂家根据显像管的会聚要求进行设计，并安装调整后与显像管一起出厂销售的。在使用时无须再进行调整。

3. 显像管的检测

（1）灯丝好坏的检测

显像管灯丝是否正常，可通过万用表 R×1 挡进行检测给予判断，先将红、黑表笔分别接灯丝两根引脚，测其阻值，正常值应为 10Ω 左右，如阻值为∞，说明灯丝已断。

给显像管通电时，观察其管颈尾部的灯丝是否发亮，若灯丝不亮，则可进一步测灯丝两端的电压，如果电压正常，说明灯丝已损坏。

（2）各电极间是否相碰的检查

显像管的各电极间的距离都比较近，有时会出现电极间的相碰现象，尤其是灯丝与阴极间的相碰较为多见，其检查方法是：置万用表为 R×10k 挡，逐一测量各引脚间的电阻值，其阻值都应为∞，如果阻值不是无穷大，表明相应的电极间有相碰的现象。

（3）显像管衰老的检查

在使用过程中显像管会出现衰老的现象，衰老现象可表现为早期衰老和自然老化两种。

显像管早期衰老的原因有：一是真空度下降时导致阴极中毒，并使图像聚焦和清晰度下降。二是当灯丝电压，以及阴极电压、加速极电压等施加不当时也会导致显像管的早期老化。

显像管自然老化的表现：一是图像变的暗淡、亮度比较暗，调亮度电位器不起作用。二是图像的底色变差，调节白平衡不起作用。三是阴极的发射能力降低。

2.15.2　LED 点阵式显示器

1. LED 点阵式显示器的特点

LED 点阵式显示器是由发光二极管为象素按照行与列的结构制作而成。它具有焊点少、连接少、所有亮点都在同一平面内，而且亮度均匀、外形美观等特点。

LED 点阵式显示器能显示数字也能显示各种符号和英文字母等。

LED 显示器有单色 LED 和彩色 LED 之分。单色 LED 点阵式显示器的发光颜色有绿、红、橙和黄等数种。而彩色 LED 点阵式显示器是由变色发光二极管构成的。

2. LED 点阵式显示器的用途

LED 点阵式显示器能代替米字管、数码管和符号管，可以显示符号、图形、英文字母等，故可以进行多块的组合，构成面积较大的显示屏，可用于公共场所的广告、指示和说明，如码头、车站、机场等。

2.15.3　液晶显示器（LCD）

液晶是指在某一个温度范围内兼有液体和晶体二者特性的物质。液晶既不是液态，也不是固态，更不是气态，而是物质的第四态。

由于液晶对电、磁伤、光线温度的作用相当敏感，利用此特性将它们转换为可视信号，这就是液晶显示器。

1. 液晶显示器的结构

液晶显示器的结构如图 2-113 所示。它是由两块导电玻璃支持一个液晶层，封装成一个扁平盒而构成最基本的液晶显示器。其两块玻璃的间距为 6～7μm，四周用环氧树脂密封，中间注入液晶后抽成真空。根据需要可在导电玻璃外侧贴上偏振片。

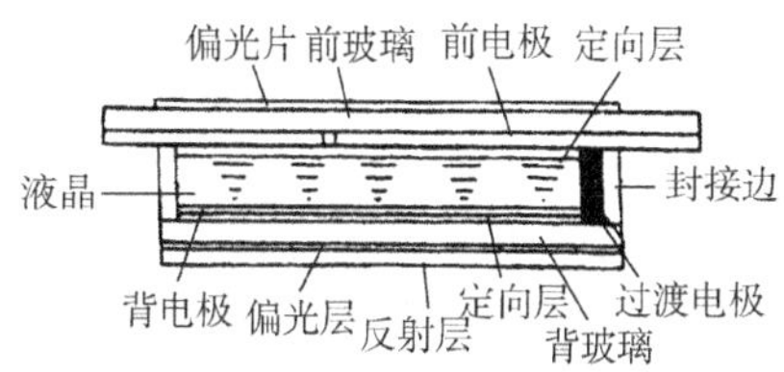

图 2-113　液晶显示器的结构

2. 液晶显示器的特点

1）液晶显示器的寿命很长，只要显示器中的配件保持良好，它就能长期正常工作。

2）液晶显示器没有辐射污染，与显像管相比，这是最突出的优势。

3）液晶显示器属于被动显示。液晶本身不会发光，而是靠外界光的不同反射和透射形成不同的对比度来达到显示的目的。外光越强，显示内容也越清晰。这种显示更适合于人眼视觉，不易引起眼睛的疲劳，有益于长期观看显示器的工作者。

4）液晶显示器所需的工作电压很低，一般为 2～3V，所需的电流也只有几个微安，属于 $\mu w/cm^2$ 量级，因此它是低电压低功率显示器件，与阴极射线显示器（CRT）相比，可节约相当多的功耗。

3. 液晶显示器的种类

1）按显示方式可分为反射型、透射型和投影型。

2）按显示机理可分为扭曲向列场效应型（TN-LCD）、超扭曲向列型（STN-LCD）、动态散射型（DS-LCD）、电控双折射型（ECB-LCD）、相变存储型（PC-LCD）、有源矩阵型（AM）、铁电液晶型（FLCD）、宾主效应型（HG-LCD）、固态液晶膜型（PDLCD）等。

3）按衬底与字、符的黑白可分为正型和负型。正型是字、符为黑，衬底为白，多用于白色背景下。负型是字、符为白，衬底为黑，适合与黑背景下使用。

4）按用途可分为计算器用、手表用、仪器仪表用、彩色电视机用、影碟机用、计算机用等类型。

常用的液晶显示器有数码管液晶显示器、点阵式字符液晶显示器、点阵式图形液晶显示器。

2.15.4 真空荧光显示器（VFD）

1. 真空荧光显示器的特点

真空荧光显示器简称 VFD。它是利用真空荧光管进行显示的，其工作方式类同于电子管。

VFD 的特点是工作电压低、亮度高、体积小，而且它的价位较低，能显示出较小的字体，且没有方向性。

2. 真空荧光显示器的结构

VFD 由栅极、阴极、阳极、面板玻璃、荧光粉、绝缘层等构成。

其中阴极由钨丝做成，它是一种直热式灯丝，给其加上交流电压，当温度升至 650℃左右时才能发射电子。在阳极与阴极之间是栅极，它是极薄的金属网，它的作用是控制电子轰击阳极表面荧光粉的速度。

VFD 是一个真空显示器，为了维持其真空度，四周用玻璃粉进行了密封，内装环状消气器，并留有排气管。

3. 真空荧光显示器的用途

真空荧光显示器可用于汽车用显示器，音响用显示器、视频用显示器等。图 2-114 就为视盘机用 VED 显示器。它可以显示视盘机内的工作状态和操作内容，该显示器所用的驱动集成电路为μPD16312。它不但能提供视盘机运行和操作状态信号，同时还能提供键盘扫描脉冲信号。

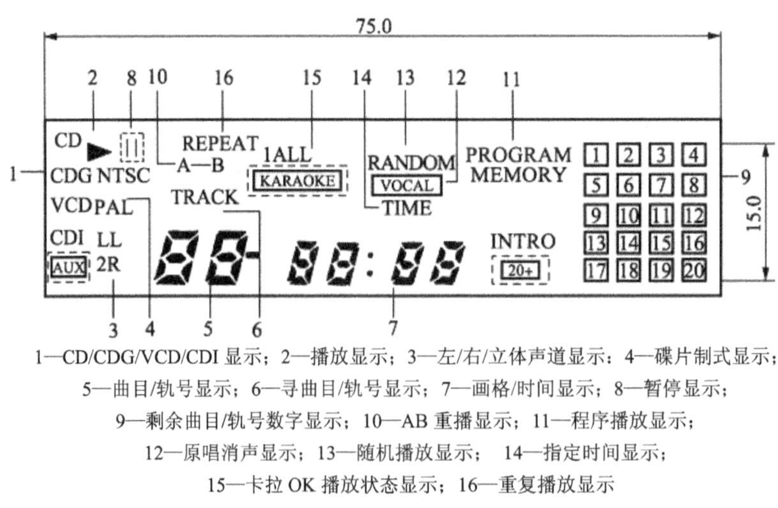

1—CD/CDG/VCD/CDI 显示；2—播放显示；3—左/右/立体声道显示；4—碟片制式显示；
5—曲目/轨号显示；6—寻曲目/轨号显示；7—画格/时间显示；8—暂停显示；
9—剩余曲目/轨号数字显示；10—AB 重播显示；11—程序播放显示；
12—原唱消声显示；13—随机播放显示；14—指定时间显示；
15—卡拉 OK 播放状态显示；16—重复播放显示

图 2-114 视盘机用 VFD 显示器

2.15.5　等离子体显示器（PDP）

由于等离子体有质量小、图像质量高，能实现全彩色显示，以及大屏幕化的优点，故发展速度很快，其产品也在不断地更新，现在已广泛应用于高清晰度数字电视和大屏幕壁挂电视。

PDP 是利用加在阴极和阳极间一定的电压使气体产生辉光放电而制成的，与荧光灯的辉光放电机理是一样的。等离子体显示器的特点：

1）工作寿命长，是显像管的好几倍，一般的单色 PDP 可达 10 万小时，彩色 PDP 可达 3 万小时之多。

2）具有存储功耗。因此它可以工作在存储方式中，使显示屏的亮度得到提高。

3）容易制成大面积的显示屏，现在已经能制成约 70 英寸的大屏幕。

4）显示屏的厚度很薄，因 PDP 屏的自身厚度只有 1cm 左右，远远小于显像管的厚度，因此可做成平板式显示器。

本章小结

1．电阻器的主要参数有标称阻值、额定功率和阻值误差。

2．电阻器的阻值标注方法有：直标法、色标法和文字符号法。

3．电阻器可以分为固定电阻器、可变电阻器和敏感电阻器。其固定电阻器在电子产品中应用最为普遍，经常用到的是金属膜电阻器、线绕电阻器、电位器、热敏电阻器等。

4．测量电阻器的阻值时，万用表的量程一定要选的合适，同时要注意手不能同时接触两表笔的金属部分。

5．电容器的种类很多，经常用的有固定电容器、可变电容器、电解电容器和微调电容器等。

6．电容器在电路中能起到隔断直流，通过交流、滤除交流信号的作用。

7．由于电容器的种类很多，容值范围很宽，对其好坏的检测方法要依不同特点的电容器，选择不同的方法进行检测。可通过对电容漏电电阻的检测、电容的短路检测和电容的断路检测，大致判断其质量的好坏。

8．电感线圈的种类很多，常用的有单层与多层电感线圈、蜂房线圈、小型固定线圈、阻流圈、振荡线圈、偏转线圈等。

9．变压器是根据电磁感应原理制成的，其主要作用是传输交流信号、变换电压、变换交流阻抗、进行直流隔离和传输电能等。常用的变压器有：电源变压器、线间变压器、推动变压器、隔离变压器、自耦变压器、行输出压器、天线线圈、振荡线圈等。

10．变压器的主要参数有：变压比、效率、额定功率和绝缘电阻等。

11．二极管是一个单向导电器件，其导通电压依制作材料的不同而有所不同，硅二极管的起始导通电压为 0.6～0.7V，锗二极管的起始导通电压为 0.2～0.3V。常用的有整流二极管、检波二极管、开关二极管、变容二极管、光敏二极管、稳压二极管、双向触发二极管等。

12．通过万用表测量二极管的正、反向阻值可以粗略地判断其性能好坏。当正、反向阻值相差越多时，表明二极管的性能越好，如果正、反向阻值相差不大，此二极管不易选用。

13．半挢、全桥是把二只、四只二极管按照一定要求连接起来的整流器件，主要用于对 220V 交流电的整流。经常用的是全桥整流，其有四个引脚，在应用时要注意区分。

14．三极管是电路中主要的器件之一，它的作用是对信号进行放大或对工作在开关状态下的电路进行控制。

15．三极管的封装形式很多，主要分为塑料封装、金属封装、玻璃封装和陶瓷封装。国外三极管的封装主要采用TO系列封装形式，常用的有TO-3、TO-92、TO-220。

16．三极管的好坏与引脚可通过万用表测其引脚间的阻值进行判别，即通过测PN结的阻值大小进行判断。

17．集成电路是把二极管、三极管、电容、电阻等元器件或单元电路等制作在一个硅单晶片上，经封装后构成的。具有可靠性高、寿命长、工作稳定等优点。

18．集成电路的种类很多，按集成度可分为小规模、大规模、中规模和超大规模集成电路。按功能可分为模拟和数字集成电路。按制作工艺可分为半导体集成电路、膜集成电路、混合集成电路。其封装形式有金属封装、扁平陶瓷封装和塑料封装。常用的是塑料封装中的单列和双列直插式。

19．由于集成电路的内电路较为复杂，需专门的检测仪器才能测其性能的好坏。在业余条件下一般采用万用表测其每个引脚与地之间的阻值，将其阻值与正常值进行比较，以粗略地判断集成电路的好坏。

20．电声器件是将声音信号转成电信号，或是将电信号转换成声音信号的器件，其常用的有扬声器、传声器、耳机等。其中扬声器有：电动式、电磁式、压电式、内磁式、外磁式扬声器等。按工作频率分有：高音、中音、低音扬声器。常用的传声器有：动圈式、驻极体式、电容式、晶体式等。目前应用较普遍的有无线传声器和近讲传声器等。

21．对电磁式扬声器的检测主要是通过万用表测其音圈的直流电阻，如阻值为无穷大时表明音圈断路，不能使用。如测得的阻值小于标称阻值时，表明扬声器良好。

22．CD、VCD、DVD技术是近几年发展起来的数字音、视频新技术，激光头、激光二极管是CD、VCD、DVD激光读取系统的关键部件。其CD、VCD所用激光头可分为单光束、三光束和全息型。DVD所用激光头可分为切换镜头式、双焦点式、液晶快门式等。

23．光耦合器是一种电—光—电的转换器件。它可以分为光隔离型和光传感型

24．固态继电器是一种无机械触点的电子开关器件，它具有寿命长、可靠性高和开关速度快的特点。按其所控制的负载电源可分为交流固态继电器、直流固态继电器。

25．显像管的主要参数有：荧光屏尺寸、偏转角、灯丝电压、灯丝电流、管长、管颈直径、加速极电压、阳极高压、聚焦极电压、截止电压。

26．电子枪是显像管的主要构成部分。电子枪是用来产生电子束的，它被装在管颈内，由阴极、栅极、加速极、聚焦极、高压阳极等组成，各电极的引脚固定在管颈的尾部。

27．自会聚彩色显像管是目前彩色电视机中应用最广泛的一种彩管，它采用了一体化的电子枪，而且在显像管管颈上安置有精密的偏转线圈和调整会聚的磁性组件，这样便省去了会聚电路。

28．显像管灯丝是否正常，可通过万用表R×1挡进行检测给予判断，让红、黑表笔分别接灯丝两引脚，测其阻值，正常值应为10Ω左右，如阻值为∞，说明灯丝已断。

29．液晶显示器的特点是：寿命长、供电电压低、功耗小、不易引起视觉疲劳、没有辐射污染。液晶本身不会发光而是靠外界光的不同反射和透射形成不同的对比度来达到显示的目的。液晶显示器目前已广泛应用于微机、仪器仪表、计算器和影碟机等。常用的液晶显示器有：数码管液晶显示器、点阵式字符液晶显示器和点阵式图形液晶显示器。

30．目前使用较多的彩色显像管有超平显像管、纯平显像管、超薄显像管。它们采用的是自会聚结构，即在显像管的管颈上安装有精密的偏转线圈和调会聚的磁性组件，这样便省去了会聚电路。在使用时其亮度不应开的很亮，尤其是出现亮点和一条亮线时，以避免将荧光屏灼伤。

操作练习2

1．固定电阻器阻值的检测

（1）目的

通过对固定电阻器阻值的检测，学会对电阻器阻值的复核并达到识读电阻器阻值的目的。

（2）工具与器材

工具：万用表一块。

器材：直标法固定电阻器5只（不同阻值），色标法固定电阻器5只（不同阻值）。

（3）步骤

1）识别10只电阻器的阻值并填入表2-10中。

表2-10　电阻器的检测

标称阻值			万用表量程	测量阻值	标称误差	实际误差
直标电阻器	1					
	2					
	3					
	4					
	5					
色标电阻器	6					
	7					
	8					
	9					
	10					

2）用万用表测量各电阻器并将测量值填入表格。

3）根据标称阻值与测量值计算出实际误差，将计算值填入表格。

2．电容器的识别和检测

（1）目的

通过对电容器的识别检测熟悉电容器的类别及其参数的标注方法。

（2）工具和器材

工具：万用表一块。

器材：不同规格、不同材料、不同种类的电容器若干（视条件而定），并给每个电容器编号。

（3）步骤

1）将电容器的标称电容值、耐压值、种类填入表2-11相应的位置。

2）根据电容器的标称容值选择合适的量程测其质量的好坏。将结果填入表2-11表内。

表 2-11 电容器的检测

编 号	电容名称	标称容量	标称耐压	标称误差	万用表量程	所测阻值	好坏判断
1							
2							
3							
4							
5							
6							
7							
8							
9							
10							

3. 二极管、晶体管的检测

（1）目的

通过对二极管、晶体管的检测

1）学会对二极管、晶体管好坏判断。

2）学会对二极管、晶体管的极性进行判断。

（2）工具和器材

工具：万用表一块。

器材：不同类型的二极管、晶体管若干。

（3）步骤

1）将万用表量程拨至 R×1k 挡。

2）分别测量二极管的阻值并记录在表 2-12 中。

表 2-12 二极管测量记录

二极管编号	初测阻值	对调表笔测量阻值	质量好坏	标出二极管负极

3）测量三极管各极之间的电阻并作记录。

习题 2

2.1 如何用万用表测量电阻器的阻值？测量时应注意哪些问题？

2.2　电阻器的色环依次为：黄、紫、红、金，该电阻器的阻值是多少？误差又是多少？

2.3　下列表示法中，电容器的标称容量是多少？

503、3P3、103、620、0.47、R22、3n3、22n

2.4　用万用表的电阻挡如何判断三极管的基极、发射极、集电圾？并进行实际测量。

2.5　用万用表如何测量固定电容器、电解电容器的好坏？

2.6　电源变压器的结构是怎样的？其铁心是由什么材料做成的，常见的铁心形状有哪些种？

2.7　如何识别单列集成电路、双列集成电路的引脚（即第一引脚的确定方法）？新购买的集成电路，你如何粗略地确定它的好坏？

2.8　你能说出晶闸管能用于何种家用电器吗？

2.9　你能说出几种扬声器的名称，你又看见过哪几种扬声器？当电磁式扬声器出现无声故障时，你如何进行检查？

2.10　动圈式传声器的结构如何？其优点是什么？近讲传声器与动圈式传声器有何不同？其最大的优点是什么？

2.11　你知道固态指纹传感器可用于什么领域吗？

2.12　激光头的作用是什么？三光束型激光头与单光束型激光头有何区别？DVD 激光头有几种类型？它与 VCD 激光头有何不同？

2.13　开关按用途分类有哪几种？按操作方式分类又有哪几种？用万用表如何检测开关的触点是否接触良好？

2.14　请你结合实物叙述电磁继电器的工作过程？固态继电器与电磁继电器相比有何优点？选用固态继电器时应根据什么进行选择。

2.15　彩色显像管可以分为几种类型？现在用的较多的是哪一种？

2.16　如何判断彩色显像管的好坏？

2.17　液晶显示器有哪些特点？可用于哪些电器？

第3章　表面组装技术与表面安装元器件

【本章内容提要】

表面组装技术已被广泛应用并成为现代电子产品生产线的主要技术。了解和掌握其基本知识是很必要的。本章主要介绍表面组装技术(SMT)的特点、表面组装工艺流程、表面组装用印制电路板、表面组装元器件的安装方式、常用表面安装元器件等内容。

表面组装技术（Surface Mount Technology，SMT）。表面组装技术的应用使电子组装工艺技术发生了根本性的变化，改变了传统的通孔安装(THT) 方式，使安装和连接方法都得到了新的提高和发展。由于 SMT 是将片式元器件贴在印制电路板上后经再流焊完成元器件与印制电路的装连，故使电子产品的可靠性、微型化得到进一步的提升。

表面组装技术是由表面组装元器件、表面组装电路板、表面组装专用辅料（焊锡膏或贴片胶）、表面组装设备（贴片机）、表面组装焊接技术（波峰焊、再流焊）、表面组装测试技术等组成的。

表面组装技术的实施是由片式元器件组装设备及表面组装工艺共同完成的，缺一不可。其中片式元器件是 SMT 的基础，表面组装设备及表面组装工艺决定了 SMT 的先进性。

由于高性能、成本低、重量轻、可靠性高、集成化程度高、小型化等诸多优势，因而使表面组装技术发展迅速，应用领域越来越宽。目前表面组装技术已在移动通信、计算机、工业自动化、航天、军事及家电等方面得到了广泛的应用。

3.1　表面组装技术的特点

1. 便于自动化装配

由于表面安装元器件的体积很小，且无引脚或短引脚使其装配方式与通孔插装元器件（THC）大有不同，表面组装技术采用自动贴片机进行贴片，即提高了速度又增加了安装密度，因此很适合自动化装配与焊接，使组装实现全自动化。

2. 可靠性高

由于表面安装技术采用了直接贴装的方式，加之表面安装元器件无引脚或引脚极短，而且元器件的重量较轻，并采用了自动化生产线，使不良焊点的数量大为减少，故使产品具有良好的抗冲击能力和耐振动的能力。又由于采用了再流焊的焊接工艺，从而提高了焊接质量，保证了产品的可靠性。

3. 生产效率高

由于表面安装所采用的是表面安装元器件，其外形较为规则、质量小、体积小，因而为采用自动贴装机提供了有利的条件。使元器件的贴装实现了自动化，为此适合于大规模生产，并可采用计算机系统进行生产过程的全自动化控制。所以使生产效率得到了很大的提高。

4. 装配密度高

由于表面安装采用了体积小、重量轻的小型元器件，使印制电路板的有效面积得到了很好的利用，使元器件的安装密度得到了很大的提高。又因不受引脚间距、通孔间距的限制，而且还能在印制电路板的两面进行安装，故又提高了元器件的安装密度。为此，表面安装比通孔安装要节约 60%～70%的印制电路板。

5. 降低了生产成本

由于表面安装技术采用了小型化的无引脚元器件，使印制电路板的面积大为减小，可节省大量的基板材料和互连材料。另外，由于在生产过程中省去了引脚的成形、剪切等工序，这样减少了工时。又由于产品性能的提高，使调试和维修的成本下降 ，因而使整体生产成本大为降低。

6. 电路的高频特性好

由于表面安装元器件的引脚极短，印制电路板的走线也很短，这样使电信号的传输路径大为缩短，电路板的分布参数也大为减小，致使电路的高频性能得以提高，进而提高了整机的性能。

3.2　表面组装（SMT）与通孔插装（THT）的主要区别

3.2.1　元器件的区别

通孔插装所用的元器件是有引脚的电阻器、电容器、电感器及有引脚的二极管和有引脚三极管等。所用的集成电路是单、双列直插器件等。

表面组装所用的元器件是无引脚的片式电阻器、电容器、电感器及短引脚或无引脚的二极和短引脚的三极管。所用集成电路是小外形封装（SOP）、多引脚的方形扁平封装（QFP）、塑料方形扁平无引脚封装（PQFN）、球栅阵列形的封装（BGA）、有引脚芯片载体封装（PLCC）、无引脚陶瓷芯片载体封装（LCCC）等。

3.2.2　印制电路板的区别

通孔插装所用的印制电路板的厚度多数为 1.5mm、1.6mm、2.4 mm、3.2mm 的单层板，所采用的通孔孔径多为ϕ0.8～0.9mm。

表面组装所用的印制电路板的厚度多数为 0.8mm、1.2mm、1.6mm 的多层板，所采用的通孔孔径多为ϕ0.3～0.5mm，并向更小的ϕ0.2～0.1mm 方向发展。而且采用了金属化孔、盲孔和埋孔等新技术。

3.2.3 组装方法与焊接方法的区别

通孔插装所采用的组装方法是自动插装机进行穿孔插装。所采用的焊接方法是波峰焊。

表面组装所采用的组装方法是自动贴片机进行表面贴装。所采用的焊接方法是再流焊。

3.3 表面组装焊接工艺

表面组装工艺一般可分为两类，一是点胶贴片进行波峰焊工艺，二是涂焊膏置放片状元器件进行再流焊工艺。这两种工艺可以单独使用，也可重复使用，并能混合使用，可根据不同元器件的结构及产品需求进行选择。

3.3.1 波峰焊

波峰焊是借助于泵的作用，使焊料的液面形成一个或两个焊料波，当焊料波接触已安装好元器件的印制电路板（PCB）时，从而完成对焊点的焊接。

表面组装焊接采用双波峰焊接工艺，其优点是可保证和提高焊接质量，可避免漏焊、焊缝不充实和减少桥接故障的发生。目前双波峰焊使用比较广泛，普遍应用于混合安装的电路板的焊接。但由于不适合热敏元件和一些多引脚的表面安装元器件的焊接，使其应用范围受到限制。

3.3.2 再流焊

再流焊又称重熔焊或称回流焊。再流焊是把具有一定流动性的糊状焊膏涂在印制板规定贴片的位置上，然后将元器件粘在印制版上，经烘干处理后再进行焊接。

再流焊在焊接时需要对焊点加热，使两种工件上的焊锡重新熔化到一起，从而实现元器件与印制电路板的连接。所以该种焊接又称重熔焊。

常用的再流焊加热方法有热板加热、红外线加热、激光加热、热风加热、加热工具加热。其中红外线加热、热风加热和热板加热属于整体加热方式，该种加热的方式能完成贴装在电路板上所有元器件的焊接，其优点是效率高，缺点是不需要焊接的部位也被加热，容易损伤基板和表面贴装元器件。其他的加热方式为局部加热方式，只给需要的部位加热，但效率低。

目前使用最广泛的是红外线再流焊加热方式，它采用红外线辐射加热，该种加热方式具有操作简便、使用安全、结构简单、升温速度可控及具有较好的焊接可靠性等优点。

再流焊与波峰焊相比具有的优点是：

1）用再流焊焊接元器件时，可使不良的焊点率降到最低点。

2）用再流焊可对要求较高的元器件进行焊接，如体积很小的片式电阻、电容及采用LCCC封装、PLCC封装和BGA封装的集成电路等

3.3.3 波峰焊工艺流程

采用波峰焊安装方式的工艺流程是：安装基板→点胶→贴片→固化→波峰焊→清洗→检测。

在上述的工艺流程中除点胶与再流焊不同外，其他工艺与再流焊基本相同。

（1）点胶：采用点胶机或手动，将胶黏剂点在印制电路板安装元器件的中心位置上，以便将表面安装元器件预先粘在印制电路板上，然后再经波峰焊焊接。其点胶的数量应根据元器件大小来确定，一般小元器件为一个点，大元器件为 2～3 个点。

（2）波峰焊：采用双波峰焊，第一波峰由高速喷嘴形成，其峰顶宽度比第二峰窄，很容易排出助焊剂蒸汽，并能克服第二峰的“锡爆炸”现象。第二峰峰顶较宽、速度较慢，可将锡珠及其他污物去除，这样可减少虚焊和桥接。

3.3.4　再流焊工艺流程

采用再流焊安装方式的工艺流程是：固定基板→涂焊膏→贴装表面安装元器件→固化→再流焊→清洗→检测。

在上述安装方式的工艺流程中还可根据选用不同的安装方式（单面混合装、双面混合装、完全表面装）给予增减。下面将工艺流程中的各工序加以说明：

1）固定基板：将印制电路板固定在有真空吸盘和板面带有坐标的台面上，此台面是固定不动的，其定位要准确，为的是能让机械手按坐标准确地涂焊膏，及准确无误地安装表面安装元器件。

2）涂焊膏：就是用丝网漏印法或自动点膏设备，将焊膏涂到印制电路板的焊盘上。 焊膏一般分为松香型和水溶型两种，目前大都采用松香焊膏。因为松香型焊膏具有便于清洗、性能稳定、腐蚀性小的特点。

3）贴装表面安装元器件：将表面安装元器件贴到印制电路板规定的位置上，贴装的方式大都采用自动贴片机，或手贴或手贴与贴片机共同完成。

4）固化：固化是使用固化装置将表面安装元器件固定在印制电路板上。

5）再流焊：采用再流焊的焊接工艺对印制电路板进行焊接。

6）清洗：用清洗机洗除印制电路板上的焊接残渣和不洁物。

7）检测：用检测仪表对焊接完毕的印制电路板的安装质量进行检测。

3.3.5　混合焊组装方式的工艺流程

混合焊组装是指即采用波峰焊，又采用再流焊的组装方式。

混合安装有两种组装方式，一是在印制电路板的 A 面，即有表面安装元器件，又有通孔插装元器件。二是在印制电路板的 A 面和 B 面都有表面安装元器件， 而通孔插装元器件只在 A 面。下面以第二种组装方式为例说明其工艺流程：

安装基板→A 面插装元器件→点胶→波峰焊→清洗→A/B 面焊盘涂膏→贴片→低温固化→再流焊→清洗→检测。

上述介绍的三种工艺流程不是固定不变的，在实际安装中应根据具体条件和要求，进行修订或重新安排其工艺流程。

3.4　表面组装元器件的安装方式

表面组装技术元器件安装的方式一般可分为单面混合安装、双面混合安装和表面元器件安装三种形式，每种安装方式都有其自己的特点，下面将分别给予介绍。

1. 单面混合安装。

单面混合安装电路采用的是单面印制电路板（PCB），元器件安装在印制电路板的一侧，在安装元器件时可采用以下两种方式：

（1）先在印制电路板上进行贴装表面安装元器件（有源元器件 SMD 与无源元器件 SMC），然后再安装通孔插装元器件（THT），即先贴后插。此种安装方式的优点是工艺简单，不足之处是安装密度低。

（2）先在印制电路板上安装通孔插装元器件（THT），然后再进行贴装表面安装元器件，即先插后贴。此种安装方式的优点是安装密度高，不足之处是工艺较复杂，如图 3-1（a）所示。

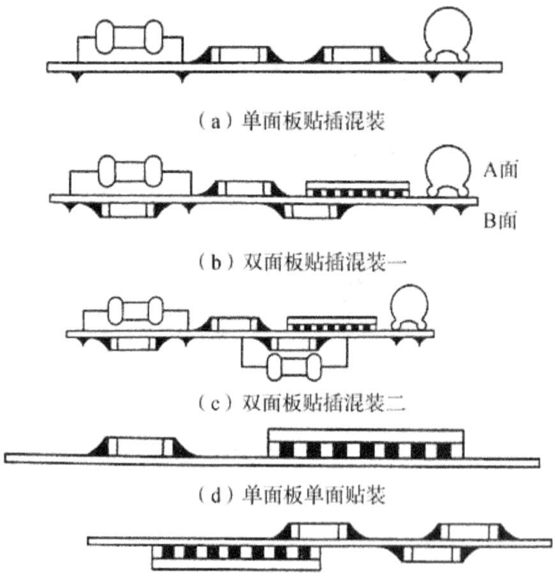

（a）单面板贴插混装

（b）双面板贴插混装一

（c）双面板贴插混装二

（d）单面板单面贴装

（e）双面板双面贴装

图 3-1 表面安装的方式

2. 双面混合安装

双面混合安装电路采用的是双面印制电路板（PCB），元器件安装在印制电路板的两侧，在安装元器件时可采用以下两种方式：

1）将表面安装元器件（SMC/SMD）贴装在印制电路板的两侧（A、B 面），然后把通孔插装元器件（THT）都安装在 A 面，如图 3-1（b）所示。该种方式的优点是组装密度高，不足之处是工艺复杂。

2）将表面安装元器件（SMC/SMD）贴在印制电路板的 A、B 面，将通孔插装元器件（THT）也安装在印制电路板的 A、B 面，如图 3-1（c）所示。该种方式由于工艺较为复杂，因而较少采用。

3. 全部采用表面元器件的安装。

表面元器件的安装方式可分为单面表面元器件的贴装和双面表面元器件的贴装。

1）单面表面元器件贴装，其印制电路板采用的是单面陶瓷基板，它是将表面安装元器件（SMC/SMD）都贴装在电路板的一侧，其优点是工艺简草，适用于小型化、薄形化的电路组装，如图 3-1（d）所示。

2）双面表面贴装，其印制电路板采用双面陶瓷基板，它是将表面安装元器件（SMC/SMD）贴装在电路板的两侧，其优点是安装密度很高，可实现产品的薄形化，如图 3-1（e）所示。

3.5　表面组装用印制电路板（SMB）

1. 对表面安装印制电路板的要求

表面安装对印制电路板的要求要比通孔安装的高。由于表面安装的特点，其使用的基板尺寸的稳定性要高、高温特性要好。而且要求基板的机械特性和绝缘特性必须能满足安装质量和电器性能的要求。

为能提高表面安装的密度，要求印制板上的引线间距越小越好，一般要求在 2.54mm 的间距内能通过两条印制导线，或通过三条印制导线并向通过五条印制导线发展，其线宽也要从 0.23mm 减为 0.18mm 左右或更小。为能提高安装密度，也要求印制电路的层数越多越好，现已发展为 68 层。

由于表面安装过程是通过贴片设备来完成的，为能定位准确，故要求印制电路板一定要平整，不能有微小的翘曲现象，其表面也不能出现凸凹不平的情况。而且要求线路板本身的膨胀系数一定要小，否则就会使元器件及焊点受热应力作用而损害。

2. 表面安装印制电路板的种类

表面安装印制电路板按材料可分为无机材料和有机材料两大类。其无机材料的印制电路板优于有机材料的印制电路板。

1）无机材料的电路基板主要是指陶瓷电路基板。该基板的特点是表面光洁度好、化学稳定性好、耐腐蚀、耐高温，且热膨胀系数较小，能与无引脚陶瓷芯片的载体外壳的热膨胀系数相匹配，这样便可获得良好的焊点可靠性。陶瓷电路基板主要用于厚膜、薄膜集成电路和多芯片微组装电路中。其存在的不足是介电常数高，不能作为高速电路的基板，同时还存在加工难度大、价格较高等方面的不足。

2）有机材料的电路基板有环氧玻璃纤维板、环氧芳族聚酰胺纤维板、聚酰亚胺玻璃纤维板、聚酰亚胺石英板、聚酰亚胺芳族聚酰胺纤维板、聚四氟乙烯玻璃纤维板等。

应用最广的是环氧玻璃纤维板，它具有的特点是有良好的韧性、良好的强度和良好的延展性。而且还有单块电路基板的尺寸一般不受限制的优点。它可以用做单面、双面、多层印制电路板。

环氧玻璃纤维板存在的不足是热膨胀系数比较高，不能与无引脚陶瓷芯片载体的热膨胀系数相匹配，故不能在该种基板上组装无引脚陶瓷芯片载体，也不能在这种基板上安装尺寸较大的片式元器件。

3.6　表面安装元器件

表面安装元器件又称表面贴装元器件，还可称片式元器件。

由于表面安装元器件的诸多优点，现在的电子产品中应用表面安装元器件的越来越多，应用领域也越来越广泛，其原因是电子产品的高性能、微型化、低成本的发展需求。

表面安装元器件随着时间的推移也在不断的向微型化、多元化方向发展。如早期生产的片式电阻外形尺寸为 6.3mm×3.15mm（尺寸代码为 6432），而今生产的片式电阻器外形尺寸可缩小到 1.0mm×0.5mm（尺寸代码为 1005）。同时也将滤波器、热敏电阻、压敏电阻、继电器、开关等也都实现了片式化。

由于表面安装元器件的发展速度很快，到目前为止其型号、标识方法等均未标准化，而且不同厂家之间的标识均存在着较大的差异，这给使用者带来许多不便。但它们的基本参数是一样的，如尺寸代码、允许误差、额定工作温度、包装形式等。

3.6.1 表面安装元器件的分类

1. 按表面安装元器件的形状分类

表面安装元器件按形状分有圆柱形、矩形、扁平形、不规则形等。

1）圆柱形元器件包括：各种电阻、电容和二极管等。

2）矩形片状元器件包括：电阻器、电位器、电容器和电感器等。

3）扁平形主要是指集成电路的封装形式，有双列封装（SOP/SOJ、SSOP、TSOP 等）、四面引脚封装（QFP）、无引脚片式载体（LCC、PLCC）、焊球阵列（BGA）。

4）不规则形元器件包括：可变电阻、可变电容、电解电容、线绕电阻、滤波器、开关、继电器、晶体振荡器等。

2. 按表面安装元器件的功能分类

表面安装元器件按功能分有无源元器件（SMC）、有源元器件（SMD）和机电元件。

1）无源元器件可分为电阻器、电容器、电感器等。

① 电阻器包括：电位器、电阻网络、薄膜电阻、厚膜电阻和敏感电阻等。

② 电容器包括：陶瓷电容、电解电容和云母电容等。

③ 电感器包括：绕线电感和叠层电感等。

2）有源元器件可分为分立器件和集成电路。

① 分立器件包括有：三极管、二极管和场效应管等。

② 集成电路包括有：大规模集成电路、中规模集成电路等。

3）机电元件可分为继电器、开关、各种连接器、电动机等。

3.6.2 片式电阻器

片式电阻器按制造工艺可分为厚膜型电阻器和薄膜型电阻器两类，片式电阻器按封装外形可分为矩形片式电阻器和圆柱形片式电阻器，其外形如图 3-2 所示。

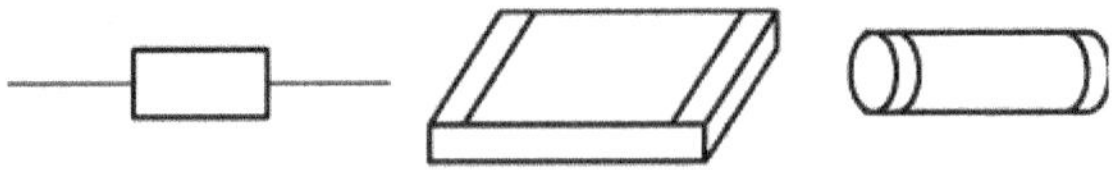

（a）图形符号 （b）矩形 （c）圆柱形

图 3-2 片式电阻器

其中矩形片式电阻器的基板由高纯氧化铝做成，电阻材料用镀膜溅射的方法涂在基板表面，用玻璃纯化的方法形成保护膜，矩形片式电阻器的两边为可焊端，即引脚端。

1. 片式电阻器的尺寸代码

片式电阻器的尺寸代码是以它们的外形尺寸命名的（长×宽），同时用此尺寸来表示它们的外形大小。外形尺寸由 4 个数字组成，并且用英制或公制进行表示。用英制尺寸表示外形的称为英制代码，用公制尺寸表示外形的称为公制代码，英制代码与公制代码的比较，见表 3-1，应用较多的为英制代码。

表 3-1 英制代码与公制代码的比较

英制代码（英寸）	2512	2010	1210	1206	0805	0603	0402
公制代码（mm）	6432	5025	3225	3216	2012	1608	1005

例如，英制代码为 0603 的片式电阻，其中 06 表示 0.06 英寸（电阻长度），03 表示 0.03 英寸（电阻宽度）。公制代码为 3225 的片式电阻，其 32 表示 3.2mm（电阻长度），25 表示 2.5mm（电阻宽度）。

2. 片式电阻器的阻值标注方法

（1）电阻体上的标注方法

1）采用三位数字标注。用此种方法表示片式电阻器的阻值，其误差为±5%，并采用 E24 标准阻值系列。三位数的前两位是有效数字，第三位数是 10 的指数，即有效数字后面零的个数。例如，203 表示 20000Ω，即 20kΩ；100 表示 10Ω，562 表示 5.6kΩ，101 表示 100Ω。

当阻值小于 10Ω时用 R 表示小数点。例如，6R8 表示 6.8Ω，5R6 表示 5.6Ω，R62 表示 0.62Ω，R47 表示 0.47Ω等。

片式电阻器的跨接线为 0Ω，标注方法是 000。

2）采用四位数字标注。用此种方法表示片式电阻器的阻值，其误差为±1%，并采用 E96 标准阻值系列。四位数的前三位是有效数字，第四位数字表示零的个数。例如，5901 表示 5.9kΩ，2000 表示 200Ω，6R80 表示 6.8Ω，3004 表示 3MΩ等。

3）采用色环标注。当片式电阻器为圆柱形时其阻值采用色环标注法。图 3-3（a）是三色环表示法，第一、二条色环表示有效数字，第三条色环表示有效数字后面零的个数。图 3-3（b）是四色环表示法，第一、二、条色环表示有效数字，第三条色环表示有效数字后面零的个数，第四条色环表示阻值允许误差。

图 3-3（c）是五色环表示法，第一、二、三条色环表示有效数字，第四条色环表示有效数字后面零的个数，第五条色环表示阻值允许误差。

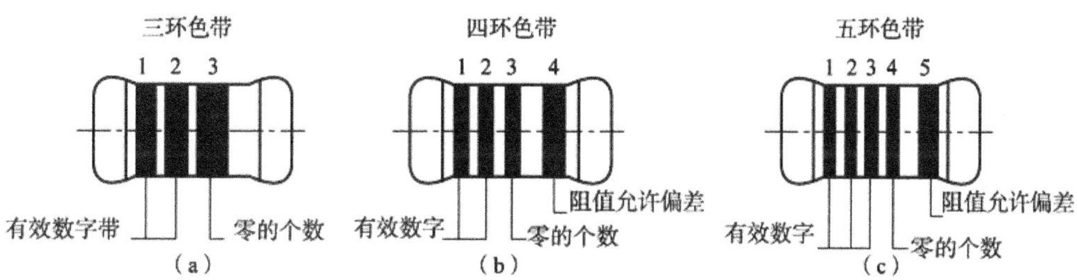

图 3-3 色环标注法

（2）编带上的标注方法

片式电阻器多数采用编带包装，其阻值就打印在编带上，标注方法同电阻体上的标注方法，此处不再重述。

在编带上的标注除有阻值大小外，还标有其他参数。例如，尺寸代码、产品代号、阻值误差、温度系数、包装方式等。

片式电阻器在编带上部分标识的含义如下所示。

如阻值误差：

J

阻值误差	
D	±0.5%
F	±1%
G	±2%
J	±5%
O	跨接电阻

说明该包装中片式电阻器的阻值误差为±5%。

如型号：

03

型号	
02	0402
03	0603
05	0805
06	1206

说明该包装中片式电阻器的尺寸代码为 0603。

3.6.3 片式电位器

片式电位器的阻值为线性的，而且是无手动旋转轴的电位器。它可以分为片状、圆柱状和扁平矩形状。根据其结构的不同可分为敞开式、全密封式、微调式和防尘式几种。由于安装方法的不同可分为立式和卧式两种，如图 3-4 所示。

片式电位器的功率可分为 0.1W、0.2W、0.25W、0.5W 等，标称阻值范围是 100Ω～2MΩ，但常用的是 100Ω～1MΩ。常用的阻值是 5kΩ、10kΩ、20kΩ、50kΩ、100kΩ等几种。它主要用于通信及家电产品中音量、音调的调整。

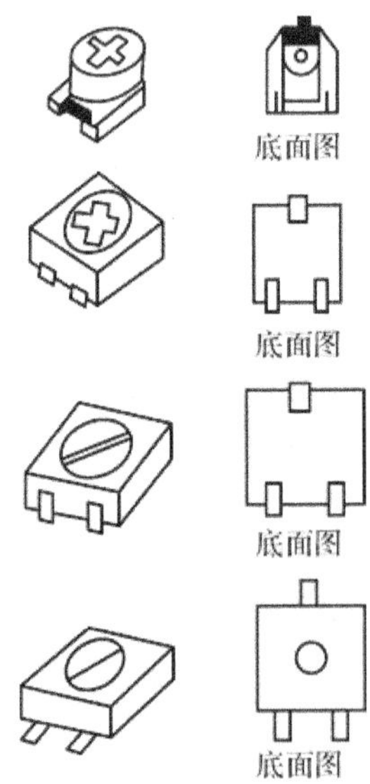

图 3-4　片式电位器

3.6.4 片式电容器

1. 片式电容器的种类。

片式电容器的种类有无极性电容器和有极性电容器（电解电容）两种，其中无极性电容器的种类又可分为片式瓷介电容器、片式有机薄膜电容器、片式云母电容器等，其中片式多层瓷介电容器应用最为广泛，另外钽电容与铝电解电容也得到了普遍的应用。片式电容器的外形如图 3-5 所示。

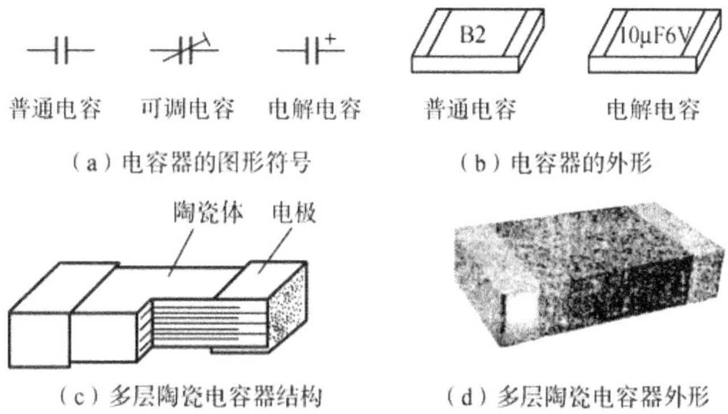

图 3-5　片式电容器

2. 片式电容器的容量标注与尺寸代码

片式电容器的体积较小，在它的表面无法标出电容器的参数，故有的电容采用缩简符号表示其容量，还有的片式电容不标注其容量。常用的标注方法有三种，数码标注法、字母加数字的标注法、颜色加字母的标注法，下面分别给予介绍。

1）数码标注法：数码标注方法与片式电阻器的标注方法相同，不再重述。

2）字母加数字的标注法：在片式电容器的表面标出两个字符，第一个字符是英文字母，代表有效数字；第二个字符是数字，表示有效数值后 0 的个数，见表 3-2。电容量的单位是皮法（pF）。容量标识数字表示的有效数字的含义见表 3-3。

表 3-2　片式电容器容量标识字母的含义

字符	A	B	C	D	E	F	G	H	I	K	L	M
值	1	1.1	1.2	1.3	1.5	1.6	1.8	2.0	2.2	2.4	2.7	3.0
字符	N	P	Q	R	S	T	U	V	W	X	Y	Z
值	3.3	3.6	3.9	4.3	4.7	5.1	5.6	6.2	6.8	7.5	9.0	9.1

表 3-3　片式电容器容量标识数字的含义

数字	0	1	2	3	4	5	6	7	8	9
倍数	10^0	10^1	10^2	10^3	10^4	10^5	10^6	10^7	10^8	10^9

例如片式电容器标注为 K3，从表中可知：K 为 2.4，3 为 10^3，所以这个片式电容器的标称阻值为 2.4×10^3=2400pF。

3）颜色加字母的标注法：颜色加一个字母的标注方法是在电容器的表面涂上某一颜色，再标注一个字母，电容量的单位为 pF。不同的颜色与字母的组合均代表不同的数值。例如蓝色与 A，表示 100pF；红色与 E，表示 3pF 等。表 3-4 是颜色与字母所代表的电容量。

表 3-4　颜色和字母所表示的电容量

字　母	红色/pF 电容量	黑色/pF 电容量	蓝色/pF 电容量	白色/pF 电容量	绿色/pF 电容量	黄色/pF 电容量
A	1	10	100	0.001	0.01	0.1
C	2	12	120			
E	3	15	150	0.0015	0.015	
G	4	18	180			
J	5	22	220	0.0022	0.022	
L	6	27	270			
N	7	33	330	0.0033	0.033	
Q	8	39	390			
S	9	47	470	0.0047	0.047	
U		56	560	0.0056	0.056	
W		68	680	0.0068	0.068	
Y		82	820		0.082	

片式电容器的外形尺寸代码与片式电阻器相同，可采用公制，也可采用英制。现多数采用英制尺寸代码，表 3-5 是几种常用片式电容英制代码与相对应的公制代码及其对应的尺寸对比。

表 3-5　几种常用片式电容英制代码与相应的公制代码及其对应的尺寸对比

尺寸代码		英制尺寸（长×宽）	公制尺寸（长×宽）
英制	公制		
0603	1608	0.06×0.03	1.6×0.8
0805	2012	0.08×0.05	2.0×1.2
1206	3216	0.12×0.06	3.2×1.6
1210	3225	0.12×0.10	3.2×2.5
2010	5025	0. 2×0.10	5.0×2.5

陶瓷电容器所用介质为 COG（NPO）、X7R、Z5U 三种，其中以 COG 为介质的电容器的温度特性和容量的稳定性较好，适用于谐振电路、高频电路。

常用的系列有 1825、1812、1210、1206、0805 等。其 1812C 系列电容器的电容值范围是：1800～5600pF（COG）、0.039～0.12μF（X7R）、0.12～0.47μF（Z5U）。

片式电容器的包装形式与片式电阻器相同，有编带包装、散包装和袋式包装，但多数厂家采用编带包装。在编带包装上所示的内容有：外形尺寸（尺寸代码）、介质种类、标称容量、误差、额定电压、包装方式、端头材料等。举列如下：

CC41	C0603	CG	334	J	250	N	T
代号	外形尺寸	介质	容量	误差	耐压	端头材料	包装方式

例如，尺寸代码：

0603

尺寸	
0603	0.06×0.03
0805	0.08×0.05
1206	0.12×0.06
1210	0.12×0.10
1812	0.18×0.12
2225	0.22×0.25
3035	0.30×0.35

表明该包装中片式电容器的尺寸是 0.06×0.03。

例如，误差：

M

误　差	
B	±0.10pF
C	±0.25 pF
D	±0.5 pF
F	±1.0%
G	±2.0%
J	±5.0%
K	±10%
M	±20%
S	+50% -20%
Z	+80% -20%
P	+100%

表明该包装中的片式电容器的误差为±20%。

例如，包装方式：

T

包装方式	
无标记	散包装
T	编带包装
B	袋式包装

表明是编带包装。

3. 片式钽电解电容器

片式钽电解电容器常用的是模塑封装型和树脂封装型，由于它具有体积小、漏电少、高频性能优良的优点，故多应用于通信类电子产品和性能要求较高的产品中。它的外形和内部结构如图 3-6 所示。

片式钽电解电容器的标称容量范围为 0.1～470μF。容量误差一般采用 K(±10%)级和 M(±20%)级。标称电压为 4V、6.3V、10V、16V、20V、25V、35V、50V 几种。矩形钽电解电容的一端印有深色标记为正极，通常将容量值及耐压值都标注在电容体上。

（a）片式钽电解电容器的外形

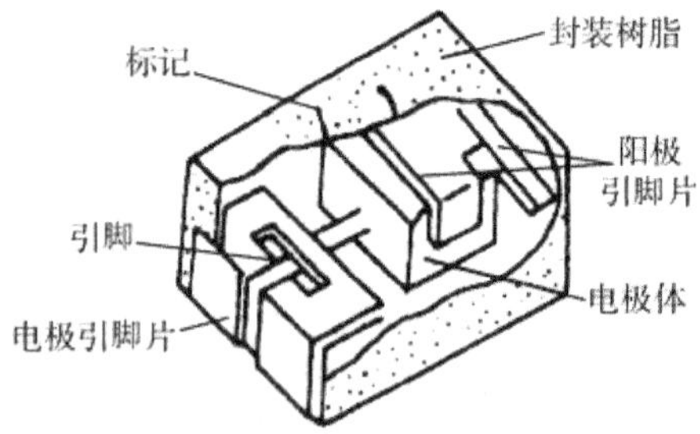

（b）片式钽电解电容器的内部结构图

图 3-6 片式钽电解电容器

4. 片式铝电解电容器

片式铝电解电容器分为矩形和圆柱形两种，分别采用树脂封装和金属封装。其中矩形塑封铝电解电容器的容量为 0.1～100μF。工作电压分别为 6.3V、10V、16V、25V、35V、50 和 63V。圆柱形电解电容的容量为 1～470μF 。

片式铝电解电容器的主要参数一般都标注在电容体表面，如容量值、耐压值等。在电容体的顶面印有黑色标记线的是负极性标志，如图 3-7 所示。

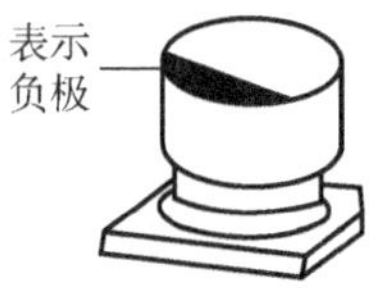

（a）片状电解电容器

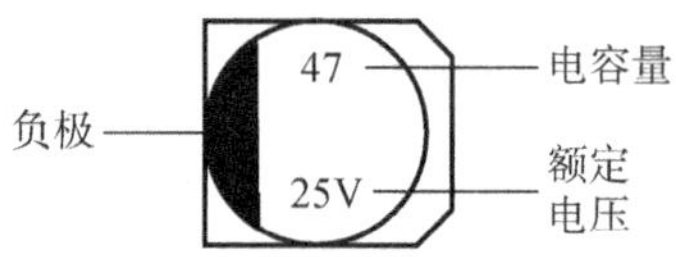

（b）片式铝电解电容器的极性、容量耐压表示方法

图 3-7 片式铝电解电容器与容值、耐压值及极性的表示方式

通常片式铝电解电容器都应用于低频电路，如低频放大电路、功放电路及电源电路等。

3.6.5 片式电感器

片式电感器如图 3-8 所示，它的作用是阻碍交流，通过直流，完成限流、滤波、选频、谐振、电磁变换等。

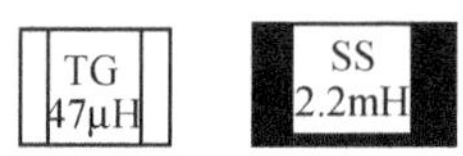

（a）片式电感器电感量的标注

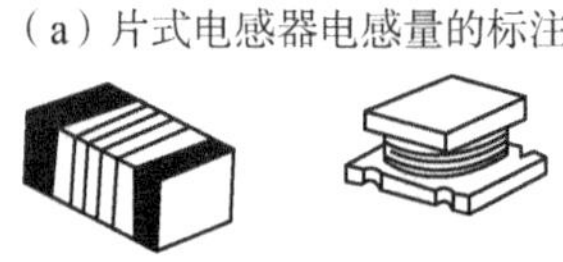

（b）片式电感器的结构

图 3-8 片式电感器

1. 线绕型片式电感器

在片式电感器的结构中，目前应用最多的是线绕型结构与多层型结构。由于绕线型片式电感器的工艺结构与传统的插装电感器的结构基本相同仍是在磁芯上绕上线圈，因而电感量的范围较宽、Q 值也较高，故应用量较多。该种电感器的骨架有铁氧体的，也有陶瓷的，而且品种及规格较多。

2. 多层片式电感器

多层片式电感器是采用铁氧体浆料一层一层的交替叠加，经烧结后成为一个整体结构，并形成一个封闭状态的磁路。经烧结后的浆料可形成导电带，此导电带就相当于电感器的线圈。

多层片式电感器的优点是：尺寸可做的很小，并有良好的磁屏蔽，减小了对周围器件的干扰，这样可增加组装密度。同时还有可靠性高，可焊性好的特点。

3. 片式磁珠

片式电感器磁珠与多层片式磁珠都是近几年的新产品，它是一种用铁氧体做磁芯的电感器它能抑制各种电磁干扰，同时也不会干扰邻近的其他元器件。其中多层片式磁珠的抗干扰性能更好。

片式磁珠的外形规格尺寸也采用同片式电阻器的尺寸代码。例如 2012 型片式磁珠的长为 2.0mm，宽为 1.25mm，厚为 0.85，端头的宽度为 0.3mm。

4. 片式电感器电感量与规格尺寸的标注

片式电感量的范围为 0.047～68μH、0.047～220μH 等，且不同的尺寸代码有着不同的电感量范围。其误差多数采用 J 级(±5%)、K(±10%)级、M(±20%)级。电感量一般直接标在电感器上。电感量的单位有 nH、μH 两种，用 N 或 R 表示小数点。当用 nH 作单位时，用 N 代替小数点，如 2N2 表示 2.2nH，10N 表示 10nH。当用μH 作单位时，则用 R 代替小数点，如 2R2 表示 2.2μH，R10 表示 0.1μH，100 表示 10μH、101 表示 100μH。

片式电感器的规格尺寸通常采用片式电阻器的尺寸代码来表示。

3.6.6 片式二极管

1. 片式二极管的封装与内部结构

片式二极管的外形如图 3-9 所示。从封装的不同形式可分为圆柱形片式二极管、塑封矩形二极管和小型塑封 (SOT-23)二极管。其中圆柱形片式二极管多数采用玻璃封装且没有引脚，而是在两端装有金属帽作正、负极。该种封装的片式二极管多数为高速开关管、稳压管和通用二极管。标有黑色条的一端为负极，另一端则为正极。其外形尺寸有 3.5mm×ϕ1.5mm 或 5.2mm×ϕ2.7mm 等几种。

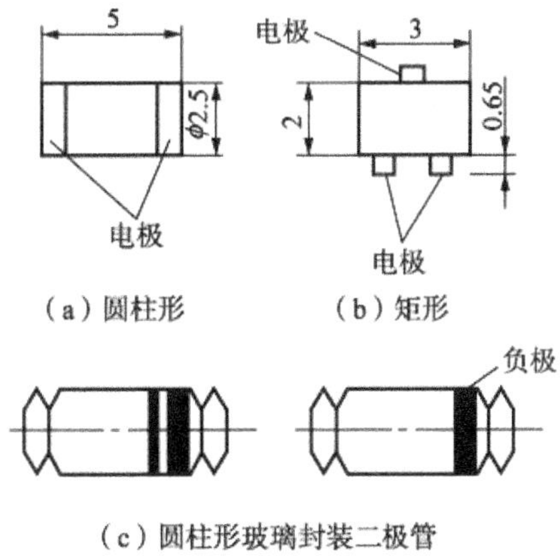

图 3-9 片式二极管的外形

矩形片式二极管，一般有三条较短的引脚，即三个引脚，由于内部结构的不同其引脚的功能也不同，在使用时应注意分辨。一般情况下标有白色标记的就为负极

矩形片式二极管其内部结构有单管和对管的区分，对管结构的又分为共阳（正极相连）、共阴（负极相连）、串联等几种类型。它们的内部结构如图 3-10 所示。

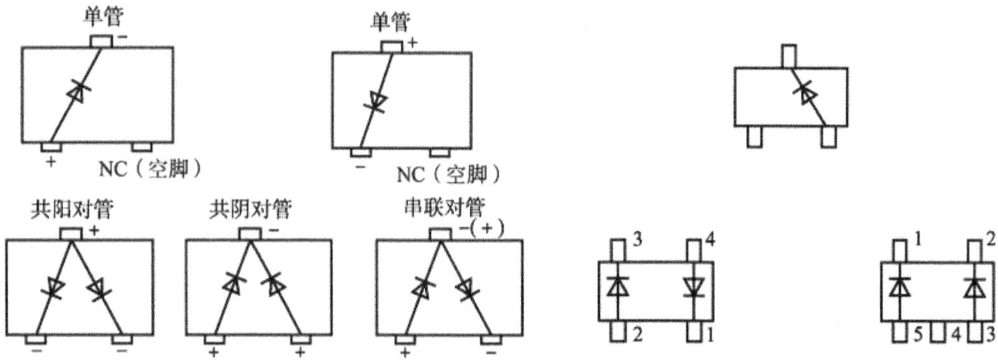

图 3-10 矩形片式二极管的内部结构

2. 片式二极管的型号

片式二极管的型号很多，有国产型号，也有美国的型号，日本型号等。而且有的生产厂还标有自己的型号。总之片式二极管的型号是不规范的。常用的型号有 1N××××、2D×××、1S×××等，大部分型号是沿用了插装二极管的型号。

3. 片式二极管的种类

常用的片式二极管有片式稳压二极管、片式发光二极管、片式整流二极管、片式开关二极管。还有片式肖特基二极管和片式快恢复二极管等。

3.6.7 片式晶体管

片式晶体管的外形及引脚排列，如图 3-11 所示。

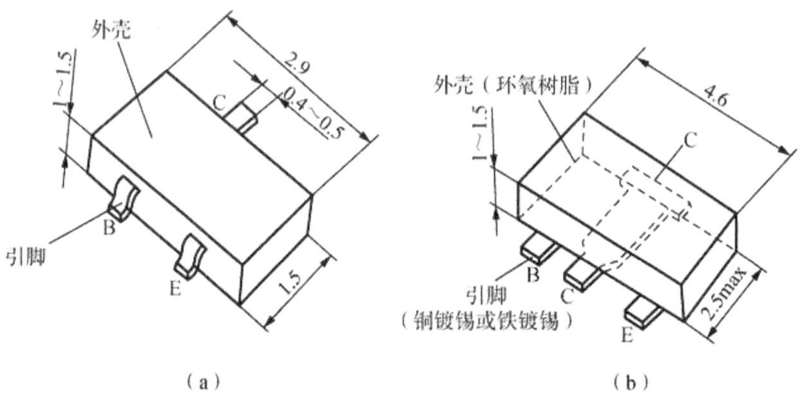

图 3-11 片式晶体管的外形及引脚排列

片式晶体管的内部结构示意图，如图 3-12 所示。

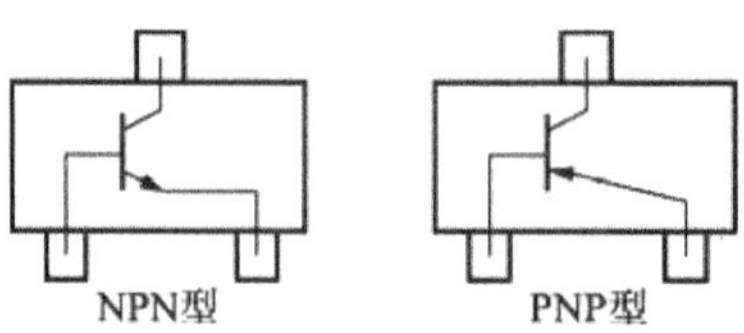

图 3-12 片式晶体管的内部结构

片式晶体管与普通晶体管一样，也分为 NPN 型和 PNP 型，其种类有普通型、超高频型、高反压型、功率型等。

片式晶体管的封装形式主要有 SOT-23、SOT-89、SOT-143、SOT-252 几种。用的较多的是 SOT-23 和 SOT-89。SOT-23 有 3 个短引脚，SOT-89 封装外形较大多用于功率晶体管，并且有 4 个引脚，其中集电极占有两个。

片式晶体管的型号多数采用了插装式晶体管的型号，但由于体积较小，有的则标注了代号，代号的意义可通过查看有关的半导体器件手册找出相对应的型号与性能参数。

3.6.8　片式集成电路

片式集成电路的种类较多，按功能分有模拟集成电路、数字集成电路、接口集成电路；按集成度高低分有小规模集成电路、中规模集成电路、大规模集成电路、超大规模集成电路。它们的封装形式有多种，常见的有以下几种。

1. 小型封装集成电路

小型封装集成电路,也称 SO 集成电路，这种封装的集成电路引脚均分布在两边，其引脚数目多在 28 个以下,小规模集成电路多数采用这种封装。这种封装的集成电路又可分为 SOP 和 SOJ 两类，SOP 的引脚为翼形引脚，如图 3-13 所示；SOJ 的引脚为钩形引脚，如图 3-14 所示。

图 3-13　SOP 封装外形

图 3-14　SOJ 封装外形

2. 方形扁平封装集成电路

方形扁平封装又称 QFP 封装， 这种封装的集成电路引脚较多，且为翼形引脚，外形一般为方形和矩形两种，引脚数一般为 30 个以上，当引脚间距为 0.3mm 时，其引脚数可达 500 多个。外形尺寸有 5mm×5mm、6mm×6mm、7mm×7mm、10mm×10mm、12mm×12mm、14mm×14mm、20mm×20mm、24mm×24mm 等多种。引脚间距有 0.3mm、0.4mm、0.5mm、0.65mm、0.8mm 等多种。 多用于高频电路、中频电路、音频电路、微处理器、电源电路等，其外形如图 3-15 所示。

3. PLCC 封装集成电路

PLCC 封装集成电路就是指塑封有引脚芯片载体封装集成电路。它的引脚采用钩状结构（J 形），引脚数多为 20~124 之间，外形有方形和矩形。PLCC 封装集成电路多应用于微处理器和逻辑电路等。PLCC 封装集成电路的外形如图 3-16 所示。

图 3-15　QFP 封装外形

图 3-16　PLCC 封装外形

4. LCCC 封装集成电路

LCCC 封装集成电路也称无引脚陶瓷芯片载体集成电路。该封装的集成电路没有引脚，是通过陶瓷外壳底面的金属电极与印制版贴装。由于没有引脚，故可减少引脚线间的电感与电容的损耗，因此常用于高频电路，如存储器、微处理器等。LCCC 封装集成电路的外形如图 3-17 所示。

5. 焊球阵列引脚封装集成电路

焊球阵列引脚封装 BGA（Ball Grid Array）又称球栅阵列封装，又可称栅格阵列封装。BGA 封装以基座材料的不同可分为 PBGA（塑封球栅阵列）、CBGA（陶瓷球栅阵列）、CBGA（陶瓷柱栅阵列）、TBGA（载带球栅阵列）。焊球阵列封装的引脚在集成电路的底部，引脚是以阵列的形式排列，这样便可使引脚数目增多，引脚间距增大，以适应 I/O 数目增长的需求。如同样大小外形尺寸的 QFP 与 BGA，其容纳的 I/O 端子数分别为 190 个与 900 个。显然 BGA 封装的优点是体积小、端子多、功能强、集成度高、并节约了印制电路板的位置。这种封装多用于大规模集成电路，如 CPU 和高频电路等。BGA 的封装外形如图 3-18 所示。

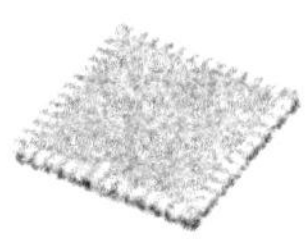

图 3-17　LCCC 封装外形

图 3-18　BGA 封装外形

3.7 表面安装设备介绍

表面安装设备有丝网印刷机、焊膏印刷机、贴片机与焊接设备等。

1）在表面组装中，电路板上的焊料施放方法有多种，应用较多的是涂焊膏法，涂焊膏法就是将焊锡膏涂覆到印制电路板的焊盘上，一般采用丝网印刷或压力点胶等方法。丝网印刷机的外形如图 3-19 所示。

2）在表面组装中，元器件要准确地贴放到印制电路板中印有焊锡膏的位置上，主要是通过自动贴片机来完成的。贴片机的外形如图 3-20 所示。

图 3-19　丝网印刷机的外形

图 3-20　贴片机的外形

3）在表面组装中，对元器件的焊接主要是通过波峰焊或再流焊来完成的。

4）表面组装生产流水线示意图，如图 3-21 所示。

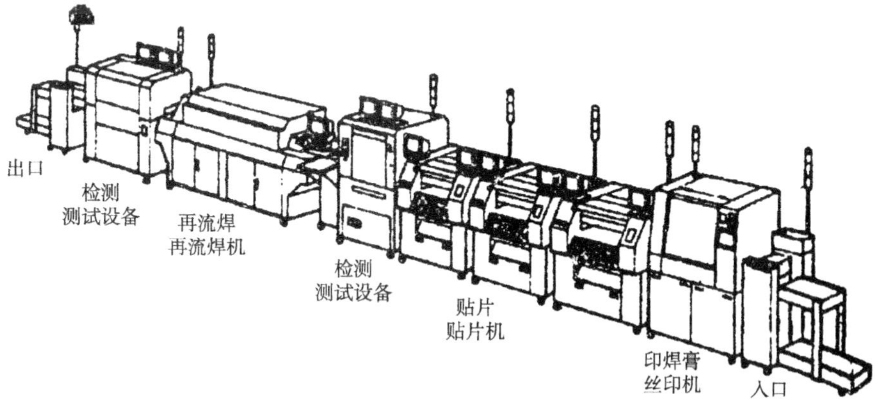

图 3-21　SMT 生产流水线示意图

本章小结

1. 表面组装技术的特点是：自动化程度高、.可靠性高、生产成本低、生产效率高、装配密度高和提高了电路的高频特性。

2. 表面组装工艺可分为再流焊工艺流程和波峰焊工艺流程，其中再流焊是目前采用较多的一种。

3. 再流焊又称重熔焊或称回流焊。再流焊是把糊状焊膏涂在印制板规定贴片的位置上，然后将元器件粘在印制版上，经烘干处理后再进行焊接。

4. 表面组装元器件的安装方式有好几种，常用的有单面板单面贴装、双面板双面贴装 、 单面板混合安装、双面板单面混合安装、双面板双面混合安装。

5. 表面安装元器件按功能分有无源元器件（SMC）、有源元器件（SMD）和机电元件。无源元器件可分为电阻器、电容器、电感器等；有源元器件可分为二极管、三极管和集成电路，机电元件可分为继电器、开关、各种连接器、电动机等。

6. 片式电阻器的尺寸代码是指片式电阻器的长×宽的英制或公制的表示方法。

7. 片式电阻器的阻值标注方法有① 三位数字标注；②四位数字标注；③色环标注。

8. 片式电容器的容量标注方法有①数码标注法；②字母加数字的标注法；③颜色加字母的标注法。

9. 片式二极管从封装的不同形式可分为圆柱形片式二极管和矩形片式二极管。

10. 片式三极管的封装形式主要有 SOT-23、SOT-89、SOT-143、SOT-252 几种。用的较多的是 SOT-23 和 SOT-89 两种。

11. 片式集成电路按封装形式可分为小型封装集成电路（SOP、SOJ）、方形扁平封装集成电路（QFP）、PLCC 封装集成电路、LCCC 封装集成电路、栅格阵列引脚封装集成电路（BGA）。

操作练习 3

1. 片式无源元器件的认识与判读

（1）目的

1）熟悉片式电阻器、片式电容器、片式电感器的标注方法。

2）判别片式电阻器、片式电容器、片式电感器的标称阻值。

（2）工具与器材

1）放大镜一个。

2）片式电阻器6只（每种标注法各2只）。

3）片式电容器6只（每种标注法各2只）。

4）片式电感器4只（不同的电感值）。

（3）步骤

1）确定标注方法。

2）确定标称阻值。

3）核实标称阻值并填入表3-6。

表3-6　片式无源元器件识读结果

元件名称	标注方法	标称值	单位	备注
片式电阻器1				
片式电阻器2				
片式电阻器3				
片式电阻器4				
片式电阻器5				
片式电阻器6				
片式电容器1				
片式电容器2				
片式电容器3				
片式电容器4				
片式电容器5				
片式电容器6				
片式电感器1				
片式电感器2				
片式电感器3				
片式电感器4				

2．片式无源元器件的认识

（1）目的

认识片式二极管、片式三极管、片式集成电路。

（2）工具与器材

1）片式二极管5只（矩形与圆柱形）。

2）片式三极管5只（不同型号）。

3）片式集成电路5块（不同封装）。

（3）步骤

1）认识片式二极管，并确定其正、负极。

2）认识片式三极管，并判别E、B、C电极。

3）认识片式集成电路，识别封装类型、识别引脚。

习题 3

3.1　表面组装技术的特点是什么？

3.2　表面组装中的再流焊工艺流程的具体步骤有哪些?

3.3　为什么把再流焊又称为重熔焊?

3.4　表面安装元器件的安装方式有哪几种?

3.5　表面安装元器件是如何分类的？每类中又包含哪些元器件？

3.6　什么是片式电阻器的尺寸代码？

3.7　片式电阻器的尺寸代码分别为 0603、0805、1206，它们对应的外形尺寸（单为 mm 时）分别是多少？

3.8　片式电阻器的标注为：123、220、101、1R6、33R，它们所表示的阻值分别是多少？

3.9　片式电容器的标注为：U1、S1、L2、N3、W3，　它们所表示的容值分别是多少？

3.10　片式电感器的标注为：3N3、22N、R27、101，6R8，它们所表示的电感量分别是多少？

第 4 章　电路图的识读

【本章内容提要】

识读电路图是学习和掌握无线电知识的一项基本功，只有熟练地掌握读图知识，才能提高调试与维修电子产品的技能。本章介绍了常用的电路图形符号、文字符号、电路图的种类、如何识读方框图、如何识读电路原理图、如何识读印制电路板图、如何识读集成电路图等。

电子电路图是反映电子产品由哪些基本单元电路和哪些元器件构成的，用以说明电子产品中各个元器件间的相互关系及其连接的方法。

电路图是用图形符号表示电子元器件，用连线表示导线所构成的电路图。通过电路图可以研究电流的来龙去脉，了解电路中各部位的电压及元器件的型号、参数等内容，能帮助我们识别一部电子产品的基本结构和它的工作原理。

识读电路图是电子技术人员和家电维修人员所必需具备的一项基本功，只有正确识读电路图，才能对电子产品进行正确的安装、调试及维修。尤其是从事装配与维修的人员，只有熟悉电路图，才能提高装配、维修的速度。

4.1　识读电路图的基本知识

4.1.1　电路图形符号

电路图形符号是用来表示实物的符号，即代表各种元器件、组件和导线的绘图符号。在画电子产品电路原理图时，是不能将电子元器件的实物都画出来的，如果画出实物图，那将使电路图变的很大且复杂，为此要用绘图符号表示，为此国家规定了统一的图形符号标准。

我国曾先后几次颁发过电气图形符号标准，其图形符号不尽一样，为能使科技工作者都能贯彻执行新标准，不致在使用中造成混乱，为此，国家标准局在《全国电气领域全面推行电气制图和图形符号国家标准的通知》中明确规定："自 1990 年 1 月 1 日起，所有电气技术文件、图样和书刊一律使用新的国家标标准"。

熟悉电路图形符号是识读电路图的最基本的要求，只有熟悉和认识电路符号才能读懂电路图，才能对电路图作进一步的分析。下面将常用的电气图形符号和文字符号加以介绍，为读者识读电路图时参考。

1. 常用电气图形符号

（1）电阻器图形符号

常用的电阻器图形符号，见表 4-1。

表 4-1　电阻器图形符号

新符号（GB4728）		旧符号（GB312）	
名　称	图形符号	名　称	图形符号
电阻器的一般符号	优选形  其他形 	电阻的一般符号	
滑动触点电位器	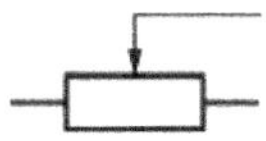	电位器的一般符号	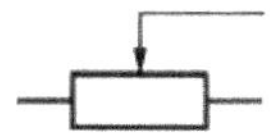
预调电位器	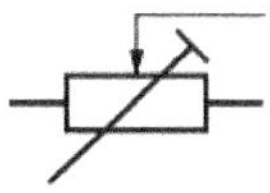	微调电位器	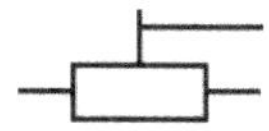
可变电阻器	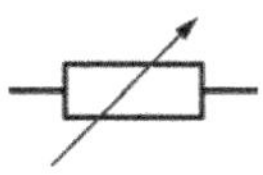	变阻器	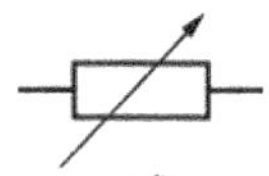 或 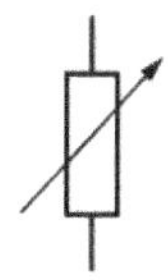
压敏电阻器	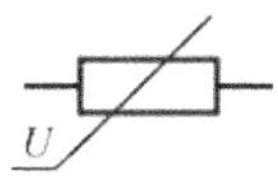	压敏电阻	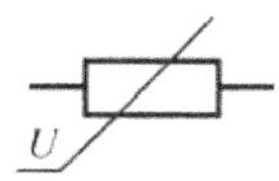
热敏电阻器 注：θ 可用 $t°$ 代替	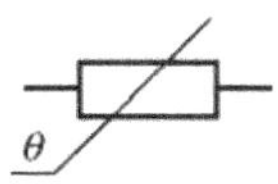	热敏电阻	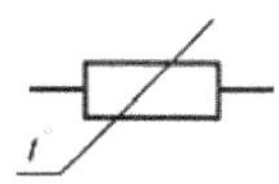
滑线式变阻器	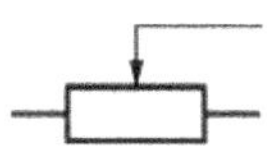	可断开电路的变阻器	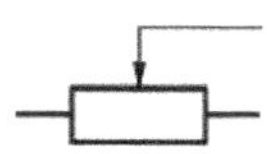
有固定抽头的电阻器	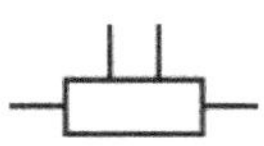	有抽头的固定电阻	
带固定抽头的可变电阻器	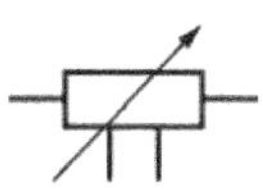	带抽头的可变电阻	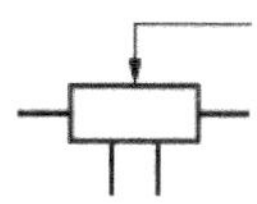
分流器	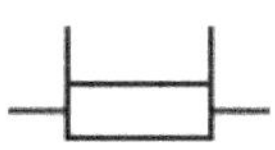	分流器	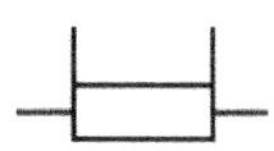

（2）电容器图形符号

常用的电容器图形符号，见表4-2。

表4-2 电容器图形符号

新符号（GB4728）		旧符号（GB312）	
名　称	图形符号	名　称	图形符号
极性电容器	优选形 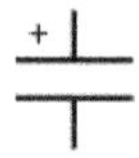 其他形 	有极性的电解电容器	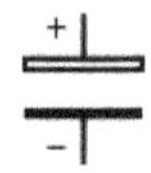
可变电容器	优选形  其他形 	可变电容器	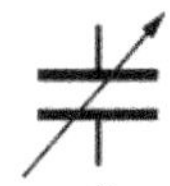 或 
微调电容器	优选形 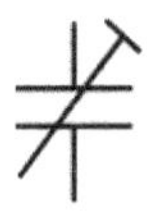 其他形 	微调电容器	 或 
电容器的一般符号	优选形 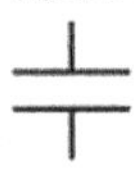 其他形 	电容器的一般符号	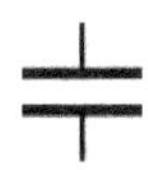
穿心电容器	优选形 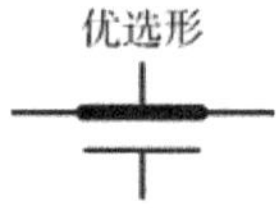 其他形 	穿心电容器	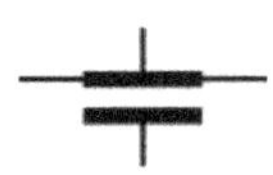

(3) 电感器图形符号

常用的电感器图形符号，见表 4-3。

表 4-3　电感器图形符号

新符号（GB4728）		旧符号（GB312）	
名　称	图形符号	名　称	图形符号
电感器线圈、绕组、扼流圈		电感线圈、绕组	
带磁芯(铁心)的电感器		有铁心的电感线圈	
磁芯(铁心)有间隙的电感器		铁心有空隙的电感线圈	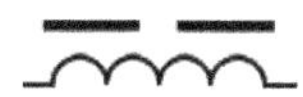
带磁芯(铁心)连续可调的电感器			
有两个抽头的电感器	 或 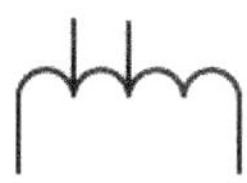	带抽头的电感线圈	
步进移动触点的可变电感器			
可变电感器	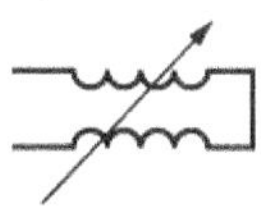		

(4) 半导体管图形符号

常用的半导体管图形符号，见表 4-4。

表 4-4　半导体管图形符号

新符号（GB4728）		旧符号（GB312）	
名　称	图形符号	名　称	图形符号
利用温度效应的二极管(热敏二极管) 注：θ 可用 $t°$ 代替	优选形 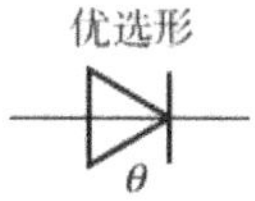 其他形 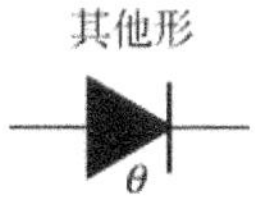	利用温度效应的二极管	

续表

<table>
<tr><th colspan="2">新符号（GB4728）</th><th colspan="2">旧符号（GB312）</th></tr>
<tr><th>名　　称</th><th>图 形 符 号</th><th>名　　称</th><th>图 形 符 号</th></tr>
<tr><td>变容二极管</td><td>优选形
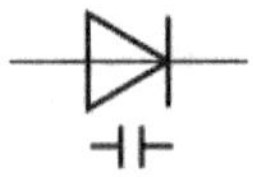
其他形
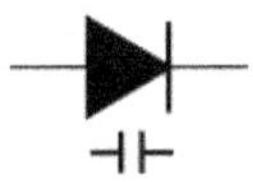</td><td>变容二极管</td><td>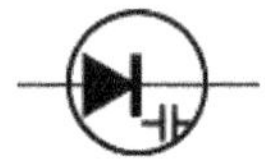</td></tr>
<tr><td>隧道二极管</td><td>优选形
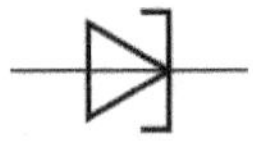
其他形
</td><td>隧道二极管</td><td></td></tr>
<tr><td>光控晶闸管</td><td>优选形
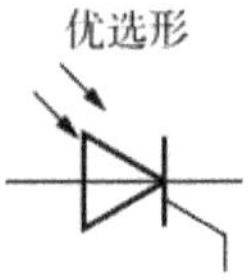
其他形
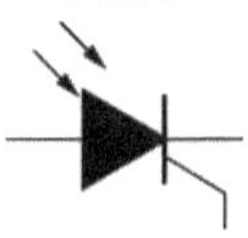</td><td>光控晶闸管</td><td>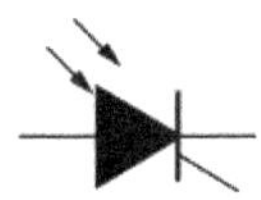</td></tr>
<tr><td>NPN 型半导体管</td><td></td><td rowspan="2">NPN 型半导体管</td><td rowspan="2"></td></tr>
<tr><td>集电极按管壳的 NPN 型半导体管</td><td></td></tr>
<tr><td>三极晶闸管
注：没必要规定门极类型时，用于表示反向阻断三极晶闸管</td><td>优选形
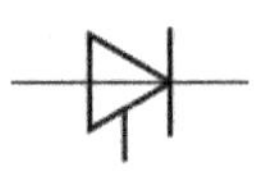
其他形
</td><td>普通晶闸管</td><td>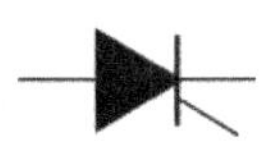</td></tr>
</table>

续表

新符号（GB4728）		旧符号（GB312）	
名　称	图形符号	名　称	图形符号
反向阻断三极晶闸管（阴极侧受控）	优选形 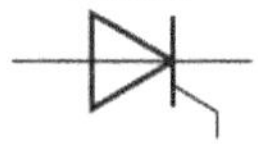 其他形 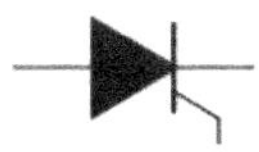		
可关断三极晶闸管（阴极侧受控）	优选形 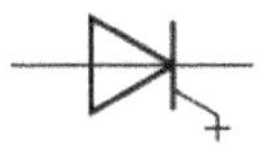 其他形 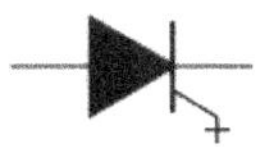	可关断晶闸管	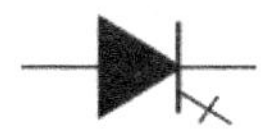
双向三极晶闸管	优选形 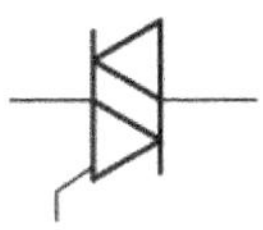 其他形 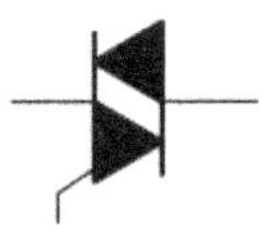	双向晶闸管	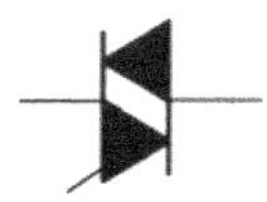
单向击穿二极管（稳压二极管）	优选形 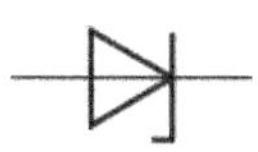 其他形 	雪崩二极管	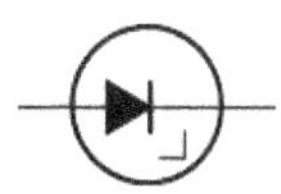
		稳压二极管	
双向击穿二极管（双向稳压二极管）	优选形  其他形 	双向稳压二极管	

续表

新符号（GB4728）		旧符号（GB312）	
名　称	图形符号	名　称	图形符号
双向二极管、交流开关二极管	优选形 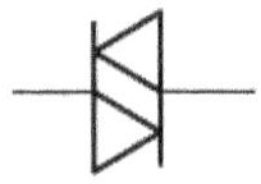 其他形 	双向二极管	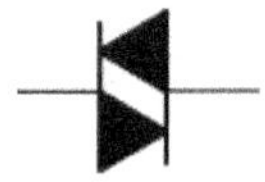
PNP 型半导体管		PNP 型半导体管	
半导体二极管一般符号	优选形 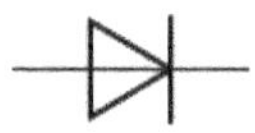 其他形 	半导体二极管、半导体整流器	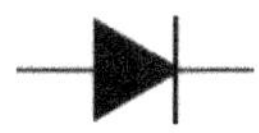
发光二极管	优选形 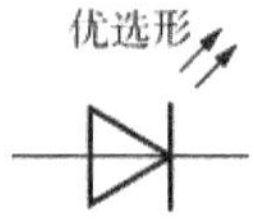 其他形 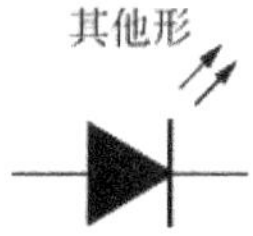		

（5）光电子、光敏和磁敏器件图形符号

常用的光电子、光敏和磁敏器件图形符号，见表 4-5。

表 4-5　光电子、光敏和磁敏器件图形符号

新符号（GB4728）		旧符号（GB312）	
名　称	图形符号	名　称	图形符号
光电池	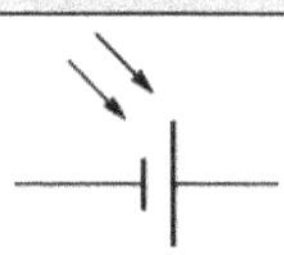	光电池	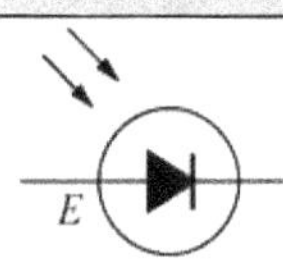
PNP 型光电半导体管			

续表

新符号（GB4728）		旧符号（GB312）	
名　称	图 形 符 号	名　称	图 形 符 号
线性磁敏电阻器	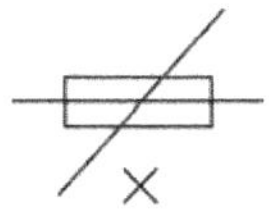		
磁敏二极管	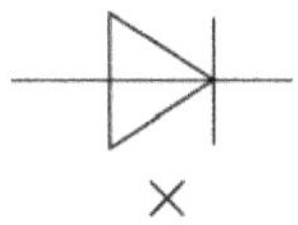		
NPN 型磁敏半导体管	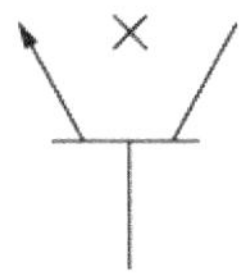		
光电二极管型光耦合器	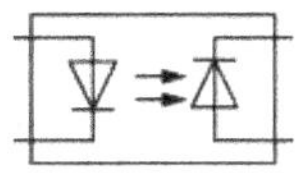		
光敏电阻	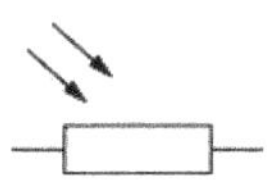	光敏电阻	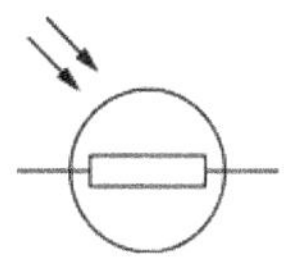
光电二极管	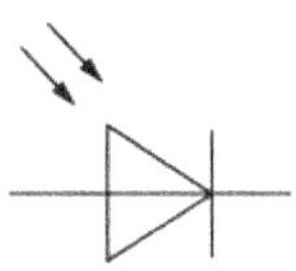	光电二极管	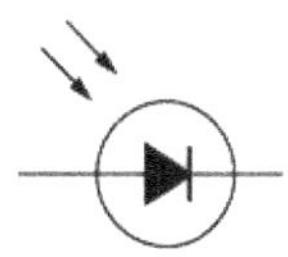

（6）导线和连接器件

常用的导线和连接器件图形符号，见表 4-6。

表 4-6　导线和连接器件图形符号

新符号（GB4728）		旧符号（GB312）	
名　称	图 形 符 号	名　称	图 形 符 号
导线的多线连接	形式1 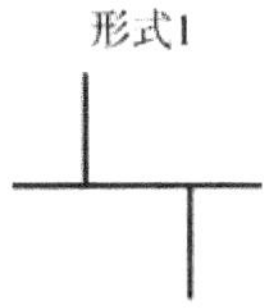 形式2 	导线的双分支	 或 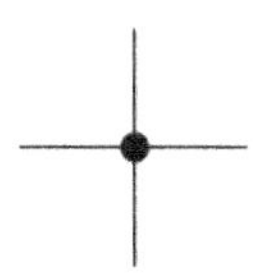

续表

新符号（GB4728）		旧符号（GB312）	
名　称	图形符号	名　称	图形符号
导线的交叉连接	单线表示 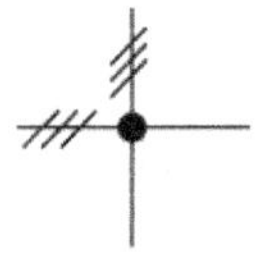 多线表示 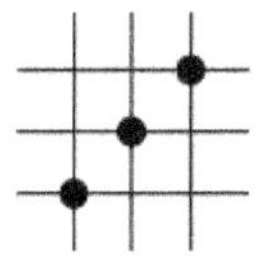	互相连接的交叉导线	单线表示 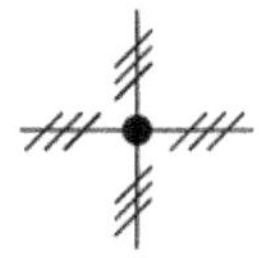 多线表示 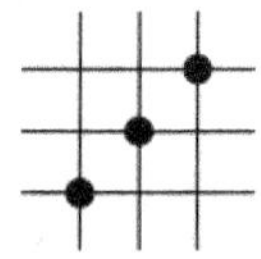
插头和插座	优选形  其他形 	插接器一般符号	 或 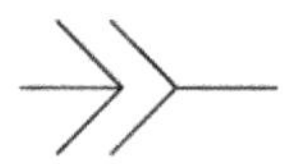
接通的连接片	形式1  形式2 	连接片	
同轴电缆		同轴电缆	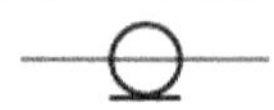
屏蔽同轴电缆			
端子		端子	 或 
导线、电缆和母线一般符号		导线及电缆	
		母线	
导线的连接	形式1  形式2 	导线的单分支	

续表

新符号（GB4728）		旧符号（GB312）	
名　称	图 形 符 号	名　称	图 形 符 号
导线的不连接（跨越）	 单线表示  多线表示 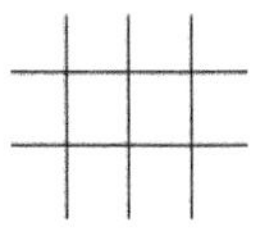	不连接的跨越导线	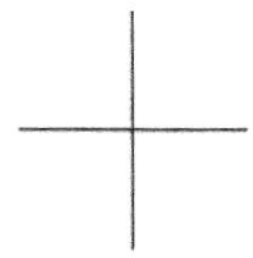 单线表示 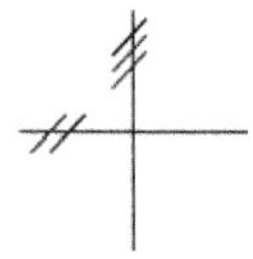 多线表示 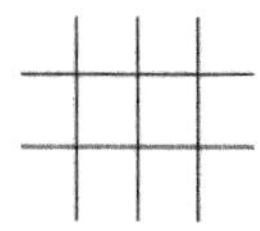

（7）其他常用符号

其他常用符号的图形符号，见表 4-7。

表 4-7　其他常用符号

新符号（GB4728）		旧符号（GB312）	
名　称	图 形 符 号	名　称	图 形 符 号
直流		直流电	
交流	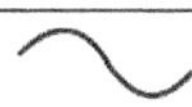	交流电	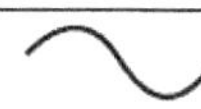
交直流	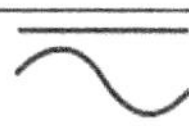	交直流电	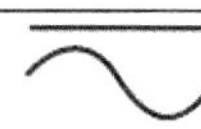
具有交流分量的整流电流		脉动电流	
中性线	N	中性线	N
中间线	M		
正极	+	正极	+
负极	—	负极	—
接地一般符号		接地一般符号	
无噪声接地（抗干扰接地）	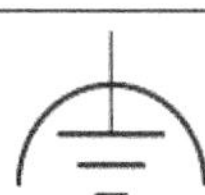		

续表

新符号（GB4728）		旧符号（GB312）	
名　称	图形符号	名　称	图形符号
保护接地			
接机壳或接底板	形式1 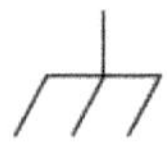 形式2 	接机壳	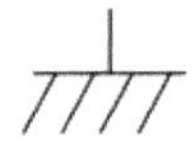 或 

（8）轮廓与连接符号

轮廓与连接符号，见表4-8。

表4-8　轮廓与连接符号

图形符号	说　明
	元件、装置、功能单元的轮廓
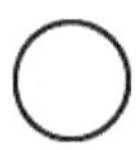	外壳（容器）、管壳
	边界线
	屏蔽（护罩），可画成任何方便的形状
	机械、气动、液压的连接
	具有指示方向的机械连接
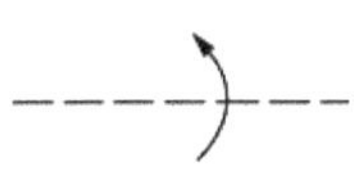	具有指示旋转方向的机械连接

4.1.2　文字符号

文字符号也是用来表示各种元器件、组件和物理量的符号，它不是用图而是用字母表示。文字符号也是由国家标准部门统一规定的。一般情况下每个元器件的图形符号旁边都标有表示该元器件的文字符号。

在电路图中标注元器件的文字符号时，可以在文字符号的后面加序号，这样可以表示出同一张电路图中相同元器件的数量和区别。例如同一张电路图中有 5 个电阻，3 个电容，便可将文字符号写成 R_1、R_2、R_3、R_4、R_5，C_1、C_2、C_3。

（1）电子元器件类文字符号

电子元器件类文字符号，见表 4-9。

表 4-9　电子元器件类文字符号

名　称	新符号	
	单字母	多字母
二极管	V	VD
三极管、晶体管	V	VT
晶闸管	V	VT（H）
稳压管	V	VS
单结晶体管	V	VU
场效应晶体管	V	VF（E）
发光二极管	V	VL（E）
整流器	U	UR
逆变器	U	UI
电阻器	R	
变阻器	R	RH
电位器	R	RP*
频敏变阻器	R	RF
励磁变阻器	R	RE
热敏电阻器	R	RT*
压敏电阻器	R	RV*
放电电阻器	R	RD
启动电阻器	R	RS（T）
制动电阻器	R	RB
调速电阻器	R	RA
附加电阻器	R	RA（D）
调速电位器	R	R（P）A
分流器	R	RS*
分压器	R	RV（D）
电容器	C	

（2）组件、门电路类文字符号

组件、门电路类文字符号，见表4-10。

表4-10　组件、门电路类文字符号

名　称	新符号	
	单字母	多字母
集成电路放大器	A	AJ*
计数器	P	PC*
信号发生器	P	PS
与门	D	DA
或门	D	DO
与非门	D	D(A)N
非门，反相器	D	DN
给定积分器	A	AG
函数发生器	A	AF
电流调节器	A	ACR
电压调节器	A	AUR
速度调节器	A	ASR
磁通调节器	A	AMR
功率调节器	A	APR
电压变换器	B	BU
电流变换器	B	BC
速度变换器	B	BV*
位置变换器	B	BQ*
触发器	A	AT
放大器	A	
运算放大器	N	
晶体管放大器	A	AD*

（3）其他元器件类文字符号

其他元器件类文字符号，见表4-11。

表 4-11　其他元器件类文字符号

名　称	新符号	
	单字母	多字母
插头	X	XP*
插座	X	XS*
信号灯，指示灯	H	HL*
照明灯	E	EL*
电铃	H	HA*
电喇叭，蜂鸣器	H	HA*
端子板，接线座	X	XT*
测试插孔	X	XJ*
红色信号灯	H	HLR
绿色信号灯	H	HLG
黄色信号灯	H	HLY
白色信号灯	H	MLW
蓝色信号灯	H	HLB
电流表	A**	
电压表	V**	
功率表	W**	
无功功率表		Var**

说明：（1）表中带*的文字符号为 GB7159 中规定采用的符号，带**的文字符号为 GB4728 规定图形符号中必须采用的文字符号。
（2）电路中一般可采用单字母表示，也可采用双字母表示。

4.1.3　元器件的参数标注符号

一张完整的电路图除有图形符号与文字符号外还有一些标注性符号，即各元器件的参数标注，如型号、容值、阻值等，这些内容在图中也是不可少的。这些参数的标注是进一步说明图形符号的，使读图者进一步明确图中采用的元器件是什么型号，阻值是多大，电容量是多少，电感量是多少，功率是多大等内容，如图 4-1 所示。

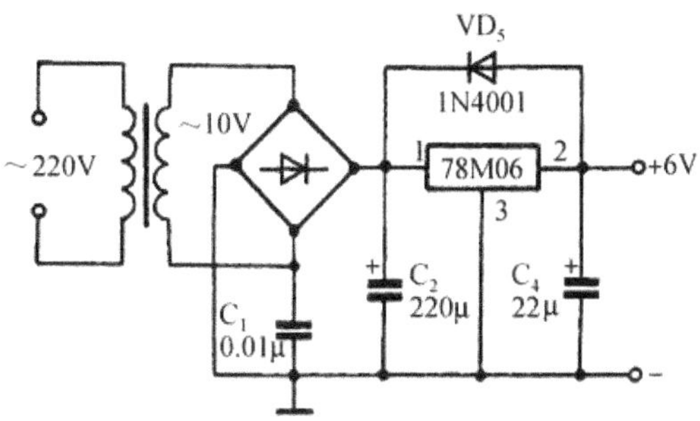

图 4-1　图中参数的标注

4.1.4　图形符号及连线的使用说明

1. 有关符号

1）符号在图中的大小不影响其含义。但应注意在放大或缩小图形符号时，各部分都应按相同的比例进行。

2）在符号的引脚端加上圆圈不影响符号的含义。

3）符号本身的线条粗细、颜色不影响符号的含义。

4）符号在图中的连接线可能是直线，也可能是斜线，但符号本身的直线或斜线是不允许改变的

2. 有关连线

1）在图中各元器件图形符号的连接线均采用实线。实线的粗、细所代表的含义是相同的。

2）在图中的连接实线应保持水平或垂直状态。

3）在图中的虚线没有连接图形符号的意义，而是非电连接的表示方法。图 4-2 中虚线表示机械连接；图 4-3 中虚线表示屏蔽；图 4-4 中虚线表示封装在一起的元器件。

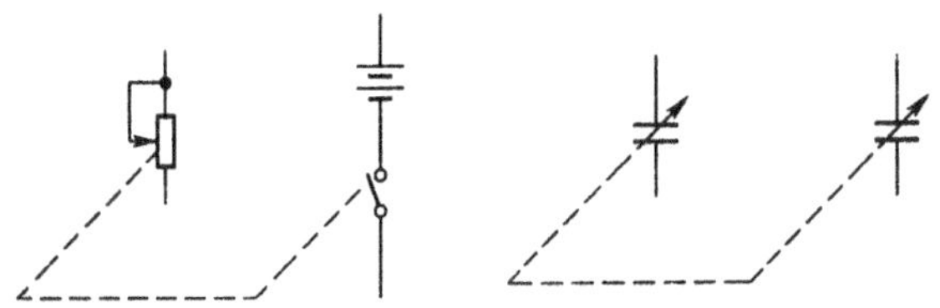

（a）带开关的电位器　　（b）双联可调电容器

图 4-2　虚线表示机械连接

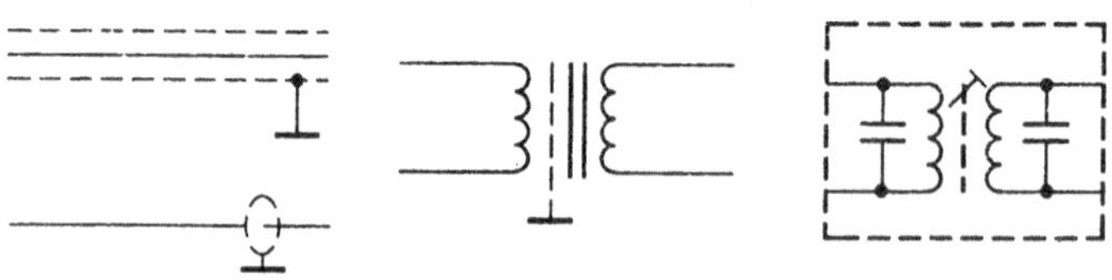

（a）导线屏蔽　　（b）线圈屏蔽　　（c）部件屏蔽

图 4-3　虚线表示屏蔽

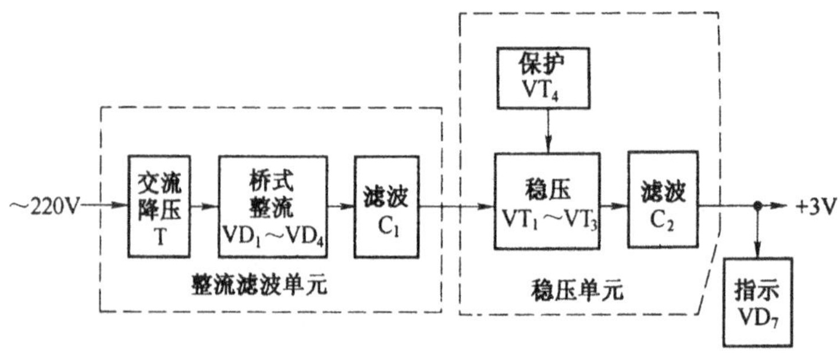

图 4-4　虚线表示封装在一起的元器件

3. 电路图中连线的简化

在较为复杂的电路图中，为使电路不过于拥挤，减少线条的密度，往往采用连线的简化与省略方法绘制电原理图。

采用单条线表示多条线的方法，如图 4-5 所示。对于成组的平行线可用单线表示。图中短

斜线旁所标数字表示线的条数。

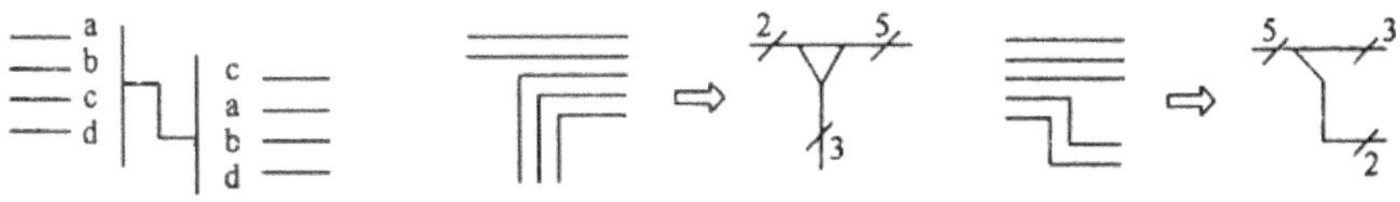

（a）用单线表示的 4 线次序改变　（b）多线用单线简化多线会集　（c）单线简化表示多线分叉

图 4-5　用单线表示多条线

采用连线中断的方法。当两个元器件在图中相距较远时，可将其连线省略，即采用连线的中断方法，如图 4-6 所示，即图中两个“a”端之间应理解为有一连线。

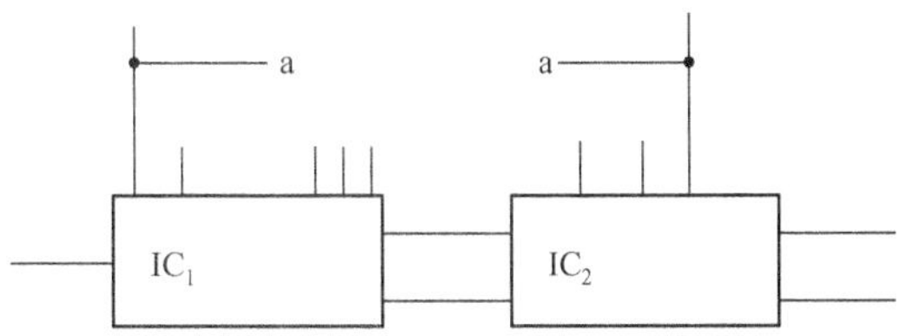

图 4-6　连线中断法

4.1.5　电路图的种类

电子产品的电路图一般可分为电路原理图（简称电原理图）、印制电路板图、方框图、装配图、接线图等。

1. 电路原理图

电路原理图是说明电子产品中各元器件之间，各单元电路间的相互关系与连接和工作原理的图纸。在电路原理图中，组成电路的所有元器件都是以图形符号表示的。要说明的是在有些电子产品的电路原理图中，某些单元电路采用了方框符号的方式，其方框符号所表示的部分另有单独的电原理图。

在电路原理图中各元器件的文字符号的右下方都标有脚注序号，该脚注序号是按同类元器件的多少来编制的，或是按照各元器件在图中的位置自左向右，或自上而下来进行顺序编号，一般情况下是用阿拉伯数字进行标注。例如 R_1、R_2、C_4、C_5、VD_8、VD_9、V_1、V_6、IC_1、IC_2 等

如果电子产品是由几个单元组成，此时便可在各单元元器件文字符号的前面加一该单元的顺序号。例如 2 R_1、2 C_4、3 R_2、3 C_5、3V_2、3 V_6 等

在电原理图中标出了各元器件的具体型号和参数，为日后的检测与更换提供了依据。另外，在有的电原理图中还标出了关键点直流工作电压值的大小，也为检测与维修提供了方便。

超外差式六晶体管收音机的电路原理图如图 4-7（a）所示。黑白电视机的中放通道电路原理图如图 4-7（b）所示。

2. 印制电路板图

印制电路板图是表明各元器件在印制电路板上所在的具体位置，以及各元器件之间的布线图。

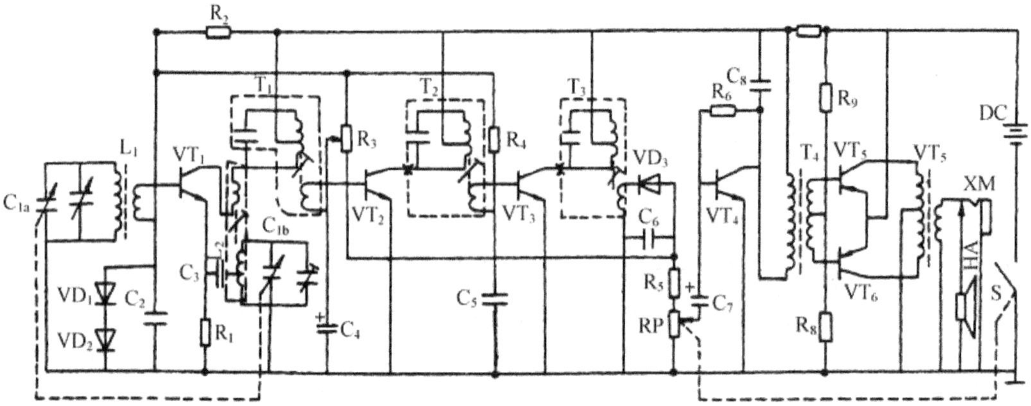

（a）超外差式收音机电路原理图

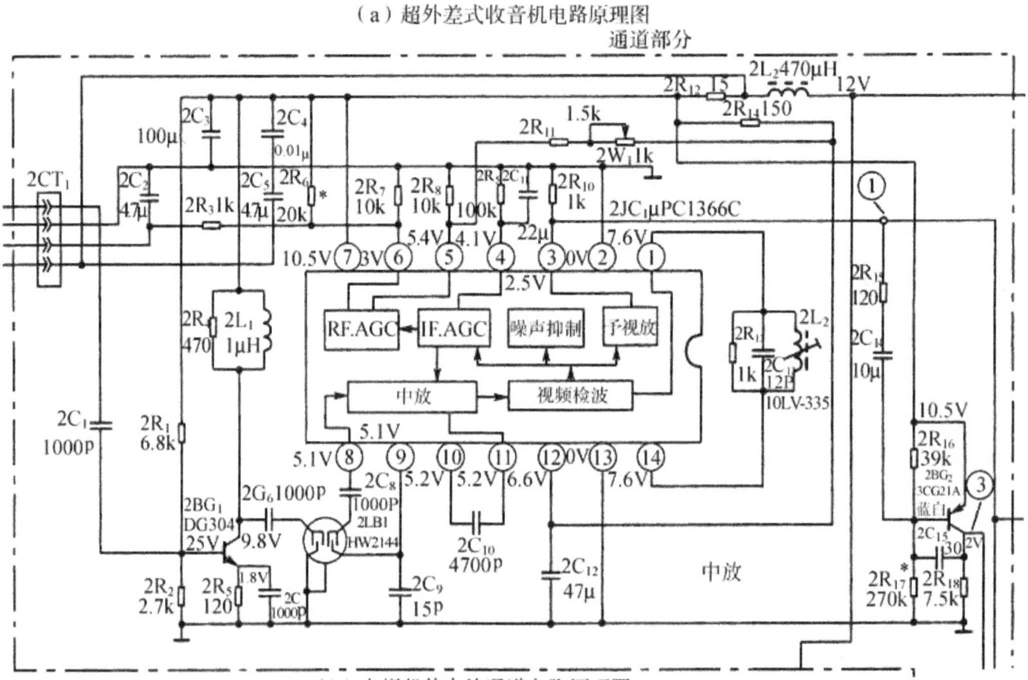

（b）电视机的中放通道电路原理图

图4-7 超外差式六晶体管收音机的电原理图

印制电路板图是为电子产品在组装、调试、检测时使用的。一般情况下要与电路原理图配合使用，在电路原理图中的每个元器件、每条连线及连接器等，在印制电路板图中都有相应的位置，因此两者对照使用，便可较快地确定所要找的元器件的具体位置。给装配和维修带来极大的方便。

印制电路板图中的元器件的排列不像电路原理图那样有规律，而且印制导线的排列和布置也显得较乱，这给寻找元器件的具体位置带来一定的不便。

印制电路板图就目前而言有两种：一种是用图纸画出各元器件的图形符号的分布与它们之间的连接情况，此图就称印制电路板图。另一种是将元器件的图形符号直接印在线路板上，表示出元器件的连接情况。这两种印制电路板图各有其优缺点，对于前者而言，由于是在图纸上印制的，因此在识读时比较方便，但容易损坏和丢失。而后者在识读电路图时就很不方便，尤其是在电路板的面积较大时就更困难了，但此图纸能很好地保存下来。

超外差式六晶体管收音机的印制电路板图，如图 4-8 所示。

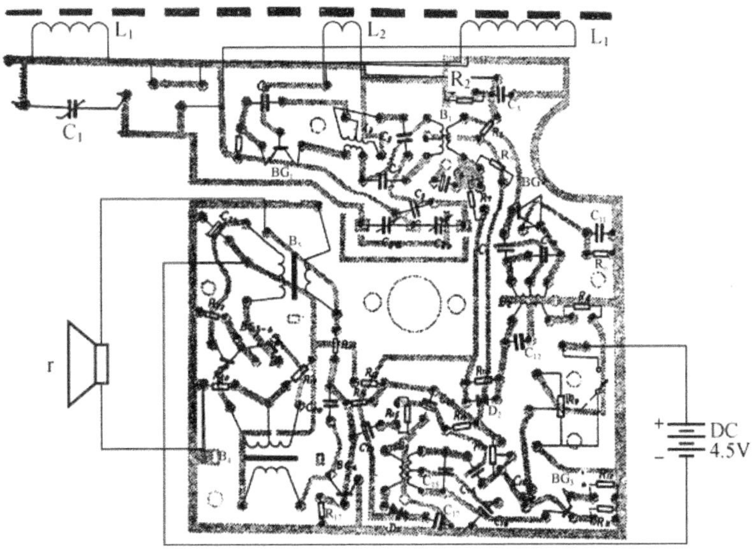

图 4-8　超外差式六晶体管收音机的印制电路板图

3. 方框图

方框图是表示电子产品的大致结构，主要包括哪几部分，以及它们在电子产品中所起的基本作用和顺序。实际上就是电路原理图的简化示意图。每一部分电路用一个方框给予表示，各方框之间用线连接起来，表示出各单元电路之间的相互关系和位置。

方框图只能说明电子产品的大致工作原理，而看不出电路中各元器件的连接关系及元器件的具体型号和具体位置，但能从方框图中看出信号的传输过程和次序。

方框图的种类有以下几种：

1）整机电路方框图，从该图中可以看出某一电子产品整机电路的构成，以及信号的传输途径。

2）集成电路内的方框图，从该方框图中可以看出集成电路的内电路的组成，以及信号传输路径和有关引脚的作用。

3）系统电路方框图，该方框图是表示整机电路中某一系统电路的组成，它比整机电路方框图要详细。

方框图按照各部分所起的作用和相互之间的关系及先后次序，自左向右，或自上而下地排成一列或几列，并在方框内标出名称或电路的缩写符号及型号等内容。

超外差式六晶体管收音机的方框图，如图 4-9 所示。

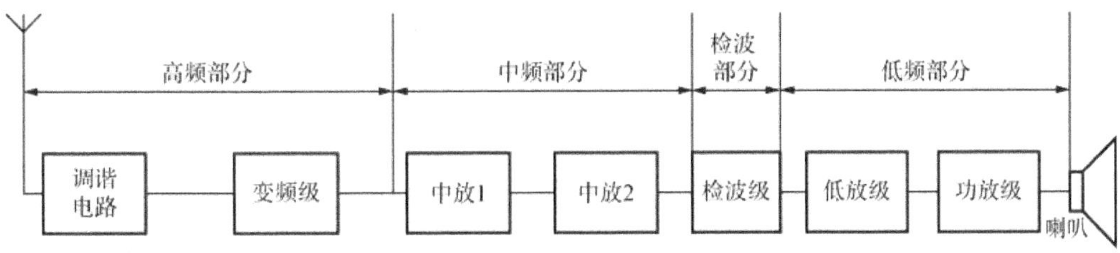

图 4-9　超外差式六晶体管收音机的方框图

调频调幅收音机用 AN366P 中放集成电路内的方框图，如图 4-10 所示

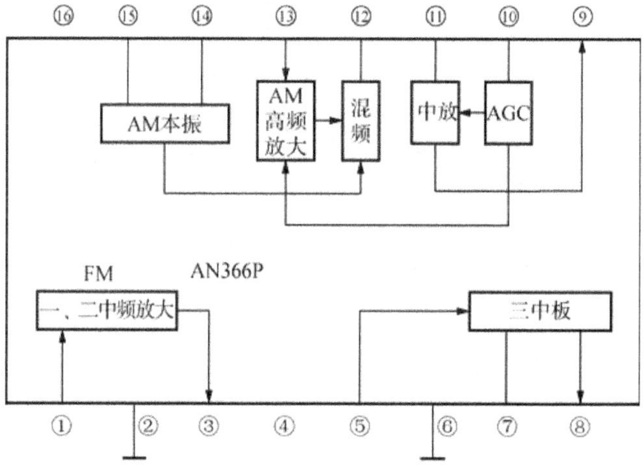

图 4-10　调频调幅收音机用 AN366P 中放集成电路内的方框图

4.2 识读电路图的方法

对于电子技术人员和家电维修人员应有熟练识读电路图的能力，若不能正确的识读电路图就无法了解电子产品的工作原理，当然也就无法对其进行维护和修理。

从上文中已经知道电路图可以分为电路原理图、印制电路板图和方框图，其中对电路原理图的识读是最重要的，如果电路原理图读懂了，其他两种图便可迎刃而解。识读电路图的方法和步骤如下：

1）要熟悉并记牢电子元器件的电路图形符号。电路图形符号是读图的基本知识，不知道图中的图形符号代表什么，那就无法读图。就跟不认识英文字母也不会发音，怎能读懂英文课文呢。

2）要了解电路的基本组成。由于大部分电路是由基本单元电路组成的，只要了解了所读电路是由什么内容的单元电路所组成，便可读懂并掌握整个电路。例如前文所列举的超外差式六晶体管收音机的电路图，它是由高放电路、中放电路、检波电路及功放电路等构成的。当然，这就需要有关电路方面的知识。(此时也可参看方框图予以了解)。在了解电路的组成时，可根据电路的基本原理，从左至右、从上而下有顺序地逐步加以认识。

3）弄清电路中各单元电路之间的关系，即电路的输入与输出端。要了解电路的输入与输出端，就必须弄清电路中信号的流动情况。一般在电子电路中都有交流成分和直流成分，只有明确了电路中交流信号的输入端及输出端或电流的流动方向，才能进一步了解各单元电路之间的关系。

下面就以超外差式六晶体管收音机电路中的信号输入与输出的情况为例说明各单元电路的关系。

从图 4-7 中可以看出由 L_1 接收到的调幅广播信号经 C_{1a} 和 L_1 构成的输入调谐回路后，选出所需的电台信号再送入到由 VT_1、T_1、C_{1b}、L_2 组成的变频电路；经变频电路选出固定的 465

中频信号后，再把载有音频信号的 465kHz 中频信号送入到由 T_1 和 VT_2 构成的第一中放电路；经第一中频放大电路放大后的信号又送到由 T_2 和 VT_3 所构成的第二中频放大电路；经第二中频放大电路放大后的信号又送到由 VD_3、C_6、RP、R_5 及 T_3 次级构成的检波电路中；中频调幅信号经检波器检波后，从中取出音频包络信号送入由 VT_4 构成的前置低频放大级；由低频放大电路放大的低频信号又送到由 T_4 的次级、VT_5、VT_6 和 T_5 构成的乙类推挽功率放大器中；由推挽功率放大器放大的信号再送往喇叭，最后由喇叭发出声音。至此完成了由开始接收无线电波到最后变成所需要收听的语言和音乐的全过程。以上分析的是电路中交流信号输入与输出的情况，即交流信号的传送过程（信号流程）。

另外，电路中的 R_2 为 VT_1 直流偏置；R_3、R_4、R_6 分别为 VT_2、VT_3、VT_4 的直流偏置；R_8、R_9 分别为 VT_5、VT_6 的直流偏置。VD_1、VD_2 起稳压作用。

4.2.1　如何识读方框图

方框图对于了解电子产品整机的构成及其信号的流向有着一目了然的效果，因此读懂方框图便可为读懂电路原理图铺平道路。

（1）弄清方框图中每个方框的功能（在电路中的作用）。每个方框实际上就是一个单元电路，每个单元电路的功能是不一样的，当了解清楚各方框的功能后，便可对整机有一个初步的认识。

（2）弄清方框图中信号的传输方向。方框图中各方框之间是用导线连接着的，在导线上一般都标有箭头，箭头的方向就是信号传输的方向，这样便可弄清信号是如何传输的。信号的传输在一个简单的电路中只经过几个单元电路，而在复杂的电路中要经过很多单元电路，在进行分析时要抓住主要信号通路进行分析。有的方框图中往往不是单一的信号传输，而是有两种或两种以上的信号，在读图时也是要弄清楚每种信号的传输途径。

4.2.2　如何识读电路原理图

1. 了解电路原理图的用途

在识读电路图时，首先要弄清楚所读电路图是什么电子产品的电路图，这样有助于帮助分析整个电路的工作原理。当明确所读电路图的用途后，便可了解其主要功能及其大概的组成和有哪些基本单元电路，这将有助于帮助分析电路的信号流程。

2. 了解所读电路各基本单元电路的作用

有些电原理图较为复杂，只有弄清楚各单元电路的功能、信号的出入、基本结构后才能进一步分析整个电路的工作原理。只有在此基础上才能分析信号的主要通路、信号的变化及其信号的分与合等情况。下面介绍一些常用的基本单元电路，供读图时参考。

1）基本放大电路。放大电路的形式很多，常用的有：共发射极放大电路（包括有固定偏置、分压式电流负反馈偏置）、共集电极放大电路、共基极放大电路、差分放大电路（多用于集成电路内部）、互补输出放大电路、多级阻容耦合放大器、场效应管基本放大电路（包括有共源放大器、共栅极放大器和共漏极放大器）等。常用的放大电路原理路图，见表 4-12。

表4-12　常用放大电路的原理路图

型　号	电　路　图	型　号	电　路　图
(a) 固定偏置	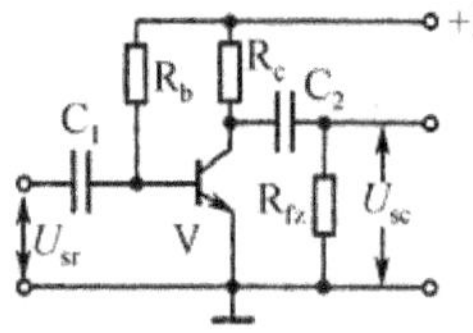	(L) 电流并联负反馈	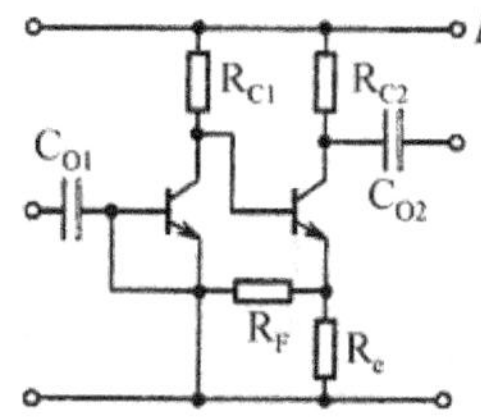
(b) 分压式电流负反馈偏置	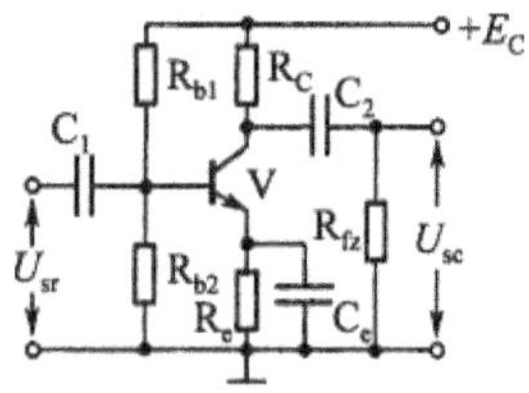	(m) 电压并联负反馈	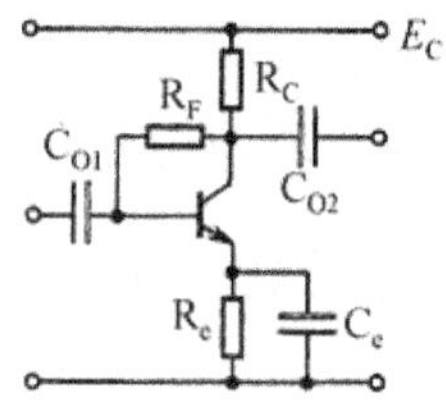
(c) 射极输出器	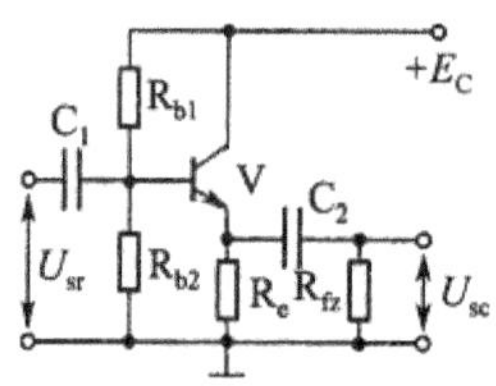	(n) LC单调谐电路	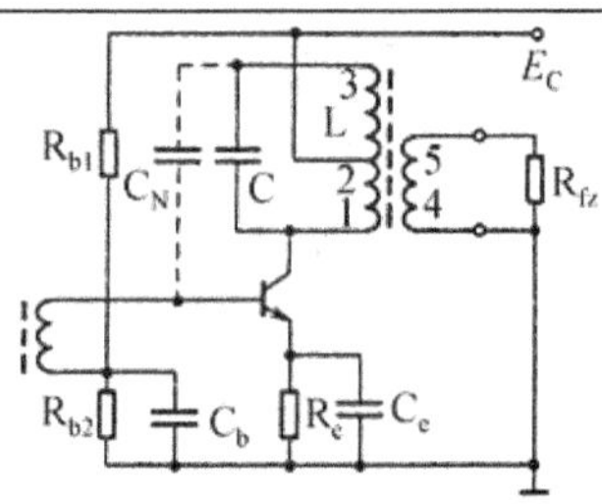
(d) 共基极放大器	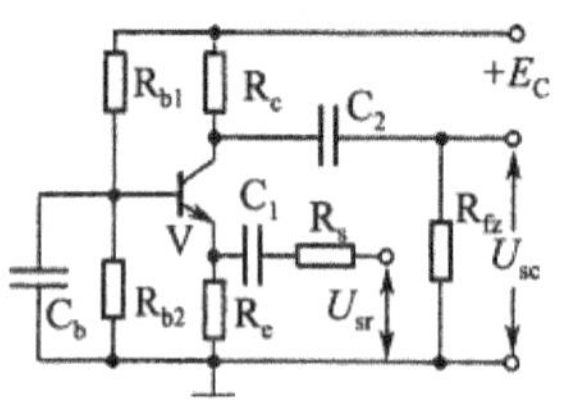	(o) 典型多级LC单调谐放大器	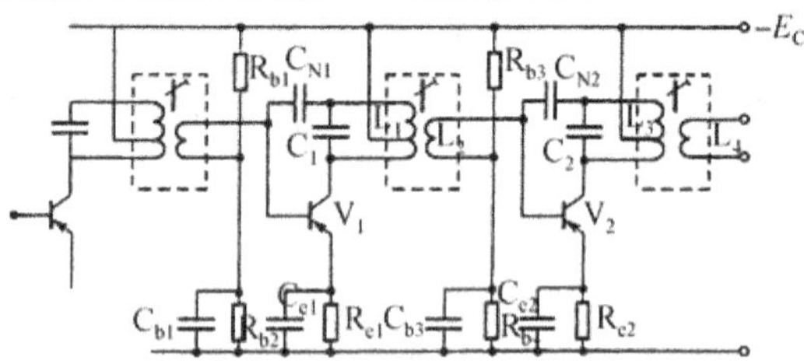
(e) 共源放大器	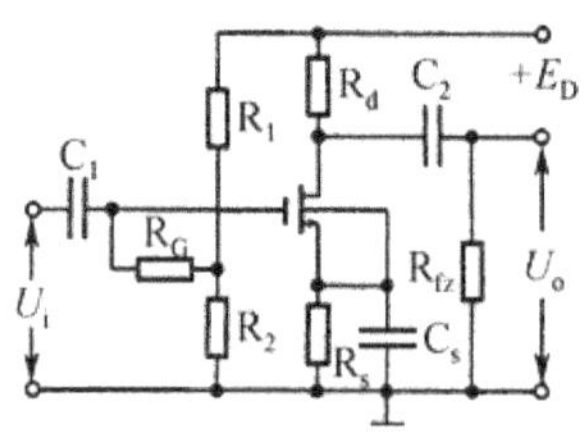	(p) 双调谐LC互感耦合	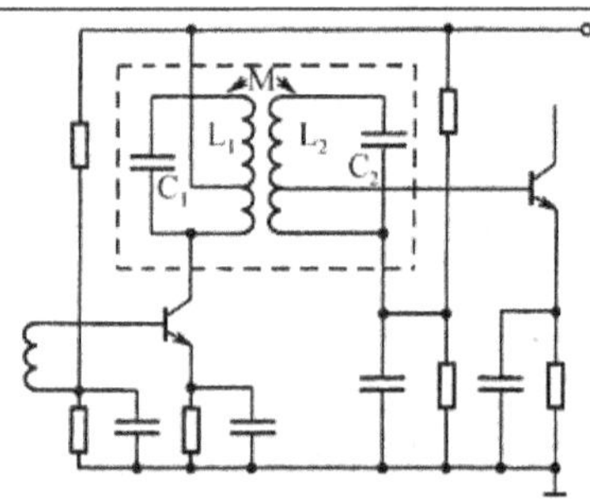
(f) 源极输出器	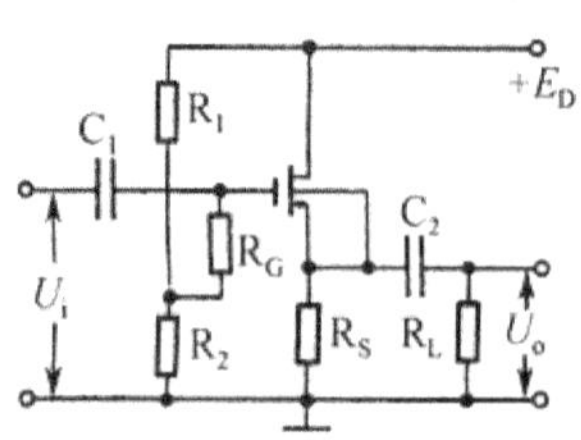	(q) 双调谐LC电感耦合	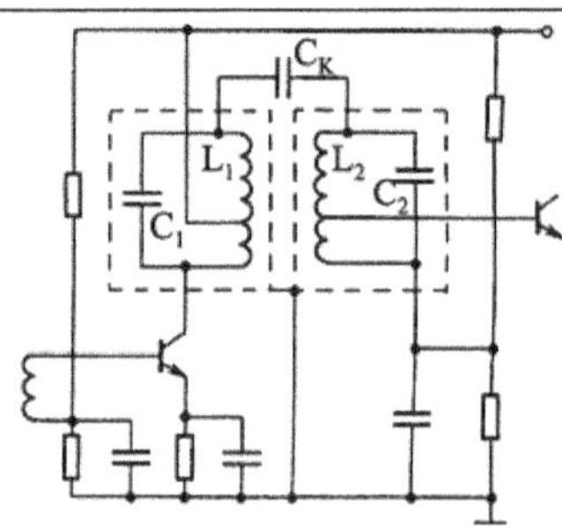

续表

型号	电路图	型号	电路图
(g) 混合跟随器	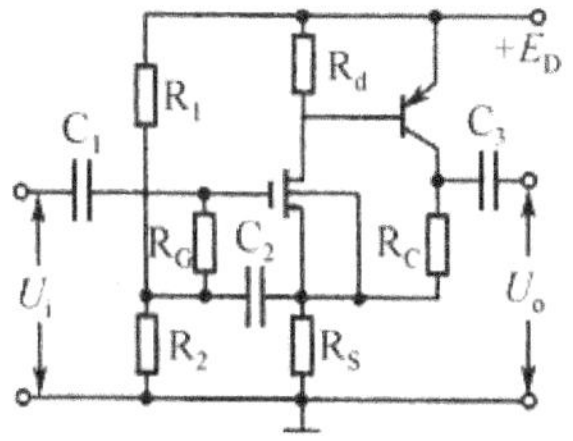	(r)双调谐电容耦合	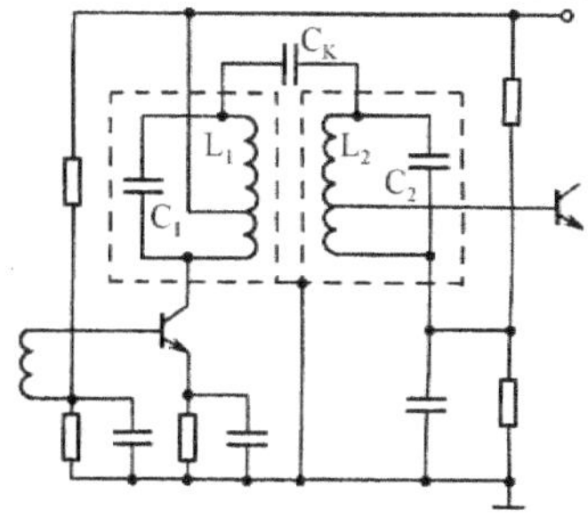
(h) 电流负反馈放大器	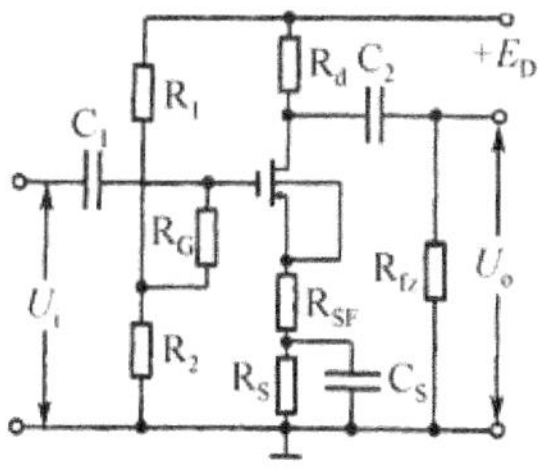	(s)双端输入双端输出	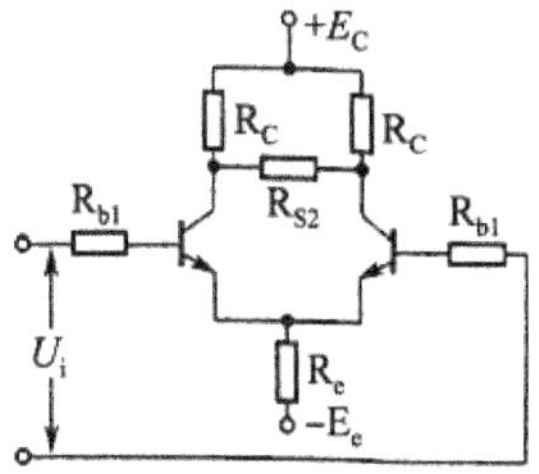
(i) 多级阻容耦合放大器	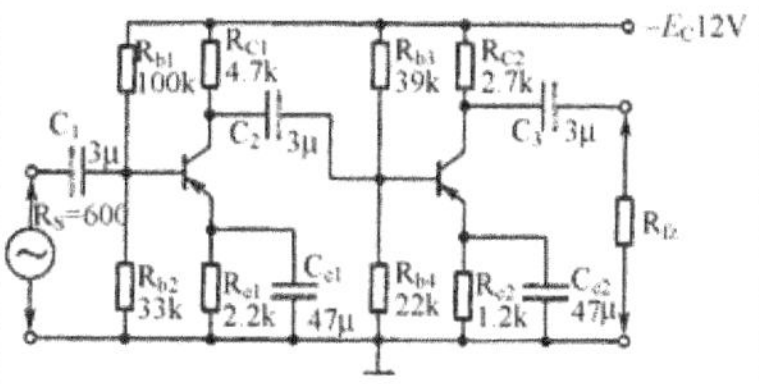	(t)双端输入单端输出	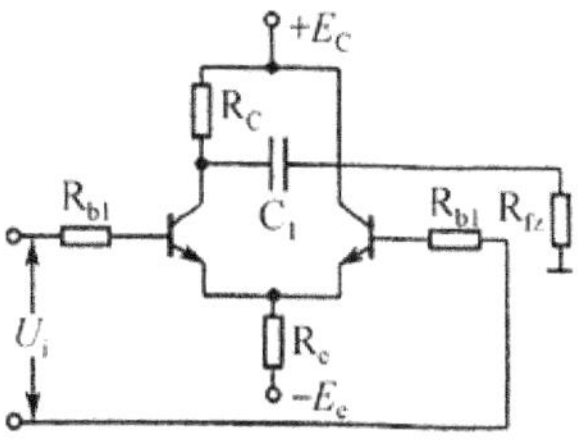
(j) 电流串联负反馈	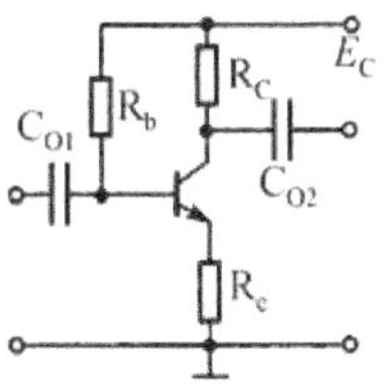	(u)单端输入单端输出	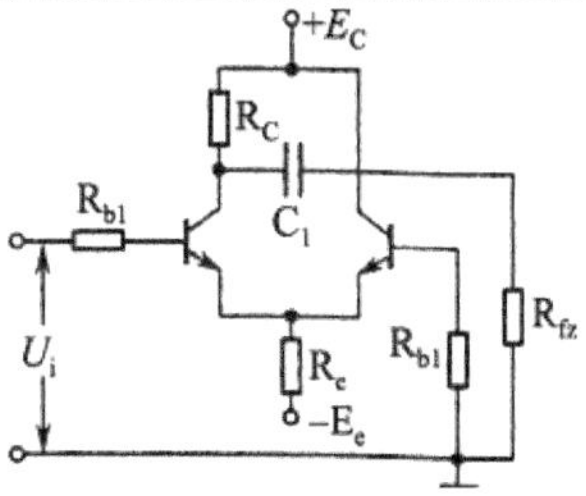
(k) 电压串联负反馈	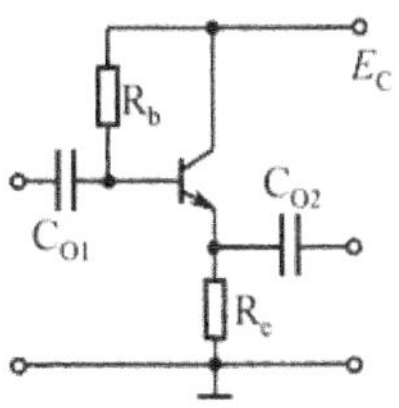	(v)单端输入双端输出	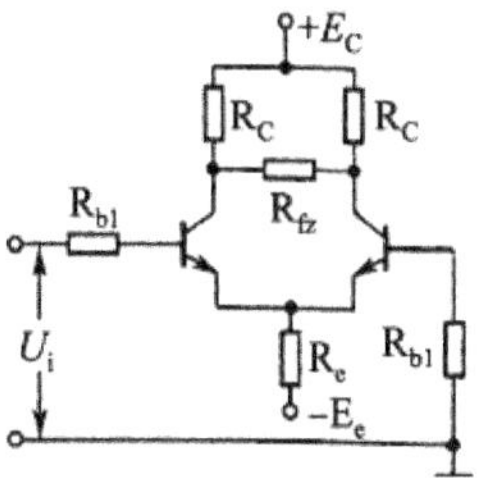

2）正弦波振荡电路。常用的正弦波振荡电路有：变压器互感耦合式振荡电路、电感三点式振荡电路、电容三点式振荡电路、用石英晶体构成的振荡电路等。常用的正弦波振荡器电路原理图，见表 4-13。

3）功率放大电路。常用的功率放大电路有：乙类推挽功率放大器、无输出变压器功率放大器（OTL）、直接耦合无输出电容功率放大器（OCL）等。常用功率放大器电路的原理图，如图 4-11 所示。

表 4-13　正弦波振荡器电路的原理图

型　式	电 路 图	型　式	电 路 图
互感耦合振荡器	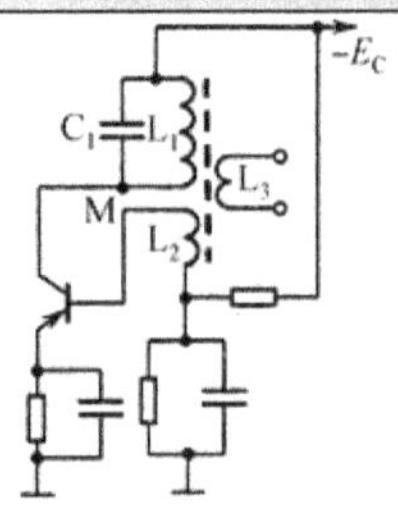	串联型晶体振荡电路	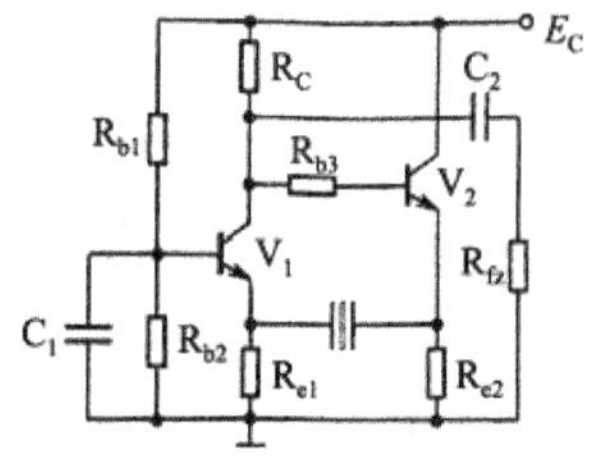
电容三点式振荡器	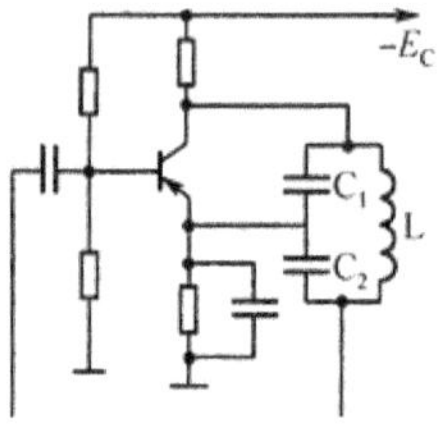	串联型晶体振荡电路	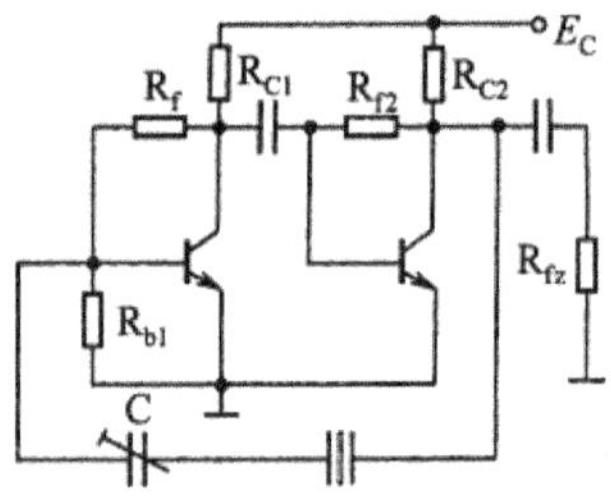
电感三点式振荡器	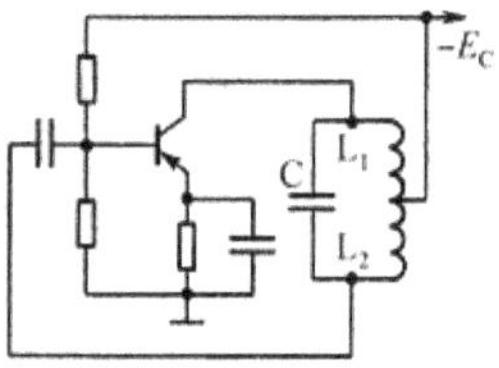		

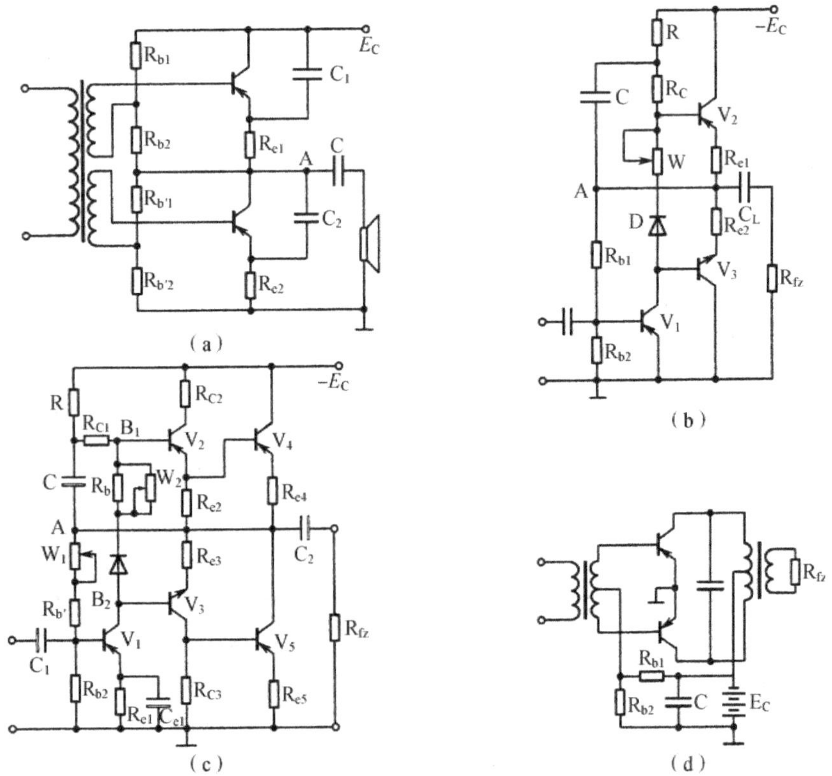

图 4-11　常用功率放大器电路的原理图

4）整流电路。整流电路分为半波整流电路、全波整流电路、桥式整流电路及倍压整流电路。常用的整流电路如图 4-12 所示。

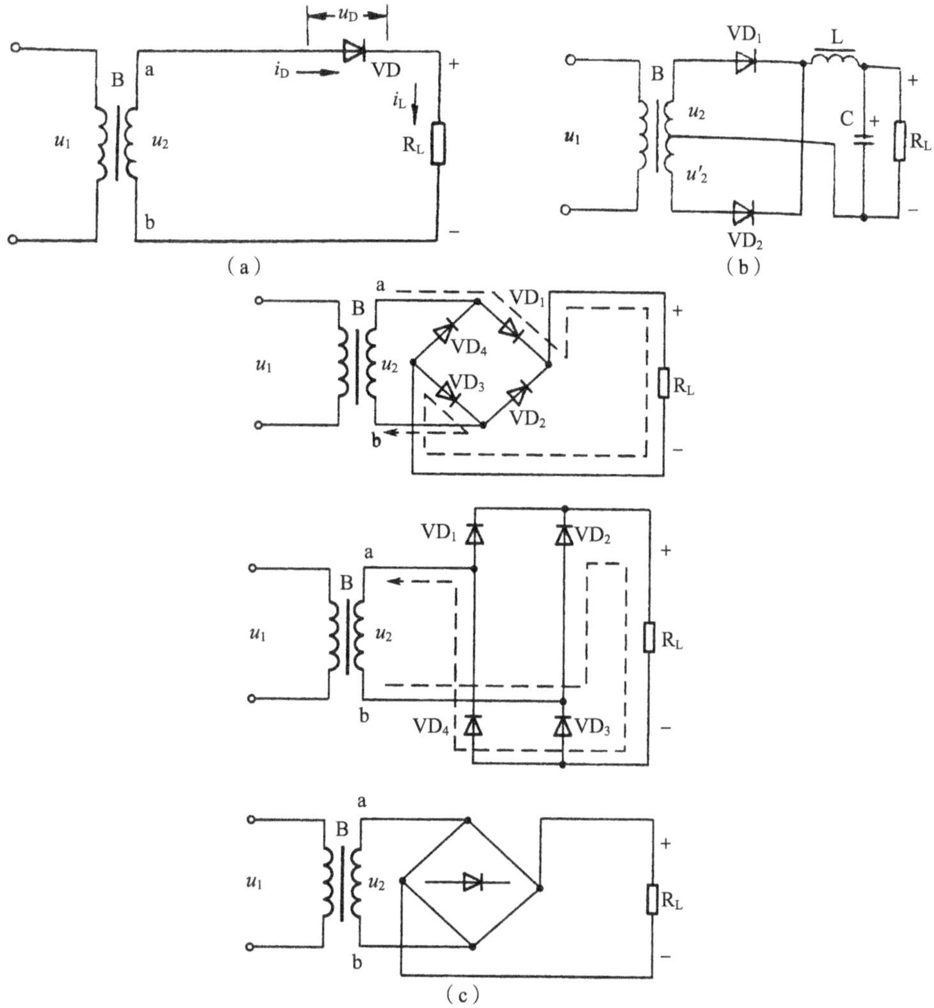

图 4-12　常用的整流电路

5）直流电源。常用的直流稳压电源有串联型稳压电路和开关型稳压电路，其电路原理图如图 4-13 所示。

3. 以信号的流向为线索，逐步对电路进行分析

在弄清所读电路图有哪些单元电路后，便可进一步去分析各单元电路的输入与输出端的信号流向和信号变化情况，以便更好地了解整机电路的有机联系，进而弄清楚各单元电路在整机电路中所起的作用，以便更好地分析电路所具有的特点。

4. 分析整机电路直流工作电压的供给情况

任何一个电子产品都必须由电源提供能量，而每一个单元电路都必须获得所需要的电压和电流，因此了解整机的电源电压，以及电流的流向是很重要的一个步骤。

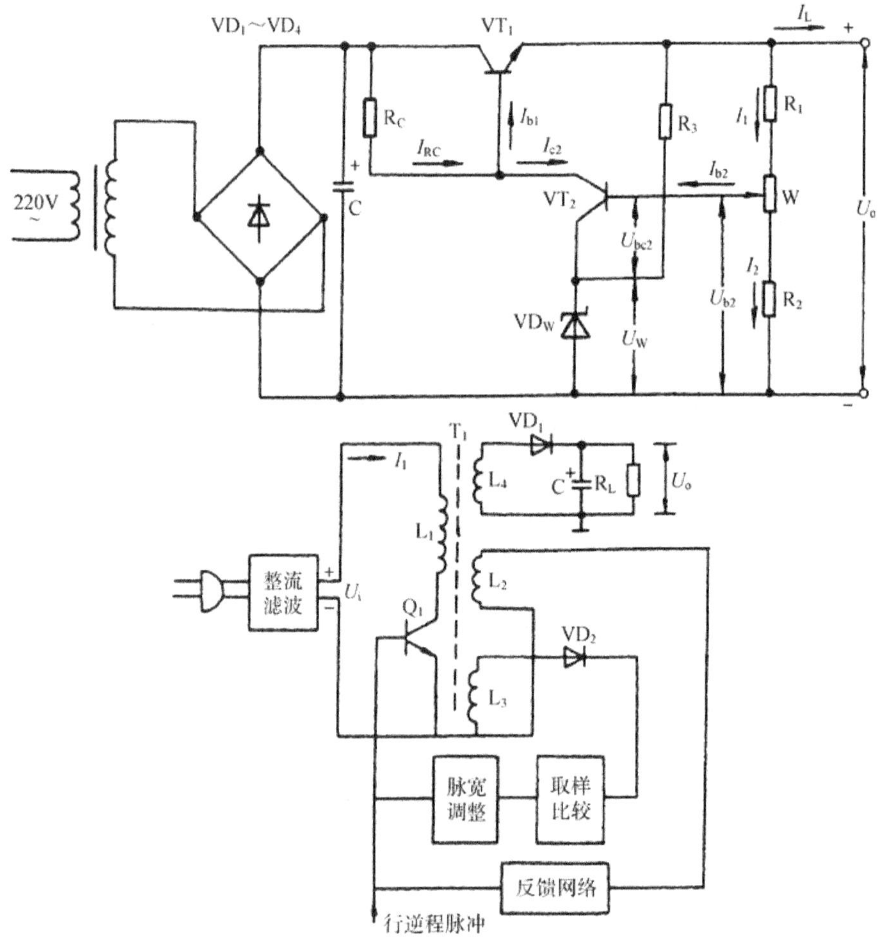

图 4-13　直流稳压电源电路原理图

一般情况下电子产品的电源为直流电，因此有正、负极之分。在分析电路时可以以“共用端即零电位端”为基点来分析其他点的电压大小。零电位端有的电路采用负极，有的电路采用正极，不要误认为零电位端都是负极。在分析电压供给情况时，一般是从右向左进行，而对某一单元放大电路的直流电路，则是从上而下地进行分析。

在读图过程中如遇到对某个单元电路的分析有困难时，便要随时查找有关资料进行学习和提高，以帮助读图能力的提高。

4.2.3　如何识读印制电路板图

印制电路板图对于维修工作者有很重要的作用，因为通过印制电路板图能比较快地找到需要检测的元器件，这必将加快维修速度。因此学会识读印制电路板图也是很重要的一个内容。由于印制电路板图上面的元器件排列没有什么规律可循，故不像电路原理图那样读起来方便。下面介绍识读印制电路板图的方法。

1. 先找到醒目的元器件

因为印制电路板图的布线（印制导线）有的地方粗，有的地方细，而且无规律，焊盘的形状有大、有小也各有差异，这样就给寻找某一个元器件的具体位置带来不便，为此比较醒目的元器件就成为寻找其他元器件的参考点。

由于晶体管、集成电路、可调电阻等的数量较电阻、电容少很多，而且电路符号及实物也比较容易识别，故以此类元器件的位置为醒目的参考点。因此，在识读印制电路板图时，首先把醒目的元器件找到，然后再去找其他元器件的位置。

2. 电路原理图与印制电路板图相互对照

因为电路原理图与印制电路板图的元器件编号是一致的，为能很快在印制电路板图中找到所要测试的元器件，可以先在电路原理图中找到所需测试的元器件的编号，然后再根据此编号的元器件周围有何醒目的元器件，这样在印制电路板图中就比较容易找到所需测量的元器件了。

3. 弄清印制电路板图中的单元电路的划分

有些电路板图的绘制是把单元电路中的元器件相对集中地放在一个小范围内，这样的印制电路板图对于查找元器件的具体位置相对容易些，因为只要找到单元电路中的其中一个，另外的元器件就在附近，查找起来就很方便了。

4. 沿着通有直流电流的印制导线寻找元器件

因偏置电阻、限流电阻、电源滤波电容等元器件均与电源有直接的连接，因此沿着通有直流电流的印制导线，便可较容易地找到所需检测的元器件。

4.2.4　如何识读集成电路图

集成电路在电子产品中应用越来越广泛，而且已成为电子产品中的主要部件，读懂集成电路已是读懂整幅电子产品电路原理图的关键一步。为此，要读懂含有集成电路的电路图就要掌握以下几点。

1. 弄清楚集成电路的功能

由于集成电路的品种和型号很多，而且没有一个统一的命名标准，这给识别集成电路的型号及功能带来了极大的困难。但是，由于集成电路的型号是厂商或公司按自己的命名方法来标注的，因此我们可通过公司代号、电路系列和种类代号，来进行查阅有关相应的集成电路手册获得相应的有关资料，从中了解集成电路的功能。例如应用较多的东芝公司产品型号用字母 TA 开头、三菱公司产品型号用字母 M 开头、松下公司产品型号用字母 AN 开头、索尼公司产品型号用字母 CX 开头、日立公司产品型号用字母 HA 开头、韩国三星公司产品型号用字母 KA 开头、飞利浦公司产品型号用字母 TDA 开头等。

另外，有的电路图已将集成电路的方框图给出，这就能更方便地了解该集成电路的功能。

当我们了解清楚电路图中各集成电路的功能后，便可对整机电路有了一个完整的了解。

2. 弄清楚集成电路主要引脚的作用

集成电路的引脚很多，其中的电源引脚、接地引脚、信号输入引脚和信号输出引脚是所有集成电路所必有的。以上 4 种引脚在电路图中一般都有较明显的标注。如电源引脚用字母 V_{CC} 表示，接地引脚用 GND 表示，输入引脚用 U_{IN} 或 IN，输出引脚用 U_{OUT} 或 OUT。当然也可通过引脚所接的外围元器件进行判别。其他引脚的作用通常要查阅有关资料才能获得。

另外也可通过引脚与电源、与共用地及元器件的连接情况进行分析。

在弄清集成电路的引脚作用后，对于弄清整个集成电路的作用有着一定的帮助，而对其外围元件损坏后引起的故障现象也会有一个概括的判断。

3. 弄清楚集成电路对信号的处理过程

集成电路对信号的处理是多种形式的，如对信号给予多次放大，将信号给予相位变化，将信号的频率给予提升和降低，以及改变信号的波形等。弄清这些内容后就会进一步明确该集成电路的性能。然而，这对初学者是有一定难度的，因为它要通过集成电路与外围元器件的连接，与前后级的连接等内容才能给予判断。当然与识读图的阅历有着密切的关系。

下面以松下公司生产的 AN7108 立体声放音集成电路为例，来近一步说明集成电路图的识读。AN7108 集成电路的方框图及应用电路，如图 4-14 所示。

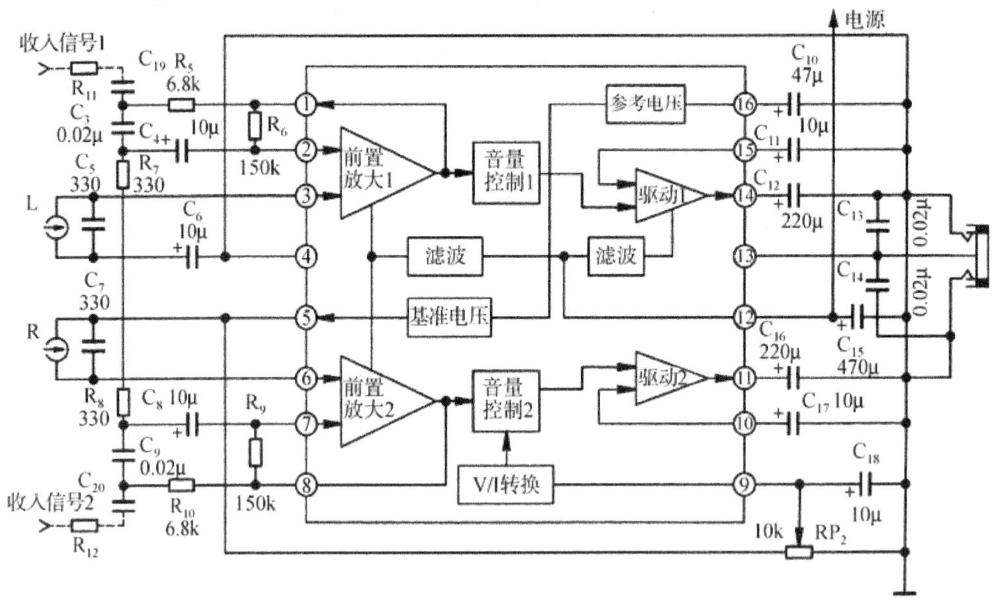

图 4-14　AN7108 集成电路方框图及应用电路

AN7108 集成电路为双列直插式，两声道由两路相同的放大电路组成，每个声道的电路是由前置放大电路、音量控制电路、耳机驱动放大电路组成。

在该电路图中的箭头是表示信号的流程的（以第 1 声道为例）：从引脚③输入信号→前置放大 1→音量控制 1→驱动 1→⑭脚输出信号→耦合电容 C_{12}→耳机插座→耳机。

在电路图中有两个滤波电路，而与滤波电路直接相连的是⑫脚，这可确定⑫脚为电源电压输入端。

在电路图中与接地符号直接相连的是第④脚，这说明第④脚为该集成电路的接地端，该脚的电压为 0 V。

在电路图中从前置放大 1 与前置放大 2 输出端输出的信号分为两路，一路加到音量控制电路；另一路从①脚、⑧脚输出作为反馈信号，经②脚、⑦脚的负反馈端输入到前置放大电路。

在电路中的 C_5、C_7 为高频补偿电容；R_5、C_3、R_6、C_4，R_{10}、C_9、R_9、C_8 构成前置放大器 1，前置放大器 2 的低频补偿电路；R_{11}、C_{19}，R_{12}、C_{20} 为收音信号 1、收音信号 2 的

耦合电路。

在电路中的⑩脚、⑮脚为功率放大电路的负反馈端，C_{11}、C_{17}为负反馈交流旁路电容。

本章小结

1. 电路图是反映电子产品由哪些基本单元电路和哪些元器件构成的，说明电子产品中各个元器件间的相互关系及其连接的方法。通过电路图可以研究电流的来龙去脉，了解电路中各部位的电压及元器件的型号、参数等内容，能帮助我们识别一部电子产品的基本结构和它的工作原理。

2. 识读电路图要具有的基本知识是：能识别元器件的图形符号、能识别元器件的文字符号、能识别图中的虚线、实线、斜线的意义、 能识别基本单元电路。

3. 基本单元电路的种类、形式很多，常见的有：放大电路、振荡电路、功率放大电路、滤波电路、整流电路、直流电源电路等。

4. 识读电路原理图的步骤：①了解电路原理图的用途。②了解所读电路各基本单元电路的作用。③以信号的流向为线索，逐步对电路进行分析。④分析整机电路的电源。

5. 识读印制电路板图的方法：①先找到醒目的元器件。②电路原理图与印制电路板图相互对照。③弄清印制电路板图中的单元电路的划分。④沿着通有直流电流的印制导线寻找元器件。

6. 如何识读集成电路图：①弄清楚集成电路的功能。②弄清楚集成电路主要引脚的作用。③弄清楚集成电路对信号的处理过程。

操作练习 4

（1）目的

1）通过识读直流稳压电源电路原理图、印制电路板图，来掌握识图电路原理图与印制电路板图的基本方法和过程。

2）通过识读收音机电路原理图，来了解收音机的电路结构和性能。

（2）器材

1）直流稳压电源电路原理图和印制电路板图。

2）超外差式收音机电路原理图一张。

（3）步骤

1）识读直流稳压电源电路原理图。

2）识读直流稳压电源印制板电路图。

3）识读超外差式收音机电路原理图。

习题 4

4.1　你能画出电阻器、电容器、电感器、二极管、三极管的电路图形符号吗？

4.2　超外差式收音机的电路原理图，如图 4-15 所示。

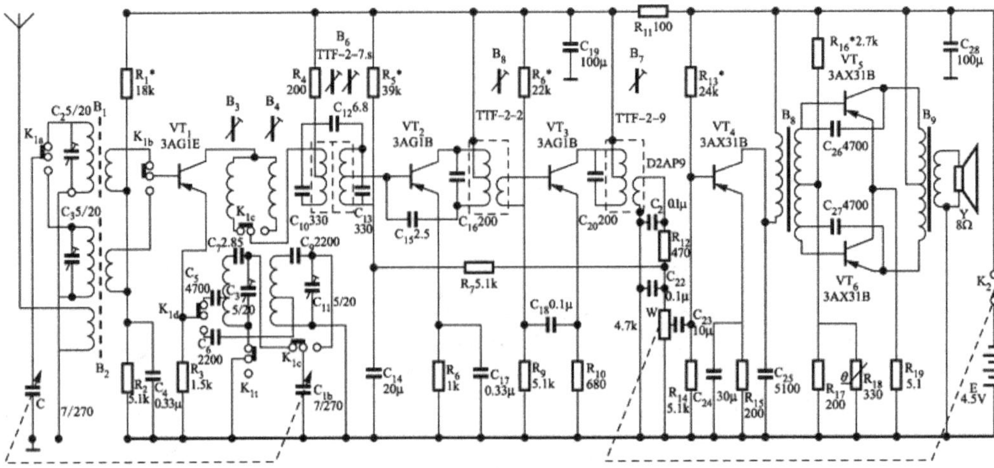

图 4-15 超外差式收音机的电路原理图

① 说明此电路原理图由哪几个单元电路构成？

② 说明电路原理图中有哪几个电阻是偏置电阻？

4.3 在电路图中的实线、虚线、斜线各表示什么？

4.4 要想熟读电路图应具备哪些基本知识？

4.5 你知道电路图可分为几种吗？

4.6 识读电路原理图的步骤是什么？

4.7 如何识读印制电路板图？

第5章 装配常用工具

【本章内容提要】

本章主要讲述常用工具（螺丝刀、钳子、镊子、扳手）的种类和使用方法、钻孔工具及其使用方法、锉刀的种类及操作方法。

电子产品在进行组装时，需要一些工具和设备。常用的工具有钳子、改锥、扳手、量具及锉刀、镊子等。常用的设备有台钻、手电钻、丝锥、板牙、台虎钳、手锯、手锤、砂轮、毛刷等。下面介绍部分常用工具和设备的特点及使用方法。

5.1 装配常用工具

5.1.1 螺丝刀

螺丝刀又可称改锥，或称螺丝起子，也叫螺钉旋具。它的用途是紧固螺钉和拆卸螺钉。螺丝刀是电子产品装配和检修时的主要工具之一，在应用时应根据螺钉的大小选择合适的规格。它的种类和规格很多，常用的有一字形和十字形，手柄可分为木柄和塑料柄两种。

1. 一字形螺丝刀

一字形螺丝刀的形状如图 5-1 所示。其规格和型号很多，它的规格是以手柄以外的刀体长度进行表示，常用的一字形规格有：50mm、75mm、100mm、150mm、200mm、250mm、300mm 等。

在选用一字形螺丝刀时，要注意螺丝刀的刀口宽窄要与螺钉的一字槽相适应，即螺丝刀的刀口尺寸要与螺钉一字槽相吻合，即不能过长，也不能过厚，但也不能太薄。当刀口的尺寸过长时，容易损坏安装件（对沉头螺钉）；当刀口的尺寸厚度超过螺钉的一字槽厚度，或不足镙钉一字槽厚度（过薄）时，便要损坏螺钉槽。因此在固定和拆卸不同螺钉时，应选用相应规格的一字形螺丝刀。

2. 十字形螺丝刀

十字形螺丝刀的形状如图 5-2 所示。其规格与一字形相同，但端头随不同规格的螺丝刀有所不同，一般可分为 4 种十字槽型，在使用时应据不同大小的螺钉予以选用。如果选用的螺丝刀槽型与螺钉十字槽不能相吻合时，会损坏螺钉的十字槽。应用螺丝刀进行紧固和拆卸螺钉时，应推压和旋转同时进行，但在推压和旋转时不能用力过猛，以免损坏镙钉槽口，一旦螺钉槽口被损坏，就很难再将螺钉紧固和旋出。

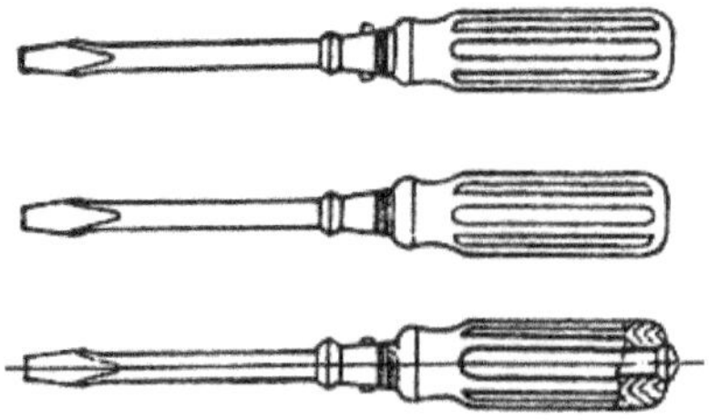

图 5-1 一字形螺丝刀

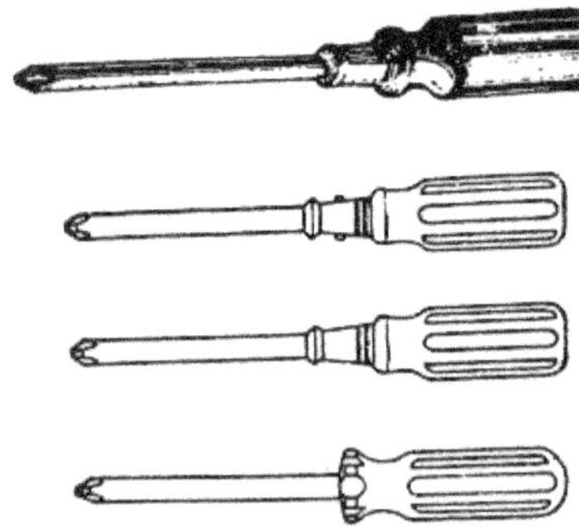

图 5-2 十字形螺丝刀

一字形螺丝刀的刀口如果损坏和磨损后，可以用砂轮打磨，也可在粗磨刀石上磨修。对于十字形螺丝刀的端头槽口损坏后，可用小方锉锉修。

3. 钟表螺丝刀

图 5-3 钟表螺丝刀

钟表螺丝刀是一种小型的螺丝刀，主要用于紧固和拆卸较小的螺钉，其形状如图 5-3 所示。其手柄有金属和塑料两种。

钟表螺丝刀的规格：一字形为 0.8mm、1mm、1.2mm、1.4mm、1.6mm、1.8mm、2mm 和 2.3mm 等。十字形为 0#、1#等。

钟表螺丝刀的结构与上文所述的螺丝刀的不同之处是，在其手柄的上端有一可自由旋转的圆盘，在使用时将二拇指放在其圆盘上，然后用大拇指与中指捻动螺丝刀便可将小螺钉旋进和旋出。

4. 无感螺丝刀

无感螺丝刀应用于电子产品中电感类元件磁芯的调整，它一般采用塑料、有机玻璃等绝缘材料和非铁磁性物质做成。这样可避免在调整磁芯时因人体感应作用而造成调整不准的现象产生。无感螺丝刀的形状如图 5-4 所示。

在使用无感螺丝刀时不要用力过大，因其不能承受过大的扭矩，否则将损坏其端部刀口。

图 5-4 无感螺丝刀的的形状

5. 带试电笔的螺丝刀

带试电笔的螺丝刀是从事电工工作人员的常用工具，它即能用来旋进和旋出螺钉，也能用它查看电路是否带电，为检修电路提供一定的安全保证。带试电笔螺丝刀的外形，如图 5-5 所示。

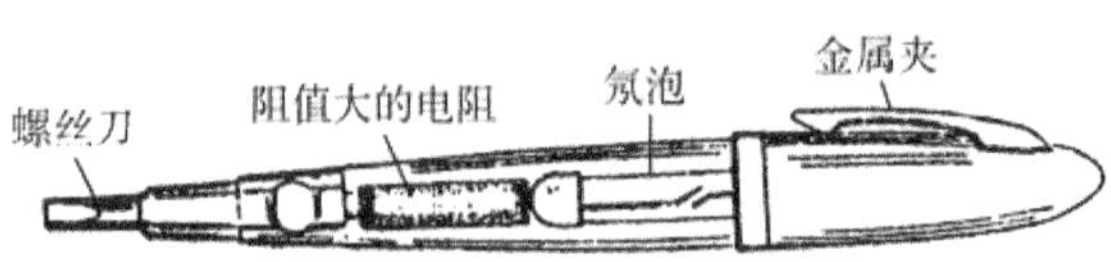

图 5-5 带试电笔的螺丝刀

6. 自动螺丝刀

自动螺丝刀也称活动螺丝刀，还可称自动螺钉旋具。自动螺丝刀如图 5-6（a）所示。

自动螺丝刀多数用于组装生产线，它能用同旋、倒旋和顺旋三种方式对螺钉进行旋转，其最大的优点是能提高生产效率，适用于大批量的装配使用

自动螺丝刀的使用方法是将转换开关置于所需的顺旋和倒旋位置后，用手顶压手柄，旋杆便可连续旋转，这样便可旋进和旋出螺钉。当开关置于同旋位置时，与一般的螺丝刀使用方法相同。

电动螺丝刀与气动螺丝刀也是组装生产线常用的螺钉旋具，电动螺丝刀需用 24V 安全电压；气动螺丝刀需要高压气泵提供动力，它们的外形如图 5-6（b）、（c）所示。

（a）自动螺丝刀

（b）电动螺丝刀

（c）气动螺丝刀

图 5-6　自动螺丝刀

5.1.2　钳子

钳子的种类很多，其用途和形状各有不同。常用的有尖嘴钳、平嘴钳、剥线钳、偏嘴钳等，下面分别给予介绍。

1. 尖嘴钳

尖嘴钳如图 5-7 所示。它可以分为铁柄和绝缘柄两种，应用较普遍的是绝缘柄尖嘴钳，它所承受的电压是 500V 以上。该种钳子又分为带刀口的与不带刀口的，带刀口的可用来剪切一些较细的导线，但不能作为剪切工具使用，以避免损坏刀口及钳嘴的断裂。

尖嘴钳按其长度分成不同的规格，一般可分为 130mm、160mm、180mm 和 200mm 4 种，常用的是 160mm 绝缘柄尖嘴钳。

尖嘴钳可以用来夹持小零件及在狭窄的空间夹持小物件。同时还用以元器件引脚成形，以及在焊点上网绕导线和元器件的引脚等。

在使用尖嘴钳时应注意不能用尖嘴钳装卸螺钉、螺母；用力夹持硬金属导线及其硬物，以避免钳嘴的损坏。对带绝缘柄的尖嘴钳，要保护好其绝缘层，以保证使用的安全。

2. 偏口钳

偏口钳又称断线钳，还可称斜口钳，其形状如图 5-8 所示。偏口钳的规格与尖嘴钳相同，160mm 带绝缘柄的偏口钳最为常用，有的偏口钳在两个钳炳之间加上弹簧，其作用是减轻手部疲劳，使用更加方便。

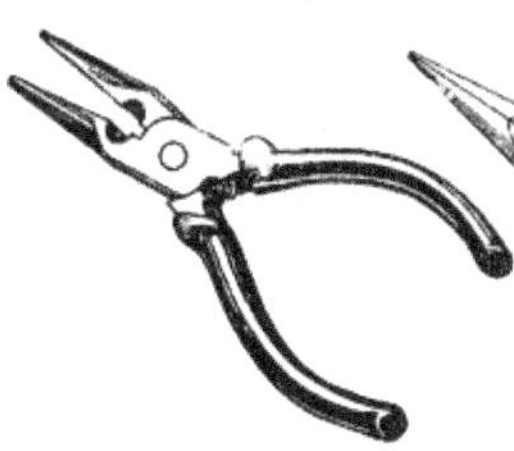

（a）普通尖嘴钳

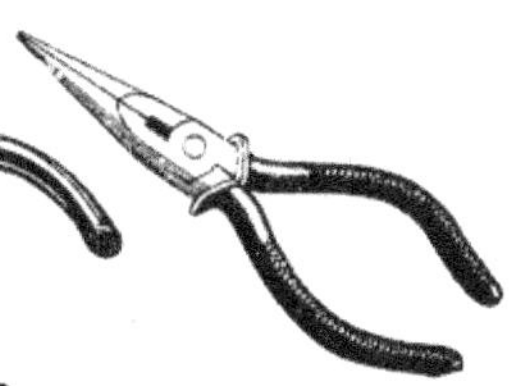

（b）长尖嘴钳

图 5-7　尖嘴钳

（a）

（b）

图 5-8　偏口钳

偏口钳的主要用途是剪切导线，如印制线路板插装元器件后过长引脚的剪切，焊点上多余引脚的剪切，粗细适宜的导线及塑料导管的剪切等。

在使用偏口钳时应注意使钳口朝下，以防止被剪下的线头伤人。另外偏口钳也不能用于剪切较粗的钢丝及螺钉等硬物，以防损坏其钳口。严禁使用塑料套已损坏的偏口钳剪切带电导线，以避免发生触电事故，保证人身安全。

3. 平嘴钳

平嘴钳与尖嘴钳的结构基本相同，只是钳头部分有所差异，如图5-9所示。它主要用于元器件引脚及较粗导线的成型，并能用它夹住元器件引脚，以帮助散热。常用的是带塑柄绝缘的平嘴钳。

4. 圆嘴钳

圆嘴钳的形状如图5-10所示。它的用途是将导线或元器件引脚卷曲成环形。它的规格与尖嘴钳一样，是以钳身的长度进行划分的，常用的是160mm塑柄圆嘴钳。

图5-9 平嘴钳

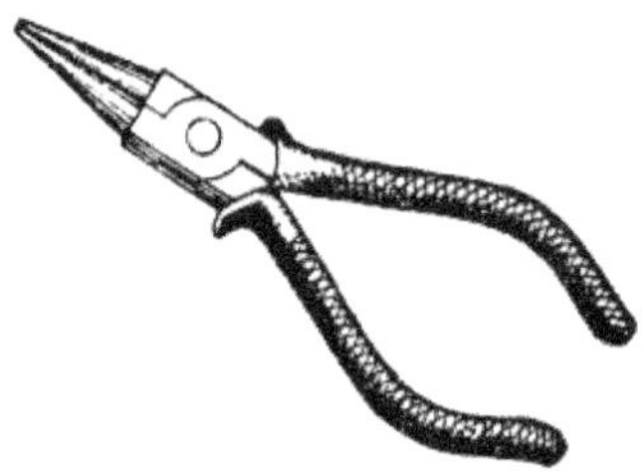

图5-10 圆嘴钳

5. 钢丝钳

钢丝钳在日常生活中应用较多，其规格也是以钳身长度表示，常用的有150mm、175mm、200mm等几种，其形状如图5-11所示。钢丝钳可用于剪断较粗的金属丝，也可对金属薄板进行剪切。带绝缘柄的钢丝钳可用于带电操作的场合，可根据钳身绝缘柄的耐压标识进行选用，常用的是耐压500V的钢丝钳。在使用时应注意选用不同规格的钢丝钳，对不同粗细的钢丝进行剪切，以避免切口的损坏。

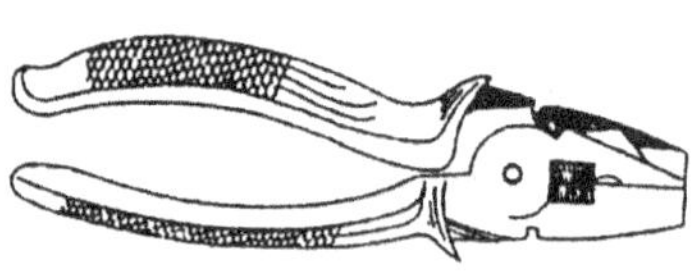

图5-11 钢丝钳

6. 剥线钳

剥线钳是一种专用钳，它可对绝绝导线的端头绝缘层进行剥离，如塑料电线等。它的形状如图5-12所示。该种钳的钳口有几个不同直径的切口位置，以适应不同导线的线径要求。

剥线钳的使用方法是根据所剥导线的线径，选用与其相应的切口位置，同时也要根据所切掉绝缘层长度来调整钳口的止挡位。如果线径切口位置选择不当，便可能造成绝缘层无法剥离，甚至要损伤被剥导线的芯线。其具体的操作方法是将被剥导线放入所选的切口位置，然后用手握住两手柄，并向里合拢，此时便可剥掉导线端头的绝缘层。

7. 网线钳

网线钳如图5-13所示，它专门用来加工网线和电话线，即用于给网线和电话线加装水晶头。网线钳也可以当剥线钳用。

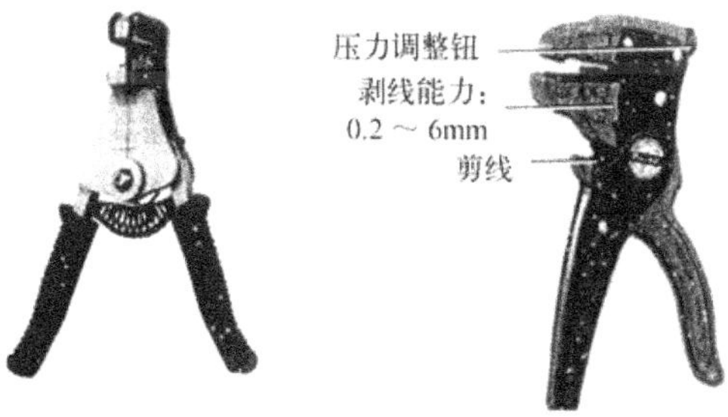

图 5-12　剥线钳

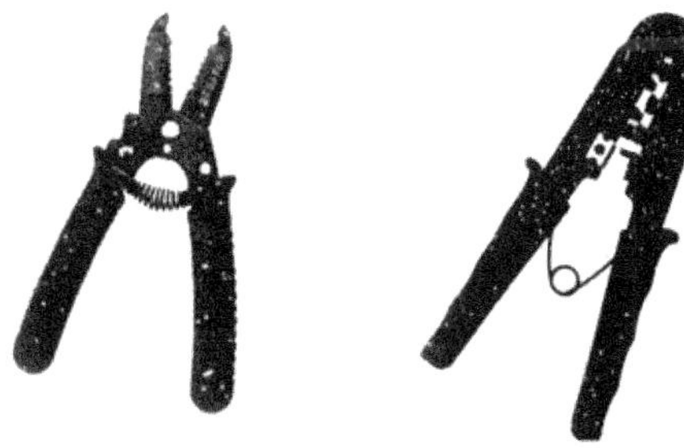

图 5-13　网线钳

5.1.3　镊子

镊子的形状如图 5-14 所示。它可分为钟表镊子（尖嘴镊子）和医用镊子（圆嘴镊子），常用镊子的规格是 130～150mm。镊子的用途是夹持细小的零件和导线，在进行焊接时还可夹持住元器件，以保持元器件的固定位置不动，提高焊接质量。用镊子夹持元器件的引脚可帮助散热，以避免在焊接时温度过高损坏元器件。

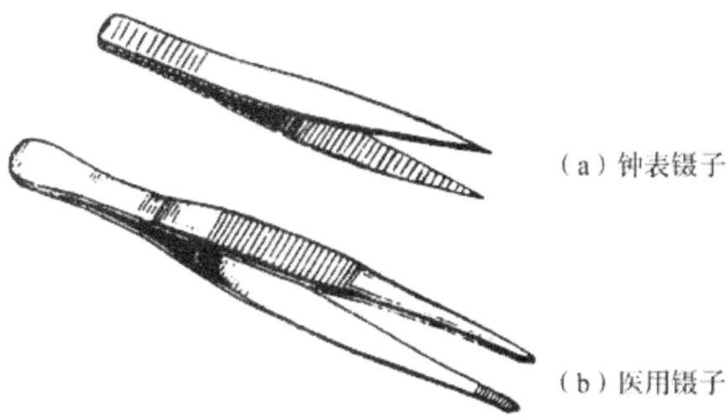

图 5-14　镊子的形状

由于钟表镊子的尖嘴部分很尖，因此在使用时应注意不能摔落到硬质地面上，以防镊子的尖端部分受挫而弯曲，影响正常的使用。

5.1.4　扳手

扳手的种类很多，一般分为固定扳手、活动扳手和套筒扳手三大类。各类扳手又可分为不同种类和不同规格。扳手的形状如图 5-15 所示。扳手的用途是固定和拆卸螺母和螺栓。

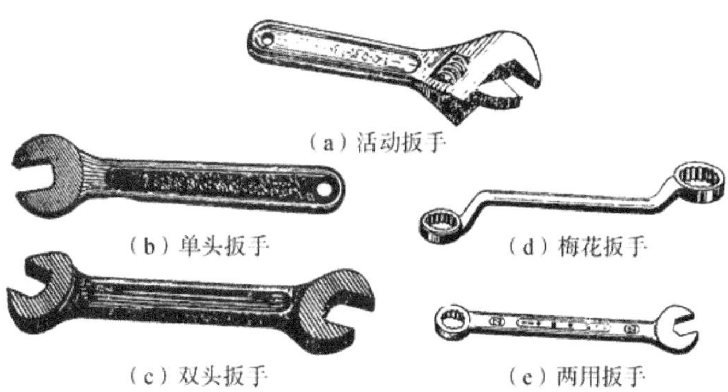

图 5-15　扳手的形状

1）固定扳手是指只能适用于某一固定尺寸的螺栓和螺母。能紧固和拆卸方形及六角形螺栓和螺母。常用的固定扳手有单头扳手、双头扳手、两用扳手、梅花扳手等，其规格与螺栓、螺母相对应。

2）活动扳手是指扳手的开口度可以在一定的范围内进行调整，以满足一定范围内对尺寸不同的螺栓、螺母的紧固和拆卸。常用的活动扳手规格有 14mm×100mm、19mm×150mm、24mm×100mm 三种，其规格的表示方法是扳手的最大开口度乘扳手的长度。在使用时应注意扳手的开口度要与被紧固或拆卸的螺栓螺母相吻合，否则将损坏紧固件的表层。

3）套筒扳手是指在每套套筒中配有不同规格的套筒头及不同品种的手柄连杆，以适用于多种规格的紧固件。套筒扳手的优点是能在很深的部位下，且不允许手柄有较大转动角度的场合下使用。

5.1.5 热熔胶枪

热熔胶枪是胶料的溶解工具，主要用于电子元器件及塑料导线的固定。在使用时只要按动板机就能挤出热溶胶对元器件进行粘连。热溶胶枪的外形，如图 5-16 所示。

图 5-16 热熔胶枪

5.2 钻孔

钻孔是电子产品组装中常遇到的一个加工内容，如电子设备装配连接的螺钉孔、印制电路板元器件引脚的插装孔等。

5.2.1 钻孔的工具

1. 手摇钻

手摇钻是一种通过手摇进行打孔的工具，其特点是不受用电设备的限制，不像手电钻那样，需要接上 220V 或 380V 电源才能使用。手摇钻的形状如图 5-17 所示。

2. 手电钻

手电钻是一种携带方便的小形钻孔工具，其特点是使用灵活，不受场地的限制。它的规格是以钻夹头能夹持最大直径钻头的尺寸来表示的，常用的有ϕ6mm、ϕ10mm、ϕ13mm 等几种。手电钻的外形如图 5-18 所示。

图 5-17　手摇钻的形状

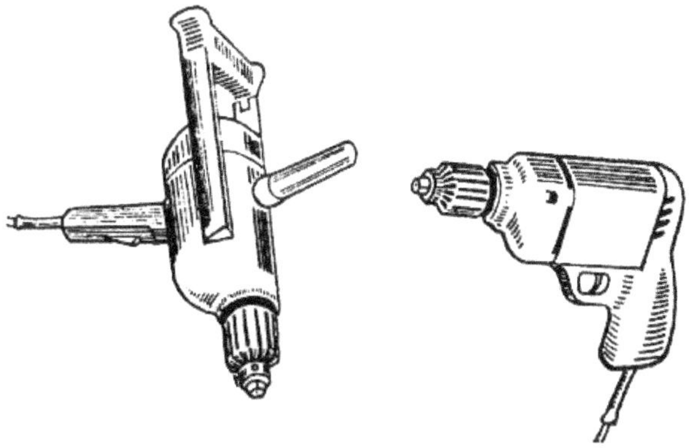

图 5-18　手电钻的形状

3. 台钻

台钻是台式钻床的简称，通常也可称钻床。常用的钻床有立式钻床、台式钻床和摇臂钻床。台钻是打孔的主要工具，能适应各种钻孔的需要，可以钻制多种直径的孔。台钻的外形如图 5-19 所示。

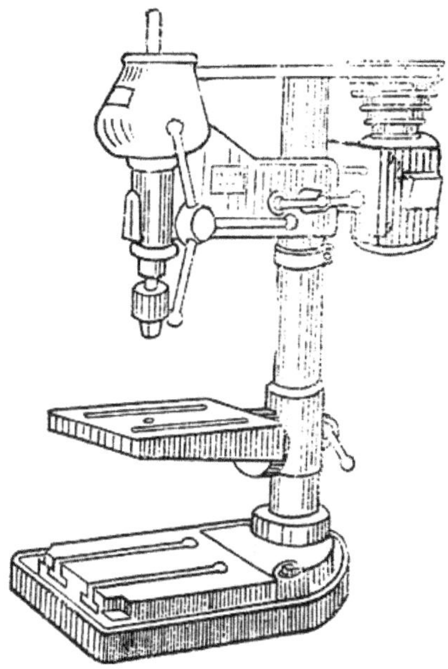

图 5-19　台钻的外形

4. 钻头

钻头是用高速钢制成的，其硬度很高，是钻孔的重要工具。钻头的种类很多，有扁钻、中心钻及麻花钻等，其中麻花钻应用最为广泛。

麻花钻有锥柄和直柄之分，一般直径小于 13mm 的钻头做成直柄，直径大于 13mm 的做成锥柄。麻花钻的结构如图 5-20 所示。它是由切削部分、导向部分、颈部和柄部组成，其中切削部分和导向部分称为钻头的工作部分。其导向部分是用来保持钻头工作时的正确方向，导向部分的两条螺旋槽是用于形成切削刃及容纳和排除切屑，同时也便于切削液沿着螺旋槽输入。其颈部是供磨削钻头时砂轮退刀用的。其柄部是钻头的夹持部分，用以定心和传递动力。标准麻花钻的切削部分由两条主切削刃、两条副切削刃和一条横刃、两个前刀面、两个后刀面和两个副刀面组成，如图 5-21 所示。

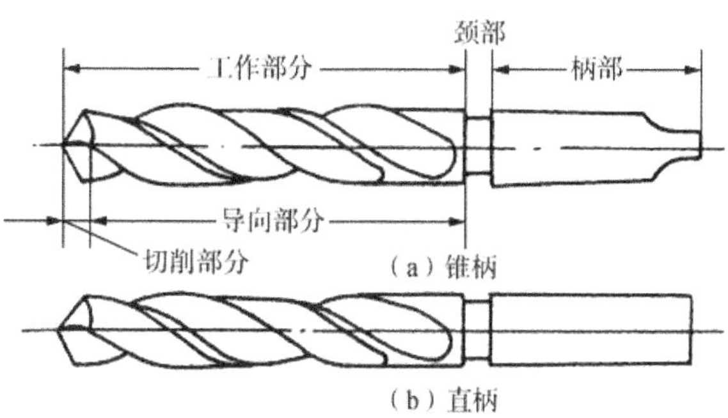

图 5-20　麻花钻

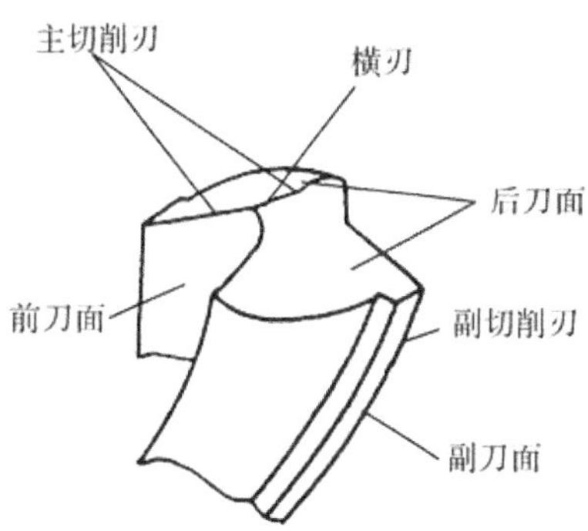

图 5-21　切削部分的组成

5. 工件夹具

工件夹具的用途是将不同形状的工件通过不同的夹具给予夹紧和定位，以保证打孔的精度和操作安全。常用的基本工件夹具有手虎钳、机用虎钳（又称平口钳）V 形铁、螺旋压板、角铁和三爪卡盘等。它们的形状如图 5-22 所示。

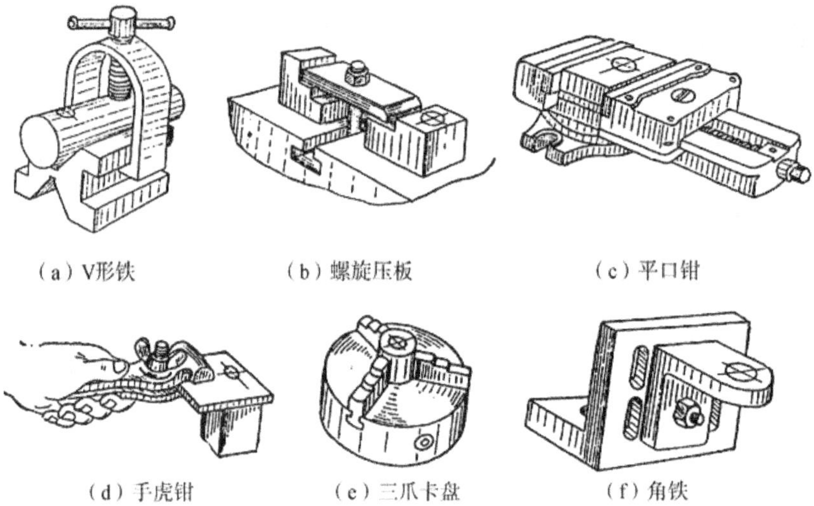

图 5-22　工件夹具

其平整的工件可采用平口钳夹具，圆柱形工件可采用 V 形铁夹具，对底面不平的及在侧面加工的可采用角铁夹具，对较大工件的钻孔可采用螺旋压板进行夹持，圆柱形工件端面钻孔可用三爪卡盘夹具。

5.2.2　钻孔方法及过程

1. 工件画线

对工件进行钻孔时，为能保证其孔位准确，则一般要划出孔的十字中心线，并打上中心样冲眼，再按孔的大小划出孔的圆周线，以及几个大小不等的检查圆，检查圆是为钻孔过程中检查钻孔位置的正确与否而画的，如图 5-23 所示。

2. 钻头的装与拆

对于直柄钻头：将钻头插入钻夹头的三只卡爪内，其夹持长度一般要大于 15mm，然后用钻夹头钥匙旋转外套，以夹紧钻头，如图 5-24 所示。

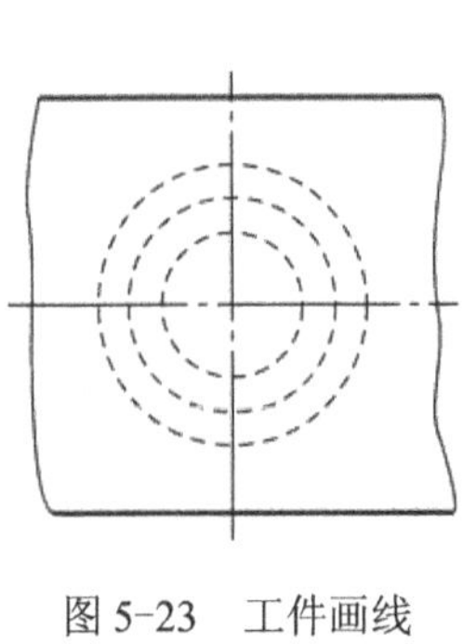

图 5-23　工件画线

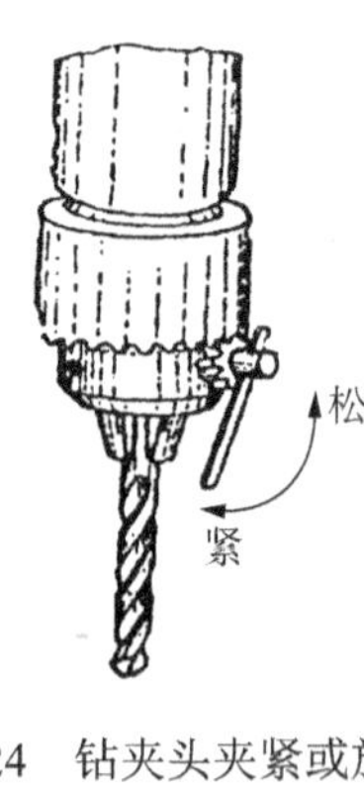

图 5-24　钻夹头夹紧或放松钻头

3. 起钻与进给操作

将钻头对准钻孔中心，开机试钻，钻出一浅孔，观察钻孔位置是否准确，并予以纠正。当完成起钻并确定钻孔位置正确后，就可进行进给操作。在进给操作时应注意进给力不要太大，以避免孔位轴线的歪斜。同时也要及时退钻排屑，以避免损坏折断钻头。

4. 加切削液

在钻孔时由于钻头与工件的严重摩擦，加之散热困难，为降低温度保护工件和钻头就需加切削液。对胶木等一些较软的工件就不必加切削液。

5. 不同钻孔的操作

在钻盲孔（不通孔）时，要按钻孔深度调整好钻床上的深度标尺，或是在钻头上做好标记以控制钻孔深度。

在钻通孔时，当孔快要钻穿时一定要注意减小进刀量，以避免损坏钻头。

在钻孔的直径较大时，可分成两次进行钻削（首次用小于孔直径的钻头，二次用同直径的钻头），以减小在钻削时的阻力。

在钻深孔时，必须要在钻的过程中退出钻头排屑，以避免切屑堵塞而损坏钻头。

6. 钻孔失误及钻头损坏的原因分析

1）钻孔歪斜：进给量太大，使钻头弯曲；钻头与工件表面不垂直；钻头横刃太长，定位性能差；工件在钻孔中出现松动。

2）工件钻孔直径大于钻头：在钻孔时钻夹头产生了摆动；钻头两切削刃长度不等，角度不对称。

3）孔壁粗糙：钻头切削刃不锋利；切削后角太大；切削操作时进给量太大，冷却润滑不够充分。

4）切削刃磨损过快：钻头刃磨的不合适；切削角度与工件硬度不适合；切削速度太快，而冷却润滑又不够充分。

5）钻头工作部分折断：进给量太大；使用不锋利的钝钻头钻孔；钻孔已歪斜，但仍继续进给；钻的过程中工件松动；切屑在钻头螺旋槽中塞住不动；当钻孔被钻穿时，进给量突然的增大。

5.3　锉削

锉刀对工件表面进行切削加工并使其达到一定精度的加工过程就称锉削。锉削主要是对平面、曲面、内孔及沟槽等表面的加工，是工件錾、锯之后所进行的精加工。锉削是电子产品装配及其维修时常用的操作内容。

5.3.1　锉刀

1. 锉刀的结构

锉刀的结构如图 5-25 所示。它是由锉身和锉刀柄两大部分组成，各部分的名称如图 5-24 所标示。其中锉刀面是主要工作面，其上面的锉纹有单齿纹和双齿纹之分。锉刀舌是用来装锉刀柄的。锉刀边是指锉刀的两个侧面。

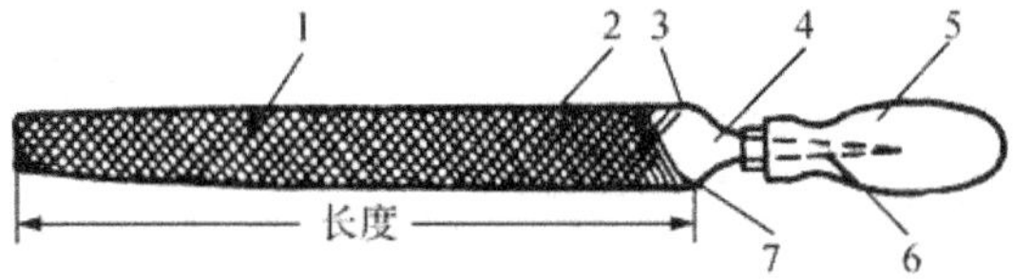

1—锉刀面；2—锉刀边；3—底齿；4—锉刀尾；5—木柄；6—锉刀舌；7—面齿

图 5-25 锉刀的结构

2. 锉刀的种类

锉刀可分为普通锉、整形锉（什锦锉）和异形锉三大类。常用的是普通锉。

1）普通锉可分为三角锉、平锉、方锉、圆锉和半圆锉。其各种锉的截面如图 5-26 所示。其中平锉主要用于锉平面和外圆弧面，三角锉用于锉内角和平面，圆锉用于锉圆孔和圆弧，半圆锉用于锉内弧面和大圆孔。

图 5-26 普通锉的截面形状

2）整形锉（什锦锉）可分为很多种，一般以套出售，每套中有 6 把、8 把、10 把、12 把不等，整形锉的各种形状如图 5-27 所示。整形锉主要是对小型工件及工件中的细小部分进行加工。

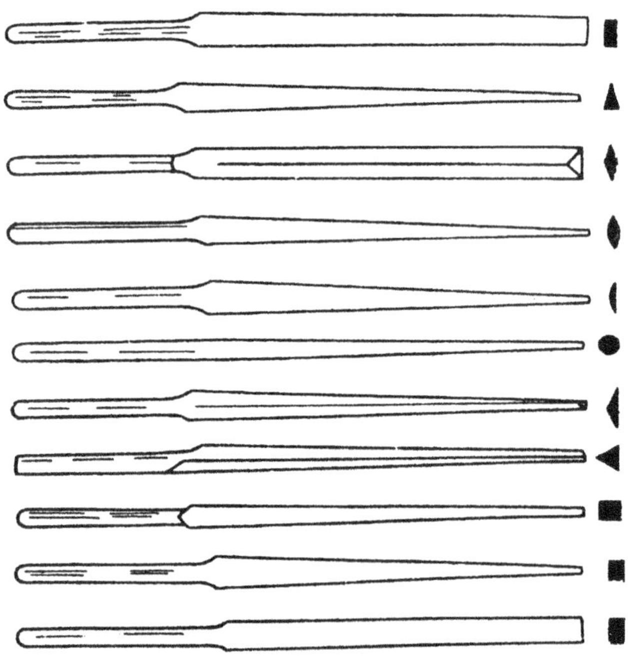

图 5-27 整形锉的各种形状

3）异形锉可分为菱形锉、扁三角锉、椭圆锉、刀口锉、圆肚锉等。它们的截面形状如图 5-28 所示。异形锉主要用于锉削工件上的特殊表面。

图 5-28 异形锉的截面形状

5.3.2 锉削操作方法

1. 平面的锉削方法

1）顺向锉。顺向锉是指锉刀的运动方向与工件的夹持方向始终保持一致，此种锉削方法是最基本的一种锉削法。此种方法主要用于均匀地锉削整个工件表面。顺向锉的方法如图 5-29 所示。

2）交叉锉。交叉锉是指锉刀的运动方向与工件夹持方向成一定的角度（一般为 40° 左右）且两次锉削交叉进行，其锉痕是交叉的。该种锉削方法适用于锉削量较大工件的粗加工。该种方法还能从锉迹上判断出锉削面是否平整，以不断地调整锉削部位。交叉锉的方法如图 5-30 所示。

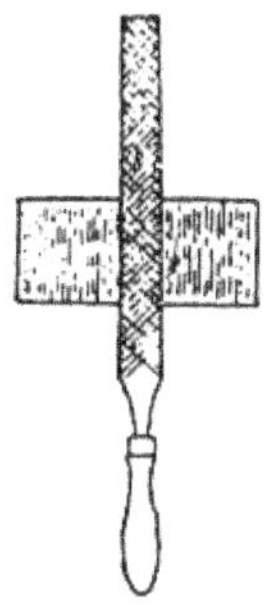

图 5-29　顺向锉的方法

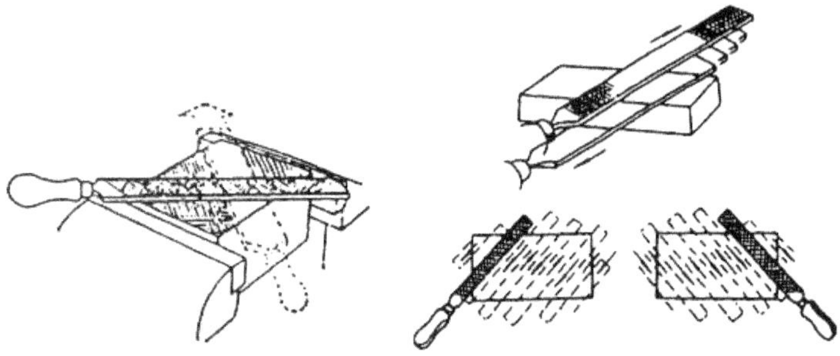

（a）交叉锉法　（b）锉刀的移动

图 5-30　交叉锉的方法

3）推锉。推锉是指锉刀横放在工件面上，左右手横握锉刀的锉削方法。该种方法适用于狭长工件面的加工。推锉的方法如图 5-31 所示。

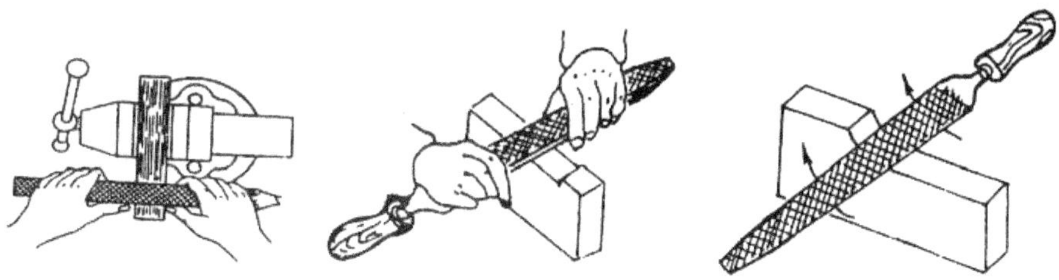

（a）推锉法　（b）推锉狭长平面　（c）推锉内圆弧面

图 5-31　推锉的方法

平面锉削中常需要进行平面度的检查，其方法是用钢直尺或刀口尺垂直放在工件表面上，看其接触面是否有透光现象。如接触面透光微弱且均匀，表明所测平面是平的，如接触面透光强弱不等，表明所测面不平。平面度检查方法如图 5-32 所示。

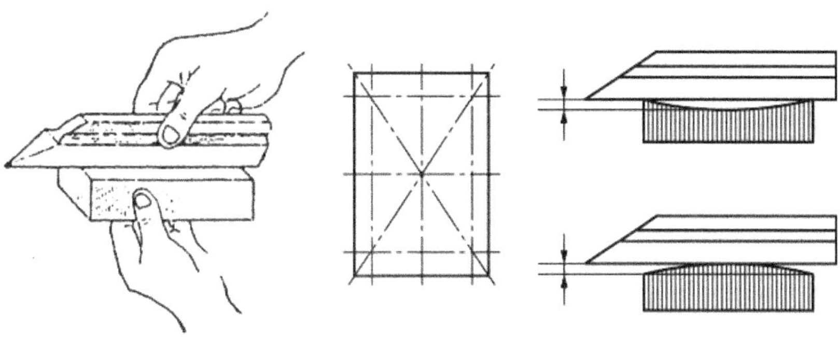

（a）　（b）　（c）

图 5-32　用刀口尺检查平面度

2. 曲面的锉削方法

曲面的锉削方法如图5-33所示，其方法一是顺着圆弧面锉，方法二是横着圆弧面锉。

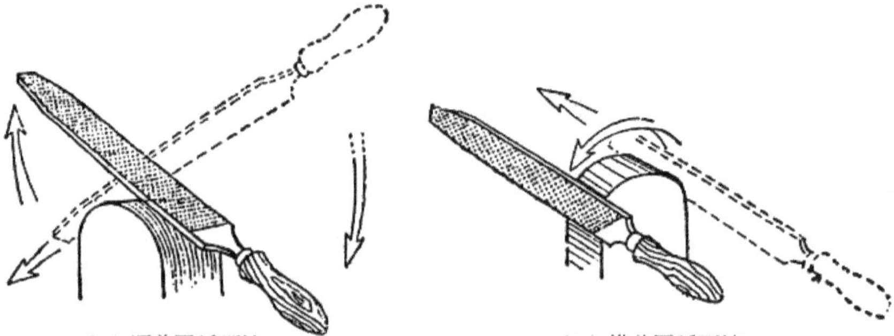

（a）顺着圆弧面锉　　（b）横着圆弧面锉

图5-33　曲面的锉削方法

本章小结

1. 常用工具有螺丝刀、钳子、镊子和扳手等，其中用的最多的是一字螺丝刀、十字螺丝刀、尖嘴钳、偏口钳、镊子等。

2. 用钻头在工件上加工出孔就称钻孔。钻孔的工具有钻头、手摇钻、手电钻、钻床。

3. 钻孔的操作过程包括：工件划线、工件的夹持、起钻、进给等几个工序。

4. 用锉刀对工件表面加工的过程就叫锉削。锉削可分为锉平面、锉曲面、锉内孔、锉沟槽等。

5. 锉刀的种类有平锉、三角锉、方锉及什锦锉等。应根据加工对象进行选用。

6. 锉削时工件夹持的正确与否，将直接影响锉削质量，因此要重视夹持的正确方法。

7. 平面的锉削方法有：顺向锉、交叉锉和推锉。

操作练习5

1. 钻孔练习

（1）目的

通过钻孔练习，掌握基本的钻孔操作过程。

（2）器材与工具

钻床及钻头、木板或薄金属板。

（3）步骤

1）按装钻头。

2）在工件上（木板或金属板）划线确定孔位。

3）钻孔。

2. 锉削练习

（1）目的

通过锉削练习，掌握基本的锉削方法。

（2）器材与工具

台虎钳、平锉，工件（长方形或方形）。

（3）步骤

1）将工件夹持在台虎钳上。

2）将工件锉出基本面，以此面为基准面，按照要求锉出基准面的对应面。

3）按要求画出加工线，锉削后应达到±0.5mm。

4）按照划线锉削加工各面，使其达到±0.5mm 的要求。

习题 5

5.1　在电子装配中常用到哪些工具？

5.2　钻孔的工具有哪几种？你用过哪一种？

5.3　麻花钻是由哪几部分构成的？各部分的作用是什么？

5.4　钻孔中的起钻与进给是指什么内容？

5.5　锉刀可分为几类？各类锉刀的用途是什么？锉刀的规格是根据什么确定的，锉纹又可分为几种？

5.6　顺向锉、交叉锉和推锉各有什么特点？各应用于什么场合？

第 6 章　印制电路板

【本章内容提要】

本章主要讲述了印制电路板的种类、印制电路板的组装方式、印制电路板图的设计、绘制印制电路板图的要求、绘制印制电路板图的步骤、印制电路板的手工制作方法、印制电路板的制作过程等内容。

6.1　印制电路板的概述

印制电路板又称印制线路板，简称为印制板或线路板或 PCB（Printed Circuit Board）。它是在绝缘基板上覆以金属铜箔而构成的（即敷铜板），印制电路板是电子元器件的载体，是电子产品中应用较多的一种材料，广泛地应用于家用电器、仪器仪表。它的性能好坏直接关系到产品的质量高低。

由于电子产品的不断发展，使印制电路板的制作技术得到了很大的提高。现在已向高密度、高精度、高可靠性、多层化、薄型化方向发展，使其布线密度、精度不断地提高，种类不断地增多。

6.1.1　采用印制电路板的优点

1．可使产品的稳定性、可靠性大大提高

电子产品采用印制电路板后，使各种电子元器件得到了固定，并得到了良好的支撑，故使产品的稳定性、可靠性得以保证和提高

2．有利于标准化设计

由于同类产品对印制板的要求是一致的，故使设计也能标准化。因而使同一产品的大批量生产能实现全部自动化，这样提高了产品的质量和生产效率，降低了成本，又缩短了生产时间，使经济效益得到了很大的提高。同时给产品的日后维修带来了很大的方便。

3．杜绝了元器件连接线的交叉

在印制电路板中不允许有交叉的走线，这是印制电路板设计者必须做到的，故使印制电路板中的元器件不但布局要合理，还能满足电气要求。

4．为维修提供方便

由于印制电路板上标识了元器件的符号、测试点符号和注释性字符等，因此使维修者能很准确地找到所需的元器件和测试点，为维修者提供了极大的方便。

6.1.2　印制电路板的种类

印制电路板的种类很多，其分类方法也有所不同，常用的印制电路板分类如下。

1．按印制电路板的结构分类

1）单面印制电路板。单面印制电路板是在绝缘基板的一个面上印制导线，它是用单面敷铜板加工而成。主要用于要求不高的电路，如收音机、仪器仪表及中低档的民用产品等电路。

2）双面印制电路板。双面印制电路板是在绝缘基板的两个面上印制导线，它是用双面敷铜板加工而成。它可以提高布线密度、缩小设备的体积，主要用于要求较高的电子设备中，如仪器仪表、计算机等电路、手机用的印制电路板、CPU 用的印制电路板等。应用双面印制电路板可以在双面安装元器件，因此能大大减少产品的造价。

3）多层印制电路板。多层印制电路板是指多于两层印制导线的印制电路板。它是由极薄的单层印制电路板叠合加压而成，或由双层面板黏合而成。其各层印制导线是通过金属化孔进行连接的。采用多层印制电路板的优点是：

① 使元器件之间的距离减小，从而使信号的流程缩短，从而使布线密度大幅度提高；

② 由于布线密度大幅度提高，使电子产品缩小了体积，减轻了重量；

③ 使整机的焊点减少，提高了可靠性；

④ 由于是多层印制导线，因此在设计走线时可减少平行布线长度，因而减小了信号的串扰，使噪声减小；

⑤ 由于有了屏蔽层减少了外界干扰，使电路的稳定性得到了提高，使信号失真减小。

由于集成电路在电子产品中大量的应用，因此采用多层印制电路板也越来越广泛。

4）软性印制电路板（又称挠性印制电路板）。该印制电路板是由聚四氟乙烯薄膜、聚酰亚胺等柔性材料作为基材压制而成。该印制电路板具有：重量轻、体积小、可折叠、可弯曲、可卷绕等优点。可应用于计算机、仪器仪表等电子设备中，作为印制电缆及接插件的过渡线。该印制电路板有单层、双层和多层之分，其厚度一般为 0.25～2mm。软性印制电路板如图 6-1 所示

图 6-1　软性印制板

5）平面印制电路板。该种印制电路板的铜箔印制导线要嵌入绝缘基板，并与基板表面相平，同时还要在印制导线的表面镀一层金属，以提高耐磨性。此电路板广泛应用于有插口的电路和转换开关及通信类产品。

2．按印制电路板的绝缘材料分类

1）酚醛纸基敷铜板。它又称纸质板。其优点是价格便宜，不足之处是机械强度低，耐高温性能差，易吸水而变形。

2）环氧酚醛玻璃布敷铜板。其优点是绝缘性能好，能耐高温、能耐化学溶剂、受潮而不变形，还有较好的机械性能，但价格较贵。

3）环氧双氰铵玻璃布敷铜板。其优点是透明度好、有较好的机械加工性能和耐高温的特性。

4）聚四氟乙烯敷铜板。其优点是具有高绝缘性能、能耐高温处理。而且还具有较好的化学稳定性。

5）陶瓷基板。它是采用陶瓷作为绝缘材料，具有机械强度高、绝缘性能优良、高频特性好、耐高温特性好、化学稳定性好等优点。

3. 敷铜板的标称厚度

按印制电路板的标称厚度可分为很多种，见表 6-1。

表 6-1 敷铜板的标称厚度

名 称	标准厚度（mm）	铜箔厚度（μm）
酚醛纸基敷铜板	1.0、1.5、2.0、2.5、3.0、3.2、6.4	50～70
环氧酚醛玻璃布敷铜板	1.0、1.5、2.0、2.5、3.0、3.2、6.4	35～70
环氧双氰铵玻璃布敷铜板	0.2、0.3、0.5、1.0、1.5、2.0、3.0、5.0、6.4	35～50
聚四氟乙烯敷铜板	0.25、0.3、0.5、0.8、1.0、1.5、2.0	35～50
挠性敷铜板	0.2、0.5、0.8、1.2、1.6、2.0	35

6.1.3 印制电路板的选用

由于印制电路板的种类不同，其性能不同，应用场合也有所不同，应根据不同设备的具体要求进行选用。

环氧酚醛玻璃布敷铜板具有绝缘性能好、耐高温、介电损耗小等优点，因此适用于高频、超高频电路。可应用于工业、计算机、通信及军用设备等处。

聚四氟乙烯敷铜板具有耐高温、耐腐蚀、介电常数低、介电损耗低等优点，因此适用于微波、高频电路。可应用于航空航天，雷达等处。

酚醛纸基敷铜板简称酚醛板，一般为黑黄色和淡黄色。其价格低廉，但不耐高温、容易吸水，且机械强度、绝缘性能都较低，高频损耗也较大。但由于便宜而得到了广泛的应用。如一般的家用电器、仪器仪表及业余的小制作等。

挠性敷铜板具有体积可压缩、重量轻、可靠性高及可挠性、可进行端接、可进行三维空间的排列等特点，因此广泛应用于计算机、通信、仪器仪表和工业电器等电路中。

陶瓷基板主要用于薄膜电路、厚膜电路。

6.1.4 印制电路板的组装方式

印制电路板的组装是指把晶体管、电阻器、电容器、集成电路、耦合件等电子元器件插装到印制电路板上，以及对其进行焊接的过程。由于插装元器件的方法和焊接方式的不同，组装方式可分为以下四种：

1）全部采用自动插装，自动焊接方式。该种组装方式是较为先进的一种组装方式，具有速度快、准确度高和几乎无差错的特点。由于科技水平的不断提高和发展，以及对产品小型化的要求，此种组装方式越来越得到广泛的应用。

2）一部分元器件采用自动插装，全部采用自动焊接的方式。该种组装方式是对大部分元器件采用自动插装的方式，对少数体积较大和有特殊要求的元器件采用手工插装方式。由于大部分元器件采用自动插装的方式，这将有效地抑制插装错误的产生，使生产效率大为提高，生产质量得到有效保障，加之自动化的焊接，便可适用于大批量的生产。该种组装方式是目前应用最为普遍的一种。

3）全部采用手工插装元器件，自动焊接方式。该种组装方式由于采用手工插装元器件，故容易产生插错位置和引脚极性颠倒等现象，这样给产品质量带来了隐患，故目前应用该种方式的不是很多。

4）全部采用手工插装，手工焊接方式。该种组装方式只适用于小规模、小批量的生产方式，以及电子爱好者应用。它的优势是不需要设备，只需要熟练的技能，但效率较低。

6.2　如何设计印制电路板图

设计印制电路板图是指将电路原理图转换成印制电路板图，并确定加工技术要求的过程。在设计印制电路板时主要考虑的内容有：元器件的摆放位置、印制导线的宽度、印制导线间的距离大小、焊盘的直径和孔径，以及印制电路板的外形尺寸、形状、材料和外部连接等。

在设计印制电路板图时一般采用两种方式，其一是人工设计；其二是计算机辅助设计（CAD）。无论采用哪一种设计方式，都必须符合电路原理图的电气连接和电气、机械性能的要求。

6.2.1　设计印制电路板图的步骤

1. 做好设计准备工作

1）了解并分析电路工作原理。

2）弄清电路的组成及相互的联系。

3）弄清楚信号流向。

4）了解清楚有哪些元器件是发热的，并需要安装多大的散热装置。

5）找出可能产生干扰的元器件。

6）了解电路中的最高工作电压是多少，最大电流是多少，最高工作频率是多大。

7）掌握元器件的型号、外形尺寸、封装形式、引脚排列及其主要功能。

8）了解电路的工作环境。

9）选择印制电路板的尺寸、形状和厚度。

2. 确定元器件位置

根据电路工作原理图确定元器件的位置。元器件位置的确定要满足电路功能和技术性能的要求，且布局要合理、符合设计要求，要疏密合适、排列整齐规范及兼顾维修检测的方便。

3. 绘制印制板草图

草图的内容有：确定板面轮廓尺寸，留足图纸技术要求说明的空间，确定元器件的布局，标出焊盘位置及形状，勾画出主要元器件的连线。画出印制导线的走向及宽窄，确定地线的位置等。草图外形尺寸应与印制电路板的尺寸相符合。

4. 布线

布线是设计印制电路板的重要内容，需要几次的修订才能完成。在布线中如发现元器件位置不合适时，就要根据需要重新调整布局，以获得最佳效果为准，不能凑合。

5. 绘制制版底图

印制电路板设计完成后，下一步的任务便是将设计图转换成制版底图，制版底图是为生产提供照相用的黑白底图。制版底图可通过手工绘图、手工贴图、计算机绘图和光绘（计算机和激光绘图机）几种方法进行。

6.2.2 绘制印制电路板图的要求

1. 合理安排电路中的元器件

在设计印制电路板图时不是简单地将元器件之间用印制导线连接就行了，而是要考虑电路的特点和要求，尽量做到即符合电原理图的电气连接要求，也要考虑整齐美观，安装、加工方便，维护也方便。

1）元器件在印制电路板上的布置要均匀，密度要一致，尽量做到横平竖直，不允许将元器件斜排和交叉重排。

2）元器件之间要保持一定的距离，距离过大则使整机印制电路板面积加大，距离过小可能使元器件之间相碰。因此要合理安排。一般情况下元器件外壳或引脚之间的安全间距为不小于 0.5mm。

3）要考虑发热元器件的散热及热量对周围元器件的影响。对于大功率晶体管要考虑留有散热板的安装位置。

4）对于怕热的元器件其安装位置要尽可能地远离发热件。以免造成受热而损坏，或使其参数发生变化，影响它们的正常工作状态。

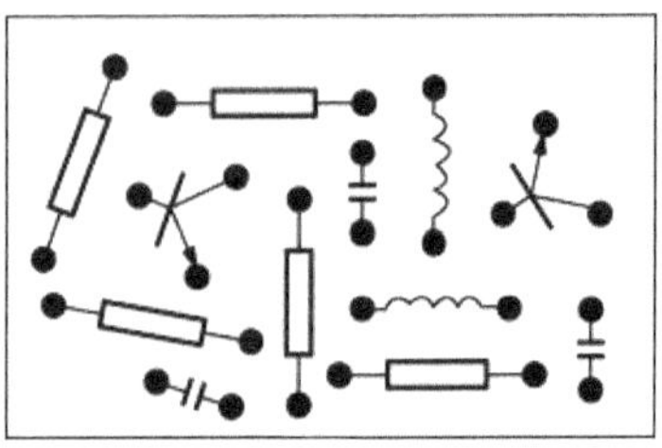

图 6-2　元器件的不规则排列

5）应搞清楚所用元器件的外形尺寸、引脚方式，以确定元器件在印制电路板上的装配方式（立式、卧式、混合式）。

6）元器件在印制电路板上有不规则排列、规则排列和坐标格排列三种排列方式，可根据电子产品的种类和性能要求进行选择。

① 不规则排列，如图 6-2 所示。采用这种排列方式能减少印制导线长度和元器件的接线长度，使电路的分布参数得到改善，减少相互的干扰。采用该种排列方式能方便地布设印制导线，不受元器件位置和方向的限制，但由于排列无序，使印制导线显得杂乱无章。该种排列方式比较适用于高频电路（30MHz 以上）和音频电路；

② 规则排列，如图 6-3 所示。该种排列方式是指元器件的轴线方向排列一致，并与印制板的边相平行或垂直。这样排列的优点是排列整齐，美观规范，易于焊接、调试和维修。其不足之处是因受元器件排列的限制，使印制导线加长，平行走线增多，因而容易产生相互干扰。该种排列方式一般应用于低频电路中（1MHz 以下）；

③ 坐标格排列（也称栅格排列），如图 6-4 所示。坐标格排列是指元器件的引脚插孔都在坐标格的交点上。该种排列方式的优点是元器件排列整齐，便于机械化生产，使测试和维修都比较方便。

7）对于比较重的元器件，如电源变压器等，应尽可能地放在靠近印制板固定端的边缘位置，以防止印制板的变形。或将其固定在机箱底板上，让整机的重心靠下，使整机能处于一个稳定状态。

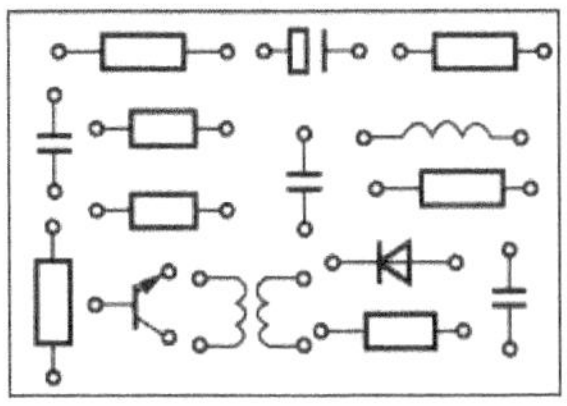

图 6-3　元器件的规则排列

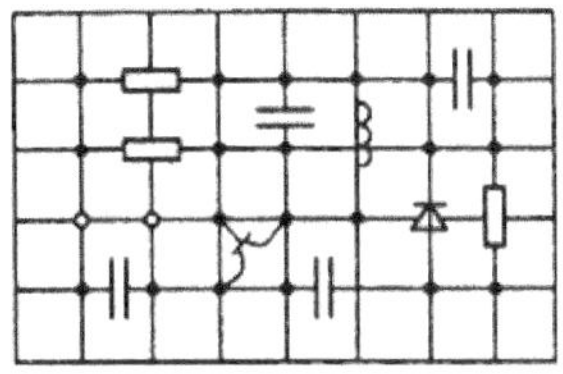

图 6-4　元器件的坐标格排列

8）各元器件之间的导线不能相互交叉，如果无法避免，可采用在印制电路板的另一面跨接引线的办法进行处理。

9）对收音机中的输入、输出变压器应相互垂直放置，磁性天线要远离扬声器，以避免相互产生干扰。

10）对于可调电感、可变电容器和电位器等可调节性元器件，要根据是机外调整或机内调整的需要，安排在机箱面板的相应位置或调整比较方便的位置上。

11）对于高度较大的元器件，应尽量采用卧式安装，以降低其高度，这样可避免受振动和冲击时稳定性变差，造成倒伏与相邻元器件相碰。

2. 合理布线

各元器件之间的连接要依靠印制导线来完成，印制导线的布局将直接影响到整机的电气性能，为此合理的布线是印制电路板设计中的重要环节。

1）应用于高频电路中的印制导线，以及信号的输入、输出印制导线应尽可能地短。同时要注意不同回路的信号线要尽量避免相互平行布线，应采用垂直布线或斜交布线。为减小相互间的电磁干扰除缩短印制导线外，还可使用屏蔽专用线。

2）对于信号的输入线和输出线应尽量地远离并用地线将其隔开，这样可以较好地减小线间的寄生耦合，如图 6-5 所示。对输入电路的印制导线应尽可能地缩短，以减小分布参数的影响。

3）为减小导线间的寄生耦合，在采用双面印制板时，两面的印制导线应避免相互平行，如图 6-6 所示。在采用单面印制板时，其印制导线也同样要避免平行布线。

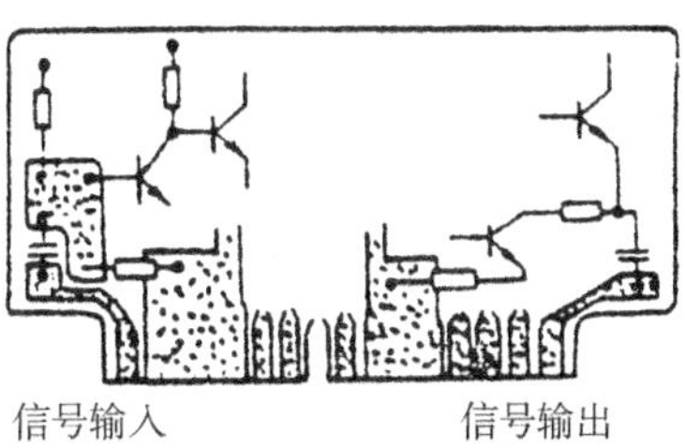

图 6-5　信号的输入线和输出线应远离

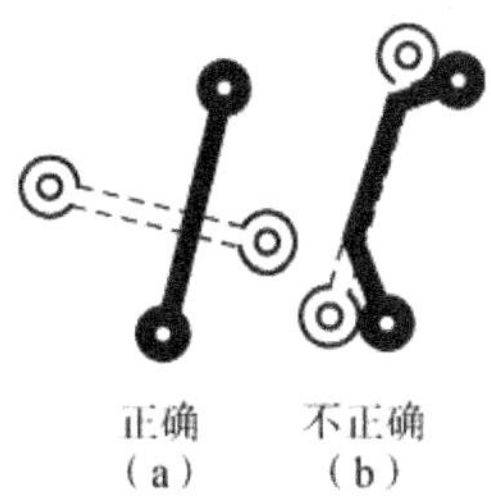

图 6-6　布线要求

4）印制导线的走线要平滑自然，导线转弯要缓慢，避免出现尖角。以减少尖角处的铜箔的剥离和翘起，如图 6-7（a）所示。

另外，当导线通过两个焊盘之间而又不与它们相连时，应与两焊盘保持相等的距离，如图 6-7（b）所示。

应优先采用的印制导线与避免采用的印制导线如图 6-7（c）所示。

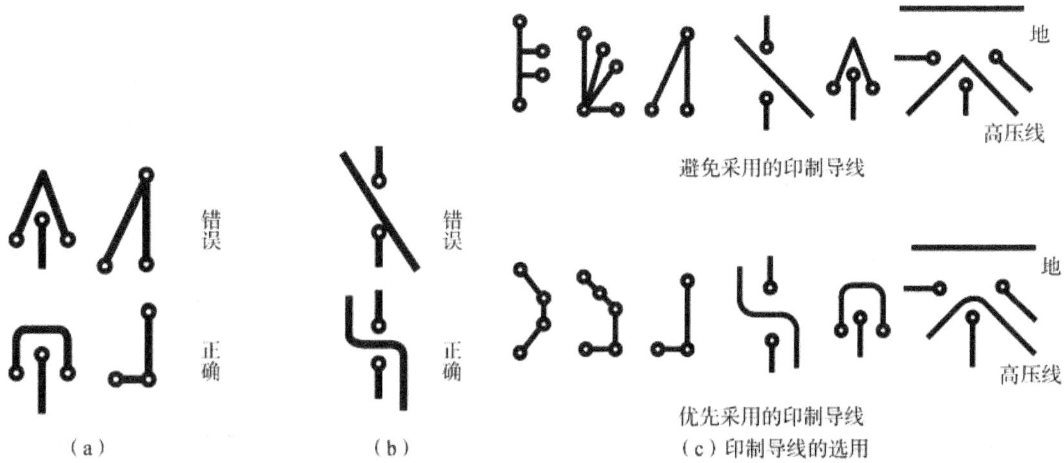

图6-7 印制导线

5）各单元电路的地线应采用一点接地法，这样可以避免不同回路的电流同时流经某一段共用地线，而造成不必要的地阻抗干扰。所谓一点接地，就是指各元器件的接地点为一个大面积接地点或是汇流排及粗导线等，即在一个小的区域内接地，如图6-8所示。

图6-8（a）表明两级放大电路各取一点接地。图6-8（b）表明一集成运放电路一点接地。一点接地在实际布线时由于元器件位置的不同，往往不易做到，但要尽可能地将同一级电路接地点靠近，如图6-8（c）所示。

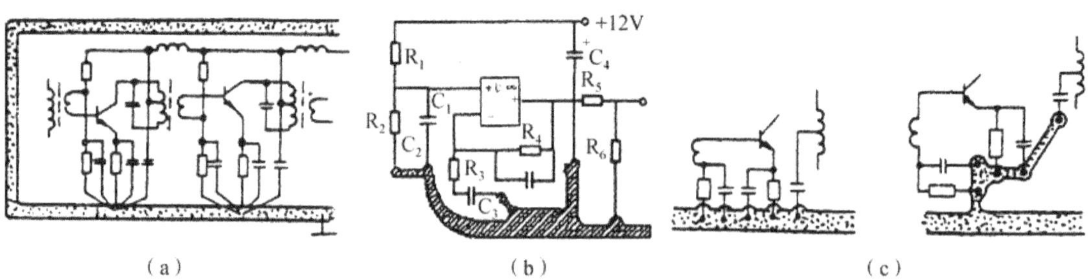

图6-8 一点接地

6）印制电路板的公共地线应布置在印制板的边缘，以使公共地线在安装时与整机地线相连接。另外，公共地的印制导线与印制板的边缘应留有一定距离，这样有助于印制电路板的机加工并提高其绝缘性能。

7）印制导线应避免长距离平行走线，以避免产生耦合。

3. 选择合适的印制导线宽度

因为印制导线具有一定的电阻，当电流通过时要产生热量和一定的电压降，为此合理的选用合适宽度的印制导线是印制电路板设计中的重要内容。

常用的印制导线宽度为0.5mm、1.0mm、1.5mm、2.0mm等几种，它们允许通过的电流及导线的电阻，见表6-2。

在选用印制导线时应尊守下列几点：

1）在选用印制导线时要留有余量，即根据不同的电流选择印制导线时要比允许的流量要大些，以保证导线的安全。

表 6-2　印制导线与允许通过的电流和电阻的关系

导线宽度（mm）	0.5	1.0	1.5	2.0
允许电流（A）	0.8	1.0	1.5	1.9
导线电阻（Ω/m）	0.7	0.41	0.31	0.25

2）在同一块印制电路板上，应尽可能选用宽度差不多的印制导线，对特殊要求和地线除外。

3）一般情况下，印制导线的宽度应大于 0.5mm，当印制导线的宽度超过 3mm 时，就应采取导线中间开槽的方法（见图 6-9），以消除温度变化而引起的铜箔翘起和剥落。

大面积铜箔的开槽

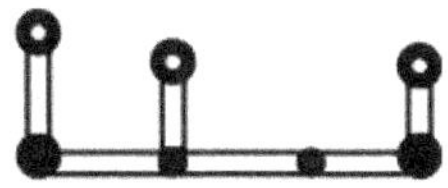
超过3mm时的开槽

图 6-9　印制导线的开槽

4）对于印制板中的电源线及地线，应根据印制板的大小应尽量选用宽一些的印制导线，尤其是公共地线更应如此，一般可选用 1.5～2.0mm。如果在布线允许的条件下可放宽到 4～5mm，甚至更宽。

5）对于一些特殊电路可不考虑导线的宽度。例如，GMOS、TTL、RAM、ROM 及微处理器等电路。

6）对于印制导线的电阻，在一般情况下可不予考虑，如果印制导线较长并超过 100mm 时，应采用加宽导线的办法，以减小因导线的电阻而产生的压降。如果当作公共地线时，为避免地线电位差而引起寄生回授的产生，则应采取相应的措施（如前文所述的一点接地法）。

4. 印制导线的间距要合适

印制导线的间距将直接影响着电路的电气性能，如分布电容、绝缘强度等。

当频率不同时，即使印制导线的间距相同，其绝缘强度也是不同的。频率越高，其相对绝缘强度就会下降。

导线间距越小，分布电容就越大，电路的稳定性就越差。尤其是在高频状态下的电路，其产生的影响就更大。因此导线间距的选择要根据电路的类型、工作环境、分布电容的大小，以及基板材料的种类等因素给予综合考虑。另外，导线间距还与焊接工艺有关，当采用浸焊或波峰焊时，其导线间距需要大一些，而采用手工焊接时，导线间距可小一些。

一般情况下，引脚间的距离最小不应小于 0.4mm，但为了保证电子产品的可靠性，应用比较多的导线间距为 1mm 左右。当线间电压超过 300V 时，其印制导线间距不应小于 1.5mm。印制导线间的最大允许工作电压，见表 6-3。

表 6-3　印制导线间的最大允许工作电压

导线间距（mm）	0.5	1	1.5	2	3
工作电压（V）	100	200	300	500	700

5. 选择合适的焊盘

焊盘是指元器件的穿线孔周围的金属部分，是为焊接元器件的引脚及跨接线而用。

根据焊盘的形状可分为圆形焊盘、岛形焊盘、方形焊盘和椭圆形焊盘等，如图 6-10 所示。

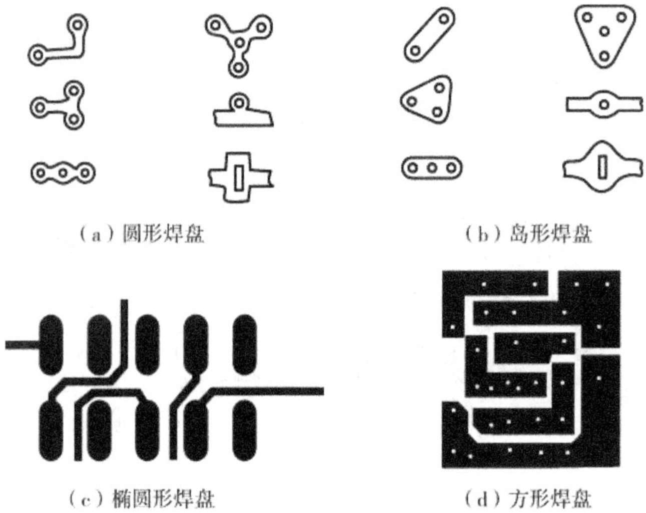

图 6-10　焊盘的形状

1）圆形焊盘。它多应用于双面印制板电路及排列较为规则的电路中，如集成电路的引脚焊盘等。

2）岛形焊盘。该种焊盘多应用于不规则的排列中，在家电产品中应用较多，如电视机、收音机、视盘机等。该种焊盘能使元器件的固定更加密集，因而减少了印制导线的长度和条数。另外，由于它具有较大的铜箔面积，所以增强了焊盘的抗剥离强度。

3）椭圆形焊盘。该种焊盘多应用于插座类元件和双列直插式器件。这种焊盘比圆形焊盘的铜箔面积大，因而有较强的抗剥离能力。

4）方形焊盘。该种焊盘多用于一些简单的电路，如一些小制作或业余手工制做的印制板等。

除以上几种常用的焊盘外，还有其他不同形状的焊盘，如图 6-11 所示。

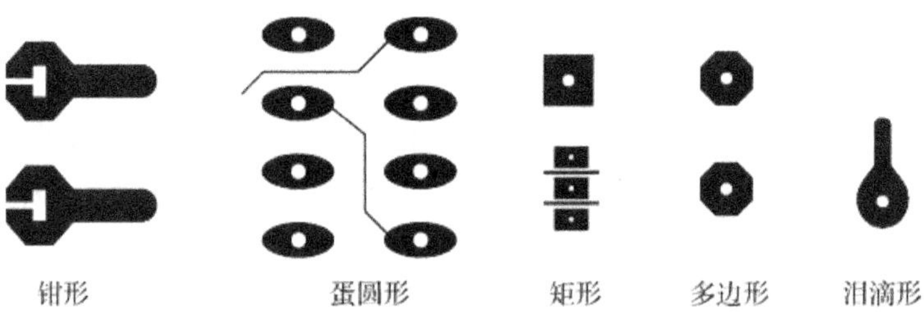

图 6-11　几种不同形状的焊盘

焊盘的穿线孔直径一般比元器件引脚的直径大 0.2～0.3mm，如穿孔太大则会产生焊接不良，机械强度不够等弊病。一般情况下穿孔直径为 0.8～1.3mm。在设计印制板电路时应根据实际情况和元器件引脚的粗细，选择合适的焊盘和穿线孔直径。

6.2.3　绘制印制电路板图时应注意的几个问题

1）印制导线与焊盘的连接应平滑过渡，以避免出现急转弯现象。

2）印制导线的公共地线不应闭合，以免产生电磁感应，而且应尽可能地将地线布置在印制板的边缘处。

3）印制导线的转弯处最好呈圆弧形。

4）印制导线的接点处直径不能过大，最好是孔径的 2～3 倍。

5）印制导线宽度应尽可能地均匀一致，要避免突然变粗或突然变细。

6）印制导线与印制板的边缘应留有一定的距离，以保障绝缘性能。

7）高频电路应避免用外接导线跨接，而且应尽可能地布置在印制电路板的中间，以减小它对地线和机壳的分布电容。

6.2.4　印制电路板对外连接的方式

印制电路板中的元器件是整机电路的一个组成部分，因此就有与其他印制板、其他位置的元器件、整机的面板的连接问题。其对外连接的原则是使连接可靠，实用方便，成本能够接受。常用的连接方式如下。

（1）导线互连

该种连接的优点是可靠、价廉、简单，其不足之处是维修不便，不能互换，而且在导线移动时容易出现焊点脱焊的现象。

导线互连的方式如图 6-12 所示。互连导线应从被焊点的背面穿入专用的穿线孔，然后将导线的端头与印制电路板的相应焊盘焊牢即可。

对于需要用屏蔽导线连接的印制电路板，其连接方法如图 6-13 所示。为避免相互干扰，在布线时应单独进行，不要与其他引脚一起并列布线。

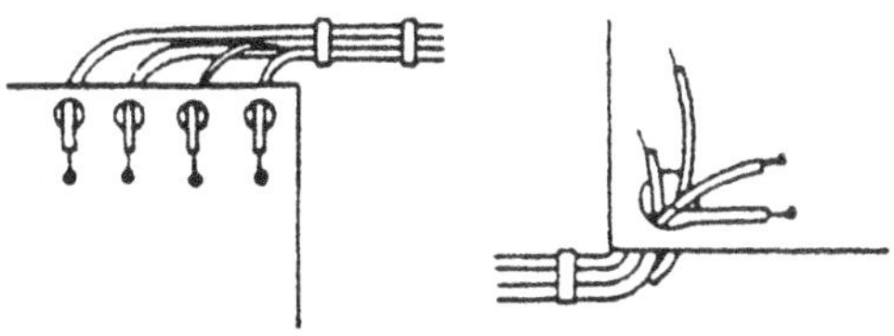

图 6-12　导线与印制电路板的连接

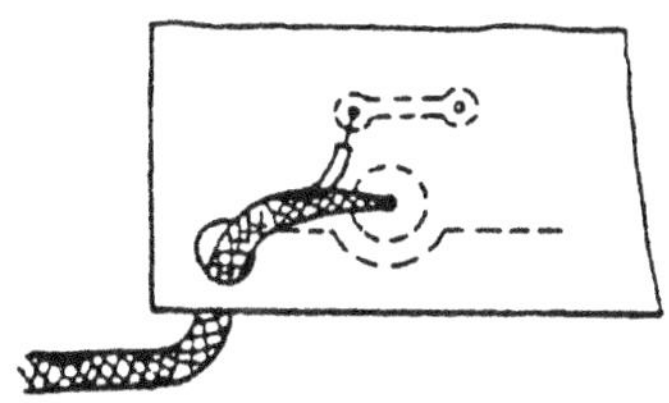

图 6-13　屏蔽导线与印制电路板的互连

为防止因连线移动而导致焊点脱焊，以及提高连线的机械强度，应将连线进行捆扎并通过线卡将互连导线与印制电路板固定，如图 6-14 所示。

（2）应用排线互连

此种连接方式的优点是连接方便可靠，同种机型可互换使用，给维修带来一定的方便，使其应用范围越来越大，如家用电器、仪器仪表等。

（3）接插件连接

1）簧片式插头、插座。该种插座的孔内有弹性金属簧片，插头是用印制电路板做成，在制板时将插头经过镀银和镀金处理。其特点是构造简单，使用方便。在应用该种插头、插座时，应注意印制电路板的厚度，如印制电路板太厚则插不进去，太薄则会造成接触不良甚至脱落。簧片式插头、插座的结构如图 6-15 所示。

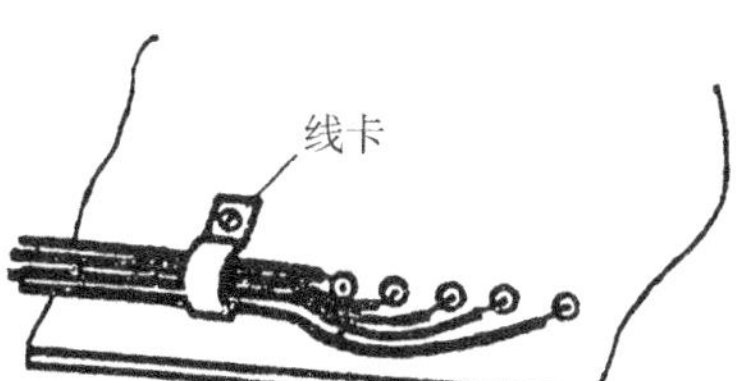

图 6-14　互连导线与印制电路板固定

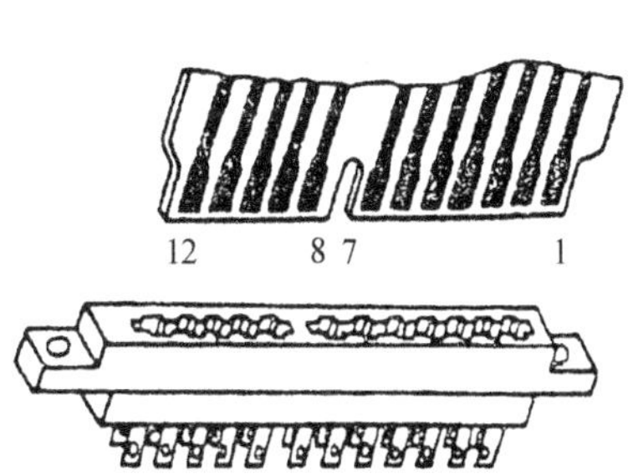

图 6-15　簧片式插头、插座

2）条形接插件。该种接插件是用于印制电路板对外连接线数不等的地方，其插座焊到印制电路板上，插头用压接方式连接导线。条形接插件如图 6-16 所示。

3）带状电缆接插件。该种接插件目前大量应用于计算机内的各部分电路的连接，如软驱数据线等。带状电缆接插件如图 6-17 所示。

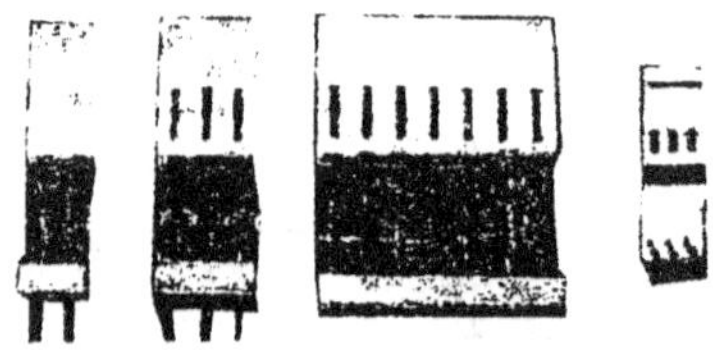

图 6-16 条形接插件

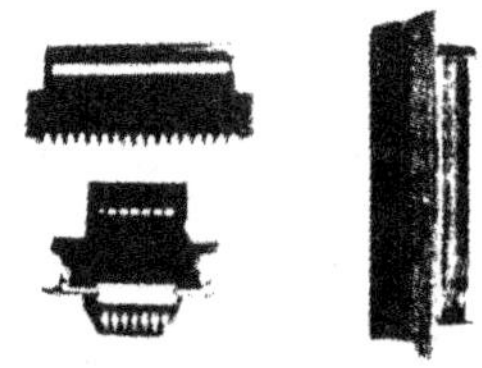

图 6-17 带状电缆接插件

4）针孔式插头、插座。该种接插件的插座上有 90° 的弯针，其中一端用于插入插座；另一端用于与印制电路板接点的焊接，其结构如图 6-18 所示。

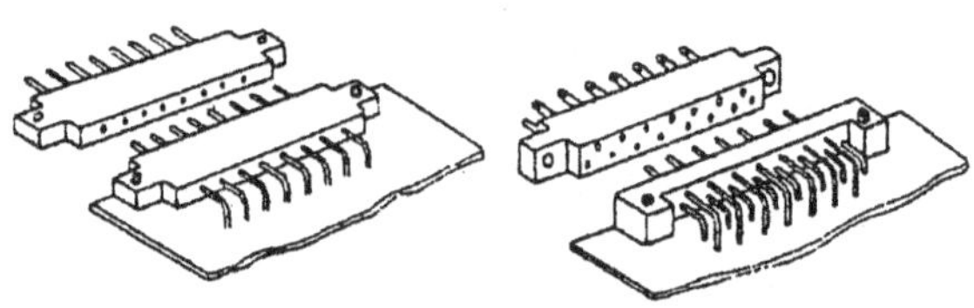

（a）　　（b）

图 6-18 针孔式插头、插座

6.2.5 绘制印制电路板图实例

1. 绘制印制电路板图的过程

1）根据所需要的板面大小，在方格纸上画出印制电路板的形状和尺寸。

2）合理安排好元器件的位置。

3）对照电原理图在方格纸上画出印制导线，一般是先画主要元器件连线，然后再画其他元器件的连线，最后画出地线。

4）在画连线的过程中，如发现元器件连线有交叉时，便要适当调整一下有关元器件的位置，然后再继续画，以避免印制导线的交叉。

5）经多次调整和修改，最后再定稿。

2. 设计印制电路板图的实例

根据前文所述的设计方法，结合实际电路，如何设计印制电路板呢？这对于初学者是一个经常碰到的实际问题，下面就以调速、调光装置的制作为例说明印制电路板的设计过程和方法。调光、调速装置的电路原理图如图 6-19 所示。

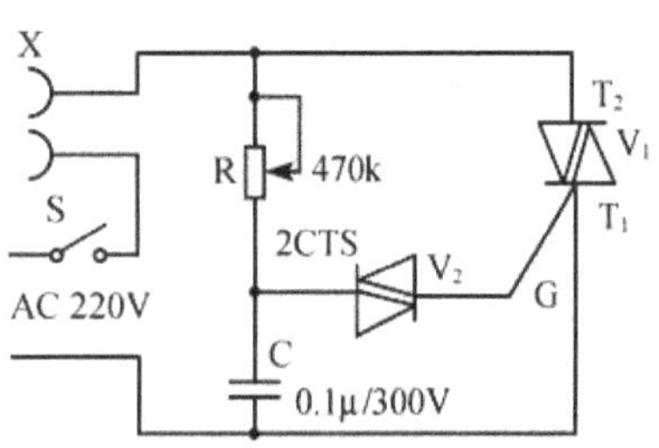

图 6-19 调速、调光装置的电路原理图

1）确定调速、调光装置的板面轮廓。根据电路图可知本制作只有四个元器件，除电位器体积较大一些外，其他元器件体积均很小，所占面积并不大，所以印制板面积有 60mm×80mm 已足够。

2）元器件的布局。由于是调光灯，电路中的电位器有两种装置方法。第一种是将电位器安装在印制板上，将旋转轴露出外壳进行调整。另一种是将由电位器直接安在外壳上，用引脚与印制电路板连接，我们选择第一种方法进行设计。

由于电路工作在低频状态下，相互之间的干扰和感应可以不作考虑。又由于没有较重的元器件，故在元器件选定后，就可根据电原理图中元器件的位置，从左至右将元器件进行排列，如果没有其他方面的要求，便可将结构布局定下来。

当元器件的结构布局确定以后，按照前述确定的印制电路板尺寸，把元器件排放在一张纸上，(可按原理图的顺序和位置排列)，然后绘出元器件的轮廓。在画出元器件的轮廓后，把元器件拿走，并在元器件的轮廓旁边画出元器件引脚的穿孔位置。

在图画完后还需再作进一步的修整，如元器件引脚的穿孔位置是否太集中或太疏，如遇有此种情况时便可适当调整一下元器件的相对位置。图画完后如图 6-20 所示。

3）焊盘位置的确定。在元器件的排列图中将元器件穿线孔位置确定了，其实就已确定了焊盘的位置。

4）根据电原理图将应该连接的穿线孔连接起来，即勾画出印制导线的位置。

5）当勾画出印制导线后，应进一步检查连线的分布情况，是否有走线不合理或有导线交叉的地方，可对元器件做进一步的调整，在以上的检查工作完毕后，便可做最后的印制导线整理。

6）将整理完毕后的图再与电原理图仔细进行核对，确定无误后便可定型。定型后的印制电路板图如图 6-21 所示。

7）把绘制好的印制电路板图复制到敷铜板上，便可进行电路板的制作了。

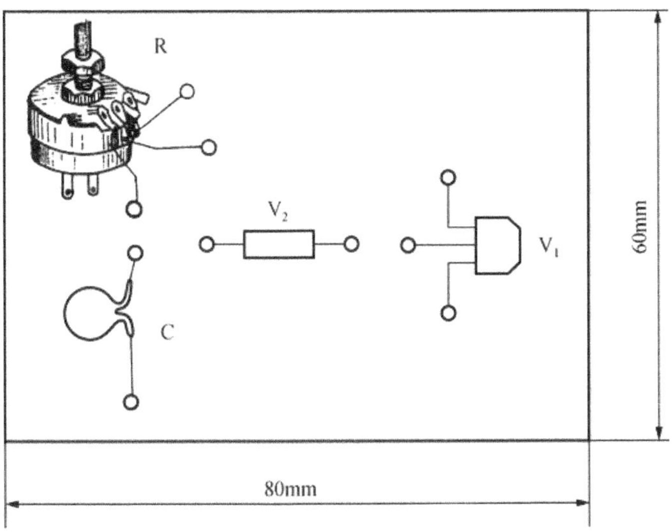

图 6-20　元器件的排列图

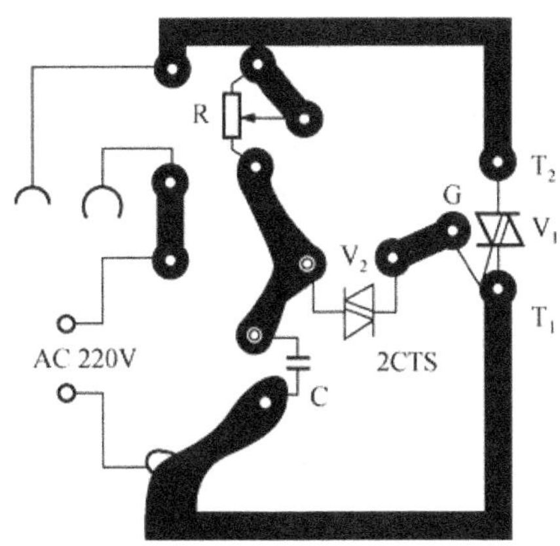

图 6-21　调光灯印制电路板图

6.3　印制电路板的手工制作方法

手工制作印制电路板的方法很多，常用的方法有贴图法、雕刻法、漆图法、热转印法等。

6.3.1　手工制作印制电路板的基本工序

1. 敷铜板的表面处理

由于加工、储存等原因，在敷铜板的表面会形成一层氧化层或污物。其氧化层或污物将影响底图的复印，为此在复印底图前应将敷铜板表面清理干净。清洗的具体方法是用水砂纸蘸水打磨（注意别用粗砂纸），或用去污粉擦洗，直至将板面擦亮为止，最后用水冲洗干净，再用干布擦干净便可使用。

2．复印电路板图

把已经绘制完毕的印制电路板图，用复写纸复印到敷铜板的铜箔面上。在复印时最好把复写纸与印制电路板图用胶布固定在敷铜板上，以防在复印过程中的图纸位移。复印完毕后要认真复查是否有错误和漏掉的线条，如果没有错误便可将印制电路板图和复写纸取下。

3．描图（描涂防腐蚀层）

为能把敷铜板上需要的部分保留下来，就要涂防腐蚀层予以保护。也就是说在需要保留的线条上涂一层防酸涂料。防酸涂料的种类很多，常用的有青漆、调和漆、快干漆等。对于业余制作者还可以自己配制，其配制的具体方法是：

将1份虫胶漆（漆片）溶于3份工业酒精中，等漆片完全溶于酒精后，再加入少量的甲基紫作为着色剂，此时便可使用了。由于它的黏度低、流动性好，可以把印制导线画的比较规整，因而很受业余爱好者的欢迎。但要注意的是由于漆层较薄，在腐蚀过程中一定要将漆层保护好，否则就会出现误腐蚀。

在描绘时，用毛笔和蘸水笔均可，蘸上少许涂料按复印好的线条，从上至下，或从左至右依次描绘便可。对于初次描绘者来说，最好用蘸水笔。因为毛笔的笔尖较软，线条的宽、窄不易掌握，而用蘸水笔则可克服这一不足。无论采用哪种笔，每一次的蘸漆量都不可过多，否则将造成过大或过厚漆斑。在描绘过程中，如出现描绘错误时，可等漆膜干燥后用小刀铲除干净再重新描绘即可。

4．蚀刻

在印制电路板的铜箔上已将需要保留的部分涂了防腐漆，对不需要的铜箔必须给予清除，此清除过程就称为蚀刻。蚀刻的方法有腐蚀法和刀刻法。

（1）腐蚀法

首先准备好三氯化铁溶液和能放入所制作印制电路板的搪瓷盘或塑料盆，再把印制电路板放入盘中，然后把三氯化铁溶液倒入盘内，液面的高度以刚超过印制电路板面即可。为加快腐蚀速度，可用竹镊子夹住印制电路板慢慢晃动或用绵球在腐蚀液中轻轻涂擦铜箔，但必须注意不要把防腐层涂掉。

当印制电路板腐蚀好以后，用竹镊子夹住印制电路板放入清水中清洗干净，然后用布擦干。剩下的任务就是要认真仔细地检查有无漏蚀处，尤其是两个印制导线间的边缘处是否有短接点或毛刺，如果有此现象，应很好把其清除。最后用绵纱蘸稀料或酒精擦洗防腐蚀层，直至露出光亮的印制导线为止。

（2）刀刻法

当制作不太复杂的印制电路板时，因其制作量不大，所以用刀刻法比较方便，而且比腐蚀法快，且可省去不少工序。

刀刻法就是用小刀刻去不需要的铜箔，其主要的工具是锋利的小刀。例如铅笔刀、木刻刀或用废钢锯条磨成的小刀。另外还要用到直尺和尖嘴钳。

刻制电路板的顺序为：

① 将绘制好的印制电路板图复印到印制板的铜箔上，然后用笔把不需要的部分标出，以

避免刻错位置；

② 用小刀刻出印制导线的轮廓。在刻轮廓时第一刀要轻、线条要直，否则一刀刻歪了，下面的一刀就容易以歪的地方滑下去。因此在刻轮廓时，不能用力过猛。

③ 把铜箔刻透。将已经刻好轮廓的印制导线再用刀的后端用力往下按，但要注意缓慢进刀，直到刻透铜箔为止；

④ 将刻透的铜箔用刀尖挑起一个头，然后用尖嘴钳夹住轻轻撕下。在做撕拉动作时要特别小心，否则就会把保留的部分给一起撕下。

5. 钻孔

用台钻或手摇钻打孔都可以。用台钻打孔既快又省力，并能保证打孔的质量。但要注意台钻的转速应取高速为宜，如果转速过低，钻出来的孔就会有毛刺， 但进刀不宜过快，以免将铜箔挤出毛刺。在用手摇钻打孔时，钻头不易过长，以防止钻头折断（尤其是 1mm 以下的钻头）。在打孔完毕后，将孔稍加整理，并用干布擦去粉沫。

6. 涂助焊剂

当印制电路板腐蚀、打孔的工序完成后，为提高焊接质量，均需在印制导线的铜箔上涂覆助焊剂。这样可使板面的印制导线减少氧化，并提高其可焊性。

（1）涂松香助焊剂

松香助焊剂除采用成品外还可自己配制，其方法是将 1 份松香放入 2 份酒精中，待溶解后便可使用。在使用时将绵球蘸溶液涂在印制导线的铜箔上，也可用毛刷蘸上溶液均匀地涂刷在印制电路板上，然后放在通风处，让其酒精挥发，待干燥后印制电路板上便有一层黄色透明的松香保护层了，此时便可使用了。

（2）镀银层助焊剂

先将硝酸银溶液放入瓷盘，然后将腐蚀完毕的印制电路板浸在溶液中，待到印制导线的铜箔上留有一层银后（需要十几分钟），便可将印制电路板取出并用清水冲洗，待凉干后便可使用。

6.3.2 热转印法

热转印法是一种方法简单、精度较高、制作速度快的手工制作印制电路板的方法，具体的制作过程介绍如下：

1）用计算机画出印制电路板图。可以使用不同的制图软件绘制，如 Protel99、OrCAD、PADS、Coreldraw 等，其中常用的是 Protel99。

2）用激光打印机或复印机将设计好的印制电路板图，打印到热转印纸上。

3）按需求截裁敷铜板，用细砂纸打磨敷铜板，并清理敷铜板表面的不洁物。

4）将打印好的热转印纸平整地敷盖到清洁后的敷铜板上。然后用电熨斗在热转印纸上往返多次，给其加热，使墨粉全部吸附在敷铜板上。

5）当敷铜板逐渐冷却后，便可将热转印纸揭掉，此时便要检查所印的图形符号、导线及焊盘是否清楚，是否有遗漏，如有遗漏，应给予修补。

6）将印有电路图的敷铜板进行腐蚀。可采用浓度为 25%～45%的三氯化铁溶液进行。

7）将腐蚀完毕的敷铜板放入水中清洗，并用布进行擦拭，如有剩余的墨粉可用无水酒精进行清除。

8）钻孔。在钻孔时应注意不要让铜箔出现毛刺，如果有毛刺出现，可用砂纸打磨。

6.4 印制电路板的制作工艺流程简介

由于电子工业的飞速发展，电子产品的种类越来越多，对印制电路板的技术要求也越来越高。又由于大规模集成电路的不断地发展，对印制电路板的制造精度、密度、可靠性及生产工艺的要求也在不断地提高。印制电路板从单面板、双面板到多层板和挠性板的生产，其发展速度很快，而且生产工艺也在不断更新，加工方法也在不断改进，印制导线越来越细、间距也越来越小，生产工艺也在不断地发展。

6.4.1 印制电路板的制作工艺流程（基本过程）

印制电路板的制作工艺基本上可分为减成法和加成法。减成法工艺就是通过蚀刻除去不需要的铜箔，从而获得导电图形的方法。此种方法应用最为广泛，是目前应用最多的一种方法。加成法工艺就是在没有敷铜箔的层压板基材上，用化学沉铜法和某种敷设法形成电路图形的方法。减成法工艺流程如下所述：

1．照相底图及照相制版

当电路图设计完成后，就要绘制照相底图。绘制底图的方法有计算机绘制黑白工艺图再照相成为照相底片，光绘制机直接制成照相底片，人工描绘或贴制黑白工艺图照相制版。

2．图形转移

图形转移就是将照相底片上的印制电路图转移到敷铜板上。转移的方法有丝网漏印、光化学法等。其中光化学法又分为液体感光法和光敏干膜法两种。目前应用较多的是丝网漏印法、光敏干膜法。

丝网漏印法是指将选好的印制电路板图制在丝网上，然后用印料（油墨等）通过丝网版将线路图形漏印到铜箔板上的方法，因为丝网漏印法有操作简单、成本低和效率高及操作方便、生产效率较高的特点，故在印制电路板制造中得到了广泛的应用。又由于具有一定的精度，所以适用于单面印制电路板和双面印制电路板的生产。图 6-22 是最简单的丝网漏印装置，先在丝网（真丝、涤纶丝）上通过贴感光膜等进行感光化学处理后，再将图形转移到丝网上，然后再通过刮板将印料漏印到印制电路板上。除上述最简单的丝网漏印装置外，还有半自动和自动丝网漏印机，其印制效率得到了很大的提高、其自动丝网漏印机是自动完成送料、定位、取料、添加印料等各种工序。

光敏干膜法与丝网漏印法相比其优点是所具有的尺寸精度高、生产效率高、生产工艺相对简单及能制造较精密而细的印制导线。

3．蚀刻

蚀刻就是用化学的方法将印有图形的铜箔保留下来（印制导线、焊盘以及其他符号），腐蚀掉不需要的铜箔。

蚀刻的流程是：预蚀刻→蚀刻→水洗→浸酸处理→水洗→干燥→去抗蚀膜→热水洗→冷水洗→干燥。

4. 金属涂覆

将蚀刻完毕的印制电路板进行金属涂覆的目的是增加可焊性、保护铜箔并起到抗氧化、抗腐蚀的作用。目前采用较多的是浸锡或镀铅锡合金的方法。具体的涂覆方法有热熔铅锡工艺和热风整平工艺。热熔铅锡工艺是通过甘油浴或红外线使铅锡合金在 190～220℃的温度下熔化，充分润湿铜箔而形成牢固的结合层。热风整平工艺是使浸涂铅锡焊料的印制电路板从两个风刀之间通过，风刀中热压缩空气使铅锡合金熔化并将板面上多余的金属吹掉，从而获得均匀的铅锡合金层。

5. 金属化孔

金属化孔就是在多层印制电路板的孔内电镀一层金属，从而形成一个金属筒让其与印制导线连接起来。图 6-23 是多层金属化孔的连通作用示意图。

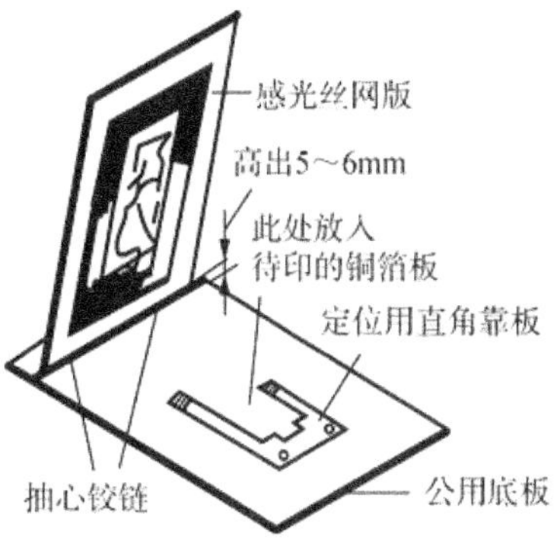

图 6-22　简单的丝网漏印装置

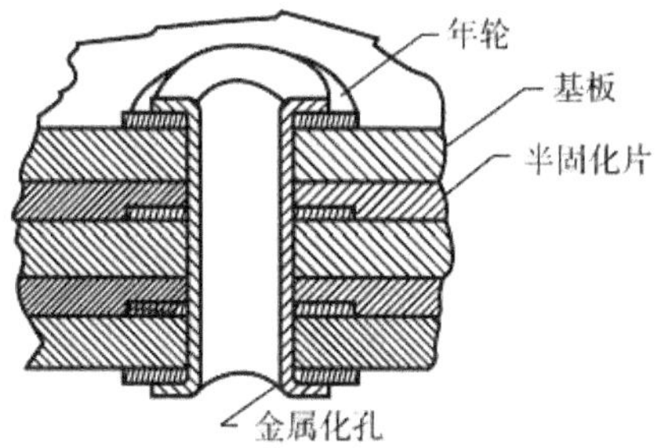

图 6-23　多层金属化孔的连通示意图

6. 钻孔

钻孔就是对印制板上的焊盘打孔，除用台钻打孔外，现在普遍采用程控钻床钻孔。

7. 涂助焊剂和阻焊剂

涂助焊剂就是在印制导线和焊盘上喷涂酒精松香水或其他类型的助焊剂，以提高焊盘的可焊性，并同时起到保护印制导线和焊盘不被氧化的作用。

涂阻焊剂就是在印制电路板上涂覆阻焊层，以防止在焊接时出现搭焊、桥接造成的短路。涂阻焊剂还可以起到防止机械损伤、减少虚焊和减少潮湿气体的作用。

6.4.2　单面印制电路板的生产工艺流程

单面印制电路板的生产工艺流程是：选材下料→表面清洁处理→上胶→曝光→显影→固膜→修版→蚀刻→去保护膜→钻孔→成形→表面涂覆→涂助焊剂→检验。

6.4.3　双面印制电路板的生产工艺流程

双面印制电路板与单面印制电路板的生产工艺流程的主要区别就在于增加了孔金属化工艺。

普通双面印制电路板的主要生产工艺流程是：生产底片→选材下料→钻孔→孔金属化→粘膜→图形转移→电镀→蚀刻→表面涂覆→检查。

高精度和高密度的双面印制电路板采用的是图形电镀法，目前采用的集成电路印制板大都采用了该种工艺，该种工艺可以生产出线宽和线间距在0.3mm以下的高密度印制电路板。图形电镀法的工艺流程是：

选材下料→钻孔→化学沉铜→电镀铜加厚（达不到预订厚度时）→贴干膜→图形转移（曝光、显影）→二次电镀铜加厚→镀铅锡合金→去保护膜→腐蚀→镀金（插头部分）→成型→热熔→检验。

6.4.4 多层印制电路板的生产工艺

多层印制电路板的生产工艺是在双面印制电路板的制作工艺基础上发展而来的。因此，多层电路板的制作过程除与双面印制电路板相同的工艺外，还要加入内层材料处理、层定位、层压、黑化处理、内层成像、孔加工、制内外层图形等项工艺。总之，它的制作工艺较为复杂，是印制电路板中技术要求较高的产品。

6.5 计算机绘制印制电路板图的简介

用计算机绘制印制电路板图的设计越来越普遍，其设计软件也越来越多，目前市场上常用的软件主要有：Protel PADS、OrCAD、Workbench 等几种。其中 Protel99 是应用最为广泛的软件，主要是该软件具有丰富多样的编辑功能、自动化的设计能力、极其丰富的原理图元件库、印制板元件库及其库编辑和库管理功能。

Protel99 具有原理图编辑器（Schematic Document）、印制电路板编辑器（PCB Document)、文件夹编辑器（Document Folder)、表格编辑器（Spread Sheet Document ）文字编辑器（Text Document)、波形编辑器（Waveform Document）等几个功能模块。

下面主要简介 Protel99 用于电原理图的设计与印制电路板图的主要设计过程。

1. 电原理图的设计过程

1）建立文件、启动电路原理图编辑器，并进入电路原理图编辑界面。

2）设置图纸大小。

3）设置电路原理图设计环境。

4）装入元件库。

5）放置元件。

6）原理图布线。

7）调整、编辑线路。

8）输出报表。

9）存盘打印。

2. 印制电路板图的设计过程

1）启动印制电路板编辑器。

2）确定图纸的大小与形状。

3）设置参数。

4）装入印制电路板元件库。

5）装入网络表。

6）进行元器件布局。

7）进行自动布线并进行手工调整。

8）存盘打印。

在设计电原理图与印制电路板图时，每个过程的具体操作方法与步骤请参阅有关资料。

本章小结

1．常用的印制电路板有：单面印制电路板、双面印制电路板、多层印制电路板、软性印制电路板和平面印制电路板。

2．按敷铜板材料的不同可分为：酚醛纸基敷铜板、环氧酚醛玻璃布敷铜板、环氧双氰铵玻璃布敷铜板、聚四氟乙烯敷铜板。

3．绘制电路板图的步骤：合理安排电路中的元器件、合理布线、选择合适的印制导线宽度、安排好印制导线的间距和选择合适的焊盘。

4．在设计印制电路板时主要考虑的内容有：印制电路板的外形尺寸、形状、材料和外部连接，以及元器件的摆放位置、印制导线的宽度、印制导线间的距离大小、焊盘的直径和孔径等。

5．绘制印制电路板草图的步骤可归纳如下：画出版面轮廓、布置元器件并画出外形、确定焊盘位置、勾画印制导线、整理印制导线、标明尺寸并注明技术要求。

6．设计印制电路板的步骤是：做好设计准备工作、确定元器件位置、绘制印制板草图、布线、绘制制板底图。

7．印制电路板的手工制作步骤是：敷铜板的表面处理、复印电路板图、描图、蚀刻、钻孔、涂助焊剂。

8．热转印法是将设计好的印制板电路图用热转印纸，经加热后转印到敷铜板上的手工制作方法。其优点是速度快、精度高。

9．Protel99 具有原理图编辑器、印制电路板编辑器、文件夹编制器、表格编辑器、文字编辑器、波形编辑器五大功能模块。

操作练习 6

1．目的

初步学会印制电路板的手工制作方法。

2．器材与工具

电原理图、敷铜板、三氯化铁溶液、防腐漆。

3．步骤

（1）进行敷铜板的表面处理。

（2）绘制电路板图。

（3）复印电路板图。

（4）描图（描涂防腐蚀层）。

（5）蚀刻（腐蚀印制板）。

（6）钻孔。

（7）涂助焊剂。

练习6

6.1　采用印制电路板的优点是什么？

6.2　在进行小制作时，应选择什么材料的敷铜板？

6.3　印制电路板的制作过程可以分为几个步骤？

6.4　在敷铜板上复印电路板图时，应注意什么问题？

6.5　绘制印制电路板图时，应注意哪些问题？

6.6　什么是热转印法？其制作流程是什么？

第 7 章 焊接技术

【本章内容提要】

本章讲述的主要内容有焊接工具的种类及其使用与维护、焊接用焊料、助焊剂、阻焊剂的种类和特性、手工焊接的要领与方法、对元器件如何进行拆焊、对焊接质量如何检查等。

焊接在电子产品装配中是一项很重要的工序，焊接的好坏直接影响着产品的质量。由于它是将各种元器件与印制导线牢固地连接在一起的过程，只有把全过程的每一个环节掌握好，才能保证焊接的质量。

在无线电整机装配中使用的是钎焊，即采用加热熔化成液态的金属，把固态金属连接在一起的方法。由于所用的焊料是锡铅，因而简称为锡焊。该种焊接方法具有焊接简便，使用工具简单的特点，因此使用很广泛。

现在家用电器产品的种类很多，当它们产生故障时，除元器件的原因外，大多数是由于焊接质量不佳而造成的。作为一个电子技术工作者或无线电爱好者，不但要有焊接的基本理论知识，更重要的是应当掌握熟练的焊接操作技能，这对于提高其维修技能是很重要的。

随着科技的发展，电子产品在不断更新，焊接方法和设备也都在不断推陈出新、更新换代，除使用很久的波峰焊外，再流焊和倒装焊正在被广泛使用。

虽然焊接的种类很多，但对于小规模生产和家电的维修而言，手工焊接仍是应用最多的最广泛的。本章主要是介绍手工焊接工艺及其焊接工具、焊料和焊剂等内容。

7.1 焊接工具

7.1.1 电烙铁的种类

常用电烙铁的种类有内热式、外热式、恒温式、感应式等。现在普遍采用的是内热式电烙铁。

1. 外热式电烙铁

外热式电烙铁的外形及结构，如图 7-1 所示。它是由电烙铁头、电烙铁心、外壳、木柄、电源线及引脚插头等部分组成。由于电烙铁心的电阻丝绕在由云母绝缘的电烙铁心骨架上，而电烙铁头又安装在电烙铁心里面，在通电发热后，其热量从外向内传到电烙铁头上，从而使电烙铁头升温，故称为外热式电烙铁。

外热式电烙铁的电烙铁心是电烙铁的关键部件，它是将电阻丝平行地绕制在一根空心瓷管上构成的，中间由云母片绝缘，并引出两根导线与 220V 交流电源连接。外热式电烙铁心的结构，如图 7-2 所示。

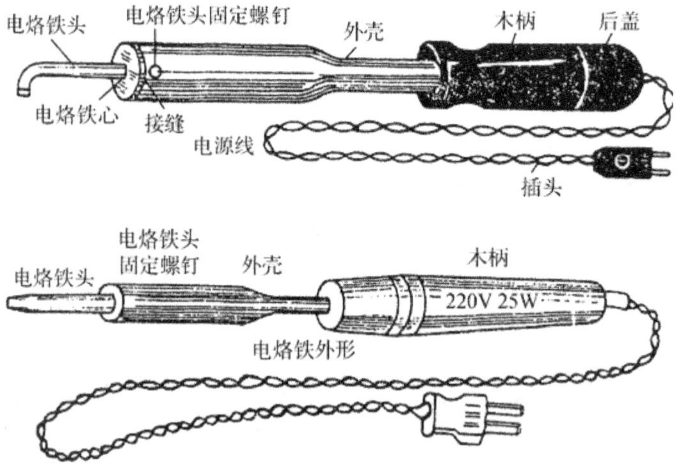

图 7-1　外热式电烙铁的外形及结构

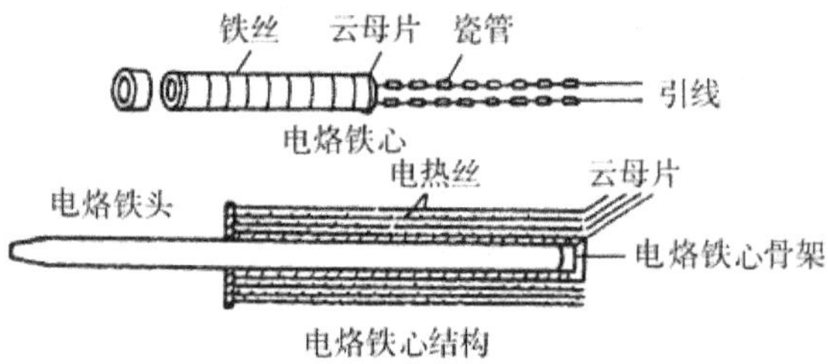

图 7-2　外热式电烙铁心的结构

外热式电烙铁常用的规格有 25W、45W、75W、100W、150W 等几种。电烙铁的功率越大其电烙铁头的温度就越高。

电烙铁的功率规格不同，其电烙铁心的阻值也不同。例如 25W 的电烙铁心，其阻值为 2kΩ，45W 的电烙铁心，其阻值为 1kΩ，75W 的电烙铁心，其阻值约为 0.6 kΩ，100W 的电烙铁心，其阻值约为 0.5 kΩ。当不知道所用的电烙铁为多大功率时，便可通过测量其烙铁心的阻值给予判断。

2. 内热式电烙铁

内热式电烙铁的外形和结构，如图 7-3 所示，它是电由手柄、连接杆、弹簧夹、电烙铁心、电烙铁头组成，由于电烙铁心安装在电烙铁头里面，因此称为内热式电烙铁。

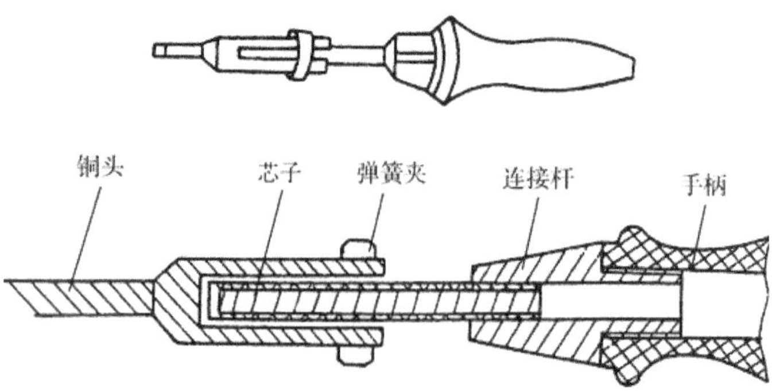

图 7-3　内热式电烙铁的外形和结构

内热式电烙铁与外热式电烙铁相比有质量小、热得快、耗电省、热效率高、体积小等优势，故是手工焊接的首选，因而得到了普遍的应用。

内热式电烙铁常用的规格有 20W、30W、50W 等几种。由于它的热效率较高，故 20W 内热式电烙铁就相当于 40W 左右的外热式电烙铁。

内热式电烙铁头的一端是空心的，用于套接连杆，为能与连杆套接牢固，使用弹簧夹固定。当需要更换电烙铁头时，必须先将弹簧夹退出，同时用钳子夹住电烙铁头的前端，再慢慢地退出，切记不能用力过猛，以免损坏连接杆。

内热式电烙铁的电烙铁心是用比较细的镍铬电阻丝绕在瓷管上制成的，其电阻值约为 2.5KΩ左右（20W），电烙铁的温度一般可达 350℃左右。由于电烙铁心是由瓷管构成的，为确保其不被损坏，应尽可能避免被摔在地上。又由于镍铬电阻丝比较细，在通电时间较长时容易被烧断，故在使用时应注意一次性通电时间不能太长。

3. 恒温电烙铁

由于在焊接集成电路、晶体管元件时，温度不能太高、焊接时间不能过长，否则就会因温度过高而造成元器件的损坏。因此对电烙铁的温度要给予限制，而恒温电烙铁就可以达到这一要求。这是由于恒温电烙铁头内，装有带磁铁式的温度控制器（磁控开关），通过控制通电时间而实现。即给电烙铁通电时，电烙铁的温度上升，当达到预定的温度时，因强磁体传感器达到了居里点（某一点温度，因磁体成分而异）而磁性消失，从而使磁心触点断开，这时便停止对电烙铁供电；当温度低于强磁体传感器的居里点时，强磁体便恢复磁性，并吸动磁心开关中的永久磁铁，使控制开关的触点接通，继续向电烙铁供电。

恒温电烙铁的外形及内部结构如图 7-4 所示。

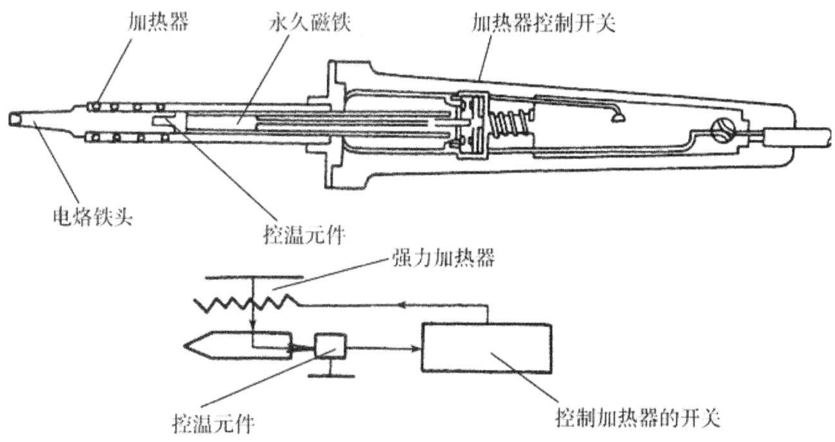

图 7-4 恒温电烙铁的外形及内部结构

4. 吸锡电烙铁

吸锡电烙铁是将活塞式吸锡器与电烙铁熔为一体的拆焊工具，它具有使用方便、灵活、适用范围宽等特点。这种吸锡电烙铁的不足之处是每次只能对一个焊点进行拆焊。活塞式吸锡器的内部结构如图 7-5（a）所示，其外形和结构如图 7-5（b）所示。

吸锡电烙铁的使用方法是先接通电源预热 3～5min，然后将活塞柄推下（图 7-5（a）的按钮 1）并卡住，把吸锡电烙铁的吸头前端对准欲拆焊的焊点，待焊锡熔化后，将按钮 2 按下，此时活塞便自动上升，焊锡即被吸进气筒内。如果被拆焊点的焊锡未被吸尽，照上述方法可进行 2～3 次，直至焊锡被吸尽为止。

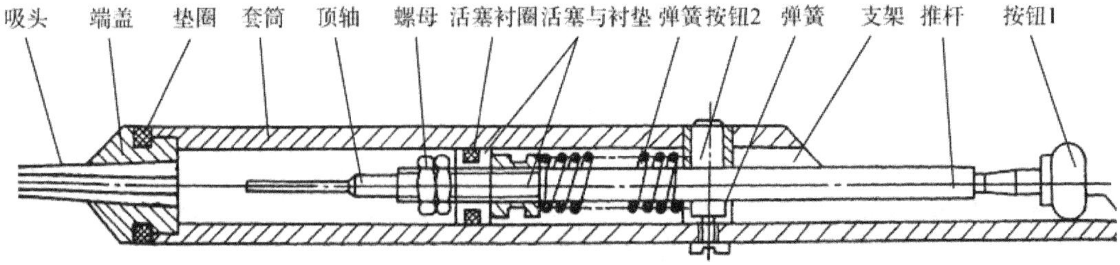

（a）活塞式吸锡器的内部结构

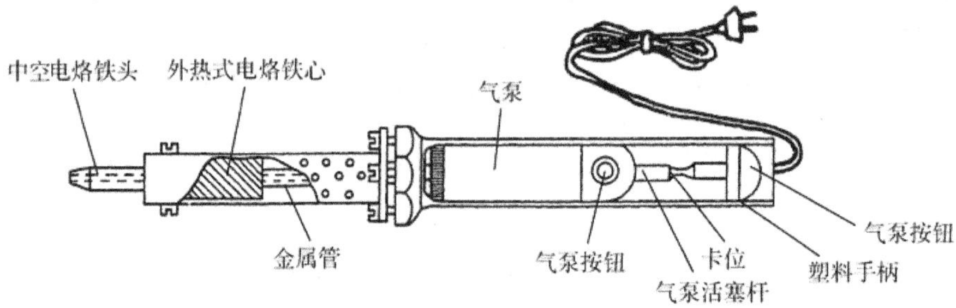

（b）外形和结构

图 7-5 吸锡电烙铁

另外，吸锡器一般都配有两个以上的吸头，可根据元器件引脚的粗细进行选用。每次使用完毕后，要推动活塞 3～4 次，以清除吸管内残留的焊锡，以使吸头与吸管畅通，以便下次使用。

5. 感应式电烙铁

感应式电烙铁也称焊枪，由于升温很快也可称速热电烙铁。它的内部结构如图 7-6 所示。

感应式电烙铁的内部为一个变压器，此变压器的次级线圈很少，因此一但接通电源，次级线圈就能通过感应得到较大的电流，此电流在通过加热体时使电烙铁头快速升温。一般通电仅几秒钟就能达到焊接温度，由于手柄上带有开关，因此接通电源与关闭电源都非常方便，故很适合于断续工作的需要。

6. 热风枪

热风枪是专门用于表面安装元器件的焊接和拆焊的手工工具，由于它备有多种规格的喷嘴，因而能满足不同型号表面元器件的焊接与拆焊。热风枪的外形如图 7-7 所示。

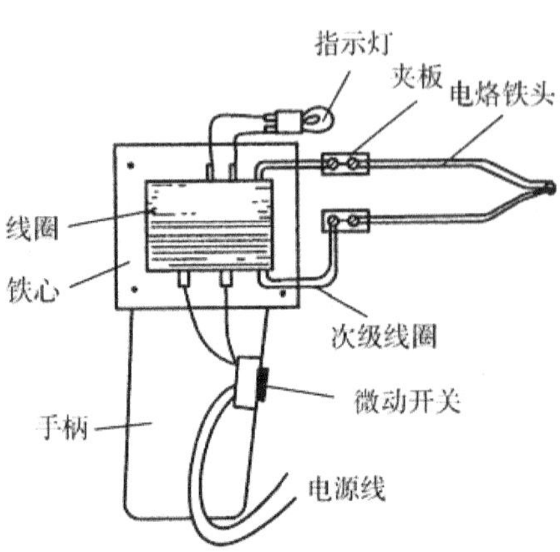

图 7-6 感应式电烙铁结构

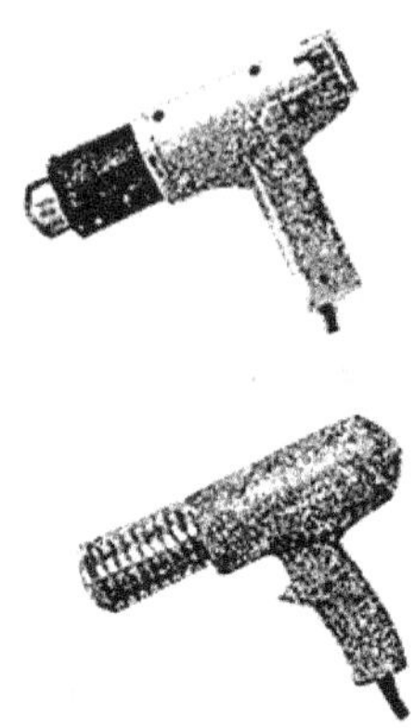

图 7-7 热风枪的外形

热风枪主要是由空气压缩泵、控制电路及热风喷头组成。其中空气压缩泵用于压缩空气的供应，热风喷头用于加热压缩空气，控制电路用于对压缩空气的风力及压缩空气的温度给予控制。

7.1.2 电烙铁头

电烙铁头是电烙铁的重要部件之一，电烙铁头的形状和材料直接影响着它的使用功能和焊接效果。

电烙铁头一般是用紫铜材料制成的，而内热式电烙铁头还经过一次电镀（所镀材料为镍或纯铁），其电镀的目的是保护电烙铁头不受腐蚀。还有一种电烙铁头是用合金制成，该种电烙铁头的寿命比紫铜材料电烙铁头的寿命要长的多，但多用于固定产品印制电路板的焊接。

电烙铁头的作用是储存热量和传导热量，它的温度必须比被焊接件的温度高很多，只有这样才能保证焊接的正常进行。电烙铁头的温度与电烙铁头的体积、形状、长短等都有一定的关系。当电烙铁头的体积比较大时，则保持温度的时间长些，否则相反。

为适应不同焊接点的要求，电烙铁头的形状也有所不同，常见的有锥形面、凿形面、圆形面、马蹄形面等。电烙铁头的各种形状如图 7-8 所示。可根据焊点的需要进行选择。

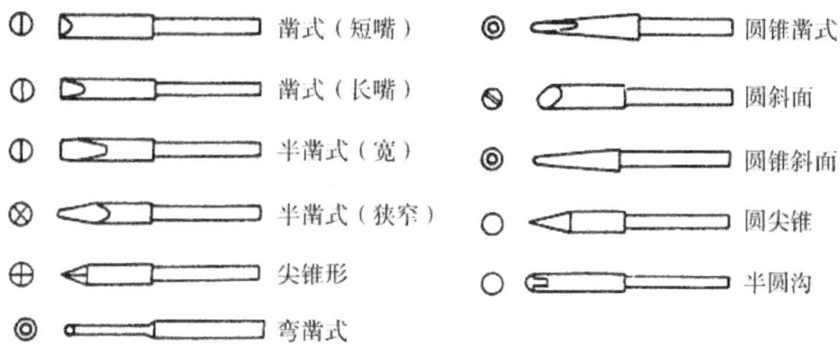

图 7-8 电烙铁头的各种形状

7.1.3 电烙铁的选用

电烙铁的种类及规格很多，为能适应所焊元器件的需要，应合理地选择电烙铁，这对提高焊接质量和效率有直接的关系。当被焊工件的大小不同时，应按具体情况给予合适的选择。如果被焊件较大，使用的电烙铁功率较小时，则焊接温度过低，焊料熔化较慢，焊剂不能正常发挥，则焊点不光滑、不牢固，这样势必造成焊接强度不够及外观质量不合格的焊点，有的甚至焊料不能熔化，使焊接无法进行。

如果电烙铁的功率太大，则使过多的热量传递到被焊工件上面，使元器件的焊点过热、温升过快，造成元器件的损坏，甚至使印制电路板的铜箔翘起或脱落，又由于焊料在焊接面上流动过快，并无法控制，致使印制电路板被污浊。

电烙铁的选择，可以从以下几个方面进行考虑：

（1）在焊接集成电路、晶体管及受热易损件时，应选用 20W 的内热式电烙铁或 25W 的外热式电烙铁。

（2）在焊接导线及同轴电缆、机壳底板等时，应选用 45～75W 的外热式电烙铁或 50W 的内热式电烙铁。

（3）在焊接较大元器件时，如行输出变压器的引脚、大电解电容的引脚及大面积公共地线时，应选用 75～100W 的电烙铁。

（4）如要对表面安装元器件进行焊接，可采用工作时间长而温度较稳定的恒温电烙铁。

（5）对于即能用内热式电烙铁焊接，又能用外热式电烙铁焊接的焊点，应首选内热式电烙铁。因为它体积小、操作灵活、热效率高、热得快，使用起来方便快捷。

7.1.4 电烙铁的使用方法

1. 电烙铁的握法

为了能使被焊件焊接牢靠，又不烫伤被焊件周围的元器件及导线，因此就要根据被焊件的位置、大小及电烙铁的规格大小，适当地选择电烙铁的握法。

电烙铁的握法可分为3种，如图7-9所示。

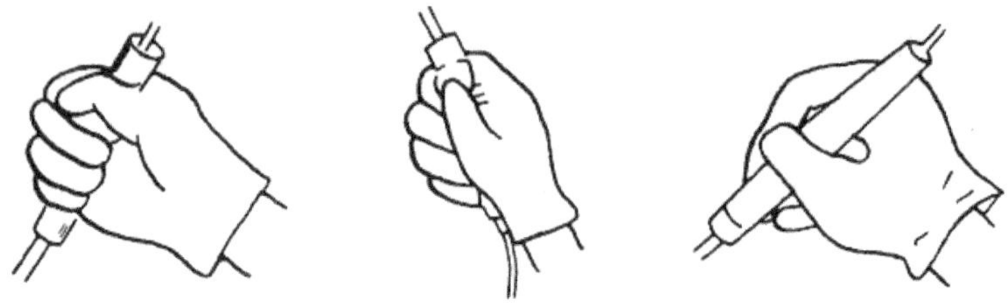

（a）反握法　（b）正握法　（c）握笔法

图7-9 电烙铁的握法

① 反握法。该握法用五指把电烙铁的手柄握在掌内。它适用于大功率电烙铁的操作，焊接散热量较大的被焊件，而且不感到疲劳。

② 正握法。此法使用的电烙铁功率也比较大，且多为弯头形电烙铁。

③ 握笔法。此种握法与握笔的方法相同，适用于小功率的电烙铁（35W以下），焊接散热量小的被焊件。是印制电路板焊接中最常用的一种握法。例如焊接收音机、各种小制作及其各种维修等。

2. 新电烙铁在使用前的处理

一把新购置的电烙铁是不能拿来就能用的，必须先对电烙铁头进行处理后才能正常使用，即在使用前给电烙铁头镀上一层焊锡。具体的方法是先用锉把电烙铁头按需要锉成一定的形状，然后接上电源，当电烙铁头的温度升至能熔化焊锡时，将松香涂在电烙铁头上，等松香冒烟后再涂上一层焊锡，如此进行2～3次，直到使电烙铁头的刃面全部挂上焊锡时就可以使用了。

当电烙铁头使用一段时间后，电烙铁头的刃面及其周围就产生一层氧化层，这样便产生“吃锡”困难的现象，此时可锉去氧化层，重新镀上焊锡。

3. 电烙铁头长度的调整

经过选择电烙铁的功率大小后，已基本满足焊接温度的需要，但是仍不能完全适应印制电路板中所装元器件的需求。例如焊接集成电路与晶体管时电烙铁头的温度就不能太高，且时间不能过长，此时便可将电烙铁头插在电烙铁心上的长度进行适当调整，进而控制电烙铁头的温度。具体的调整方法是对于内热式电烙铁需先将弹簧夹放松，然后将电烙铁头向外拉动，使连接杆在电烙铁头里的长度减少，便可达到对电烙铁头略许降温的目的；如使连接杆在电烙铁头里的长度增加，便会使电烙铁头的温度略有升高。

4．根据电烙铁头的不同，采用不同的握法

电烙铁头有直头和弯头两种，当采用握笔法时，直电烙铁头的电烙铁使用起来比较灵活。适合在元器件较多的电路中进行焊接。弯电烙铁头的电烙铁用正握法比较合适，且多应用于在线路板垂直桌面情况下的焊接。

5．电烙铁不易长时间通电

电烙铁不易长时间通电而不使用，因为这样容易使电烙铁心加速氧化而被烧断，同时也将使电烙铁头因长时间加热而氧化，甚至被“烧死”不再“吃锡”。

6．更换电烙铁心时，应注意不能接错位置

更换电烙铁心时要注意引脚不要接错，因为电烙铁上有三个接线柱，而其中有一个接线柱是接地线的，另外两个接线柱是接电烙铁心上两根引线的（而这两个接线柱也是与 220V 交流电源相接的引脚柱，即通过该两个接线柱使电烙铁心与 220V 交流电源相连）。如果不小心将 220V 交流电源线错接到接地线的接线柱上，则电烙铁外壳就要带电，进而使被焊件也带了电，这样就会发生触电事故。

7．电烙铁头的保护

电烙铁在进行焊接时，最好选用松香焊剂，以保护电烙铁头不被腐蚀。氯化锌和酸性焊油对电烙铁头的腐蚀性较大，会使电烙铁头的寿命缩短，因而不易采用。

7.1.5 电烙铁的常见故障及其维护

电烙铁在使用过程中常见的故障有电烙铁通电后不热、电烙铁头不吃锡、电烙铁头带电等故障。下面以内热式 20W 电烙铁为例加以说明。

1．电烙铁通电后不热或引起电源短路

当遇到此故障时，可以用万用表的欧姆挡（R×1k）测量插头的两端，如果表针不动，说明有断路故障。首先应检查插头本身的引脚有否断路现象，如果没有，下一步便可卸下胶木柄，再用万用表测量电烙铁心的两根引线，如果表针仍然不功，说明电烙铁心已损坏，应更换新电烙铁心。如果测量电烙铁心的两根引线间的阻值为 2.5kΩ左右，说明电烙铁心是好的，故障出现在电源引线及插头本身，多数故障为引线断路，插头中的接点断开，可进一步用万用表的 R×1k 挡进行测量，便可发现问题所在。

当用万用表的欧姆挡（R×1）测量插头的两端时，如果万用表的表针指示接近 0Ω，说明有短路故障，故障点多为插头内短路。当发现短路故障时，应及时处理，并要注意没排除故障以前，不能再次通电，否则将引起电源短路而烧坏熔断器。

更换电烙铁心的具体步骤是：

① 先将固定电源线的压线螺钉松开取下，再将塑料手柄逆时针旋转并沿着电源线退出；

② 先将固定电源线的螺钉松开，再把电源线从接线柱的插孔中拔出；

③ 将固定电烙铁心引线的接线柱逆时针旋转，使电烙铁心引线松开并将其卸下，把电烙铁心从连接杆中抽出来；

④ 先将新的同规格的电烙铁心插入连接杆，再将引线固定在固定螺钉上，并拧紧接线

柱，同时要注意把电烙铁心引线多余的部分剪掉，以防止两根引线短路；

⑤ 先将电源引线分别插入接线柱插孔，再将上端螺钉旋紧，并做最后检查是否有接线错误；

⑥ 先把塑料手柄恢复原位，再把压线螺钉拧紧。

2. 电烙铁头带电

电烙铁头带电除前边所述的电源线错接在接地线的接线柱上的原因外，还有就是当电源线从电烙铁心接线柱上脱落后，又碰到了接地线的接线柱上，从而造成电烙铁头带电。这种故障最容易造成触电事故，并损坏元器件。为此，要随时检查压线螺钉是否有松动和丢失。如有丢失、损坏应及时配好，以免出现触电事故。（压线螺钉的作用是防止电源引线在使用过程中的拉伸、扭转，而造成的引线头脱落）

3. 电烙铁头不“吃锡”

电烙铁头经长时间使用后，就会因氧化而不沾锡。这就是“烧死” 现象，也称作不 “吃锡”。当出现不“吃锡”的情况时，可以用细砂纸或锉将电烙铁头重新打磨或锉出新茬，然后重新镀上焊锡就可继续使用了。

4. 电烙铁头出现凹坑

当电烙铁头在使用一段时间后就会出现凹坑或氧化腐蚀层，使电烙铁头的刃面形状发生变化。遇到此种情况时，可用锉刀将氧化层及凹坑锉掉，并挫成原来的形状。然后再镀上焊锡，就可以重新使用了。

5. 为延长电烙铁头的使用寿命，必须注意以下几点

（1）经常用湿布、浸水海绵擦拭电烙铁头，以保持电烙铁头良好的挂锡，并可防止残留助焊剂对电烙铁头的腐蚀。

（2）在进行焊接时，应尽量采用松香或弱酸性助焊剂。

（3）在焊接完毕时，电烙铁头上的残留焊锡应该继续保留，以防止再次加热时出现氧化层。

7.2 焊接材料

7.2.1 焊料

1. 焊料的种类

焊料是指易熔的金属及其合金，它的熔点低于被焊金属，而且要易于与被焊物金属表面形成合金。焊料的作用是将被焊物连接在一起。

焊料按其成分可分为锡铅焊料、银焊料和铜焊料等。

焊料按照使用时的环境温度又可分为高温焊料（在高温环境下使用的焊料）和低温焊料（在低温环境下使用的焊料）。

在锡铅焊料中，熔点在450℃以上的称硬焊料，熔点在450℃以下的称软焊料。

在锡铅焊料中有一种低温焊料，其熔点只有 140℃左右，它的成分是锡占 51%、铅占

31%、镉占 18%。它主要适用于精细印制电路板的焊接。

抗氧化焊锡是自动化生产线上使用的焊料，如波峰焊等。它是在该种焊料的液体中加入少量的活性金属，从而形成覆盖层来保护焊料，不再继续氧化，以提高焊接质量。

焊料的形状有圆片、带状、球状、焊锡丝等几种。常用的是焊锡丝，有的在其内部还夹有固体焊剂松香。常用焊锡丝的直径有 0.5mm、0.8mm、0.9mm、1.0mm、1.2mm、1.5mm、2.0mm、2.3mm、2.5mm、3.0mm、4.0mm、5.0mm。

2．锡铅焊料的优点与配比

在电子产品的装配中，一般都选用锡铅系列焊料，也称焊锡。因为它具有以下优点：

1）熔点低。它在 180℃时便可熔化，使用 25W 外热式或 20W 内热式电烙铁就可在常温下进行焊接。

2）具有一定的机械强度。因锡铅合金的强度比纯锡、纯铅的强度要高。而电子元器件本身质量较小，对焊点度要求不是很高，故能满足其焊点的要求。

3）具有良好的导电性。因锡铅焊料属于良导体，故它的电阻很小。

4）抗腐蚀性能好。焊接好的印制电路板，不必涂抹任何保护层，就能抵抗大气的腐蚀，从而减少了工艺流程，降低了生产成本。

5）对元器件引脚和其他导线的附着力强，不易脱落。

常用锡铅焊料的配比及用途见表 7-1。其中的牌号实际就是指型号，它的表示方法是以焊料两字汉语拼音的第一个字母“HL”，以及锡铅两个基本元素的符号“SnPb”，再加上元素含量的百分比（指含铅量的百分比）组成。例如 HLSnPb58 表示锡占 42%，铅占 58%的锡铅焊料。

表 7-1 锡铅焊料的配比及用途

名　称	牌　号	主要成分（%）			杂质 >%	熔点（℃）	抗拉强度 kg/cm²	用　途
		锡	锑	铅				
10 锡铅焊料	HlSnPb10	89～91	≤0.15	余量	0.1	220	4.3	钎焊食品器皿及医药卫生方面物品
39 锡铅焊料	HlSnPb39	59～61	≤0.8			183	47	钎焊电子、电气制品
50 锡铅焊料	HlSnPb50	49～51				210	3.8	钎焊散热器、计算机、黄铜制件
58-2 锡铅焊料	HlSnPb58-2	39～41	1.5～2			235		钎焊工业及物理仪表等
68-2 锡铅焊料	HlSnPb68-2	29～31				256	3.3	钎焊电缆护套、铅管等
80-2 锡铅焊料	HlSnPb80-2	17～19			0.6	277	2.8	钎焊油壶、容器、散热器
90-6 锡铅焊料	HlSnPb90-6	3～4	5～6			265	5.9	钎焊黄铜和铜
73-2 锡铅焊料	HlSnPb73-2	24～26	1.5～2				2.8	钎焊铅管
45 锡铅焊料	HlSnPb45	53～57				200	—	

常用的焊锡配比是①锡 60%、铅 40%，其熔点是 182℃ ②锡 50%、铅 32%、隔 18%熔点为 145℃③锡 35%、铅 42%、铋 23%，熔点为 150℃

在焊接中常用的松香焊锡丝如图 7-10 所示，它是在焊锡丝中夹有松香助焊剂的焊锡丝，其锡含量为 61%、铅含量为 39%。

图 7-10 松香焊锡丝

3．共晶合金焊锡

由于锡铅焊料是由两种以上金属按照不同的比例构成的，因此锡铅合金的性能（熔点与凝固点）就要随锡铅的配比变化而变化。在市场上销售的焊锡，由于生产厂家的不同，其配制比例也有较大的差别，为能使其焊锡配比满足焊接的需要，因此选择最佳配比的焊料是很重要的。共晶焊锡是一种较好配比的焊锡，共晶点的锡铅比例分别为 62.7%与37.3%。

这种焊锡不经过半凝固状态，从而缩短了焊接时间，因此共晶合金是合金焊料中较好的一种。其优点是熔点低、结晶间隔很短，而且流动性好、机械强度高，因而在电子产品的焊接中均采用此种比例的焊锡。

其他配比的合金均不能由固体直接变为液体，同样也不能由液体直接变为固体。在用这些焊锡焊接时，将会增加元器件的受热时间，因此也就会使元器件的损坏率提高。

4. 焊料的选用

各种配比的焊料都有不同的焊接特性，在进行焊接时，应根据被焊金属材料的可焊性及其焊接温度，以及对焊点机械强度的要求进行综合考虑，以选择合适的焊料。

1）在用手工焊接印制电路板及其一般的焊点和耐热性差的元器件时，应选用 HLSnPb39。此种焊料的熔化、凝固时间极短，能使焊接时间缩短，同时还有熔点低、焊接强度高的特点。

2）在用焊接导线、镀锌铁皮及无线电较大的元器件时，可选用 HLSnPb58-2。此种焊料的熔点虽然偏高，但对被焊工件不会产生不良影响，而且具有成本较低的优势。

3）在工业生产中的波峰焊、浸焊应选用共晶焊锡，

4）对耐热性较差及对温度较敏感的元器件进行焊接时，应选用低熔点焊料。如果仍要降低焊料的温度，可在锡铅焊料中加入铋、镉、锑等元素。

7.2.2 助焊剂（也称焊剂）

在进行焊接时，为能使被焊物与焊料焊接牢固，就必须要求金属表面无氧化物和杂质，只有这样才能保证焊锡与被焊物的金属表面固体结晶组织之间发生合金反应。因此在焊接开始之前，必须采用各种措施将氧化物和杂质清除。

清除氧化物与杂质，通常有两种方法，即机械方法和化学方法。其机械方法是用砂纸和小刀将杂质与氧化物去掉；化学方法则是用焊剂清除。用焊剂清除的方法具有不损坏被焊物及效率高的优点，因此在焊接时，采用助焊剂乃是最好的选择。

1. 助焊剂的作用

1）助焊剂可以清除金属表面的氧化物、硫化物及各种污物，使被焊物表面保持清洁。

2）助焊剂有防止被焊物被氧化的作用。由于在焊接时必须把被焊金属加热到使焊料发生润湿并产生扩散的温度，但是随着温度的升高，金属表面的氧化就会加速，此时助焊剂就会在整个金属表面上形成一层薄膜，包住金属表面使其与空气隔绝，从而起到了防止氧化的作用。

3）助焊剂能帮助焊料流动，减少表面张力的作用。当焊料熔化后，将贴附于金属表面，但由于焊料本身表面张力的作用力图变成球状，从而减小了焊料的附着力。但助焊剂则有减少表面张力，增加流动的功能，故使焊料附着力增强，使焊接质量得到提高。

4）助焊剂焊剂能帮助传递热量、润湿焊点。在焊接中电烙铁头的表面与被焊物的表面之间存在着许多间隙，在间隙中充有空气，而空气又为隔热体，这样必然使被焊物的预热速度减

慢。而助焊剂的熔点比焊料和被焊物的熔点都低，故被先熔化，并填满间隙和润湿焊点，使电烙铁的热量，通过它便能很快地传递到被焊物上，使预热的速度加快。

2. 助焊剂的种类

助焊剂可分为无机系列、有机系列和树脂活性系列。

1）无机系列助焊剂。这种类型的助焊剂其主要成分是氯化锌和氯化氨，及其它们的混合物。这种助焊剂最大的优点是有较强的助焊作用，但是具有强烈的腐蚀性。因此多数用在可清洗的金属制品焊接中。如果对残留焊剂清洗不干净，就会造成被焊物的损坏。如果用于印制电路板的焊接，将破坏印制电路板的绝缘性能。市场上出售的各种焊油多数属于这类。

2）有机系列助焊剂。有机系列助焊剂主要是由有机酸卤化物组成。这种助焊剂的特点是助焊性能好、可焊性高。不足之处是有一定的腐蚀性，且热稳定性差。一经加热，便迅速分解，然后留下无活性残留物。

3）树脂活性系列助焊剂。这种焊剂系列中最常用的是在松香焊剂中加入活性剂。例如 SD 焊剂，松香是一种天然产物，它的成分与产地有关。用做焊剂的松香是从各种松树分泌出来的液汁中提取出来的。一般采用蒸馏法加工取出固态松香。

松香酒精焊剂是指用无水乙醇溶解纯松香，配制成 25%～30%的乙醇溶液。这种焊剂的优点是没有腐蚀性，绝缘性能高和长期的稳定性及耐湿性。在焊接后清洗容易，并能形成膜层覆盖焊点，使焊点不被氧化和腐蚀。

3. 助焊剂的选用

1）电子电路的焊接通常都选用松香、松香酒精焊剂。这样可以保证电路中的元器件不被腐蚀，电路板的绝缘性能不至于下降。由于纯松香焊剂活性较弱，只要是被焊物金属表面是清洁的、无氧化层的，其可焊性就可以得到保证。

为了改善松香焊剂的活性，在松香焊剂中加入活性剂，就构成了活性焊剂，它在焊接过程中，能去除金属氧化物及氢氧化物，使被焊金属与焊料相互扩散，生成合金，如 201-1 焊剂就属此种。

另外，电子元器件的引脚多数是镀了锡金属的，但也有的镀了金、银或镍。对这些金属的焊接应分别情况给予不同的处理，可按不同的金属选用不同的焊剂。

有时为清除焊点的锈渍，保证焊点的质量，也可以用少量的氯化铵焊剂，但焊接后一定要用酒精将焊接处擦洗干净，以防残留焊剂对电路的腐蚀。

2）对于铂、金、铜、银、镀锡等金属，可选用松香焊剂，因这些金属都比较容易焊接。

3）对于铅、黄铜、青铜、镀镍等金属可选用有机焊剂中的中性焊剂，因为这些金属比上述的金属焊接性能差，如用松香焊剂将影响焊接质量。

4）对于镀锌、铁、锡镍合金等，由于这些金属焊接性能较差，焊接时比较困难，为保证可焊性，因此可以选择酸性焊剂。但要注意在焊接完毕后，必须对残留焊剂进行清洗，以减少对被焊物的腐蚀。

为便于选用，下面列表说明常用助焊剂的配料比例，见表 7-2。

表 7-2 助焊剂的配比

品 种	配方（g）	酸 值	漫流面积（mm^2）	绝缘电阻（Ω）	可焊程度
松香酒精焊剂	特级松香 23 无水乙醇 67	43.84	390	8.5×10^{11}	中
盐酸二乙胺焊剂	盐酸二乙胺 4 三乙醇胺 6 特级松香 20 正丁醇 10 无水乙醇 60	47.66	749	1.4×10^{11}	好
盐酸苯胺焊剂	盐酸苯胺 4.5 三乙醇胺 2.5 特级松香 23 无水乙醇 70 溴化水扬酸 10	53.4	418	2×10^{9}	中
201 焊剂	树脂 A 20 溴化水扬酸 10 特级松香 20 无水乙醇 50	57.97	681	1.8×10^{10}	好
201-1 焊剂	溴化水扬酸 7.9 丙烯酸树脂 101 3.5 特级松香 20.5 无水乙醇		551		好
SD 焊剂	SD 6.9 溴化水扬酸 3.4 特极松香 12.7 无水乙醇 77	38.19	529	4.5×10^{9}	好

7.2.3 阻焊剂

1．阻焊剂的作用

1）在对印制电路板进行波峰焊或浸焊时，为使不需要焊接的部位不沾上焊锡，将阻焊剂涂到这些部位上便可起到阻焊的作用。

2）能防止印制电路板在进行波峰焊或浸焊时印制导线间的桥接、短路现象的产生。当印制电路板受到热冲击时，因有阻焊剂的覆盖，能使板面的铜箔得到保护。

3）能提高焊接质量，以保证产品的合格率。

2．阻焊剂的种类

阻焊剂可分为热固化型和光固化型两大类。

热固化型阻焊剂的优点是粘接强度高，其不足之处是加热固化时间长且温度高（一般情况下需要 100～130℃烘烤 1h），这将容易引起印制电路板的变形，固该种阻焊剂现已逐渐被淘汰，很少使用。

光固化型阻焊剂的优点是固化速度快（在 1000W 高压汞灯下照射 2～3min 即可固化），因此可以提高生产效率，并应用于自动化生产线，是目前普遍采用的一种阻焊剂。

7.3　手工焊接工艺

7.3.1　对焊接的要求

手工焊接是焊接技术中一项最基本的操作技能，也是焊接技术的基本功。它适用于小批量生产和大量维修的需要。同时手工焊接还能适用于某些不便于使用波峰焊的电路，以及一些特殊要求的焊点。掌握手工焊接技术更是无线电爱好者的必备技能。

1．焊点的机械强度要足够

为保证被焊件在受到振动或冲击时不致脱落、松动，因此要求焊点要有足够的机械强度。为使焊点有足够的机械强度，一般可采用把被焊元器件的引脚端子打弯后再焊接的方法，但不能用过多的焊料堆积，这样容易造成虚焊或焊点与焊点的短路。

为满足各种焊接强度的需要，对引脚穿过焊盘后的处理方式普遍采用三种方式，如图 7-11 所示。图 7-11（a）为直插式，这种处理方式的机械强度较小，但拆焊方便。图 7-11（b）为打弯处理方式，所弯角度为 45° 左右，其焊点具有一定的机械强度。图 7-11（c）为完全打弯处理方式，所弯角度为 90° 左右，这种形式的焊点具有很高的机械强度，但拆焊比较困难。当采用此种形式时，要注意焊盘中引脚弯曲的方向，在一般情况下，应沿着印制导线的方向弯曲，如果只有焊盘而无印制导线时，可朝着距印制导线较远的方向打弯，其具体的打弯方向，如图 7-12 所示。

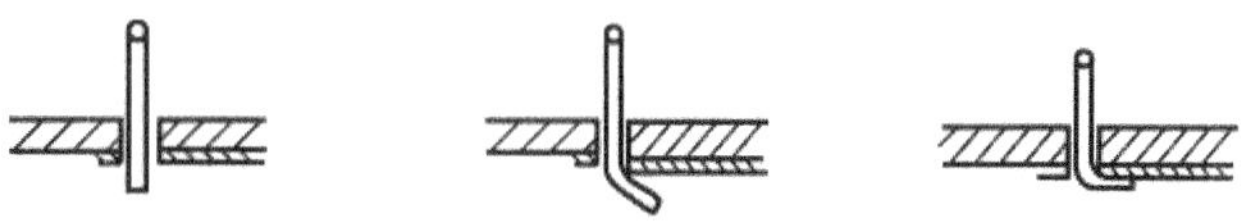

（a）直插式　（b）弯成45°　（c）弯成90°

图 7-11　引脚穿过焊盘后的处理方式

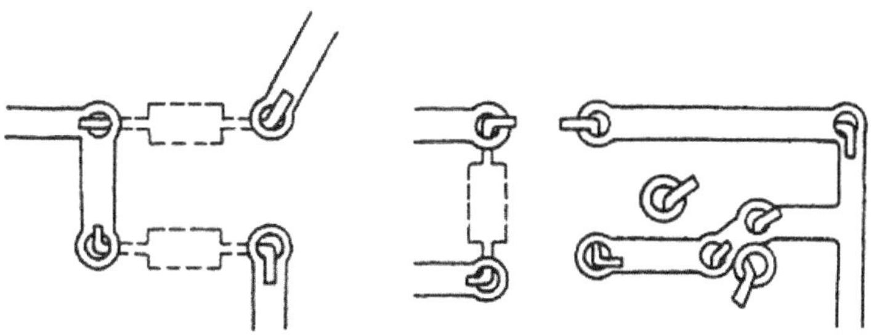

（a）普通的弯线方法　（b）同方向回路的弯线方法　（c）单个焊盘的弯线方法

图 7-12　引脚弯曲方向

2．焊点可靠，保证导电性能

为使焊点具有良好的导电性能，必须防止虚焊。虚焊是指焊料与被焊物表面没有形成合金结构，只是简单地依附在被焊金属的表面上，如图 7-13 所示。

在锡焊时，如果只有一部分形成合金，而其余部分没有形成合金，这种焊点在短时期内也能通过电流，用仪表测量也很难发现问题。但随着时间的推移，没有形成合金的表面就要被氧化，此时便会出现电流时通时断（接触不良）的现象，势必造成故障的隐患，使产品质量大打折扣，最后出现产品的质量问题。

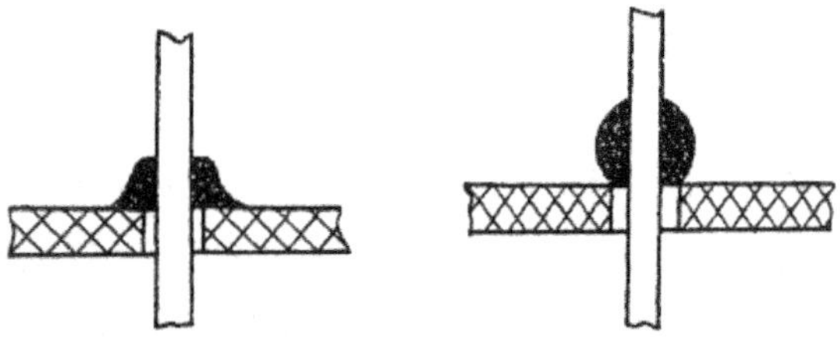

（a）与引线浸润不好　　（b）与印制电路板浸润不好

图 7-13　虚焊

3. 焊点表面要光滑、清洁

为使焊点表面光滑、清洁和整齐，不但要有熟练的焊接技能，而且还要选择合适的焊料和助焊剂。否则将使焊点表面出现粗糙、拉尖、棱角等现象。

7.3.2　手工焊接操作方法

手工焊接的具体操作方法，如图 7-14 所示。在应用时要注意这 5 个步骤不是截然分开的，待逐步练习熟悉后，要将其熔为一体，否则焊出的焊点也是不规范、不合格的，甚至会出现虚焊、假焊的现象。

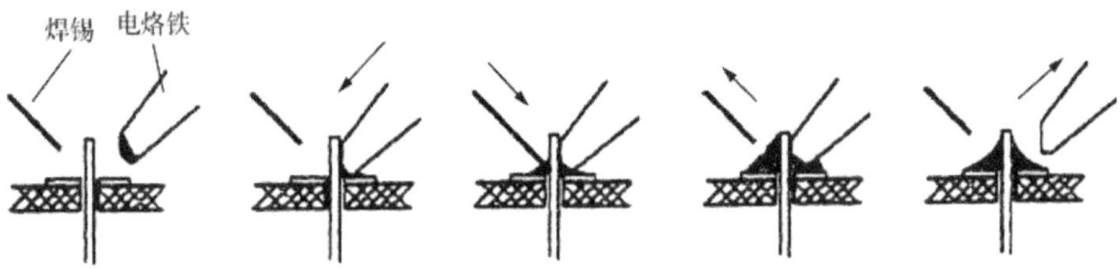

（a）准备　（b）加热被焊件　（c）熔化焊料　（d）移开焊锡　（e）移开电烙铁

图 7-14　手工焊接 5 步法

1. 准备

将焊接所需材料、工具准备好，如焊锡丝、松香焊剂、电烙铁及其支架等。焊前要检查对电烙铁头是否能正常“吃锡”，如果“吃锡”不好，就要按前文（7.1.5 处）所述方法进行处理。如果“吃锡”良好，就要进行预上锡，使其处于随时可以进行焊接的状态，如图 7-14（a）所示。

另一个要准备好的是对被焊物的表面要清除氧化层及其污物，或进行预上焊锡。

2. 加热被焊件

加热被焊件就是将预上锡的电烙铁放在被焊点上，如图 7-14（b）所示。使被焊件的温度上升。电烙铁头放在焊点上时应注意其位置，即加大与被焊件的接触面，以缩短加热时间，达到焊件与铜箔的均衡受热，保护铜箔不被烫坏。

3. 熔化焊料

当电烙铁头放到被焊件上后，待被焊件加热到一定温度后，将焊锡丝放到被焊件上（注意不要放到电烙铁头上），使焊锡丝熔化并浸湿焊点，如图 7-14（c）所示。

4．移开焊锡

当焊点上的焊锡已将焊点浸湿，要及时撤离焊锡丝，以保证焊点不出现堆锡现象，以获得较好的焊点，如图 7-14（d）所示。

5．移开电烙铁

在移开焊锡后，待焊锡全部润湿焊点时，就要及时迅速移开电烙铁，电烙铁移开的方向以 45° 最为适宜。如果移开的时机、方向、速度掌握不好，则会影响焊点的质量和外观。

7.3.3　焊接的操作要领

1．焊前准备

1）工具与材料：视被焊物的大小，准备好电烙铁、镊子、剪刀、斜口钳、焊料、焊剂等。

2）焊前要将元器件的引脚进行清洁处理，最好是先挂锡再焊接，对被焊物表面的氧化物、锈斑、油污、灰尘和杂质等要清理干净。

2．焊剂的用量要合适

在使用焊剂时，必须根据被焊面积的大小和表面状态适量施用。用量过少则影响焊接质量，用量过多，将会造成焊后焊点周围的残渣，势必使印制电路板的绝缘性能下降，同时还可能造成对元器件的腐蚀。较为合适的焊剂量是既能润湿被焊物的引脚和焊盘，又不让焊剂流到引脚插孔中和焊点的周围。

3．焊接的温度和时间要掌握好

在焊接时，为使被焊件达到适当的温度，并使固体焊料迅速熔化并产生润湿作用，就要有足够的热量和温度，如果温度过低，焊锡流动性差，而且容易凝固，形成虚焊。如果锡焊温度过高，将会使焊锡流淌，焊点上不易存锡，助焊剂分解速度加快，使被焊物表面加速氧化，甚至导致印制电路板上的焊盘脱落。特别值得注意的是，当使用天然松香助焊剂时，锡焊温度过高，很容易氧化脱羧产生炭化，因此造成虚焊。

锡焊的时间与被焊件的形状、大小的不同而有所差别，但总的原则是被焊件是否完全被焊料所润湿（润湿是指焊料熔解后达到所需要的扩散范围）的情况而定。通常情况下，电烙铁头与焊点接触时间是以使焊点光亮、圆滑为适宜。如果焊点不亮反而形成粗糙面，说明温度不够，电烙铁停留时间太短，此时需要增加焊接温度，只要将电烙铁头继续放在焊点上多停留些时间，便可使焊点的粗糙面得以改善。

4．焊料的施加方法

焊料的施加方法应视焊点的大小及被焊件的多少而定。

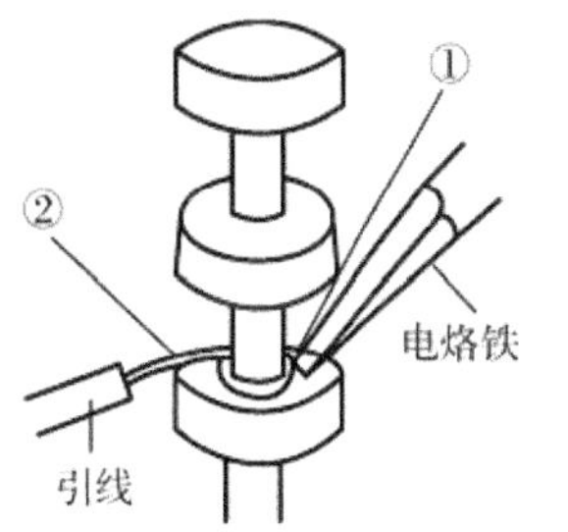

图 7-15　焊料的施加方法

如图 7-15 所示，当引脚要焊接于接线柱上时，首先将电烙铁头放在接线端子上和被焊的引脚上，当被焊件经过加热，达到一定温度后，先给①点少量焊料，这样可加快电烙铁与被焊件的热传导，使几个被焊件温度达到一致。当几个被焊件温度都达到了焊料熔化的温度时，应立即将焊料加到②点，即距电烙铁加热部位最远的地方，直到焊料润湿整个焊点时便要立即撤掉焊锡丝。

如果焊点较小，便可用电烙铁头蘸取适量焊锡，再蘸取松香后，直接放至焊点，待焊点着锡并润湿后便可将电烙铁撤走。在撤电烙铁时，要从下面向上提拉，以使焊点光亮、饱满。这种焊接方法多应用于小型元器件的焊接和维修时使用。在使用上述焊接方法时，要注意将蘸取焊料的电烙铁头及时放到焊点上，如时间稍长，助焊剂就会分解，焊料就会被氧化，将使焊点的质量变的低劣。

焊料的另一种施加方法是将电烙铁与焊锡丝同时放到被焊件上，待焊料润湿焊点后，再将铁电烙铁撤走（此种方法适用于被焊件温升较快的焊点）。

5. 焊接时被焊物要扶稳

在焊接过程中，特别是在焊锡凝固的过程中，绝对不能晃动被焊元器件本身及其引脚，否则将造成虚焊或使焊点质量下降。

6. 焊点的重焊

当焊点一次焊接没有成功或上锡量不够时，便要重新焊接，在重新焊接时，必须注意的是本次加入的焊料与上次的焊料一同熔化，并熔为一体时才能把电烙铁移开焊点。

7. 电烙铁头要保持清洁

电烙铁头在焊接过程中始终处于一种高温状态，同时还不间断地与焊料、助焊剂相接触，这样便会在电烙铁头的表面形成一层黑色杂质层，这种黑色杂质层将使焊点与电烙铁头隔离，使电烙铁头的温度不能直接加热焊点，故使焊点的温度上升缓慢，影响了焊点的形成。故应随时将电烙铁头上形成的黑色杂质层去掉。

8. 在焊接时，电烙铁头与引脚、印制电路板的铜箔之间的接触位置

图 7-16 是电烙铁头与引脚，电烙铁头与印制电路板铜箔之间的接触情况。其中图 7-16（a）是电烙铁头与引脚接触而与铜箔不接触的情况；图 7-16（b）是电烙铁头与铜箔接触而与引脚不接触。这两种情况将造成热的传导不平衡，使其中某一被焊件受热过多，而另一被焊件受热较少，这将使焊点质量大幅下降。图 7-16（c）是电烙铁头与铜箔和引脚同时接触的情况，此种接触为正确的加热方式，故能保证焊接质量。

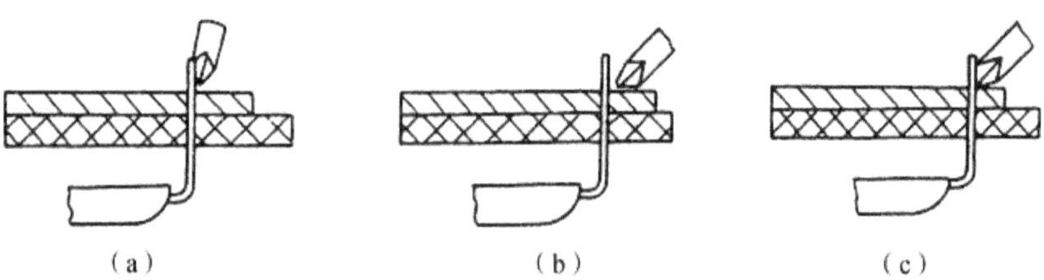

图 7-16　电烙铁头在焊接时的位置

9. 如何撤离电烙铁

掌握好电烙铁的撤离方向，能很好地控制焊料的多少，并能带走多余的焊料，从而能控制焊点的形成。为此合理地利用电烙铁的撤离方向，便可以提高焊点质量的。

图 7-17 是几种不同的电烙铁撤离方法，其效果也不一样。其中图 7-17（a）是电烙铁头与轴向成

45°（斜上方）的方向撤离，此种方法能使焊点成形美观、圆滑，是较好的撤离方式。图 7-17（b）是电烙铁头与轴同向（重直向上）的撤离。此种方法容易造成焊点的拉尖及毛刺现象。图 7-17（c）是电烙铁头以水平方向撤离，此种方法将使电烙铁头带走很多的焊锡，将造成焊点焊锡量不足的现象。图 7-17（d）是电烙铁头垂直向下撤离，电烙铁头将带走大部分焊料，使焊点无法形成。图 7-17（e）是电烙铁头垂直向上撤离，电烙铁头要带走少量焊锡，将影响焊点的正常形成。

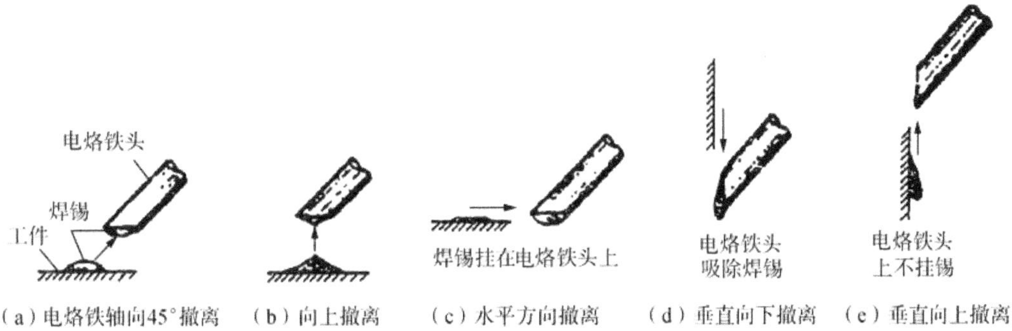

图 7-17 电烙铁的撤离方向

10. 焊接后的处理

当焊接结束后，应将焊点周围的焊剂清洗干净，并检查电路中有无漏焊、错焊、虚焊等现象。同时检查焊接的元器件是否有焊接不牢而松动的现象。

7.3.4 印制电路板的手工焊接工艺

1. 焊前准备

1）焊前要将被焊的元器件引脚进行清洁和预挂锡。

2）对印制电路板的表面进行清洁，主要是去除氧化层，并检查焊盘和印制导线是否有缺陷和短路点等不足。

3）检查电烙铁能否吃锡，并进行去除氧化层和预挂锡工作。

4）要熟悉所焊印制电路板的装配图，并按图纸检查所有元器件的型号、规格及数量是否符合图纸的要求。

2. 装焊顺序

元器件的装焊顺序依次是电阻器、电容器、二极管、三极管、集成电路、大功率管等。其他元器件依次是先小、先轻、后大、后重的顺序进行。

3. 对元器件焊接的要求

1）电阻器的焊接。按图纸要求将电阻器插入规定位置，在插入孔位，要注意电阻器的标称阻值要放在容易看到方位上（色码电阻可忽略此要求）。在插装时可按图纸标号顺序依次装入，也可按单元电路装入，视具体情况而定，然后就可对电阻进行焊接。

2）电容器的焊接。将电容器按图纸要求装入规定位置，并注意有极性的电容器其“＋”与“－”的位置不能接错，电容器上的标称阻值要易看可见。可依次装玻璃釉电容器、金属膜电容器、瓷介电容器、电解电容器。

3）二极管的焊接。在辨认二极管正、负极后，按要求装入规定位置。型号及标记要易看可见。在焊接立式安装二极管并对最短的引脚焊接时，应注意焊接时间不要超过 2s，以避免温升过高损坏二极管。

4）三极管的焊接。按要求将 e、b、c 三引脚插入相应孔位，在焊接时应尽量缩短焊接时间，并可用镊子夹住引脚，以帮助散热。

在焊接大功率三极管时，若需要加装散热片，应将散热片的接触面加以平整，打磨光滑后再紧固，以加大接触面积。若需要加垫绝缘薄膜片时，千万不能忘记。当引脚与线路板上焊点需要进行导线连接时，应尽量采用绝缘导线。

以上焊接的元器件其引脚的成形要求，以及插装方式（立式、卧式）可参考第 8 章所述来进行选择。

5）集成电路的焊接。将集成电路按照要求装入印制电路板的相应位置。并按图纸要求进一步检查集成电路的型号、引脚位置是否符合要求，在确保无误后便可进行焊接。当焊接时可先焊相对应的引脚，如图 7-18 中的 a、b、c 三引脚，以使其起到固定作用，然后再从左到右，或从上至下进行逐个焊接。在焊接时应注意时间不要超过 3s 为最好，而且要使焊锡均匀包住引脚。当焊接完毕后，要检查是否有漏焊和虚焊的引脚及引脚之间是否有焊锡短路现象等，并清理焊点处的残留焊料、焊剂等杂质。

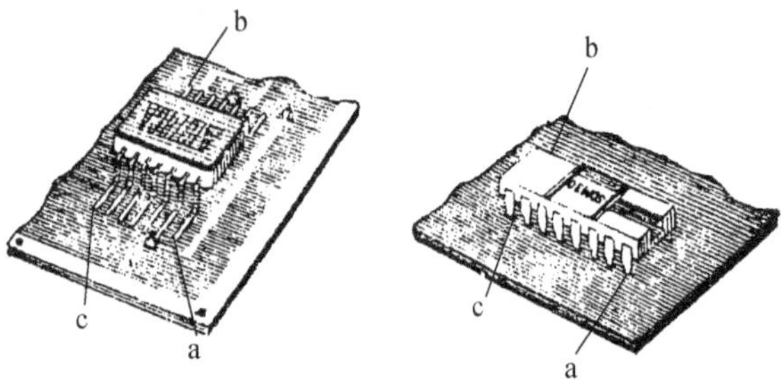

图 7-18 集成电路的手工焊接

焊接集成电路时，应注意以下几点：

① 在焊接集成电路时，应选用 20～25W 的内热式电烙铁。

② 由于集成电路属于热敏感器件，因此在焊接时其焊接温度和焊接时间都要进行很好的控制，否则很容易造成损坏。

③ 为避免因电烙铁的感应电压损坏集成电路，为此要给电烙铁接好地线。

④ 因集成电路各引脚之间的距离很近，在焊接时焊料量一定要控制好，否则就会造成引脚间的短路。

7.3.5 拆焊

在调试、维修中，或由于焊接错误都需要对焊点进行拆焊，在更换元器件时也要拆焊。拆焊也可称为解焊，实际上就是将原来焊好的焊点进行拆除的过程。在一般情况下拆焊要比焊接更难，由于拆焊方法不当，往往就会造成元器件的损坏、印制导线的断裂、甚至焊盘的脱落。尤其是更换集成电路时，拆焊就更有一定的难度。

1. 拆焊的工具

1）吸锡电烙铁。

2）专用拆焊电烙铁及电烙铁头。图 7-19（a）是适用于拆焊双列直插式集成电路的电烙铁头；图 7-19（b）（e）是适用于拆焊四列扁平式集成电路的电烙铁头；图 7-19（c）是专用电烙铁与电烙铁头的配合使用；图 7-19（d）是适用于拆焊多脚焊点；图 7-19（e）是适用于拆焊双列扁平集成电路。

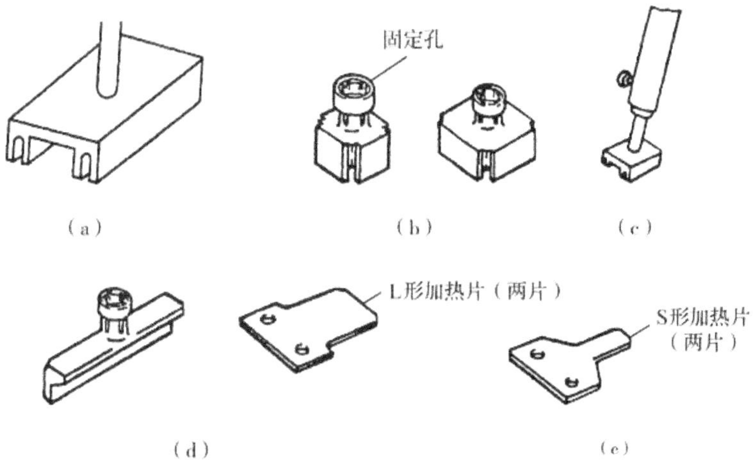

图 7-19 专用拆焊电烙铁及电烙铁头

3）空心针头、铜编织网、气囊吸锡器。空心针头、铜编织网、吸锡器的外形如图 7-20 所示。空心针头可选医用不同号的针头代用；铜编织网可选专用吸锡铜网（价格较贵），也可用普通电缆的铜编织网代用；气囊吸锡器一般为橡皮气囊。

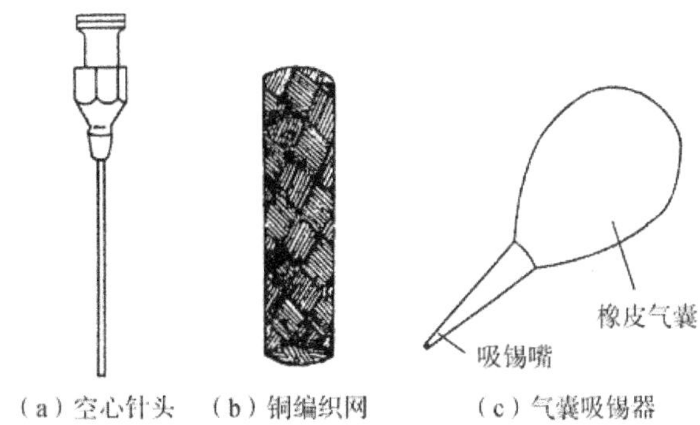

图 7-20 其他拆焊工具

2. 常用拆焊方法

1）采用镊子进行拆焊

用镊子夹住被拆元器件的引脚，用电烙铁头对被拆元器件的引脚焊点进行加热，待焊点的焊锡全部熔化时，将其引脚拉出，如一次加热没有拉出引脚，可反复进行两三次。例如电阻器、电容器、二极管、三极管等都可采用此方法。此方法是拆焊的最基本方法，也是最常用的方法。

2）采用医用空心针头拆焊

将医用针头用钢挫把针尖挫平，作为拆焊工具。具体的施实过程是一边用电烙铁熔化焊点，一边把针头套在被焊的元器件引脚焊点上，直至焊点熔化时，再将针头迅速插入印制电路板的焊盘插孔内，使元器件的引脚与印制电路板的焊盘脱开，如图 7-21（a）所示。

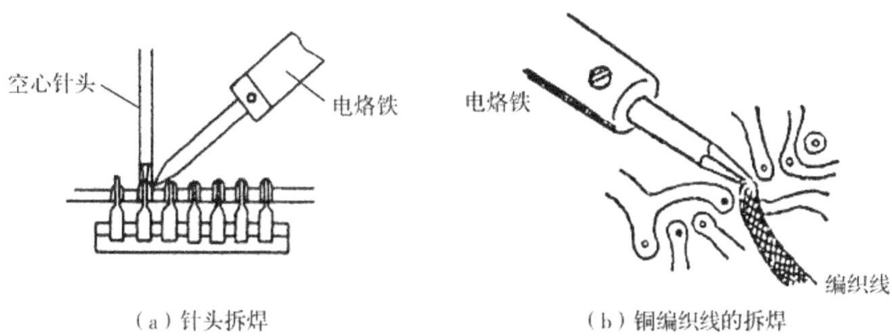

图 7-21 针头拆焊

3）采用铜编织网进行拆焊

将铜编织网吃上松香助焊剂，然后放在将要拆焊的焊点上，再把电烙铁放在铜编织网上加热焊点，待焊点上的焊锡熔化后，铜编织网就会把焊锡进行吸附（焊锡被熔到铜编织网上），如果焊点上的焊料一次没有被吸完，则可进行第二次、第三次，直到全部吸完为止。当铜编织网吸满焊料后，就不能再用，此时需要把已吸满焊料的那部分剪去。如果一时找不到铜编织网时，也可采用屏蔽线编织层和多股导线，其使用方法完全相同，如图 7-21（b）所示。

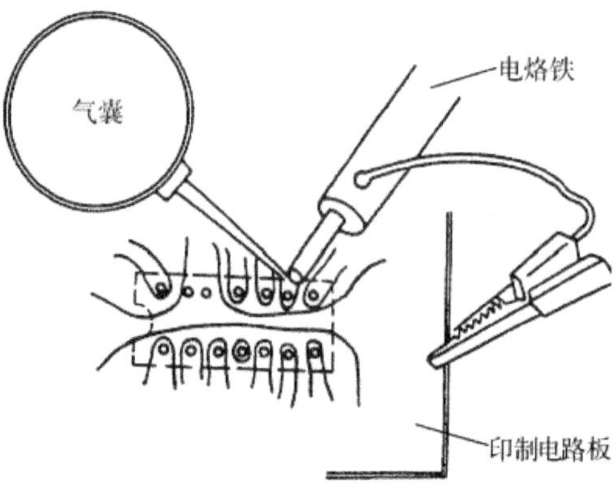

图 7-22 用气囊吸锡器拆焊

4）采用气囊吸锡器拆焊

先将被拆的焊点加热，使焊料熔化，然后把吸锡器挤瘪，将吸嘴对准熔化的焊料，并同时放松吸锡器，此时焊料就被吸进吸锡器内。如一次没吸干尽，可进行 2～3 次，照此方法逐个吸掉被拆焊点上的焊料便可，如图 7-22 所示。

5）采用热风枪拆焊

表面安装元器件现已被广泛采用，对其拆焊的最好方法就是采用热风枪。具体拆焊的方法是先将热风枪的热风温度调整合适（一般为 300℃左右），然后将热风枪的喷头对准被拆元器件的焊点给其加热，当元器件的焊点熔化时用镊子将其取下便可。

在使用热风枪时，应要注意调整好热风的温度和风速，加热的时间不易过长，以免损坏元器件。

3．印制电路板上元器件的拆焊方法

由于焊点的形式不同，其拆焊的方法也不同，如印制电路板上元器件的拆焊、搭焊点的拆焊、钩焊点的拆焊和网焊点的拆焊等。下面介绍的是印制电路板上元器件的拆焊方法。

1）分点拆焊法。由于印制电路板中电阻器、电容器及其他二引脚元器件引脚间的焊点距离较大，在拆焊时相对容易，因此一般都采用分点拆焊的方法。分点拆焊的过程如图 7-23 所示。其方法是先拆除元器件其中一根引脚的焊点，然后再拆除另一引脚的焊点，最后将元器件拆下便可。

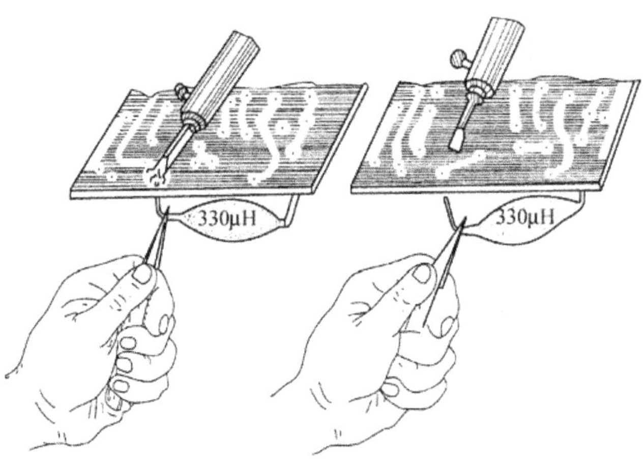

（a） （b）

图 7-23 分点拆焊法

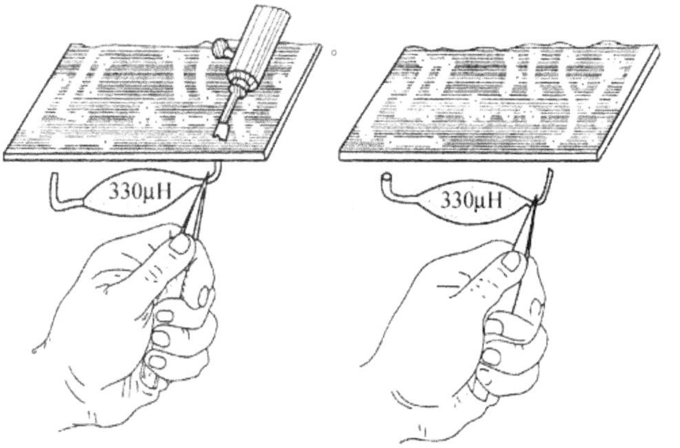

（c） （d）

图 7-23 分点拆焊法（续）

2）集中拆焊法。由于印制电路板中的三极管、集成电路及其他三引脚以上元器件引脚间的焊点距离较小，在拆焊时具有一定难度，故多采用集中拆焊的方法。

如拆焊三极管时，可用电烙铁同时交替加热三极管的三个引脚，当三个引脚的焊锡都熔化时，便可一次取下三极管，如图 7-24 所示。

图 7-24 集中拆焊法

3）间歇加热拆焊法。由于印制电路板中的中频变压器、线圈，以及带有塑料骨架的器件都不能承受高温，如温度过高就会造成塑料变形。故一般多采用间歇加热拆焊法，即对焊点加热时，电烙铁头在拆焊点上的停留是断续的，通过断续加热使焊点熔化，断续清除焊锡。以避免一次加热温升过高损坏骨架。

4）采用专用电烙铁头进行拆焊。采用专用电烙铁头可对数个焊点同时加热，有利于元器件的一次性拆焊成功，即方便、又快捷。此方法最适宜集成电路的拆焊。

4．钩焊点与网焊点的拆焊

钩焊点与网焊点的拆焊可根据需要采用不同的拆焊方法。如果需要保留元器件的引脚时，则需要先将焊点上面的焊锡去掉（可用吸锡器，也可用编织线）。然后根据不同焊法的焊点，采用不同的方法进行拆焊。如是钩焊，则要用电烙铁头边加热、边撬起引脚、边拉出引脚。如是网焊点，则要用电烙铁头边加热、边用镊子夹住线头解开网绕的线头，然后拉出导线。钩焊点的拆焊方法，如图 7-25 所示。

（a） （b） （c）

图 7-25 钩焊点的拆焊方法

如果元器件的引脚较长且有再次焊接的余量，则可采用剪断拆焊法，就是用偏口钳先从根部剪断引脚，然后再拆焊引脚头。

5. 拆焊时应注意以下几点

拆焊是一件细致的工作，不能马虎从事，否则将造成元器件的损坏和印制导线的断裂，以焊盘的脱落等不应有的损失，为保证拆焊的顺利进行应做到以下几点：

1）对被拆焊点的加热时间不能过长。当加热电烙铁头和被拆焊点时，待焊料一熔化，就应及时与印制电路板垂直方向拔出元器的引脚，但要注意不要强拉或扭转元器件，以避免损伤印制电路板的印制导线和焊盘及元器件本身。

2）对于多焊点的元器件，其所有焊点没有被熔化时，不能强行用力拉动、摇动、扭转，这样会造成元器件和焊盘的损坏。

3）当拆焊完毕后，必须把焊盘插线孔内的焊料清除干净，否则就有可能在从新插装元器件时，将焊盘顶起损坏（因为有时孔内焊锡与焊盘是相连的）。

7.3.6 片式电阻器、电容器、电感器的手工焊接与拆焊

片式电阻器、电容器、电感器都不带引脚或引线，而且它们的体积都很小。安装方法与通孔插装不同，而是要贴装在印制电路板有铜箔的一面，然后再进行焊接。下面以片式电阻器为例来说明手工焊接与拆焊的方法

1. 片式电阻器的手工焊接方法

在对片式电阻器进行手工焊接时，必须采用一把 25W 以下的电烙铁，且电烙铁头最好为锥形。其焊接步骤如下：

1）将印制电路板焊盘的氧化层清理干净后，再涂上助焊剂。把被焊片式电阻器的两个端头电极上也涂上少量的助焊剂，并用电烙铁分别给两个电极上锡。

2）用镊子将片式电阻器置于印制电路板相应的焊盘上，且使其与焊盘对齐，用电烙铁分别给片式电阻器两个电极加热，当电极上的焊锡熔化时，应及时将电烙铁撤离，以避免焊锡扩张到焊盘以外而造成短路故障。

3）在焊接完毕后，用镊子触碰片式电阻器，检查是否有焊接不牢或有虚焊现象。最后可用酒精清洗焊接点。

2. 片式电阻器的手工拆焊方法

拆焊片式电阻器或其他为两端电极的片式元器件时，可用电烙铁先加热其中的一个电极，待焊锡熔化后再及时用吸锡器将锡吸掉，然后用电烙铁再加热另一个电极，并将焊锡吸走，同时用镊子将片式电阻器向上提，取下元器件。

7.4 焊接质量的检查

在焊接结束后，为保证焊接质量，一定要进行质量检查。由于焊接检查与其他生产工序不同，不能通过机械化、自动化的检测方式进行，因此主要还是通过目视检查和手触捡查来发现问题，解决问题。

7.4.1 目视检查

目视检查就是从外观上检查焊接质量是否合格，也就是从外观上评价焊点有什么缺陷。目视检查的主要内容：

1）是否有漏焊，漏焊是指应该焊接的焊点没有焊上。

2）焊点的光泽好不好。

3）焊点的焊料足不足。

4）焊点周围是否有残留的助焊剂。

5）焊盘与印制导线是否有桥接。

6）焊盘有没有脱落。

7）焊点有没有裂纹。

8）焊点是不是凹凸不平。

9）焊点是否有拉尖的现象。

图 7-26 为正确焊点的剖面图，其中图 7-26（a）为直插式焊点形状；图 7-26（b）为半打弯式焊点的形状。

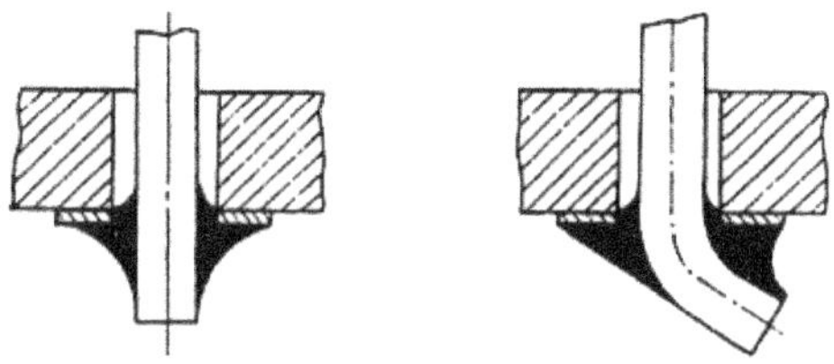

（a）　　（b）

图 7-26　正确焊点的剖面图

7.4.2 手触检查

手触检查是指用手触摸被焊元器件，检查元器件是否有松动的感觉和焊接不牢的现象。用镊子夹住元器件引脚，轻轻拉动查其有无松动现象。对焊点进行轻微的晃动，察看面的焊锡是否有脱落现象。

7.4.3 焊接缺陷及产生的原因和排除方法

1. 桥接

桥接是指焊料将印制电路板中相邻的印制导线及焊盘给连接起来的现象。明显的桥接较易发现，但细小的桥接用目视法是较难发现的，只有通过电性能的检测才能暴露出来。

明显的桥接是由于焊料过多或焊接技术不良造成的。当焊接的时间过长使焊料的温度过高时，将使焊料流动而与相邻的印制导线相连发生短路。当电烙铁离开焊点的角度过小时，也容易造成桥接。

对于毛细状的桥接，可能是由于印制电路板的印制导线有毛刺或有残余的金属丝等，在焊接过程中又起到了连接的作用而造成桥接。桥接现象如图 7-27 所示。

2. 焊料拉尖

焊料拉尖如图 7-28 所示。其焊点上有焊料尖产生。造成的原因是焊接时间过长，使焊料黏性增加，当电烙铁离开焊点时就容易产生拉尖现象。或是由于电烙铁撤离方向不当也可产生焊料拉尖。最根本的避免方法是提高焊接技能，控制焊接时间。

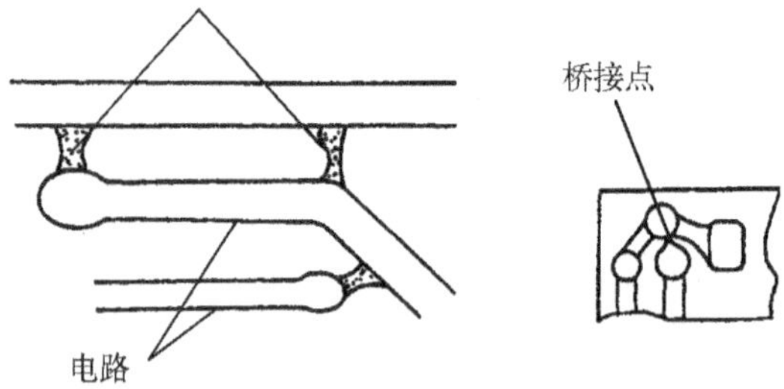

图 7-27　桥接现象

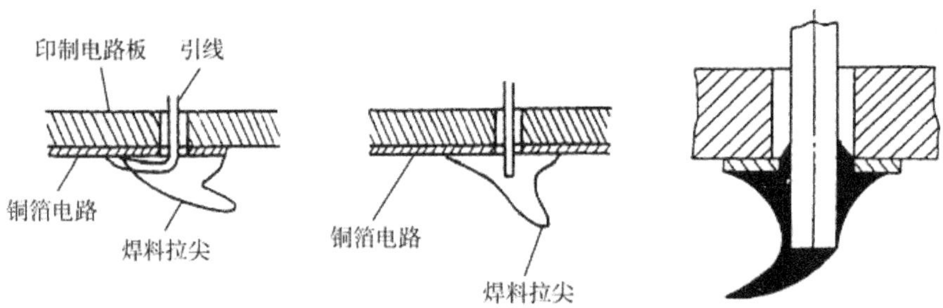

图 7-28　焊料拉尖

如果焊料拉尖超过了允许的引出长度，将造成绝缘距离变小，尤其是对高压电路，将造成打火现象，因此对这种焊点缺陷要给予修正。其纠正的方法是将焊点重新熔化进行重焊便可。

3．虚焊、假焊

虚焊、假焊就是指焊锡简单地依附在被焊物的表面上，没有与被焊接的金属形成金属合金层。其主要表现是焊锡与被焊物之间仅是互相接触和不完全接触，而没有真正形成合金层。由于虚焊、假焊的实质是相同的，故也可统称为虚焊。由于虚焊是焊接中较易出现也是出现较多的故障之一，为此要严格焊接程序，提高焊接技能，尽量减少虚焊的出现。

造成虚焊的原因是：一是焊盘、元器件引脚上有氧化层、油污和污物，在焊接时没有被清洁或清洁不彻底而造成焊锡与被焊物的隔离，因而产生虚焊。二是由于在焊接时焊点上的温度较低，热量不够使助焊剂未能充分发挥，致使被焊面上形成一层松香薄膜，这样造成焊料的润湿不良，便会出现虚焊。虚焊现象如图 7-29 所示。

虚焊有时能暂时维持电流的导通，但随着时间的推移和延长，最后就可能变为不导通，便造成电路故障，导致电子产品不能正常工作。为保证焊接质量，避免虚焊的产生，对润湿能力差的焊盘及引脚，应该进行预涂覆和浸锡处理。

4．堆焊

堆焊是指焊点的外形轮廓不清，根本看不出焊点的形状，而焊料又没有布满被焊物引脚和焊盘，如图 7-30 所示。

造成堆焊的原因是焊料过多，或者是焊料的温度不合适，焊点加热不均匀，以及焊盘、引脚不能润湿等造成的。避免堆焊形成的办法是彻底清洁焊盘和引脚，适量控制焊料，增加助焊剂便可。

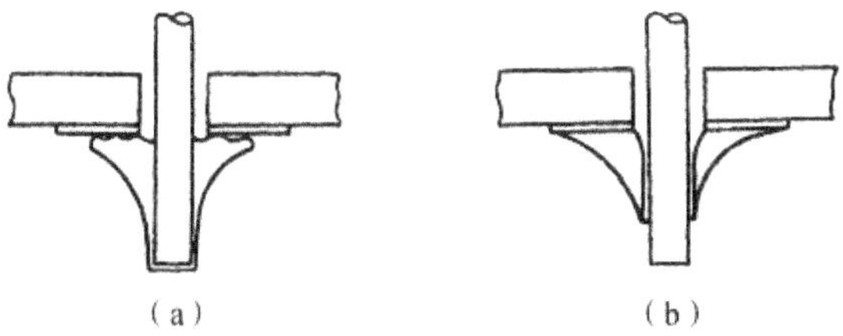

图7-29　虚焊

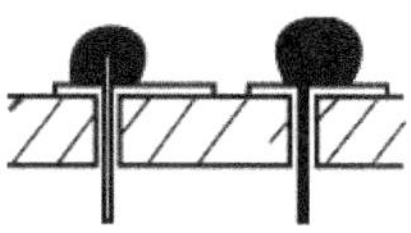

图7-30　堆焊

5. 空洞

空洞是由于焊盘的穿线孔太大、焊料不足，致使焊料没有全部填满印制电路板插件孔而形成的。除上述原因以外，如印制电路板焊盘开孔位置偏离了焊盘中心，且孔径又大，加之孔周围焊盘氧化、脏污、预处理不良，都将造成空洞现象。当出现空洞后，应根据空洞出现的原因分别予以处理。例如焊料不足，可增添焊料；如穿线孔较大，可先给孔预挂锡等。空洞现象如图7-31所示。

6. 浮焊

浮焊是指焊点没有正常焊点的光泽和圆滑，而是呈现白色细粒状，表面凸凹不平。造成的原因是焊接时间太短或是焊料中金属杂质太多。这种焊点的机械强度较弱，一旦受到振动和敲击，焊料便会自动脱落。当出现该种焊点时，可重新焊接，并加长电烙铁在焊点上的停留时间，也可更换焊料重新试之。

7. 铜箔翘起、焊盘脱落

铜箔从印制电路板上翘起，甚至脱落，其主要原因是焊接温度过高，焊接时间过长而造成的。首先在进行维修时往往需要拆除和重新焊接，在拆除元器件时，如果焊料还没有完全熔化，就急于摇晃、拉出引脚，此时就容易造成铜箔的翘起。其次，在重新装焊元器件时，没有把焊盘上插线孔疏通，就用引脚穿孔，并用力过猛，便会造成焊盘翘起或是引脚上带有较多的残留焊锡穿孔，当引脚穿而不过时，也会造成焊盘翘起，如图7-32所示。

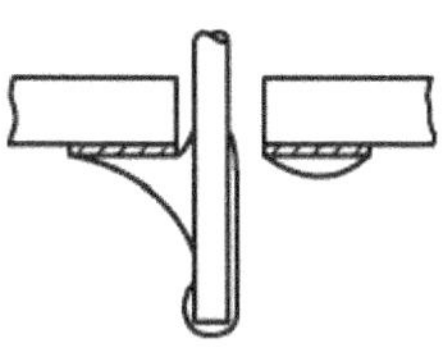

图7-31　空洞现象

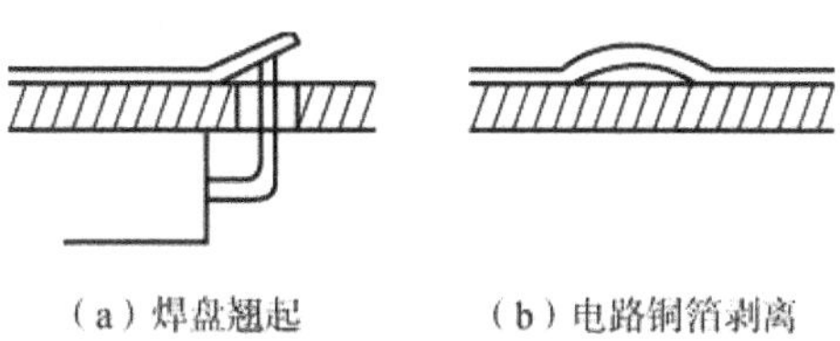

图7-32　焊盘翘起

从上面焊接缺陷产生原因的分析中可知，焊接质量的提高要从两个方面着手：

1）要熟练地掌握焊接技能，准确地掌握焊接温度和焊接时间。使用适量的焊料和助焊剂，认真对待焊接过程的每一个步骤。

2）要保证被焊物表面的可焊性，必要时要采取涂覆浸锡措施。

8. 常见焊点缺陷及原因

常见焊点缺陷及原因，如图 7-33 所示。

焊点缺陷	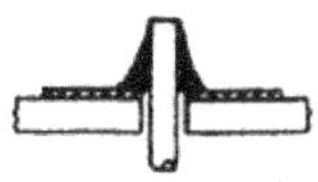 焊料过少	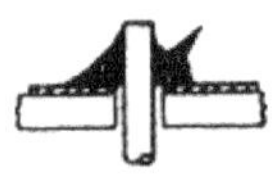 拉尖	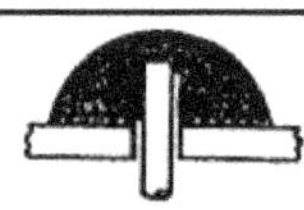 焊料过多	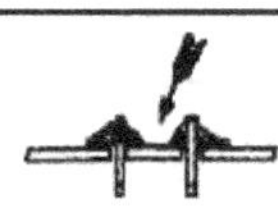 桥接	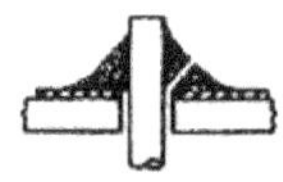 针孔
产生原因	焊丝撤离过早	助焊剂过少，而加热时间过长；电烙铁撤离角度不当	焊丝撤离过迟	焊锡过多；电烙铁撤离方向不当	焊盘孔与引脚间隙太大
焊点缺陷	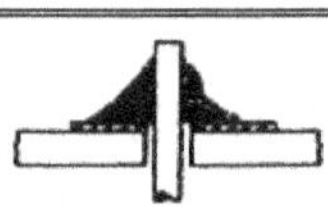 松香焊	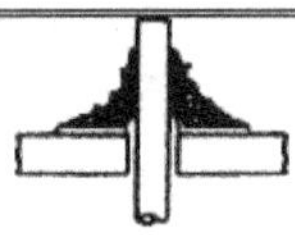 过热	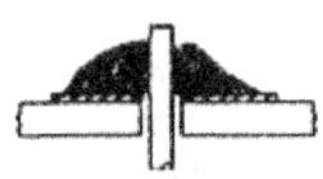 虚焊	 冷焊	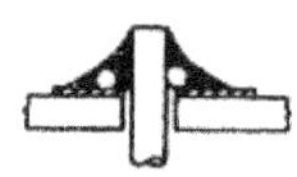 气泡
产生原因	加助焊剂过多或已失败；焊接时间不足，加热不足，表面氧化膜未去除	电烙铁功率过大，加热时间过长	被焊件清理不干净；助焊剂不足或质量差；被焊件未充分加热	焊料未凝固前被焊件抖动或电烙铁功率不够	引脚与孔间隙过大或引脚浸润性不良
焊点缺陷	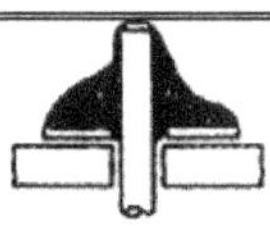 剥离	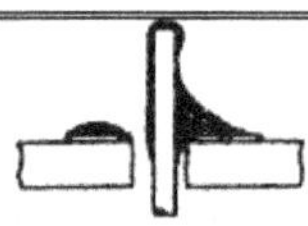 不对称	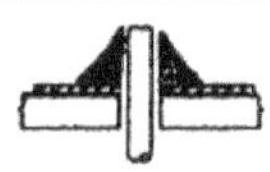 松动	 铜箔翘起	 焊料堆积
产生原因	焊盘镀层不良	焊料流动性不好；助焊剂不足或质量差；加热不足	焊锡未凝固前引脚移动造成空隙；引脚未处理好（浸润差或不浸润）	焊接时间太长，温度过高	焊料质量不好；焊接温度不够；焊锡未凝固时，元器件引脚松动

图 7-33 常见焊点缺陷及原因

7.5 印制电路板的工业自动焊接介绍

手工焊接只适用于小批量生产和维修加工，而对生产批量大，质量要求较高的电子产品就需要自动化的焊接系统。又由于电子产品的不断更新换代，元器件在不断小型化、集成化，且电路越来越复杂，印制导线的密度越来越高，手工焊接已不能满足要求，自动化焊接就必然成为印制电路板的主要焊接方法。

7.5.1 浸焊

浸焊是指把插装好元器件的印制电路板放在融化有焊锡的锡槽内，同时对印制电路板上所有焊点进行焊接的方法。浸焊有生产效率高，生产程序简单的特点。浸焊可分为手工浸焊和机器自动浸焊两种方式。

1. 手工浸焊

手工浸焊是指操作人员手持夹具将已插好元器件的待焊印制电路板浸入锡槽内进行焊点焊接。手工浸焊的操作过程如下所述：

1）对锡槽加热。将锡槽内的焊料加热至 230～250℃，温度过高或过低，都将影响焊接质量，尤其是温度不能过高，否则就会损坏元器件和印制电路板。并要随时加入松香助焊剂，以去掉焊锡表面的氧化层。

2）对印制电路板涂助焊剂。为提高焊点的可焊性，要对将要浸焊的印制电路板涂助焊剂，其方法是放在松香酒精液中进行浸渍便可。

3）对印制电路板浸焊。用夹具夹住待焊的印制电路板，并将电路板水平地置入锡槽中，浸入的深度是印制电路板厚度的 50%～70%，浸焊的时间为 3～5s。

4）对印制电路板冷却。当浸焊完毕后，把印制电路板取出焊锡槽，并马上对其进行风冷。

5）对焊点进行质量检查。对已进行风冷的印制电路板，便可进行焊点质量的检查，看是否有漏焊、拉尖和虚焊等现象，如有则要进行手工补焊。

2. 自动浸焊

自动浸焊是用机械设备进行浸焊，带替操作人员完成浸焊的一切工序。自动浸焊的工艺流程是：将待焊印制电路板送入泡沫助焊剂槽上助焊剂→让上助焊剂的印制电路板通过加热器烘干→将烘干后的印制电路板送入锡槽进行浸焊 2～3s→开启振动器振动 2～3s，将多余的焊料给振动掉→送入切头机将过长的引脚切掉。

3. 进行浸焊时应注意的事项

1）在浸焊前将未装元器件的插孔用胶带贴上，以避免浸锡时焊锡堵塞。

2）在浸焊前将不耐高温或半开放式元器件用耐高温胶带给封好，以避免损坏。

3）对锡槽中的高温焊锡，要适时加入松香助焊剂，以避免氧化层的形成，影响焊接质量。

(4）操作人员必须注意安全，带好防护设备。

7.5.2 波峰焊

目前在工业生产中应用最多的自动化焊接系统为波峰焊机，它适用于大面积、大批量印制电路板的焊接。而波峰焊就是应用波峰焊机一次完成印制电路板上所有焊点的焊接。波峰焊具有焊接速度快、焊接质量高的优点，是电子产品进行焊接的主要方式。下面介绍波峰焊机的主要组成和工作过程。

1. 波峰焊机的组成

波峰焊机是由传送装置、涂助焊剂装置、预热装置、锡缸、锡波喷嘴、冷却风扇等组成。

（1）产生焊料波的装置

焊料波的产生主要依靠喷嘴，喷嘴向外喷焊料的动力来源于机械泵，焊料从焊料槽向上打入一个装有作分流用挡板的喷射室，然后从喷嘴中喷出，当焊料到达其顶点后，又沿喷射室外边的斜面流回焊料槽中，如图 7-34 所示。

由于波峰焊机的种类较多，其焊料波峰的形状也有所不同，常用的为单向波峰和双向波峰。焊料朝一个方向流动且方向与印制电路板移动方向相反的称单向波峰，如图 7-35（a）所示。焊料向两个方向流动的称双向波峰，如图 7-35（b）所示。

锡缸（焊料槽）是由金属材料构成，这种金属材料不易被焊料所润湿，而且也不溶解于焊料，锡缸的形状依机型的不同而有所不同。

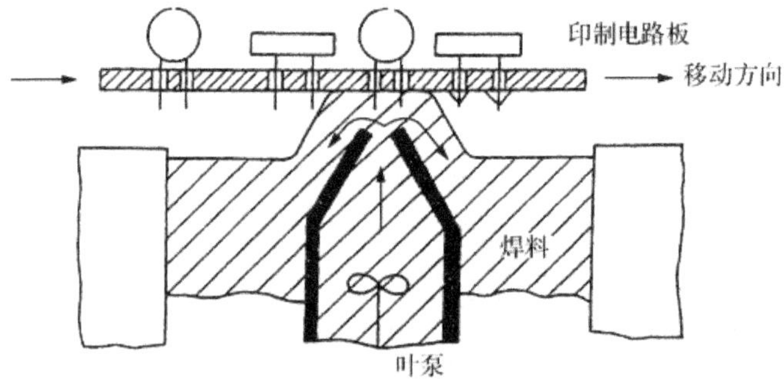

图 7-34　焊料波的形成原理

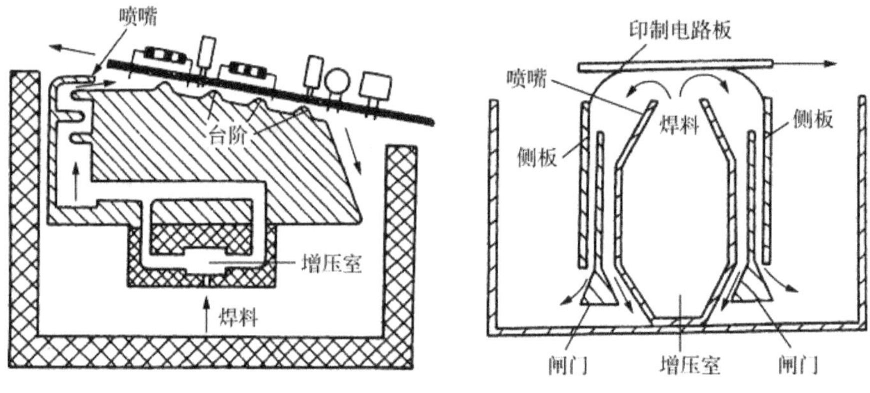

（a）单向波峰　（b）双向波峰

图 7-35　单向波峰和双向波峰

（2）预热装置

预热器可分为热风型与辐射型。热风型预热器主要是由加热器与鼓风机组成，当加热器产生热量时，鼓风机将其热量吹向印制电路板，使印制电路板达到预定的温度。辐射型主要是靠热板产生热量辐射，使印制电路板温度上升。

预热的作用是先把助焊剂加热到活化温度，再将焊剂中的酸性活化剂分解，然后与氧化膜起反应，使印制电路板与焊件上的氧化膜被清除。另一个作用是减少晶体管、集成电路由于受热冲击而损坏的可能性。同时还有使印制电路板减小经波峰焊后产生的变形。

（3）涂覆助焊剂的装置

在自动焊接中助焊剂的涂覆方法很多，如波峰式、发泡式、喷射式、浸渍等，其中发泡式得到了广泛的应用。发泡式涂覆助焊剂装置，主要采用 800～1000 的沙滤芯作为泡沫发生器浸没在助焊剂缸内，并且不断地将压缩空气注入多孔瓷管，如图 7-36 所示。当空气进入助焊剂槽时，便形成很多的泡沫助焊剂，在压力的作用下，由喷嘴喷出，涂覆在印制电路板上。

（4）传送装置

传送装置通常是一种链带水平输送线，其速度可以随时调节，当印制电路板放在传送装置上时应平稳，不产生抖动、倾斜。

2. 波峰焊的工艺流程

波峰焊的工艺流程，如图 7-37 所示。从插件台送来的已装有元器件的印制电路板，由夹具送到接口自动控制器上。然后由自动控制器将印制电路板送入涂覆助焊的装置内，对印制电路板

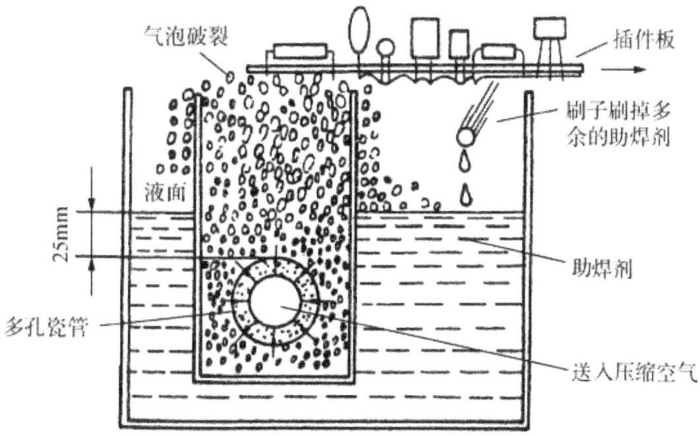

图 7-36 发泡式涂覆助焊剂装置

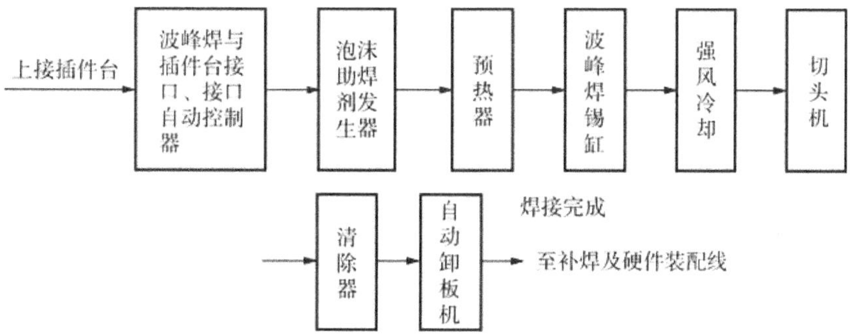

图 7-37 波峰焊的工艺流程

喷涂助焊剂。当喷涂完毕后，再送入预热器，对印制电路板进行预热，预热的温度为 60～80℃，然后送到波峰焊槽里进行焊接，其温度可达 240～250℃，并且要求锡峰要高于铜箔面 1.5～2mm（锡峰的高度不够，将会造成漏焊，锡峰的高度过高会造成焊点拉尖、堆锡过多。），焊接时间为 2～3s。将焊好的印制电路板进行强风冷却后，再送入切头机进行元器件引脚的切除，切除引脚后印制电路板再送入清除器用毛刷对残留引脚进行清除。最后由自动卸板机装置把印制电路板送往硬件装配线。波峰焊机外形，如图 7-38 所示。

图 7-38 波峰焊机外形图

7.5.3 再流焊

再流焊又可称回流焊。再流焊按照其加热方式的不同可分为气相再流焊、红外再流焊、激光再流焊、热板式再流焊等。

再流焊目前主要用于片式元器件的焊接。它是先在印制电路板的焊盘上涂上膏状焊料后，再将片式元器件贴于焊盘上，然后再用各种热源使预先涂上的膏状焊料重新熔化而形成焊点，以达到焊接的目的。它能对 PCB 整体，也可对 PCB 的部分元器件进行焊接。能满足各类片式元器件的焊接要求。

再流焊与波峰焊相比较，具有以下特点：

1）由于焊料仅置于焊盘上，而且对施放量能进行控制，因而能避免桥接现象的产生。

2）焊料能定量施放，故焊料的使用量比波峰焊大为减少，且焊料受热次数少，不易使其他杂质混入。

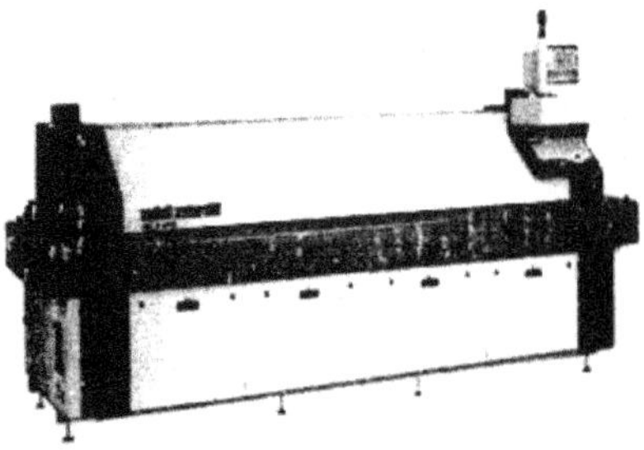

图 7-39　再流焊机外形

3）焊接质量较高，能焊接各种高要求、高精度的元器件。例如多引脚的片式集成电路 BGA、PLCC、SOP 等。

4）再流焊的焊接温度比波峰焊低，但焊接时间略长于波峰焊。

再流焊炉的外形，如图 7-39 所示。

再流焊所用焊锡膏是由锡、铅焊料和黏合剂及抗氧化剂等组成。涂覆的方法可采用手工、半自动或全自动进行。

再流焊的主要流程有涂覆焊锡膏→加热焊接→测试→整形→清洗→烘干→涂覆防潮剂等工序。

本章小结

1. 电烙铁可分为外热式电烙铁、内热式电烙铁、恒温电烙铁、吸锡电烙铁。

2. 电烙铁的选用可根据被焊件的大小及散热快慢与电路结构、元器件的类型、操作是否方便等方面进行考虑。

3. 在电子产品的焊接中，主要是选用锡铅焊料，因锡铅焊料具有熔点低、流动性好、附着力强、机械强度高、抗腐蚀性能好和导电性能优良等优点。

4. 助焊剂的功能是清除被焊件表面的氧化层及污物，防止焊点和焊料在焊接过程中被氧化，能帮助焊料流动，帮助把热量从电烙铁头传递到焊料上和被焊件表面。

5. 焊接的操作步骤是：①准备，②加热被焊件，③熔化焊料，④移开焊料，⑤移开电烙铁。

6. 拆焊的方法有很多种，常用的有编织线吸锡法、空心针头辅助法、吸锡电烙铁和专用拆焊电烙铁。

7. 焊接质量的好坏要通过目视和手触去检查，从中发现焊点是否有漏焊、桥接、拉尖、堆焊、浮焊、虚焊和焊盘脱落等故障。

8. 再流焊是先在焊盘上涂上膏状焊料后，再将片式元器件贴于焊盘上，然后用各种热源使预先涂上的膏状焊料重新熔化而形成焊点，以达到焊接的目的。

9. 印制电路板的工业自动焊接技术主要有：浸焊、波峰焊、再流焊。

操作练习 7

1. 焊点练习

（1）目的

通过焊点的练习，掌握焊接的基本步骤和方法。

（2）工具与器材

工具：内热式 20W 电烙铁一把、镊子、电烙铁支架。

器材：印制电路板一块、单股引脚多根或电阻器若干、焊料、松香助焊剂。

（3）步骤

1）清理印制电路板焊盘（氧化层、污物）。

2）将单股引脚剥头并预浸锡，或对插入电阻器引脚预浸锡。

3）将单股引脚或电阻器引脚插入焊盘。

4）按照焊接的操作步骤进行焊接。

5）将焊接情况填入表 7-3 并作比较。

表 7-3　焊点练习

名　称	数　量	焊接时间	焊点数量	焊接质量
单股引脚				
电阻器				

2. 印制板的焊接练习

（1）目的

通过印制板的焊接练习，初步掌握电子元器件在印制电路板上的装配方法和焊接技能。

（2）工具与器材

工具：内热式 20W 电烙铁一把、镊子、电烙铁支架、尖嘴钳、偏口钳等。

器材：印制电路板一块、三极管、二极管、电容器、电阻器若干、焊料、松香助焊剂等。

（3）步骤

1）对印制电路板的焊盘、元器件的表面进行清洁处理。

2）对元器件引脚进行预浸锡处理。

3）将元器件引脚成形。

4）插装焊接。

5）焊接后的质量检查。

3. 拆焊技能练习

（1）目的

了解对元器件的拆焊要求，掌握拆焊的操作要领。

（2）工具与器材

工具：内热式 20W 电烙铁一把、镊子、电烙铁支架、吸锡器、铜编织线。

器材：装有分立元器件的印制板一块。

（3）步骤

1）拆焊二引脚的电阻、电容、二极管等。

2）拆焊三引脚的三极管等。

3）拆焊多引脚的集成电路等。

习题 7

7.1　如何正确选用和使用电烙铁？焊接印制电路板时，应选用什么规格的电烙铁？

7.2　新电烙铁的烙铁头需经过怎样的处理才能使用？

7.3 助焊剂对焊接有何作用？经常用的助焊剂有几种？在焊接印制电路板时，应采用什么助焊剂？

7.4 焊接的操作要领是什么？

7.5 锡铅焊料具有哪些优点？在焊接时大都选用共晶焊锡，其理由是什么？

7.6 应如所预防虚焊、堆焊、拉尖等不良焊点的出现？

7.7 当焊接的时间过长或不足时，对焊接质量有何影响？

7.8 对焊点拆焊时，应注意什么问题？

7.9 常用的拆焊方法有几种？用铜编织线如何拆焊？

7.10 对钩焊与网焊应如何进行拆焊？

7.11 什么是再流焊？

第 8 章 电子装配工艺

【本章主要内容】

本章主要讲述电子元器件引脚的加工方法、元器件在印制电路板上的插装方法、线束的扎制方法。还介绍了螺纹连接工艺、铆接工艺、整机总装概述等内容。

8.1 装配的准备工艺

装配准备工艺是电子产品整机总装前对导线、元器件、零部件等给予事先加工处理的过程，装配准备工艺的质量好坏，是决定整机质量好坏的重要因素，是保证顺利完成整机装配的关键工序。

8.1.1 导线的加工

1. 绝缘导线端头的加工

绝缘导线在接入电路前必须对端头进行加工处理，以保证引脚接入电路后，不致因端头问题而产生导电不良或经受不住一定的拉伸而产生断头现象。绝缘导线端头加工可分为以下几个步骤：

（1）剪裁——按所需的长度截断导线

在剪裁导线时，应注意以下几个问题：

1）在手工剪裁时要拉直导线再截断，以保证导线的长度不受影响。

2）在截断导线时，应保护好绝缘层不受损坏。

3）所剪导线的长度应符合公差要求，一般的公差要求见表 8-1。

4）为确保导线的导电性能良好，对于绝缘层已损坏的导线及芯线已锈蚀的导线不能再采用。

表 8-1 导线长度与公差要求

导线长度（mm）	50	50～100	100～200	200～500	500～1000	1000 以上
公差（mm）	+3	+5	+5～+10	+10～+15	+15～+20	+30

（2）剥头——按导线的连接方式决定削头长度

剥头是指把绝缘导线的端头绝缘层去掉一定的长度，露出芯线的过程。由于导线的连接方式不同（搭焊连接、钩焊连接、绕焊连接），其剥头的长度也有所不同。在剥头时，应注意不能损伤芯线。

剥头的方法：

1）用剥线钳剥头。在使用剥线钳时要选择合适的钳口，注意不要把芯线损坏或剪断。剥线钳的使用，如图 8-1 所示。

2）用电工刀和剪刀剥头。当不具备剥线钳时，也可采用电工刀和剪刀进行剥头，由于在使用电工刀和剪刀剥皮时容易产生误操作，故需特别注意不要把芯线损坏。

3）热截法。热截法是采用热控剥皮器进行剥头，此种方法的优点是不损坏芯线，并适用于大批量生产。其不足之处是在加热绝缘层时极易散发出对人有害的气体，故使用该方法时应注意周围环境的通风。热控剥皮器的外形如图 8-2 所示。

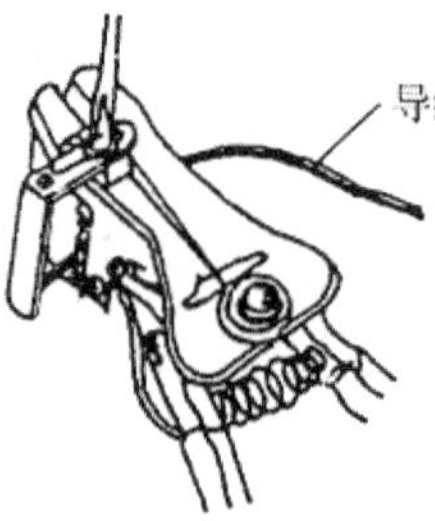

图 8-1　剥线钳的使用

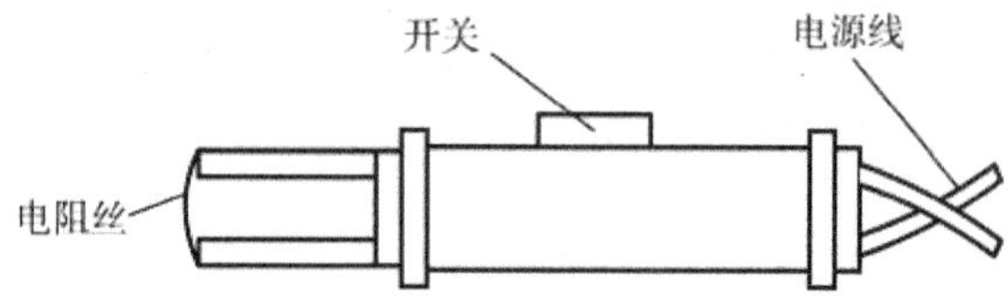

图 8-2　热控剥皮器的外形

（3）捻头——对多股导线进行捻头处理

对多股导线经剥头处理后，芯线很容易松散，再经浸锡处理就会变得比原导线直径粗很多，有时还会带有毛刺，为此多股绝缘导线剥头后要进行捻头处理。

捻头的方法是：按导线原来的方向继续捻紧，一般螺旋角在 30°～45° 之间，如图 8-3 所示。在捻线时一定要用力合适，否则就会将芯线捻断。

（4）浸锡——导线捻头后的处理

浸锡是指给经过处理后的芯线上焊锡。经捻头后的绝缘导线，为防止其芯线与空气接触时间过长而发生氧化，降低导线的可焊性，因此应及时进行浸锡处理。另外，为能提高端头的可焊性，在浸锡以前应清除芯线表面的氧化层及其他污物。

浸锡的方法：

1）用电烙铁给导线端头上锡。对于芯线股数较少的绝缘导线，可直接用吃锡后的电烙铁直接上锡，对于芯线股数较多的绝缘导线，应首先将芯线放在松香助焊剂上，再用具有一定温度的电烙铁放在芯线上，使芯线浸上一定量的松香助焊剂，然后让吃锡的电烙铁给芯线上锡。此方法对于无线电爱好者最适宜。

2）锡锅浸锡法。对于有一定批量的浸锡，一般采用锡锅浸锡。它省去了用电烙铁的工序，而且速度快，生产量大。锡锅浸锡如图 8-4 所示。它是将焊锡放在锡锅中加以熔化，然后将捻头后的导线端头蘸上助焊剂后插入锡锅中给芯线上锡。

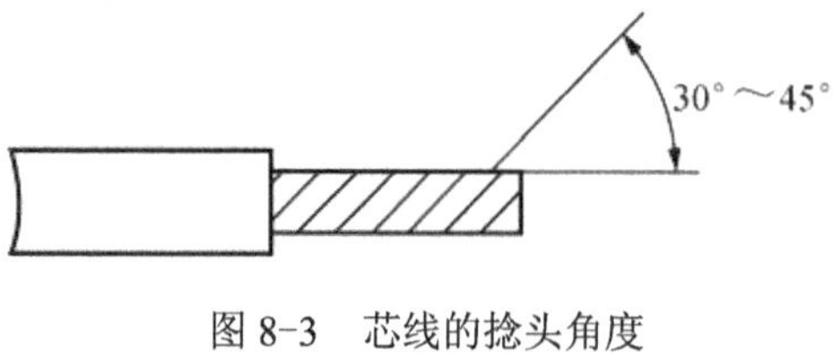

图 8-3　芯线的捻头角度

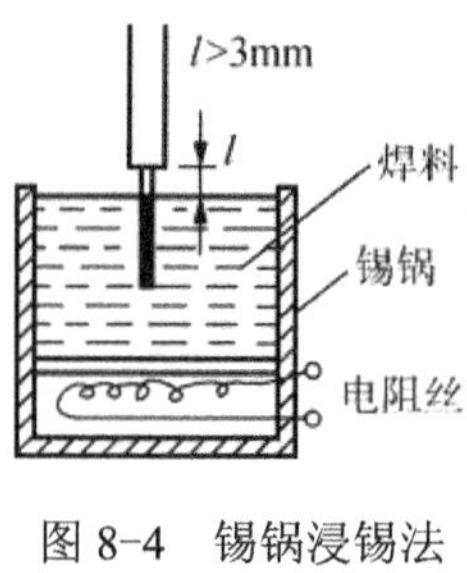

图 8-4　锡锅浸锡法

用该方法时应注意浸锡的时间不能过长（每次一般为 1～3s），以避免导线绝缘层受热而损坏；并要注意浸锡层与绝缘层之间要有一定的距离（一般为 2mm 左右）；当一次浸锡未达到要求时，需经过一定时间后，再进行二次浸锡，以防连续浸锡时间过长，损坏绝缘层。

（5）打印标记——为了安装与维修的方便

由于有些电子产品的电路较复杂，使用的绝缘导线也很多，仅靠塑胶线的颜色无法区分清楚，这样给安装、维修与焊接带来很多不便，为此，在导线上打印标记以示区分。

打印标记的方法有：导线两端打印线号标记、导线两端打印色环标记、采用套管打印标记。

1）在导线两端打印线号标记时，其标记位置应距离绝缘端 8～15mm 处，如图 8-5（a）所示。其具体的要求是印字要清楚，印字方向要一致，字号应与导线粗细相适应。为使字迹清楚，深色导线可采用白色油墨，浅色导线可采用黑色油墨。

2）在导线两端打印色环标记时，其标记位置应距离绝缘端 10～20mm 处，色环宽度为 2mm，色环的间距为 2mm，如图 8-5（b）所示。其具体的要求是各色环的宽度、距离、色度要均匀一致。色环的读法是从线端开始向后顺序读出。而且可用排列组合的方式构成多组色标。

3）在采用套管打印标记时，将塑料套管剪成 8～15mm 的长度，在塑料套管上打印标记或序号，然后将套管套在绝缘导线上便可，如图 8-5（c）所示。

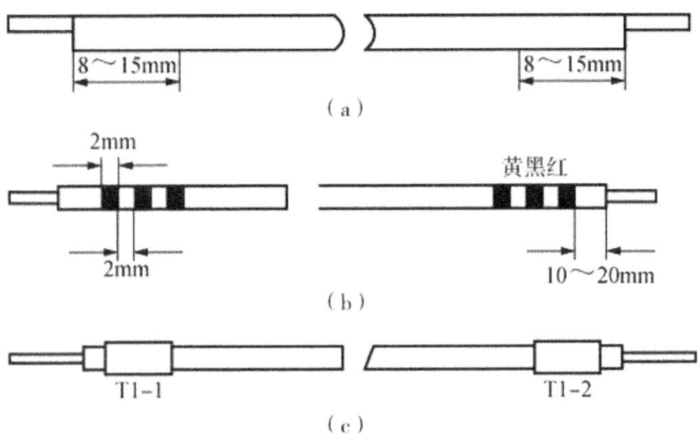

图 8-5 绝缘导线的标记

2. 屏蔽导线和同轴电缆端头的加工

（1）屏蔽导线端头的加工方法

屏蔽导线是指在绝缘导线外面套上一层金属编织线的特殊导线，在家用电器中经常应用，如电视机、录音机、录像机等。对其端头处理的好坏将直接影响到整机质量的高低。

1）屏蔽导线不接地端的加工方法。一是按要求的尺寸剪下屏蔽线如图 8-6（a）。二是剥去端部的外绝缘层，可采用热剥法和刃截法在用刃截法时要注意不要伤及屏蔽层如图 8-6（b）所示。三是将金属编织线推成如图 8-6（c）所示。四是剪去多余部分如图 8-6（d）与（e）。五是将编织线翻过来后加上收缩性套管如图 8-6（f）所示。

2）屏蔽导线接地端的加工方法。一是按要求的尺寸剪下屏蔽线，如图 8-7（a）所示。二是用热截法或刃截法去掉端部的外绝缘层，如图 8-7（b）所示。三是从金属编织线中抽出芯线，其抽取的方法是将编织线拨开一个孔，从中抽出即可，如图 8-7（c）所示。四是去掉芯线的一段绝缘层，并给予浸锡处理，如图 8-7（d）所示。五是将金属编织线去掉一部分，然后将其拧紧并浸锡供接地使用如图 8-7（e）所示。

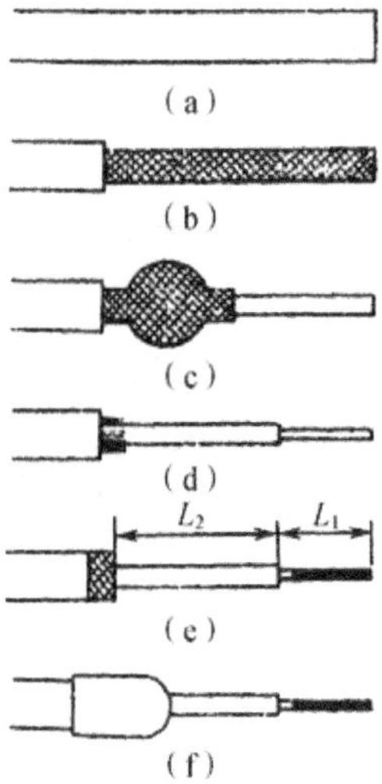

图 8-6　屏蔽导线不接地端的加工方法

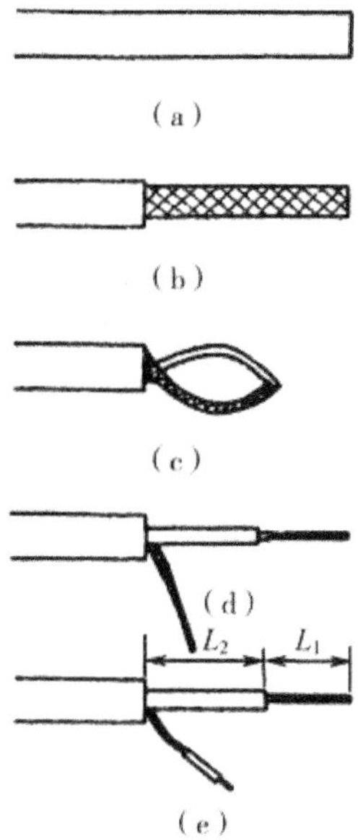

图 8-7　屏蔽导线接地端的加工方法

（2）同轴电缆端头加工方法

1）剥去同轴电缆的外表绝缘层，如图 8-8（a）所示。

2）去掉一段金属编织线，如图 8-8（b）所示。

3）根据同轴电缆端头的连接方式，剪去芯线上的部分绝缘层，如图 8-8（c）所示。

4）对芯线进行浸锡处理，如图 8-8（d）所示。

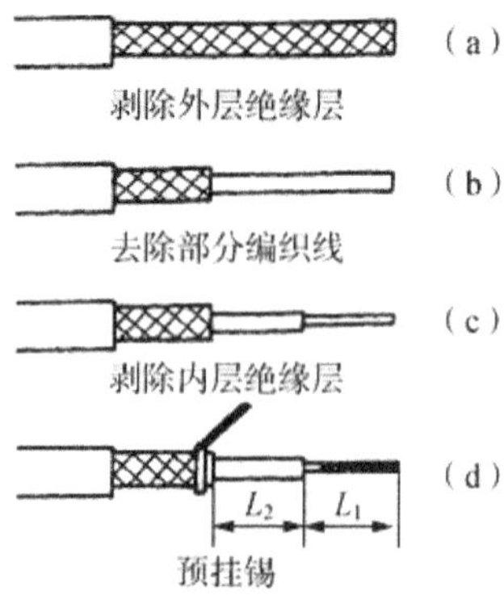

图 8-8　同轴电缆端头加工方法

8.1.2　元器件引脚的加工

为能保证组装的质量，进一步提高焊接的牢靠度，并使元器件排列整齐、美观，以及在线路板中安装位置的要求，提高插件效率，因此对元器件引脚给予加工成形就成为组装过程中不可缺少的一个步骤。

在工厂中，元器件引脚成形多采用模具手工成形，以及自动折弯机。对于业余无线电爱好者一般都采用尖嘴钳或镊子加工成形。元器件引脚成形如图 8-9 所示。

图 8-9（a）是引脚的基本成形，它的应用最为广泛。对它的成形要求是引脚打弯处距引脚根部要大于 1.5mm，弯曲的半径要大于引脚直径的两倍，两根引脚打弯后要在一个平面上，且要互相平行。在图中 R 为弯曲半径，d_a 为引脚直径或厚度，l_a 为元器件外形的最大长度，L_a 为两焊盘间的距离。

图 8-9（b）是印制电路板孔距小于元器件的外形最大长度时的成形。

图 8-9（c）是一种打弯式的成形。

图 8-9（d）是垂直插装时的成形。

在以上引脚成形中的图 8-9（a）、图 8-9（d）的形状多用于手工插装和手工焊接，图 8-9（c）的形状多用于自动组装和自动焊接。

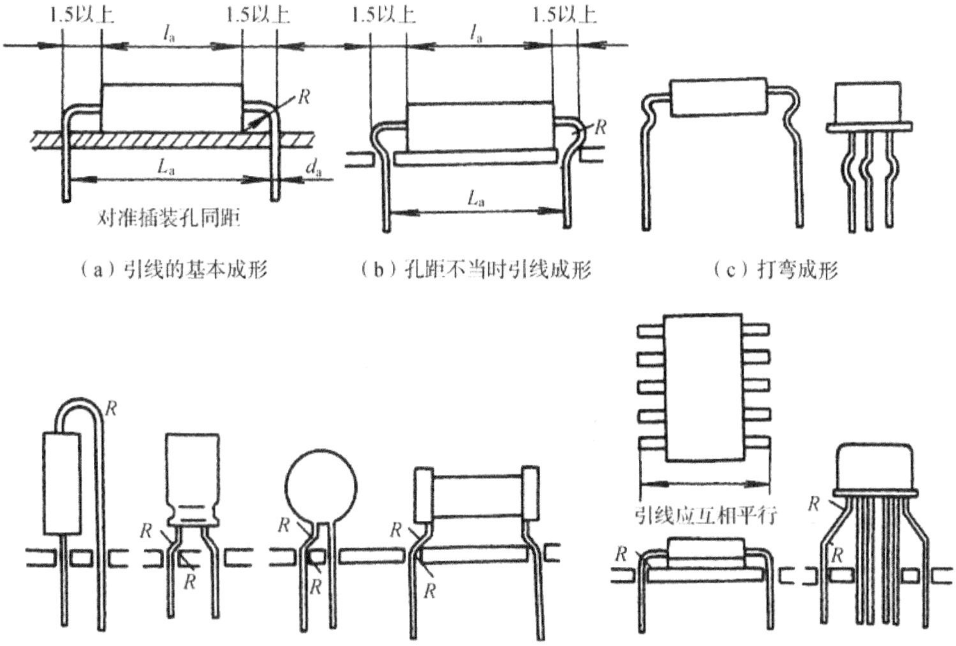

图 8-9　元器件引脚成形

在以上各种引脚成形中，都应注意将元器件的标称阻值及文字标记放在最易查看的位置，以利于核查和维修。

8.1.3　元器件引脚的浸锡

元器件引脚在出厂前一般都进行了处理，多数元器件引脚都浸了锡铅合金，有的镀了锡，有的镀了银。但由于涂层仅有 0.1～1μm 厚，当涂层不均匀或未浸上锡时，或者由于保管不当便会使引脚发生氧化或粘有污物，这样就降低了引脚的可焊性。为保证元器件引脚的焊接质量，在元器件插装到印制电路板以前，必须对其引脚的可焊性进行检查，如果可焊性较差，就需要对引脚进行浸锡处理。

1. 浸锡前对引脚的处理－刮脚

刮脚的方法分手工刮脚和自动刮净机刮脚。如果不是大批量生产，一般都采用手工刮脚。手工刮脚就是用带刃的工具（如小刀、锯条等）对其引脚进行刮磨。

手工刮脚的方法是沿着元器件的引脚逐渐向外刮，并且要边刮边转动引脚，直到将引脚上的氧化物或污物刮净为止。

手工刮脚时应注意以下几点：

1）在刮脚时不能用力过大，用力过大时不但刮去了氧化层，还会把原有的镀层全部刮掉，这样会使浸锡更加困难。

2）在刮脚时应与引脚的根部留出一定的距离，一般为 3mm 左右，以防折断引脚。

3）在刮脚时不能将引脚刮切伤或折断。

4）对已刮完引脚的元器件应及时进行浸锡，以避免再次发生氧化。

2. 对引脚浸锡

引脚浸锡的方法有用手工上锡或用锡锅浸锡两种。

1）手工上锡的方法是先将引脚蘸上助焊剂，然后用带锡的电烙铁给引脚上锡。具体的上锡方法是将蘸有焊锡的电烙铁放在引脚上，一边转动引脚，一边移动电烙铁，使焊锡均匀地镀在引脚上。

2）锡锅浸锡的方法是先将引脚蘸上助焊剂，然后将引脚插入锡锅中，待引脚润湿后便可取出如图 8-10 所示。

锡锅浸锡应注意的事项：在引脚插入锡锅后停留的时间一般不宜过长，以避免元器件受热而损坏。对于阻容元件的引脚在锡锅中停留的时间为 2～3s，对于半导体元件的引脚在锡锅中停留的时间为 1～2s。另外，当元器件引脚插入锡锅浸锡时，其液面要距引脚根部有一定的距离，对于阻容元件要大于 3mm，对于半导体器件要大于 5mm。还有就是要随时清理锡锅中的锡渣，以保证被浸引脚的光滑。

8.1.4 元器件的插装方法

元器件的插装方法可分为手工插装和自动插装。不论采用哪种插装方法，其插装形式都可分为立式插装、卧式插装、倒立插装、横向插装和嵌入插装。

1. 卧式插装

卧式插装法是将元器件紧贴印制电路板的板面水平放置，元器件与印制电路板之间的距离可视具体要求而定，如图 8-11 所示。

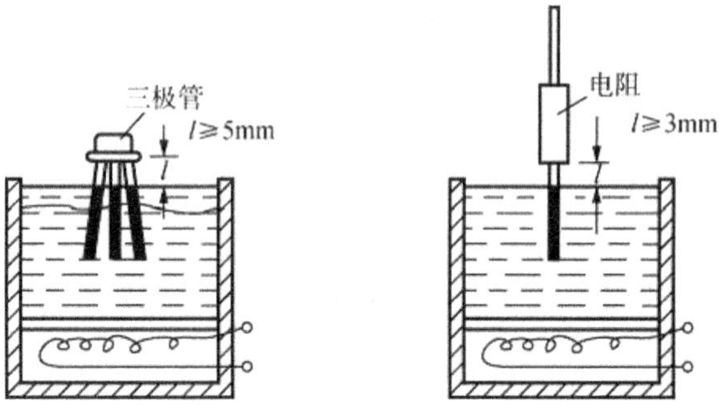

图 8-10 元器件引脚的浸锡

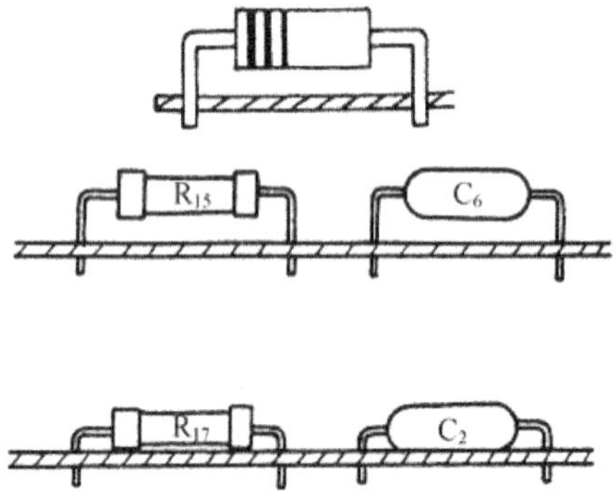

图 8-11 卧式插装

卧式插装的优点是元器件的重心低，比较牢固稳定，当受振动时不易脱落，在更换时比较方便。由于元器件是水平放置，故节约了垂直空间。

2. 立式插装

立式插装是将元器件垂直插入印制电路板，如图 8-12 所示。立式插装的优点是插装密度大，占用印制电路板的面积小，插装与拆卸都比较方便。

3. 横向插装

横向插装，如图 8-13 所示。它是先将元器件先垂直插入印制电路板，然后将其朝水平方向弯曲。该插装方法适用于具有一定高度的元器件，这样装可降低高度。

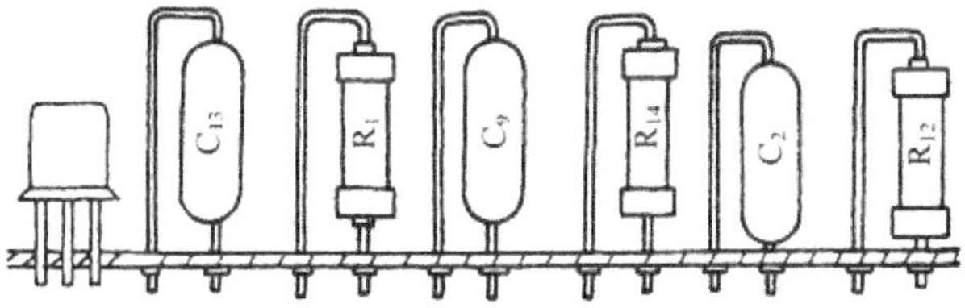

图 8-12　立式插装

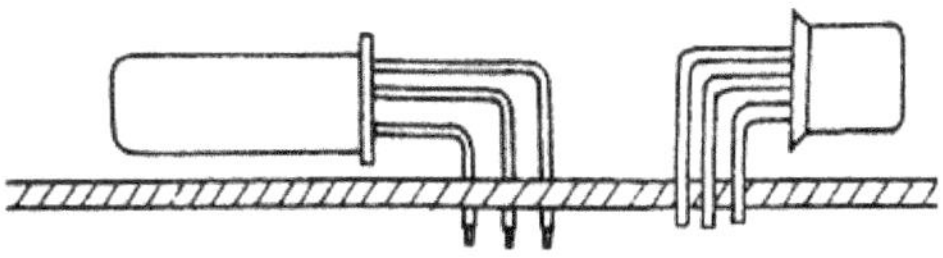

图 8-13　横向插装

4．倒立插装与嵌入插装

倒立插装与嵌入插装，如图 8-14 所示。这两种插装方法一般情况下应用不多，是为了特殊的需要而采用的插装方法。如嵌入插装法除为了降低高度外，更主要的是提高元器件的防振能力和加强牢靠度。

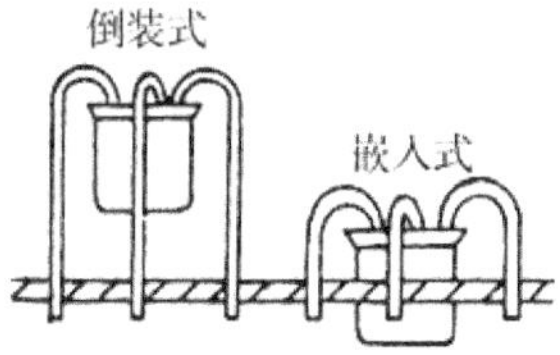

图 8-14　倒立插装与嵌入插装

5．晶体管的插装

晶体管的安装一般以立式安装最为普遍，在特殊情况下也有采用横向或倒立插装的。不论采用哪一种插装方法其引脚都不能保留的太长，以防止降低晶体管的稳定性。一般留的长度为3～5mm，但也不能留的太短，以防止在焊接时过热而损坏晶体管。

塑封晶体管的安装与金属封装管的安装方法基本相同。但对于一些大功率自带散热片的塑封晶体管，为提高其使用功率，往往需要再加一块散热板，在按装散热板时一定要让散热板与晶体管自带散热片有可靠的接触，否则将失去加散热板的意义。更不能误认为已自带散热片了，加不加散热板均可，这样将造成晶体管过热而损坏。晶体二极管和塑封晶体管的插装形式，如图 8-15 所示。

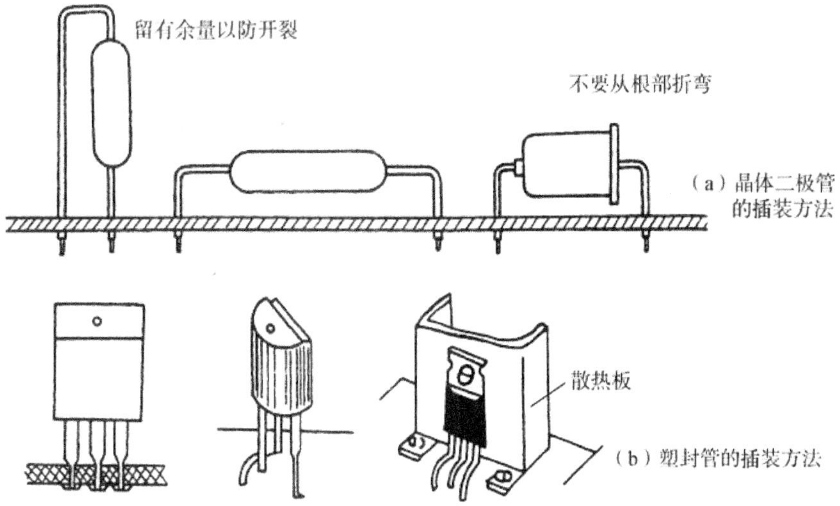

图 8-15　晶体二极管和塑封晶体管的插装形式

6．集成电路的安装

集成电路的引脚比晶体管及其他元件要多许多，而且引脚间距很小，所以安装和焊接的难度要比晶体管大。

集成电路在装入印制电路板前，首先要弄清引出线的排列顺序，然后再检查引脚是否与印制电路板的孔位相同。然后再插入印制电路板。否则，就可能装错或装不进孔位，甚至将引脚弄弯。因此在插装集成电路时，不能用力过猛，以防止弄断和弄偏引脚。

集成电路的封装形式很多，有晶体管式封装、单列直插式封装、双列直插式封装和扁平式封装，在使用时一定要弄清楚引脚排列的顺序及第一引脚是哪一个，然后再插入印制电路板。

7. 变压器、电解电容器、磁棒的安装

变压器、电解电容器、磁棒的体积、重量都比晶体管和集成电路大而重，如果安装方法不当，就会影响整机的质量。

1）中频变压器及输入/输出变压器本身带有固定脚，在安装时将固定脚插入印制电路板的相应孔位，然后将其固定脚压倒并锡焊就可以了。

2）对于较大体积的电源变压器，一般要采用螺钉固定了。螺钉上最好能加上弹簧垫圈，以防止螺钉或螺母的松动。

3）磁棒的安装一般采用塑料支架给予固定，先将塑料支架插到印制电路板的支架孔位上，然后从印制电路板的反面给塑料脚加热熔化，待塑料脚冷却后，再将磁棒插入即可。

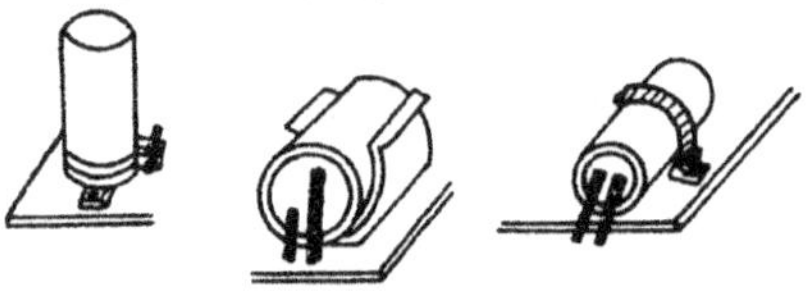

图 8-16　电解电容器的安装

4）对于体积较大的电解电容器，可采用弹性夹固定，如图 8-16 所示。

8. 印制电路板中元器件的装配顺序

在组装印制电路板时，应按照一定的顺序进行，并按工艺要求进行插装与焊接。在一般的情况下应按照先小后大、先低后高、先轻后重、先易后难的原则进行安装。安装顺序为电阻→电容→晶体管→集成电路→接插件→变压器。当印制电路板装配完毕后，应对照电路图进行检查，看是否有错装与漏装。

8.1.5　线把的扎制

在电子产品整机中，用于连接的导线较多，为能使其有序的放置，并保持整洁美观和少占用空间，常用线绳、线扎搭扣、黏合剂等将导线扎制在一起，并使其形成不同形状的线扎（或称线把、线束）。这样可防止连接导线的杂乱无章，使产品的可靠性和稳定性都得到了提高。

线把的扎制要求：首先要确定扎制的根数，以防止漏扎。在扎线时不能使拉力都集中在某一根导线上，以防止受力导线被拉断。另外，还要注意不要把线拉的过紧，以避免受振动时将导线拉断。在走线时，应避开磁场的影响，并把输入/输出导线分开扎制，以避免信号的回授。

1. 线扎搭扣结扎

线扎搭扣一般用尼龙和塑料制成，它的种类繁多，如图 8-17 所示。用线扎搭扣进行扎线的最大优点是非常方便。当用线扎搭扣扎线时，要注意不能拉得过紧，以避免搭扣锁损坏。

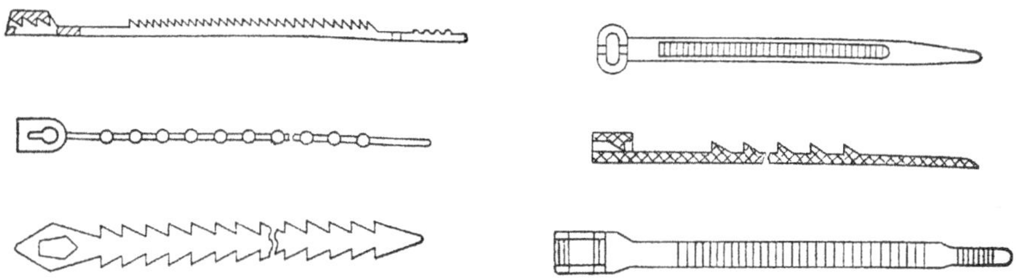

图 8-17　线扎搭扣

2. 黏合剂结扎

黏合剂结扎是用四氢化呋喃将导线黏合成线束，如图 8-18 所示。此种方法多用于导线较少的情况下。

3. 线绳绑扎

线绳绑扎就是用棉线、亚麻线、尼龙线等将导线绑扎成线束。常用的绑扎方法有连续结和点结两种。

1）连续结。连续结是用一条扎线先打一个初始结，然后再打很多个中间结，最后打一个终结，这种绑扎方法就叫连续结，如图 8-19 所示。

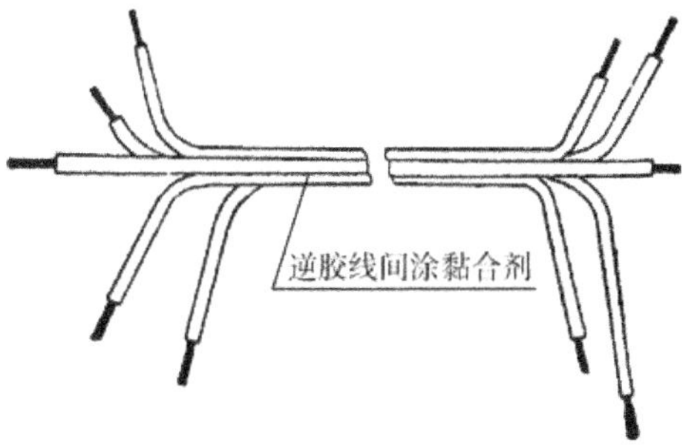

图 8-18　黏合剂结扎

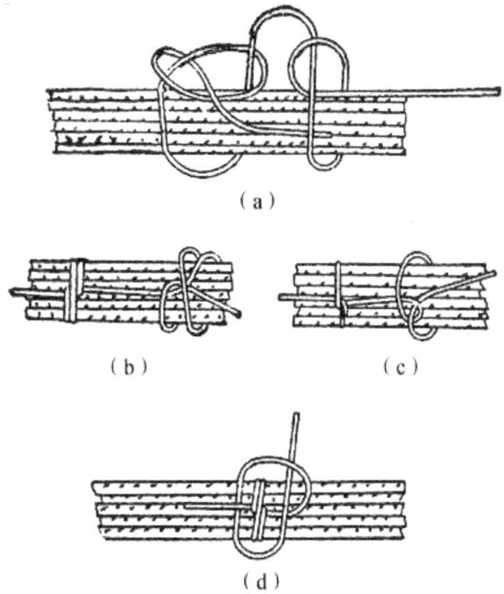

图 8-19　线绳绑扎

① 初始结的打法如图 8-19（a）所示。在打初始结时一定要松紧合适，否则就会产生滑动现象，影响整体绑扎效果。

② 中间结的打法如图 8-19（b）（c）所示。其中图 8-19（b）所示为双线结打法。

图 8-19（c）为单线结打法；

③ 终结的打法如图 8-19（d）所示。

对于线束较粗及带分支线束的绑扎方法如图 8-20 所示。但要注意拐弯处要多绕几圈线绳，以起到加固的作用。其中图 8-20（a）为多分支线的绑扎；图 8-20（b）为两分支线的绑扎；图 8-20（c）为单分支线的绑扎。

2）点结。点结是用扎线打成不连续的结，如图 8-21 所示。

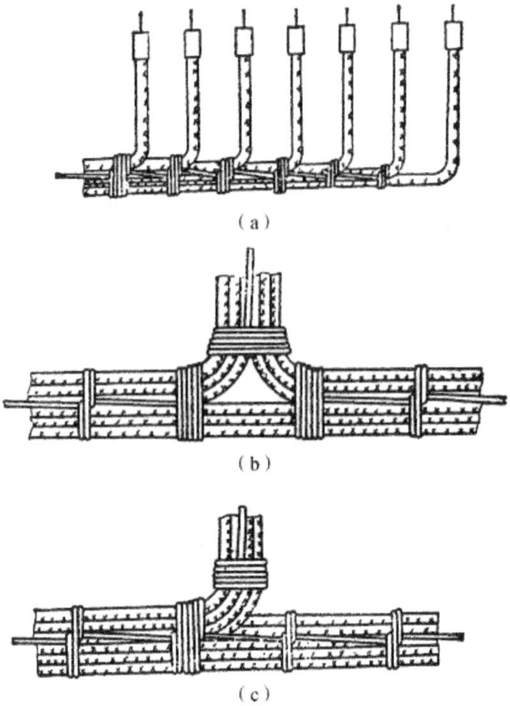

图 8-20　分支线束的绑扎

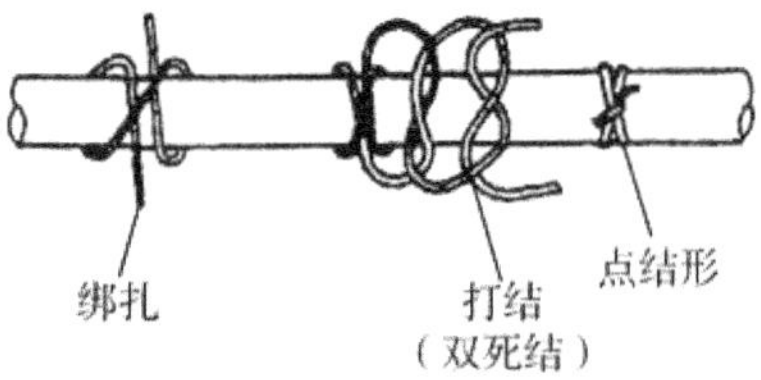

图 8-21　点结的打法

8.1.6　绝缘套管的使用

绝缘套管在整机装配中经常被采用，其使用的目的是可避免裸露部分的短路，起到绝缘作用；对导线或元器件引脚可起到增强机械强度的作用；可作为扎线材料使用，把导线扎成线束；另外，还能起到色别表示，以区分不同用途的引脚。

1）为元器件引脚加套管。元器件引脚基本上为裸线，在插入印制电路板后，容易造成短路。为此，在元器件引脚上加绝缘套管可以防止短路的发生。元器件引脚加套管的方法，如图 8-22 所示。

2）为小型元器件加套管。有的元器件体积较小或外封装为金属，为保证其在接入电路后不发生短路，也可为其加上套管。其方法是用一根绝缘套管把元器件及其引脚一起套起来，只露出部分引脚作为焊脚即可，如图 8-23 所示。

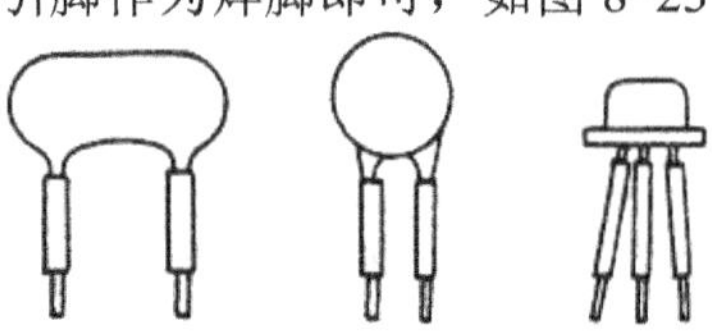

图 8-22　元器件引脚加套管的方法

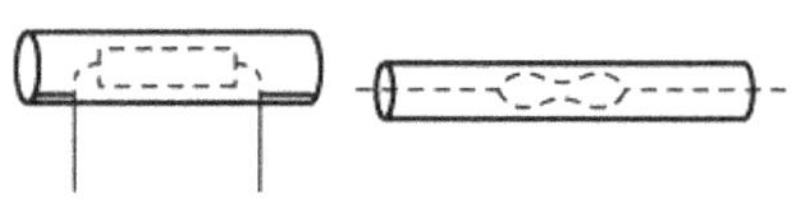

图 8-23　为小型元器件加套管

3）引脚端子上加套管。在引脚端子上加套管主要是起绝缘作用，同时还可以加强机械强度。如果是为了起绝缘作用，可隔一个端子套上一个绝缘套管，如图 8-24（a）所示。如果是为加强机械强度，可将所有端子都加上套管，如图 8-24（b）所示。

4）导线上加套管。导线上加套管可增强其绝缘性能，用较长的套管把导线套起来即可，如图 8-25（a）所示。如果是为了把导线集中成束，用短一些的套管把导线套起来便可，如图 8-25（b）所示。

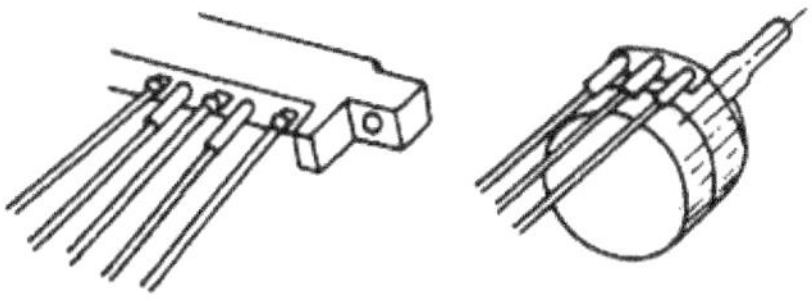

（a）　（b）

图 8-24　引脚端子上加套管

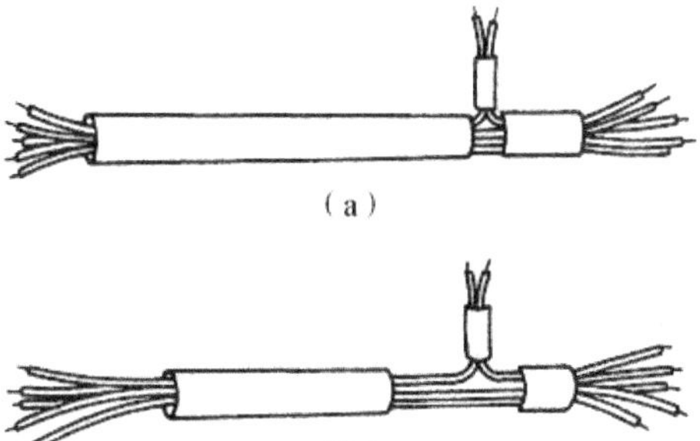

（a）　（b）

图 8-25　导线上加套管

8.2　连接工艺

在电子设备的装配过程中需要把元器件、零部件等进行固定和连接。连接的形式有很多种，其中用的较多的有螺纹连接、胶接、铆接三种。另外还有压接、焊接等。以上的连接形式中，有的是可拆的，有的是不可拆的。

8.2.1　螺纹连接

在电子产品的总装过程中，用螺钉、螺母、螺栓、螺柱、垫圈等将零部件进行紧固并锁紧定位在其合适位置上的过程就称螺纹连接，简称为螺接。该种连接在电子设备组装中用的最为普遍。其优点是装卸方便，能随意调整零部件的位置，而且连接可靠。存在的不足是有振动时螺母容易产生松动；被连接的器材容易产生形变或损坏破裂。

1. 螺纹连接用紧固件

螺纹连接常用的紧固件有螺钉、自攻螺钉、螺栓、螺母、螺柱、垫圈等。

1）螺钉。螺钉的种类很多，如图 8-26 所示。从图中可以看出其头部的形状各不相同。

图　形	名　称	图　形	名　称
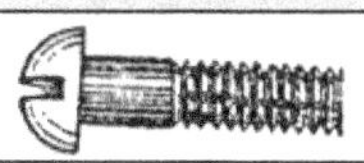	一字槽半圆头螺钉	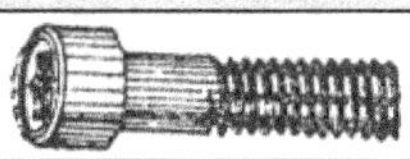	圆柱头内六角螺钉
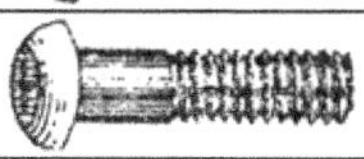	十字槽平圆头螺钉	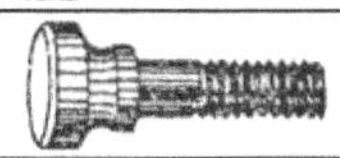	滚花高头螺钉
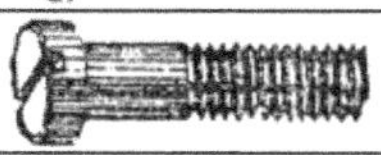	一字槽圆柱头螺钉	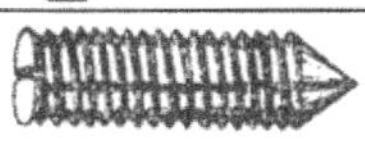	锥端紧定螺钉
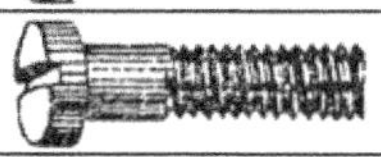	一字槽球面圆柱头螺钉	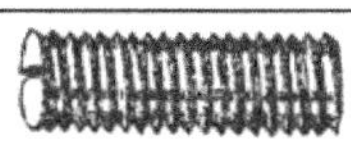	平端紧定螺钉
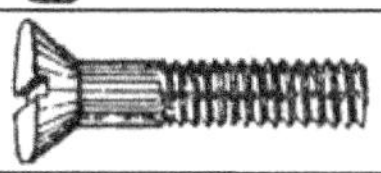	一字槽沉头螺钉	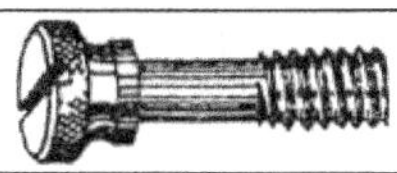	滚花头不脱出螺钉
	一字槽半沉头螺钉	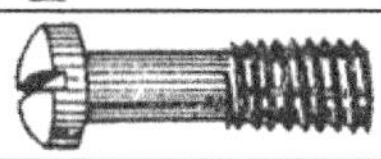	球面圆柱头不脱出螺钉

图 8-26　螺钉的形状

它们可以分为平圆头、球面圆柱头、半圆头、圆柱头、半沉头、沉头、六角头、内六角等多种。由于头部的形状不同，其用途也不同。例如半圆头螺钉，由于钉头强度好，其应用范围很广泛，凡没有特定要求的场合都可应用。又如沉头螺钉，一般只适用于不允许钉头露出的场合。

按头部起子槽形状可分为一字槽和十字槽。其中十字槽目前应用较为普遍，其原因是十字槽强度高，在拧紧时不易出现滑脱现象，而且能采用自动化装配。一字槽则不具备上述优势。

2）自攻螺钉。自攻螺钉的形状如图 8-27 所示。它们之间的主要区别是头部的形状不同，螺纹的类型不同。它主要用于塑料件、木料件及薄金属件与金属件之间的紧固和连接。由于螺钉本身具有较高的硬度，故在使用时不需要在主体件上打孔攻丝，便可直接拧入。

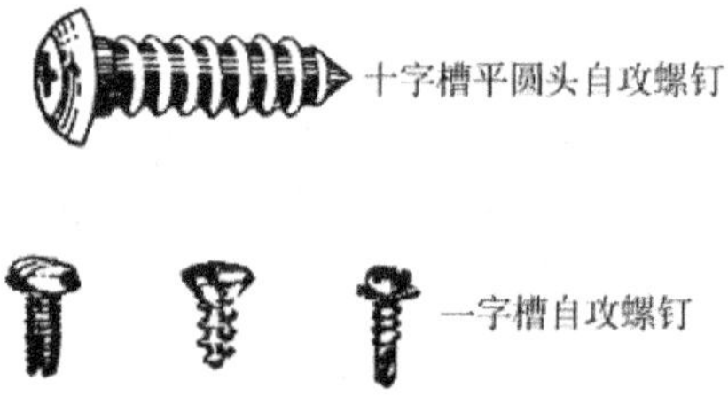

图 8-27　自攻螺钉的形状

3）螺栓、螺柱。螺栓、螺柱的形状如图 8-28 所示。螺栓主要用于钢铁件或木质结构件的连接。螺柱用于被连接件中不能安装带头螺栓的场合。螺栓有半圆头、六角头、方头等几种类型。螺柱有双头、单头等几种类型。

	图　形	名　称
螺栓	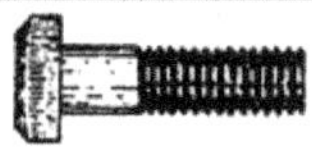	小方头螺栓
	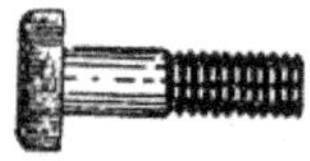	六角头螺栓
		半圆头方颈螺栓
		地脚螺栓
螺柱		双头螺柱

图 8-28　螺栓、螺柱的形状

4）螺母。螺母主要用于螺栓的连接中，螺母的形状如图 8-29 所示。从图中可看到有六角螺母、方螺母、圆螺母、蝶形螺母和盖形螺母，不同形状的螺母其应用场合也有所不同。例如六角螺母是应用最为普遍的一种，适用场合较多，而蝶形螺母一般只适用于经常拆卸的场合，圆螺母则用于防止轴向位移的场合。

外　形	名　称
	方螺母（粗制）
	六角螺母
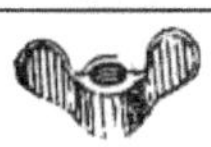	蝶形螺母
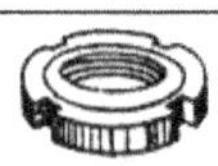	圆螺母
	盖形螺母

图 8-29　螺母的形状

在选用螺母时，应注意其直径和螺距要与配用的螺栓一致，否则将不能相互配用，如勉强连接则会造成螺母及螺栓的损坏。

5）垫圈。垫圈的主要作用是增加两连接面的面积和保护连接件不受损坏。垫圈的种类也比较多，如图 8-30 所示。常用的垫圈有平垫圈和弹簧垫圈。其中，平垫圈的应用较为广泛，除防止连接件表面受损和增大接触面积外，还可用做垫片，来进行尺寸的调整。弹簧垫圈可用以防止螺母松动。

图　形	名　称
	圆垫圈
	轻型弹簧垫圈
	圆螺母用制动垫圈
	外置型垫圈
	内置型垫圈

图 8-30　垫圈的形状

2. 螺纹

螺纹可分为英制螺纹和公制螺纹，现在普遍采用的是 60 公制螺纹。

公制螺纹按其螺牙的粗细可分为粗牙螺纹和细牙螺纹，按螺纹的旋转方向可分为左旋螺纹和右旋螺纹。最常用的是右旋粗牙螺纹。

螺纹的规格按公制表示，如 M3、M4、M5、M6 等，它表示的是直径分别为 3mm、4mm、5mm、6mm 的普通螺纹。字母“M”表示普通螺纹。

3. 螺纹连接的防松动措施

螺纹连接在受到振动、冲击或温度变化时，会产生螺母的松动现象，一旦产生了松动便会使连接件产生松动甚至脱落，为防止紧固件的松动可采用下列的方法给予防止。

1）如图 8-31（a）所示，将两个螺母互锁来防止松动。

2）如图 8-31（b）所示，用弹簧垫圈的弹力来防止松动。

3）如图 8-31（c）所示，在螺孔内涂紧固漆和加弹簧垫的方法来防止松动。

4）如图 8-31（d）所示，在螺钉的头上涂紧固漆和加弹簧垫圈的方法来防止松动。

5）如图 8-31（e）所示，在螺母下方垫橡皮垫来防止松动。

6）如图 8-31（f）所示，利用加开口销钉来防止松动。

7）如图 8-31（g）所示，利用单耳或双耳制动垫圈来防止松动。

8）如图 8-31（h）所示，将栓杆末端露出部分铆死来防止松动。

9）如图 8-31（i）所示，在栓杆侧面冲点来防止松动。

10）如图 8-31（j）所示，利用能自锁的横楔楔入栓杆横孔内压紧螺母来防止松动。

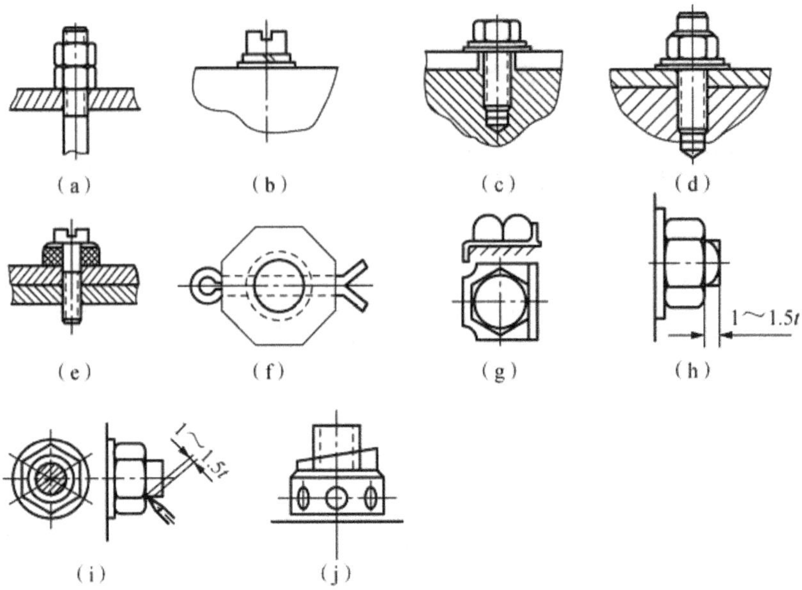

图 8-31　防止螺接松动的措施

4．采用螺纹连接时应注意的几点

1）在进行紧固螺钉、螺母时，应将所垫的垫圈垫平，在软质和松脆材料的面上一般不要使用弹簧垫圈。

2）当沉头螺钉紧固后，其螺钉的头部应该与被紧固件表面相平，或稍低于被紧固件表面。

3）当使用螺栓紧固时，其轴线应与被紧固件端面垂直。

4）在进行装配时，拧紧或拧松螺钉或螺母应使用相应的工具（起子、扳手、套筒）。最后在拧紧时应注意不能用力过猛，以避免造成螺纹的损坏。

5）被紧固件如果全是金属部件可采用钢性垫圈，如果被紧固件是胶木或易碎件时，应采用软性垫圈。

6）在使用弹簧垫圈时，其四周均要被螺母压住、压平。

8.2.2　铆接

1．铆接的概念

铆接是指用铆钉将零部件连接起来的过程就称作铆接。铆接后的零部件是不可拆卸的。

2．铆钉

铆钉按其头部形状的不同可分为半圆头、平锥头、沉头、半沉头等。按其形体可分为实心铆钉和空心铆钉。它们的形状如图 8-32 所示。

	图　形	名　称
铆钉	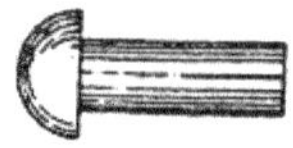	半圆头铆钉
	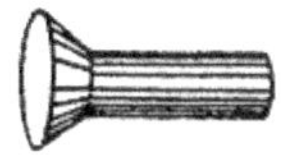	沉头铆钉（粗制）
	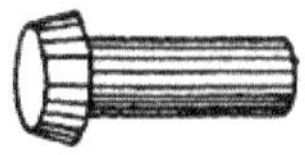	平锥头铆钉
		空心铆钉
		标牌铆钉

图 8-32　铆钉的形状

铆钉所用的材料有钢、铜、铝及合金等。

3. 铆接工具

在铆接时需要铆接工具才能顺利进行，铆接所用的工具有手锤、压紧冲头、半圆头冲头、垫模、平头冲、尖头冲和凸心冲头等。常用的压紧冲头和半圆头冲头，如图 8-33 所示。

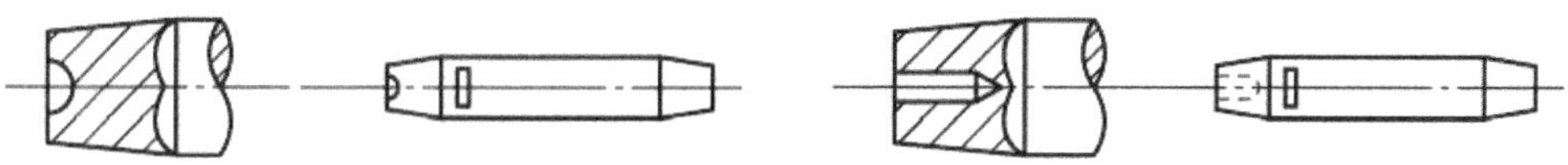

图 8-33　铆接工具

各种铆接工具的用途有所不同，在选用时应按铆钉所需形成的铆钉头形状加以选择。如在选用半圆头冲头时，其形成的铆钉头形状为半圆形，平头冲主要用于铆接沉头铆钉而用。铆钉铆装后的形状如图 8-34 所示。垫模的用途是在铆装时把铆钉头放在垫模上，使铆钉受力均匀，以防止铆钉头变形。尖头冲主要是在空心铆钉扩孔时用。凸心冲头是在空心铆钉扩边成形及轧紧时用。压紧冲头是当铆钉插入铆钉孔后，用以压紧被铆装的连接件。

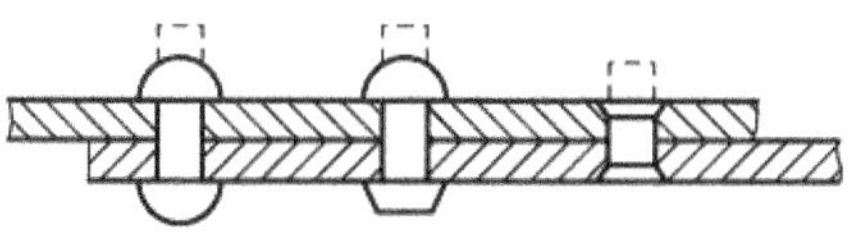

图 8-34　铆钉铆装后的形状

4. 采用铆接时应注意的几点

1）当选用铆钉时一般要与被铆件所用材料相同，以避免因膨胀系数不同而影响铆接强度。

2）铆接后的铆钉头。应完全平贴在被铆的连接件上，而且要与铆窝形状一致。钉头应是完整无开裂、无凹陷的。而铆接后的铆钉杆不应松动和歪斜。

3）在用空心铆钉铆接时，当铆接完成后，铆钉铆接处的裂口不能多于两处，且要求裂口深度要小于翻铆宽度的一半，否则将影响铆接效果。

4）铆钉的选择要求是：铆钉长度应等于被铆件的总厚度与留头长度之和，铆钉的直径应大于铆装厚度的1/4。

5）铆钉的直径与铆孔的直径应卡当地配合，如铆钉的直径小于铆孔直径很多，则在铆接时便会造成铆杆的弯曲。

8.2.3 黏接（胶接）

黏接是指利用各种黏合剂将材料、元器件或各种零部件黏接在一起的过程。是一种广泛应用的连接方法。该种方法是一种不可拆卸的固定连接。

1. 黏接的特点

1）由于黏接的接头面平整光滑，因而具有密封性和绝缘性能好及耐腐蚀性强的特点。并且能根据需要满足有特殊要求的接头。

2）黏接方法具有操作简单、成本较低、适应性强的特点。

3）由于黏合剂有着较好的黏接能力，因而黏接平面上的各点都有着较好的黏接强度。与铆接相比，它有较高的剪切强度和耐疲劳强度。

4）由于黏接方法的工艺简便易行，适合于对各种零部件的修复，因此是修理业经常采用的方法之一。

5）黏接存在着不足之处是耐热性差，对黏接件表面要求较高，黏接接头抗剥离和抗冲击能力差。同时有机胶容易产生老化，随着时间的推移其黏接牢靠度在不断下降。

2. 黏接过程

黏接的工艺过程：选择合适的黏接剂→清洁黏接件表面→调胶→涂胶→叠合加压→固化。

为能保证黏接的质量，在黏接时必须认真清理黏接件表面，并要根据所用黏接剂所规定的时间进行黏接。同时要做到涂胶的厚度均匀、位置准确、压力均匀，并要严格按照黏接工艺程序进行。

3. 常用胶黏剂

1）环氧树脂胶（JW-1）。具有耐水、剪切强度好的特点。适合于各类金属、钢材、玻璃和胶木等的胶接。

2）环氧快干胶（914）。具有黏合强度高、耐热、耐水、耐油和室温快干的特点。适用于木材、陶瓷、玻璃、胶木和金属等材料的胶接。但不能黏接聚烯烃类塑料。

3）502 快干胶（502）。具有室温快干、耐热等特点。适用于玻璃、木材、橡胶、钢材、铜、铅等的胶接。但不能用于聚乙烯、聚四氟乙烯材料的胶合。

4）科化 501 胶（科化 501）。具有耐酸、耐碱、耐高温、耐潮湿和耐振动的特点。适用于铜、铅、钢、塑料、木材、玻璃等的胶接。但不能用于聚乙烯、聚四氟乙烯材料的胶合。

5）101 胶（乌利当胶）。具有耐水、耐稀酸、耐油脂，以及黏附性和绝缘性好的特点。适用于陶瓷、橡胶、皮革、木材、塑料和金属等的胶接。

101 胶分为甲、乙两组，在使用时要将两组胶液混合并搅拌均匀。但要注意对于不同的胶合件，其配比是不相同的。

6）氯丁-酚醛胶（XY401）（通常称为 88 号胶）。适用于橡胶与金属、橡胶与玻璃、橡胶与橡胶、橡胶与木材等的胶接。

在使用时，可用乙酸乙酯和汽油的混合液进行稀释（重量比为 2∶1）。黏接施压，在室温下 24h 后才能去掉加压器，然后在同样室温条件下干燥 24h 便可。

4. 电子工业常用胶

1）热熔胶。该胶在常温下为固态，在使用时可放至热熔胶枪内进行加热溶化成液态，当溶化的胶冷却到室温时，便可把需要胶接的物体黏合于一体了。这种胶能黏接塑料、金属、木材、纺织品、皮革等。

热熔胶的特点是存储方便、使用也很方便，而且它的绝缘性能、耐水性、耐酸性也都很好。

2）导电胶。导电胶具有导电的特性，因此成为焊料的替代品，在表面组装技术中得到了应用。

导电胶可分为结构型和添加型两种，在结构型中的黏接材料本身就具有导电特性，而添加型则需要在绝缘的树脂中加入导电粉末。常用的有 301 胶、305 胶、DAD-40、SY-11 等。

3）导磁胶。它是具有导磁作用的黏接胶，主要用于变压器、扬声器、铁氧体材料的黏接。

8.3　整机总装工艺

整机总装是指把已经检验合格的整机中的各个部件、组件进行合成与连接。整机总装是电子产品生产的主要环节，对产品的质量保障有着至关重要的意义。因此，只有合理地安排工艺流程，才能快速、稳定地生产出质量可靠产品。

8.3.1　整机总装概述

1. 整机总装的内容

电子产品整机总装的内容主要包括电气装配和机械装配两大部分，电气装配主要是指在印制电路板上的电子元器件的连接；机械装配主要是指产品的金属硬件、壳体用紧固件进行有序的安装。总之，就是把各个零部件按照要求安装在指定的位置上，并完成各部分之间的电器连接和机械连接。

2. 整机总装的原则（总装顺序）

由于电子产品是一个工序较多、装配较为复杂的产品，需要采用不同的装接顺序和装接方式，才能实现设计所要求的各项指标，因此，必须合理安排组装顺序，否则将影响产品质量和生产效率。整机总装的原则是先轻后重、先小后大、先铆后装、先装后焊、先里后外、先低后高、上道工序不影响下道工序，工序与工序之间要衔接。

3. 整机总装的要求

1）要选用正确的紧固方法和合适紧固力矩，应严格遵守总装顺序。

2）各种器件、组件、成品件的型号、尺寸、规格、参数均要符合设计要求，未经检验的零部件不能上机安装。

3）各种加工件必须符合设计图纸中规定的技术指标的要求，不得有划痕、毛刺，否则不准采用。

4）在总装过程中不能损坏元器件，不能损坏面板及各种塑料件。

5）在总装中要严格尊守工艺规程，并符合图纸和工艺文件的要求

6）操作人员需要佩戴手套，以避免沾污零部件。进行装配的操作人员必须掌握熟练的操作技能，以保证产品质量。

8.3.2 整机总装工艺流程

由于电子产品的种类繁多且工艺的复杂程度各异，规格及产量也各有不同，因此工艺流程也各有区别，但基本工序是基本相同的。其主要的工序有准备工作、整机装连、调试、检验、包装和等。

1．准备

准备主要是指做好各种装配件、紧固件的质量检验和数量的清点工作。并做好安装和调试的准备工作。

2．整机装连

整机装连的主要内容有印制电路板的连线与焊接，各部件的安装与焊接，面板与机壳的装配，传动机构及其他各种连接等。并将以上各项内容按设计要求装配成总机。

3．调试

为能达到设计的技术指标，当总装完毕后对电子产品要进行两个方面的调试。一是对机内可调的元器件、机械传动部分等进行调整；二是对整机的电性能进行测试，使产品的电路参数达到设计的技术标准。一般的调试过程是先查看各种连接是否正确；通电观察有无异常现象发生；对电源、电路进行调试；对全机的主要参数进行调试。

4．检验

为能使产品达到考核的质量标准，并能保持稳定的性能，在整机装配完成后，必须按照产品标准规定对产品进检验。整机检验的主要内容有外观检查、电路检查、例行试验、出厂试验。

1）外观检查是通过视觉观察整机表面是否有损伤，紧固件有无松动，按键、开关是否操作灵活。

2）电路检查的内容是机内电气连接是否与设计要求相符合，检查有无错连，导电性能是否良好等。

3）例行试验是指对产品能否适应环境及其寿命长短的实验。主要通过模拟的方法进行。

4）出厂试验是指产品在出厂前对其的主要技术指标进行测试。例如电气性能、绝缘性能、抗干扰性能等。

5．包装

包装的目的是保护产品，方便运输和存储。包装类型有一般包装、防雨包装、防潮包装、防振包装等几种，应当根据产品的特点、保管方式和运输情况而定。通常采用的是纸箱包装和木箱包装。

本章小结

1. 装配准备工艺是电子产品整机总装前对导线、元器件、零部件等给予事先加工处理的过程，装配准备工艺的质量好坏，是决定整机质量好坏的重要因素，因此要保证各工序的顺利进行，以完成整机装配。

2. 导线的加工是指对绝缘导线端头、同轴电缆端头、屏蔽导线端头的加工处理过程。

3. 为保证元器件引脚的焊接质量，在元器件插装到印制电路板以前必须对其引脚的可焊性进行检查，如果可焊性较差，就需要对引脚进行浸锡处理。

4. 元器件的插装方法可分为手工插装和自动插装。不论采用哪种插装方法，其插装形式都可分为立式插装、卧式插装、倒立插装、横向插装和嵌入插装。

5. 线把的扎制要求是：首先要确定扎制的根数，以防止漏扎。在扎线时不能使拉力都集中在某一根导线上，以防止受力导线被拉断。另外，还要注意不要把线拉的过紧，以避免当受振动时将导线拉断。在走线时应避开磁场的影响，并把输入/输出导线分开扎制，以避免信号的回授。

6. 在电子设备的装配过程中需要把元器件、零部件等进行固定和连接。连接的形式有很多种，其中用的较多的有螺纹连接、胶接、铆接三种。另外还有压接、焊接等。

7. 整机总装的原则是先轻后重、先小后大、先铆后装、先装后焊、先里后外、先低后高、上道工序不影响下道工序，工序与工序之间要衔接。

8. 电子产品整机总装的内容主要包括电气装配和机械装配两大部分。

9. 总装的工艺过程有准备工作、整机装连、调试、检验、包装和入库等。

操作练习 8

1．导线的加工

（1）目的

通过对导线加工的练习，掌握绝缘导线端头、同轴电缆端头和屏蔽导线端头的加工处理过程。

（2）器材与工具

绝缘导线、同轴电缆、屏蔽导线各 0.5m。松香助焊剂、焊锡若干。

电烙铁、剥线钳、偏口钳、尖嘴钳、小刀等.

（3）操作步骤

1）用剥线钳、偏口钳、尖嘴钳、小刀等工具将绝缘导线的端头绝缘部分去掉。

2）用电烙铁给剥开后露出的芯线吃锡。

3）给同轴电缆端头和屏蔽导线端头进行加工处理。

2．对元器件引脚进行浸锡处理

（1）目的

通过对元器件引脚浸锡处理的练习，掌握元器件引脚的浸锡方法。

（2）器材与工具

电阻器、电容器、二极管、三极管各 3～5 个。适量的松香助焊剂、焊锡。

电烙铁一把，小刀一把。

（3）操作步骤

1）将准备浸锡的元器件引脚进行清理（可用小刀刮净氧化层）。

2）用电烙铁给引脚吃锡。

习题 8

8.1　准备加工工艺包括哪些方面的内容？

8.2　绝缘导线、屏蔽导线、同轴电缆的端头加工步骤是什么？

8.3　如何对元器件引脚进行浸锡？

8.4　对元器件引脚成形有哪些要求？

8.5　在组装电子产品时，为什么要把导线做成线扎？

8.6　什么是螺纹连接？　常用的螺纹连接件有哪些？

8.7　整机总装的原则是什么？

8.8　整机检验的主要内容有哪些？

第 9 章 电子产品调试工艺与电子电路的检修

【本章内容提要】

电子产品的调试是保证电子整机性能与质量好坏的重要工序，同时也是发现工艺缺陷及整机设计缺陷等方面的重要环节，以及提高整机性能和提升整机品质不可少的步骤。本章将介绍电子产品调试的步骤、调试的内容、调试的方法、调试中电路故障的分析，以及故障的排除方法等内容。

9.1 调试的目的

1）通过调试可以对电路的各项技术指标进行测量并与设计指标进行比较，以便从中发现问题，并给予解决。

2）由于电子电路设计上的近似性，元器件性能上的离散性和装配工艺上的局限性，因此对于装配完毕的电子产品必需要进行调试。

3）在调试中通过对可调元器件的调整，使产品能达到预定的性能和功能要求。

4）通过调试可以发现装配中的错误和缺陷。

5）通过调试可以发现设计工作中考虑不周之处和设计上的工艺缺陷。

6）调试中会暴露出产品的各种缺陷和不足，为以后的产品改进和提高产品质量提供足够的依据。

9.2 电子产品的调试类型

1. 样机产品调试

由于样机是研制阶段的产品，是产品设计的中的重要环节和过程，其元器件选型不固定、电路不成熟，需要调试的元件较多，而且在调试过程中要用可调元件来代替，以调整电路参数，达到设计标准。因此样机的调试工作量较大而且有一定的难度。

在样机的调试工作中，其故障检测占有很大的比例，为保证调试的效果，为此样机的调整与检测基本上由同一个技术人员来完成。

2. 批量生产的调试

批量生产阶段的产品数量很大，调试工作是按程序逐一进行的。此阶段的调试特点是：

1）批量生产阶段的调试一般只是对可调元件进行调整，以解决元器件参数的差异给电路带来的影响。不涉及工艺是否正确等设计问题。

2）批量生产阶段的调试一般不牵扯更换元器件的问题。

3）批量生产阶段的调试是采用流水作业法，而且是按照工艺卡的步骤与要求进行的。

9.3 调试的准备工作

1）确定调试工艺方案，准备好调试工艺指导卡、产品的电原理图、技术说明书等。

2）确定整机电路及各单元电路的调试工艺流程。

3）正确合理地选择测试仪器、仪表，并按使用要求将仪器、仪表摆放并连接好。

4）对调试人员进行培训，使调试人员熟悉所调电子产品的有关技术指标，以及本工序的调试内容。

5）合理安排调试工序之间的衔接，以保证调试工作的有序进行，避免重复调试可调元件。

6）建造一个优良的调试环境。调试场地要避免高频信号、高压、电磁场的干扰，并尽量减小噪声、温度、湿度对调试场地的影响。

9.4 调试工艺方案所含的内容

1）调试的工艺流程。

2）合理确定调试工位。

3）合理确定各调试工序的内容。

4）合理确定调试方法与步骤。

5）合理选用各种测量仪器、专用测试设备及工具。

6）调试的安全操作规程。

7）调试的注意事项。

8）调试所需的工时定额。

9）调试所需要的数据资料。

10）在调试中的交接与签署。

9.5 调试工艺程序

1）先调试产品的外部，再调产品的内部。

2）先调试产品的结构部分，再调试产品的电气部分。

3）先调试产品的独立电路，再调试相互关联的电路。

4）先调试电路的静态指标，再调试电路的动态指标。

5）先调试基本指标，再调试对整机质量影响较大的指标。

9.6 调试工艺的过程

调试工作包括两个方面的内容，第一个是测试，第二个是调整。测试是指用规定精度的测量仪表对单元电路和整机电路的各项技术指标进行测量，以此来判断被测的产品是否符合设计参数的要求。调整是指对产品的可调元件及与电气指标有关的系统和机械传动部分进行调整，以达到对电路参数进行修正的目的。其中的可调元件包括有可变电阻器、微调电容、可调磁芯等。

1．通电前的检查

通电前应查的内容有各种接插件是否按设计要求插入相应的位置；印制电路板上的焊点是否有虚焊或短路或缺焊的情况；熔断器是否按设计规格装入等。

2．通电后的检查

整机通电后检查的内容有观察机内是否有打火、冒烟及其他异常现象的出现。如有上述现象产生，应立即关闭电源，检查原因，待故障排除后再通电检查。如果没有异常现象产生，应进一步检查整机电源电压，以及各单元电路电压是否正常；整机电流、各单元电路的电流是否符合设计指标。

3．电源部分的调试

空载的调试就是把电源的所有负载全部切断，此时再测量电源的直流电压输出是否符合设计要求，如未达到设计值，应调节取样电位器，使其符合要求。另外还可用示波器检查输出的直流电压波形是否有干扰波的存在，如有干扰波出现，应查出原因并予以清除，以避免自激现象的产生。

加载的调试就是把额定负载接入电路，此时再测量电源所输出的直流电压值、直流电流值的大小是否符合设计值，如有差异可继续调整有关调整元件，直到所需的最佳值。

4．单元电路的调试

当电源电路调试完成后便可对各单元电路进行调试。在调试时，可根据需要及电路特点进行有序的按排。如先按各功能电路分别调试，然后再对整机统一调试。也可以由前到后或从后到前依次进行调试。对于一些成型产品及成熟电路则可采用一次性调试，以简化调试程序，提高效率。

5．整机电路的调试

当各功能电路、单元电路分别调试完成后，待整机装配完成后便可对整机进行调试。在调试时，要对整机的各项技术指标进行测量，看其是否与设计指标一致，若有不符合要求便要进行调整。

6．环境实验

对于某些有特殊环境条件要求的电子产品，则需要进行环境实验，以考验产品在相应的环境下能否正常工作。环境实验依产品的不同而有所不同，通常有温度、湿度、振动、冲击、气压等内容，应按设计要求进行。

7．对整机进行老化处理

当整机完成调试、检验后还要进行整机的通电老化工序，以保证产品的质量。对整机进行老化处理就是让产品在特定的环境下，即在技术文件规定的时间、温度、湿度、气压、振动、冲击的条件下进行正常工作。当产品在这些规定的条件下不能正常工作时，便要重新调试。

8. 老化后参数复查

产品经过老化处理后，有的整机性能指标可能还会出现一定程度的改变，因此仍需要进行复查及重新调整，以便使产品达到最佳工作状态。

9.7 电子产品的调试内容

9.7.1 静态测试与调整

静态测试是指电路没有外加信号的条件下，对电路中某些点的电压、电流的测量，并与设计值加以比较，从中发现问题并予解决。实际上，静态测试就是调整各级电路在无输入信号时的工作状态。

由于晶体管、集成电路必须工作在一定的静态工作点上，才能使其有最佳的工作状态及有更好的动态特性。为此，要首先调整好各功能电路的静态工作点，才能进行动态调试及整机的调试。

1. 供电电源电压的测量

为能保证各单元电路静态工作点的正常，则要求供电电源的输出电压一定要符合设计标准，如果电源的输出电压偏高或偏低，都将直接影响各单元电路的静态工作点。为此，要首先检测供电电源输出电压的准确性，如有不符合设计标准的应予以调整。

2. 测试单元电路静态工作总电流

在供电电源测试完毕后，就要测各单元电路是否在正常工作，可以通过检测各单元电路的静态工作总电流给予确定。当所测的电流比设计值大很多时，则说明电路中有短路故障；当所测电流比设计值小很多时，则说明电路没有正常工作或根本就没有工作。

3. 三极管静态电压、电流的测量

1）静态电压测量。判断三极管是否处于设计的规定工作状态（放大、饱和、截止），可通过对三极管三个极对地电压的测量给予确定，即测量基极对地电压U_b、发射极对地电压U_e、集电极对地电压U_c。如测出$U_b=0.7V$、$U_e=0V$、$U_c=0V$，则说明三极管处于饱和导通状态。如该工作状态不符合设计规定的工作状态要求，则要改变基极对地电压的大小（调基极偏置），便可实现调整。

2）静态电流的测量。因为在测量电流时需要把电流表串入电路，这样会造成电路板连接的变动，为此，可采用间接测量三极管发射极电阻或集电极电阻两端电压的大小，再根据被测电阻器的阻值，以及$I=U/R$来换算出集电极静态电流的大小。

有些电路板在设计时便留有测试用的断开点，待串入电流表测出电流后，便可用焊锡焊好开口，这是较为方便的测量方法。

4. 集成电路静态工作点的测量

1）集成电路各引脚对地电压的测量。集成电路静态工作是否正常是通过测量各引脚对地的电压值，与正常值进行比较，来判断出该集成电路是否工作正常。为此，在没有给集成电路输入信号时，用万用表负表笔接触集成电路接地引脚，正表笔接触其他各引脚，将测出的电压

值与设计值比较便可知道该集成电路工作是否正常。如电压值相差过大（可能电压值略有差异，但必须在要求的范围内），便要检查集成电路的外围元件是否有失效或损坏。

2）集成电路静态电流的测量。集成电路静态电流的测量是在没有给集成电路输入信号时，先将集成电路电源输入端的印制导线断开，再把电流表或万用表电流挡串入断开的电路，此时测出的便是集成电路的静态电流。静态电流的大小依集成电路功耗的不同而有所差异。当集成电路有过热现象时，表明工作电流过大，应检查集成电路本身是否有问题。

5. 数字电路静态逻辑电平的测量

数字电路静态电平的测量方法：首先在输入端加入低电平或高电平，然后再测量各输出端的电压是低电平还是高电平，并作好记录，在测量完毕后分析其状态电平，判断是否符合该数字电路的逻辑关系。如有不符时，应检查电路引脚及集成电路。以常用的 TTL 与非门电路为例，0.8V 以下为低电平，1.8V 以上为高电平。但不同数字电路高低电平的电压是不一样的，但相差不是太多。

6. 电路的调整方法

在电路的调试过程中，为能达到设计指标，则需要对某些元件给予调整，调整的方法可分为替换法与调节元件法。

在电路原理图中标有“*”的元件，是用来调整电路参数的，在调试时可通过替换的方法选择符合指标要求的元件即可。

在电路中已装有电位器、微调电容、微调电感等可调整电路参数的元件。在调试时通过调整这些可调元件便可达到设计指标要求。此种方法简单易行，但容易发生状态变化。

9.7.2 动态测试与调整

动态测试是指电路在加入信号后对电路中某些点的电压、电流、波形形状、波形的幅值及频率、放大倍数，以及动态输出功率、动态范围、相位关系的测量和调整。当测试静态工作点正常后，便可进行动态测试。

1. 动态工作电压的测试

电路中三极管的各极电压，集成电路的某些引脚电压，电路中某些特殊点的电压都会随着信号大小的变化而变化。而电压的变化大都在某一个范围内进行（应在设计值的范围内）。为此测量这些变化着的电压就成为判断电路是否正常工作的重要依据。当测量时，发现某点应该有变化着的电压如果没有变化了，就表明该电路有故障存在了。

2. 电路的波形、频率、幅度的测试

当静态测试正常后便可进行电路的波形、频率测试。在电子产品电路中都可能有波形产生电路、波形变换电路、传输电路。波形测试是检查电路对信号处理过程是否正常的一个重要环节，通过对各被测电路的输入/输出波形分析，便可知道其电路是否符合技术要求，对不符合技术要求的，可通过对元器件的调整与更换，使之达到设计标准。测试波形使用的是示波器，而且观察的是电压波形。示波器还可以测试波形的频率、幅度、相位、周期等内容。

当测试单元电路时，一般需要在单元电路的输入端输入规定的交流信号（信号的频率、幅度要符合被测电路的要求），在输入信号时，要注意仪器与连接线也要符合电路的要求。特别是对高频电路的测试，其连接线不但要采用屏蔽线，而且要尽量的短些，以避免不必要的杂波

干扰，影响被测波形、频率的准确性。

3．频率特性的测试与调整

频率特性是指当输入电压幅度一定时，电路对不同频率的输入信号在输出端产生相应变化的特性。这种特性是衡量电子产品质量的重要技术指标。因为它决定了电子产品性能的优劣。例如电视机的高频调谐器的频率特性将决定电视机接收信号的能力；对外来信号的选择性；接收机图像质量的好坏，进而影响收看效果。因此频率特性的测量是电子产品测试中的一项重要内容。

频率特性测试的方法有两种，一种是用信号源与电压表测量（点频法）；另一种是用扫频仪进行测量（扫频法）。

1）用信号源与电压表测量。用这种方法进行测量的优点是准确度较高，缺点是烦琐费时。具体的测量方法是在电路输入端加入一个等幅、有一定频率间隔的正弦波，并且每加入一个正弦波，就记录一次相对应的输出幅度值（电压值），根据频率-幅度值在坐标纸上描绘出幅频特性曲线。

2）用扫频仪进行测量。采用扫频仪进行测量的优点是快速、简捷、直观、调整方便。具体的检测方法是：将扫频仪的输入端和输出端分别与被测电路的输出端和输入端连接，将扫频仪的扫频范围调整到被测电路的工作频率范围内，此时便可在显示屏上看到各点频率的响应幅度曲线。

9.8 整机性能测试与调整

经过静态调试与动态调试后的各个部件装配在一起的电子产品，就成为整机。组装后的整机技术指标是否达到原设计的指标要求，就必需再做测试，对未达到设计技术指标的整机再作调整。对整机进行调试的内容与步骤如下所述：

1．外观的检查

外观检查的项目主要有整机外表是否有划痕、破损；调节旋钮是否齐全；调节部件是否灵活等。

2．机内结构的检查

内部结构的检查项目主要有各单元电路板、各功能电路板之间的连接线接插件是否有漏插、错插及没有插到位的情况；机内的传动部件是否灵活可靠；机内的连线是否可靠、合理及整齐等。

3．复查单元电路、功能电路

当各单元电路、功能电路连接后有可能产生相互影响，使各单元电路的性能指标发生改变，因此要对其电路进行复查。当发现技术指标有所改变时，便要再作调整。

4．对整机性能指标的测试

对各单元电路进行复查，而且符合技术指标后便何对整机进行测试。整机的技术指标有多个，而且不同的整机都有各自的技术参数。

5. 对整机进行老化

当整机的性能指标测试完毕并符合设计技术指标后，便可对部分整机进行老化处理，从中发现产品中一些共性故障及潜伏性故障。

整机的老化一般是在规定的高温环境下和规定的时间内进行的（特殊的要求除外），其目的是发现整机的设计缺陷，让不合格的元器件在老化过程中暴露出来，找出产品故障特点及规律，以便进行改进。

6. 对整机进行环境试验

对产品的环境试验是指对不同的电子产品进行不同工作环境的试验。环境试验的内容如下（根据要求）：

1）产品对供电电源的适应能力。采用交流 220V 供电的电子产品，对电源电压的适应能力应在 220V±22V 内能正常工作；对电源频率的适应能力应在 50Hz±4Hz 之内仍能正常工作。

2）产品对温度的适应能力。把电子产品置于规范的环境温度下，对其进行温度的上限和温度的下限进行试验，看其能否正常工作。

3）产品对振动和冲击的适应能力。把电子产品置于专用的振动台和冲击台上，进行单一频率及可变频率的振动试验和冲击试验。

4）产品对运输条件的适应能力。将电子产品置于汽车（或其他运输工具）上并予以固定，汽车（其他运输工具）以一定的速度行驶数十公里，看其是否仍能正常工作。

9.9 调试中的安全及注意事项

1）在接通被测机电源前，应仔细检查被测机是否有短路点，在接通电源后应观察被测机内有无打火、冒烟、发热等现象，如有异常现象应立即切断电源。

2）对高压电路的测试要特别谨慎、小心，并要做好绝缘安全准备工作。例如戴好绝缘手套、穿好绝缘鞋等。

3）当调试带有 MOS 电路的整机时，要佩戴防静电腕套。

4）使用的测试仪器、仪表外壳应有良好的接地措施。

5）测试场地所用器材的工作电压及电流应符合规定要求。

6）当调试时，除调试人员外其他无关人员不得进入工作场所，不允许拨动仪器电源开关及各种旋钮，以避免事故的发生。

7）当调试工作结束离开工作场所时，应关掉仪器仪表的电源。

9.10 电路故障的检测与排除方法

电子产品在调试中要进行检测，由于故障的现象各异，原因也有所不同。因此，在进行检测和修理时，需要采用不同的检测方法。检测方法得当，检修速度就会加快，检测方法不对就要走弯路，轻者延缓修理时间，重者就有可能损坏原本是好的元器件，更甚者将造成整机的损坏。

电子电路的检测方法很多，常用的有直观法、电阻法、电流法、电压法、比较法、代替法、短路法等。在检修时可根据不同的情况与条件选择其中一种检测方法，或将几种方法结合起来共同使用，以加快检修速度。

9.10.1 直观检测法

直观检测法就是通过人的眼睛、手、耳朵、鼻等来发现电子产品所产生的故障所在。此方法不需要任何仪器仪表，是最简单的一种检测方法，也是对故障机的一种初步检测。直观检测法的具体检测内容如下。

1．通过看发现故障所在

通过看发现故障所在，就是通过人的视觉观察以下几个方面是否正常，从而发现故障。

1）熔断器、熔断电阻是否烧断。

2）电阻器是否有烧坏变色，电解电容器是否有漏液和爆裂的现象。

3）印制电路板的铜箔有无翘起，焊盘是否开裂而断路。

4）在机内线路板上是否有金属类导电物而导致元器件的引脚间短路。

5）机内的各种连接导线、排线有没有脱落、断线和过流烧毁的痕迹等。

6）机内的传动零件是否有异位、断裂、磨损严重的现象。例如，传动机构齿轮的齿牙是否有断裂、损坏，皮带是否太松，皮带轮的沟槽是否磨损等。

7）机内印制电路板上的元器件引脚之间、集成电路各引脚之间是否有短路，焊点是否有松动、脱焊等现象。

8）塑封晶体管有无开裂，散热器安装有无松动。

9）插头座接触是否良好，开关簧片有无变形。

10）查看电池是否漏液，电池夹的弹簧有无生锈或接触不良的现象。

11）对于显示器件，可观察其播放的图像是否正常，如无图像或图像变形，字符缺笔少划，显像管尾部有蓝光闪乐等。

2．通过摸发现故障所在

摸是通过人的手去触摸元器件是否温升过高或无温升等现象，从中发现问题的一种检测方法。但要注意安全，只有在确定电子产品的底板不带电的情况下才能采用此种方法。

1）用手触摸除功放和电源以外的集成电路塑封包装时，一般都没有温升或很低的温升，如在触摸时发现温度较高，有烫手的感觉，说明此电路工作不正常，应对集成电路的外围元件及其本身进行检测。

2）对于大功率晶体管、功放集成电路和电源集成电路，在用手去触摸时有一定的温度，但手放在上面应以不烫手为正常，如果感到特别烫手且无法停留，表明负载太重，可能是与其相关联的电路出现了短路现象。当触摸以上元器件时，没有任何温度且为冷冰冰的说明该器件是坏的或根本就没有工作，应采用其他方法进一步进行检测，以确定其好坏。

3）电源变压器在工作一定时间后，应有一定的温升，当用手触摸时仍还是冷冰冰的毫无温升或温升不明显，应考虑其负载是否有正常的耗能或存在故障。如果变压器出现内部断路故障时也是没温升的。

4）在用手触摸电阻器、电容器时，其表面温度应能使手有所感觉，但无感到不适。如感到有发热且有温度较高的现象时，则表明此件可能有参数变化或是选用不当所致。

3. 通过听觉发现故障所在

通过听觉发现故障所在，即用耳朵去听电子产品的箱体内是否有异常的声音出现。

1）当听到电子产品的内部有“劈啪、劈啪”声音时，表明机内有打火现象，应配合视觉进一步去查找故障的具体位置。

2）听到收音机、录音机等音响设备发出的声音有失真现象产生时，便要去检测其功放电路，以及发音设备（喇叭）是否有故障。

3）对装有传动装置的电子产品，应用听觉去发现其传动装置是否有碰撞、冲击，以及是否不规律的摩擦声出现，如有其中一种声音出现，就应及时进行检查，否则将使故障扩大，甚至造成无法修理的结局。

4. 通过闻发现故障所在

通过闻发现故障所在，就是用鼻子去闻电子产品在通电工作时，是否有不正常的气味散发出来，以此来判断故障的部位和性质。

当电子产品工作时有焦糊味出现，就应及时切断电源进行检查。看是否有元器件因电流过大而烧坏，如变压器线圈、电阻器或导线之间短路等。

检测实例

故障现象：一台收音机出现完全无声故障。

故障分析：收音机出现完全无声故障的原因很多，但大部分都发生在低放电路和电源电路，应着重检查低放及电源部分。

故障检查：首先打开收音机后盖，观察机内有无引脚折断或脱焊，电池夹是否接触良好，电池是否失效，各元器件引脚是否相碰等。经过认真观察没有发现上述问题后，再将印制电路板从机壳中取出仔细观察，结果发现靠近印制电路板边缘的一个功放偏置电阻器的一根引脚脱焊，将其焊好后，故障被排除。

故障判断：由于收音机需要经常更换电池，在更换电池时，需要用力将电池压入电池夹，可能用力不当将其靠近电池的元器件碰歪而导致引脚脱焊。

9.10.2　电阻检测法

电阻检测法就是利用万用表的电阻挡（欧姆挡），根据不同元器件的阻值选择合适的量程来测量所怀疑的元器件的阻值，或元器件的引脚与共用地端之间的电阻值，将测出的电阻值与正常值进行比较从中发现故障所在的检测方法。

电阻检测法是检测维修中常用的一种方法，对开路性故障与短路性故障的检测判断都有很好的效果与准确性。

1. 用电阻检测法检测元器件的好坏

1）用电阻法可以检测电子元器件的性能好坏。例如电阻器、电容器、电感器、晶体三极管、变压器、传声器、开关件等。

2）用电阻法可粗略地判断晶体管 β 值，显像管的灯丝是否完好，极间是否短路。

3）通过检测整机各点对地的电阻值，来判断某一单元电路所处的状态是否正常，以判断故障大概发生在哪一单元电路。

4）通过检测集成电路各引脚对接地脚之间的电阻值并与正常值进行比较，便可粗略地判断该集成电路的好坏。

各种元器件采用电阻法的具体检测过程可参见第2章有关内容。

2. 在路（线）电阻的测量

在路电阻的检测是指元器件的引脚仍在焊点上，没有脱开印制电路板时，用欧姆挡检测引脚之间阻值大小的方法。

用该方法可以大致判断元器件是否开路或短路。也可判断各焊点之间或焊点与地之间有否短路，以及元器件引脚是否有虚焊等故障。

采用在路电阻的检测方法时一定要切断电路的工作电源，同时也要让大电容放电完毕后再进行操作，否则将会造成元器件的损坏，甚至可引起短路，出现打火现象，严重时可能损坏万用表。

3. 开路电阻值的测量

开路电阻值的测量是指将电路中元器件引脚的一端或两端从电路板上拆焊下来，然后再对元器件进行测量。这种测量方法能消除其他电路对被测结果的影响，以及提高测量的可靠性、准确度，能比较准确地判断元器件的好坏。

检测实例

故障现象：一台彩色电视机，开机后指示灯不亮，且无光栅、无伴音。

故障分析：彩色电视机出现无光栅、无伴音，而且指示灯不亮，表明电源没有工作，可能是主开关电源电路中的主要器件被击穿损坏而致。

故障检查：用电阻法首先检查电源熔断器，结果发现熔断器已烧断。继续用在路电阻法查主开关电源厚膜集成块（STR58041）各脚在路电阻，发现其②脚、③脚、④脚相互之间的正反向电阻值均为零。电源厚膜集成块 STR58041 的内部结构如图 9-1 所示，从图中可以看出②脚、③脚、④脚间短路，表明厚膜集成块内的 VT_3 晶体管已击穿短路，说明集成电路已损坏。经检查是因一整流二极管被击穿损坏而致。

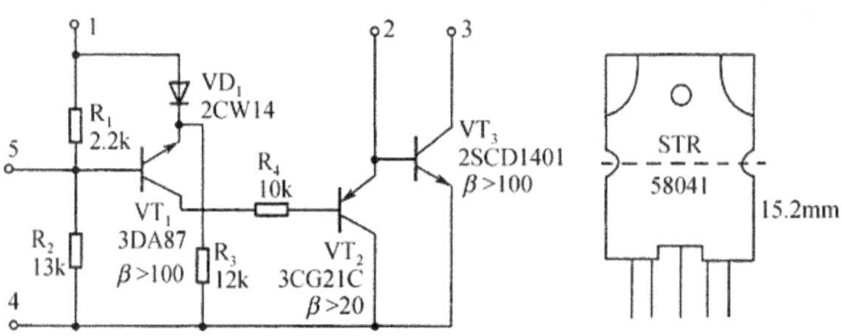

图 9-1　STR58041 的内部结构图

故障判断：从上述检测过程中表明集成块损坏的原因是由于整流二极管的击穿所致。在修理时应同时更换整流二极管、集成块，方可通电开机试看。

9.10.3 电压检测法

电压检测法是指用万用表的电压挡测量电路电压、元器件的工作电压并与正常值进行比较，以判断故障所在的检测方法。

电压检测法在维修中是使用最多的一种方法，通过电压的检测可以确定电路是否工作正常。电压检测方法可分为直流电压检测和交流电压检测两种，其中最常用的是直流电压检测法。

1. 直流电压的测量

1）测量电路的静态直流电压，能判断各单元电路静态工作的情况，从而进一步确定故障元器件的所在。

2）通过对电源输出直流电压的测量，可确定整机工作电压是否正常。例如测量彩色电视机稳压电源的输出是否有＋120V 左右的直流电压，若电压在 120V 左右，则表明彩色电视机电源工作正常。若低于或高于 120V 很多，则表明其电源工作不正常，应进一步进行检查电源本身的故障所在。

3）通过测量晶体管各极直流电压，可判断电路所提供的偏置电压是否正常，晶体管本身是否工作正常。

4）通过对集成电路各引脚直流电压的测量，可以判断集成电路本身及其外围电路是否工作正常。

5）电池电压的检测，可判断电池的好坏。但电池电压的检测一般都喜欢测量电池的空载电压的大小，以判断该电池的好坏。其实这种检测方法是不准确的、不科学的。因为一节快失放的电池，它的空载电压往往也很高，特别是用内阻较大的电压表测量时，其电压基本接近正常值。因此在查看电池电压时，应尽量采用有负载时的检测，以保证测量的准确性和测量的真实性。

6）通过测量电路关键点的直流电压，可大致判断故障所在的范围。此种测量方法是检测与维修中经常采用的一种方法。关键点电压是指对判断故障具有决定作用的那些点的直流电压值，不同的电子电路其关键点电压是不同的，数量多少也是不等的，位置也是不一样的。

2. 交流电压的测量

交流电压的测量一般是对输入到电子产品中的市电电压的测量，以及经过变压器或开关电源输出的交流电压的测量。通过交流电压的测量，以确定整机电源的故障所在。

检测实例 1：集成电路各引脚直流电压的测量

集成电路各引脚电压的测量在维修中经常要用到，应很好地掌握，这对于准确的测量其电压值是必要的。图 9-2 是微机彩显行扫描电路所用集成电路 HA11235 的电路图，从图中看出该集成电路内设有行、场振荡电路、推动电路、同步分离电路等。该集成电路是否工作正常一般主要是通过测量各引脚电压与正常值进行比较来给予判断。图中已将各引脚的正常值标注出来，在检测时将其测量值与其比较便可知是否有问题。

测量的方法是先给电路通电，再将万用表置于直流电压挡合适的量程，然后把黑表笔接公共地（图中的⑨脚⑰脚、⑱脚均可），红表笔分别触碰各引脚的焊点即可。在测量时一定要做到，表笔触碰引脚时要准确，不能与相邻的引脚短路，如果发生短路就可能把相邻引脚的高电压引到被测脚，这样就可能损坏集成电路，因此测量时应特别注意这一点。在测量时如果所测得的电压值与标注值相差很多，首先检查该脚的外围电路是否有故障件，然后再进一步核实集成电路本身是否有故障。

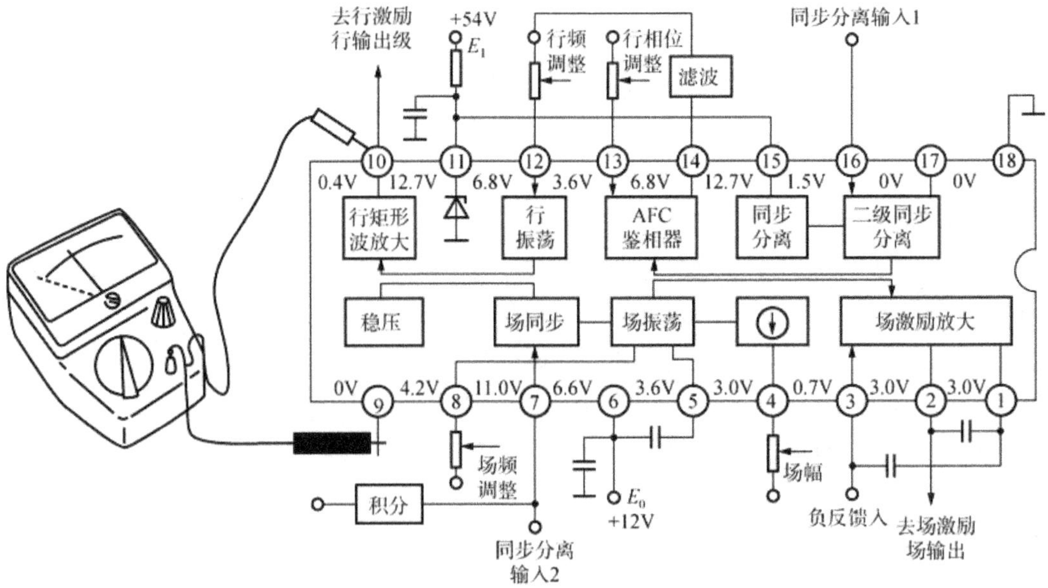

图 9-2　HA11235 的电路图

检测实例 2：测量变压器次级交流电压

图 9-3 是先将万用表置于交流挡合适的量程（根据次级电压的大小），再把表笔分别接变压器次级输出端引脚（不分正负极），此时万用表所示值就为次级交流电压。

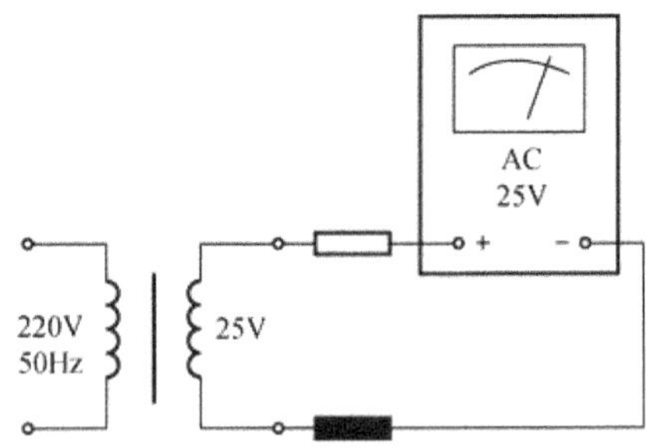

图 9-3　测量变压器次级交流电压

9.10.4　电流检测法

电流检测法是指用万用表的电流挡去检测电子电路的整机电流、单元电路的电流、某一回路的电流、晶体管的集电极电流，以及集成电路的工作电流等，并与其正常值进行比较，从中发现故障所在的检测方法。

在检测电流时，需要将万用表串入电路，故给检测带来一定的不便，但有的印制电路板为方便检测与维修，在进行设计时已预留有测试口，只要临时焊开便可测试其电流的大小，而测量完毕后，再给焊好就行了。对于印制电路板上没有预留测试口的，在进行测量时，则必须选择合适的部位，用小刀将其印制导线划出缺口再进行测试。

电流检测法比较适用于由于电流过大而出现烧坏熔断器、晶体管，使晶体管发热、电阻器过热，以及变压器过热等故障的检测。

1）整机电流的测量。整机电流是指某一电子产品所有支路电流的总和，当此值超过正常值时，表明有的支路电流过大。为此将检测整机电流与正常值进行比较，便可确定电源负载电路是否有短路或存在大电流故障，为检测支路电流提供依据。当整机电流过大时，便要进一步去检测确定哪个支路电流过大，以便查出故障所在。

2）晶体管集电极电流的检测。集电极电流是反映晶体管工作是否正常的重要标志，其电流过大，则表明与此相关联的电路有故障存在。检查的方法是将万用表串入集电极回路。在将万用表串入回路时一定要弄清楚正、负表笔的接法。

3）集成电路工作电流的测量。集成电路在工作时其电流可在一定的范围内变化，但不能超出其范围，如有较大的电流超出，便说明集成电路本身及其外围电路有故障存在，为此通过测量集成电路的工作电流，用以发现故障。测量的方法是将万用表串入集成电路的电源供给电路（电源的正端），将测出的电流值与正常值进行对比，便可知道是否有问题。

（4）电流的间接测量。由于测量电流时需要将万用表串入电路，为减少不便可采用间接测量的方法，即先通过测量电压的大小，再应用欧姆定律进行换算，便可得到电流值。图 9-4 为能间接获得晶体管的发射极电流，可用万用表测电阻 R_e 上的压降，再通过欧姆定律 $I=U/R$ 进行换算，便可估算出发射极电流的大小。

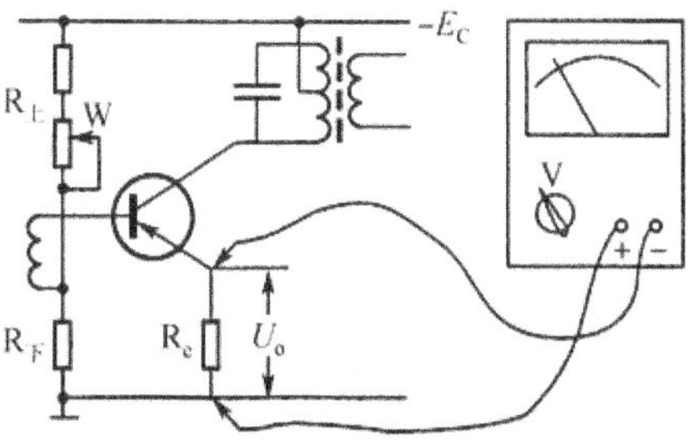

图 9-4 电流的间接测量方法

检测实例 1：袖珍式收音机整机电流的检测

收音机整机电流的检测原理如图 9-5（a）所示，将万用表依据整机电流的大小拨在适当的直流电流量程上，然后把电源开关关上（开路），把正、负表笔分别接在电位器开关的两个焊片上，其表笔的正、负接法如图 9-5（b）所示此时万用表上的电流值就是整机静态电流。

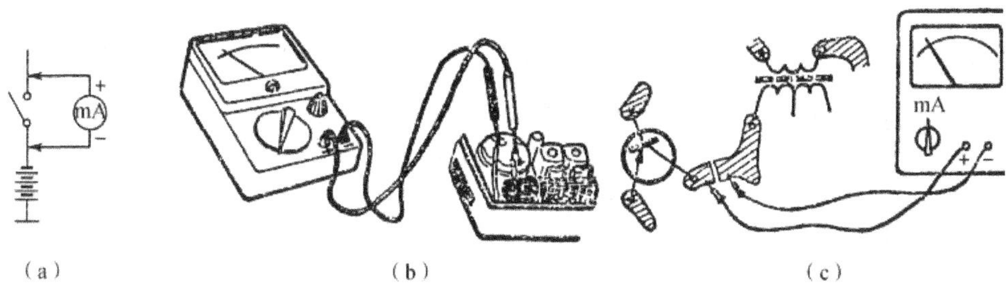

图 9-5 收音机整机电流的检测

检测实例 2：晶体管集电极电流的检测

晶体管集电极电流的检测如图 9-5（c）所示。首先将印制电路板的测试点用电烙铁焊开，然后把万用表的两个表笔分别接到焊开的两个点上。

9.10.5 示波器检测法

用示波器测量出电路中关键点波形的形状、幅度、宽度、相位与维修资料给出的标准波形进行比较，从中发现故障所在，这种方法被称为示波器检测法。

应用示波器检测法的同时再与信号源配合使用，就可以进行跟踪测量，即按照信号的流程逐级跟踪测量信号，当前面测试点的信号正常，而后面测试信号不正常，则说明故障就发生在前后两个测试点之间的电路中。

应用示波器对故障点进行检测是比较理想的检测方法，它具有准确迅速等优点。但在使用中，应注意对所观察的信号幅度电压与频率应在示波器的范围内，否则将无法检测，并可能造成仪表的损坏。

用示波器检测彩色电视机具有快速、准确的优势，尤其是在检测彩色电视机的解码电路、系统控制电路时，能收到良好的效果，是万用表所无法比拟的。因而波形检查是彩色电视机检修的重要手段。

在彩色电视机原理图上，有一些关键测试点的旁边都画有电压波形图，其用途就是供维修者在进行维修时与被测图形作比较而用的。

下面是一款液晶彩色电视机的系统控制电路与音频信号处理电路中的一些关键点波形，如图 9-6 所示。

检测实例：

故障现象：一台彩色电视机在图像上部有回扫线。

故障分析：有图像表明通道电路正常，行扫描电路正常，在图像上部出现回扫线表明场扫描电路出现故障。

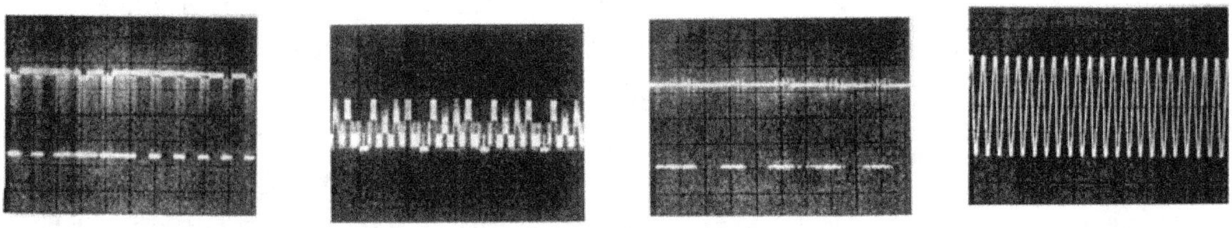

微处理器 MTV415M⑥脚、⑬脚，以及存储器 X24LC16⑤脚的 I^2C 总线数据控制信号波形（SDA）

微处理器 MTV415M⑭脚和⑮脚的遥控信号波形

微处理器 MTV415M⑯脚、⑪脚，以及存储器 X24LC16⑥脚的 I^2C 总线时钟控制信号波形（SCL）

微处理器 MTV415M ⑳脚和㉑脚的时钟晶振信号波形

（a）系统控制电路

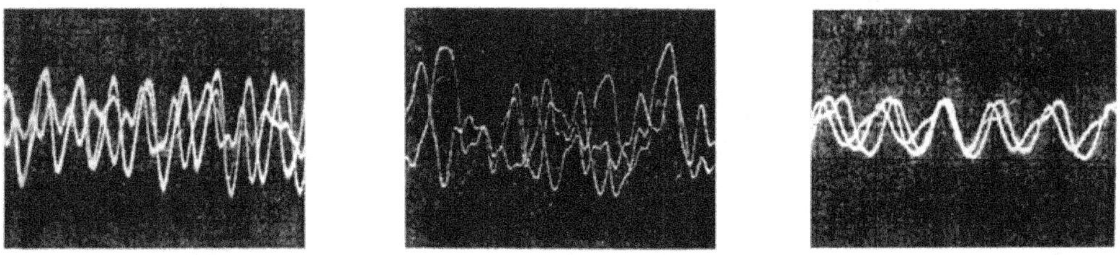

音频信号处理集成电路 TDA7442⑤脚和②脚输入的音频信号波形

音频功率放大器 TDA2616④脚和⑥脚输出端的音频信号波形

音频功率放大器 TDA2616①脚和⑨脚输入端的音频信号波形

（b）音频信息处理电路

图 9-6 液晶彩色电视机电路中的关键点波形

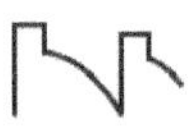

图 9-7 场输出级中点波形

故障检查：用示波器检查场输出级中点波形如图如 9-7 所示，从图中发现场输出波形幅度变小，逆脉冲时间变宽。

故障判断：逆脉冲时间变宽，表明场逆程时间增长，故障部位可能是泵电源电路，经检查是泵电源电路中一电容失效所致。

9.10.6 代替检测法

代替法就是用好的元器件去替代所怀疑的元器件的检测方法，如果故障被排除，则表明所怀疑的元器件就为故障件。

代替法比较适用于电容器失效及参数下降，晶体管性能变坏，电阻器变值及电感线圈 Q 值下降等故障的排除。

在使用代替法时，往往要将被代换的元器件从印制电路板上拆下来，这样给维修者带来很多的不便，甚至还可能损坏印制电路板或元器件，因此是在采用其他检测方法后，对某一个元器件产生怀疑时才采用。在使用代替法时必须有的放矢，决不能盲目地乱换元器件，如果频繁使用，则可能造成人为故障并使故障扩大化。

1）如果怀疑电路中某一只电容是开路或失效及参数下降时，此时可不必将所怀疑的元件从印制电路板取下，只要拿一只与原电容器容值相同或相近的好电容器，并在所怀疑的电容器上一试，就能确定原电容是否失效。但对于短路故障的电容器，此种做法无效。

如果怀疑固定电阻器、电感器是开路或失效故障时，可同样采取上述方法进行，以确定所怀疑的元件是否为故障件。

2）如果怀疑晶体管是击穿短路故障时，为减少不便，可先将三个引脚中的两个引脚脱焊，将好晶体管的两个引脚插入印制电路板并焊好后，再将另一个引脚与未脱焊的引脚相并即可测出其是否损坏。

3）如果怀疑电视机中的高频调谐器、偏转线圈、变压器、光耦合器等元器件有故障时，一般都要采用直接代替的方式，其效果比较明显。

4）如果怀疑某单元电路有故障时，也可以用相同功能的电路进行代替，以判断所怀疑的单元电路是否有故障。例如稳压电路、放大电路、功率放大电路等。

检测实例：

故障现象：一台收音机收不到电台，但能听到调谐的噪声，有时有个别强台出现，有时还有啸叫声。

故障分析：能听到调谐噪声，则表明收音机的中频放大电路、功放电路正常，故障可能在变频电路。

故障检查：变频电路如图 9-8 所示。用万用表检查变频管各极电压都在正常范围以内，怀疑是本机振荡电路中的电容故障，但不知是哪一个电容的故障，为此用 300pF、20pF 的电容分别并联到垫整电容与补偿微调电容上试之，当 300pF 的电容并联到垫整电容时，发现故障已排除能收到电台的播音了。

故障判断：垫整电容发生故障的可能性较少，但有时也会出现开路、漏电现象。当该电容出现开路时，便有上述故障现象出现。

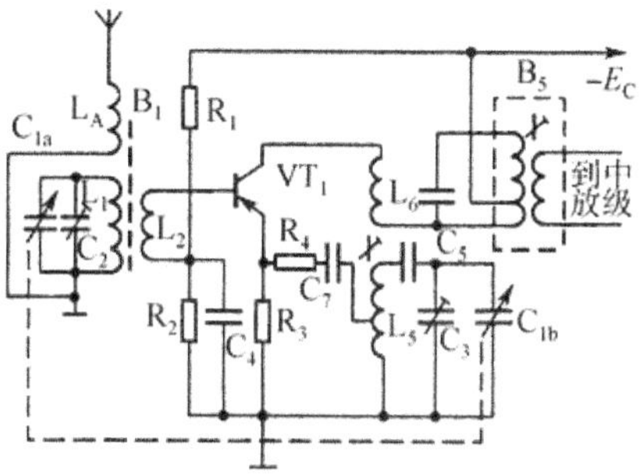

图 9-8　变频电路

9.10.7　信号注入法

信号注入法是将一定频率和幅度的信号逐级输入到被检测的电路中，或注入到可能存在故障的有关电路中，然后再通过电路终端的发音设备或显示设备（扬声器、显像管），以及示波器、电压表等反应的情况，作出逻辑判断的检测方法。在检测中哪一级没有通过信号，故障就在该级单元电路中。

1. 信号发生器的信号注入法

信号发生器的信号注入法就是采用专门仪器产生各种信号输入到被测电路中，常用的有音频信号发生器、高频信号发生器、图像信号发生器等。

从信号注入方法的不同，可分为顺向注入法和逆向注入法。顺向注入法就是将信号从电路的输入端输入，然后用仪表（示波器等）逐级进行检测，而逆向注入法则相反，是将信号从后级逐级往前输入，而检测仪表接在终端不动。

在采用信号发生器注入信号时，应注意以下几点：

1）要根据被测电路的不同，选择不同频率和幅度的信号，如果输入的信号与被测电路所需的信号不同时，就会影响测试结果或发生误判。

2）为防止被测电路的直流电压通过测试仪表而发生短路，因此必须在信号发生器的输出端要串入一个隔直电容，电容的大小依具体电路而定。

3）在给被测电路输入信号时，要根据电路的前后不同选择不同幅度的信号。其基本原则是越靠近信号的终端，要求信号的幅度也就越大。因为这样才能有是足够电压去激励终端元器件的正常工作。例如检测收音机的低放电路时，一般需要输入数十个毫伏（mV）或上百毫伏，而检测中放电路时，一般输入几十微伏（μV）就可以了。

4）信号注入法一般用于电路的灵敏度低、声音失真及图像的变形等软性故障，而对电流较大的短路性故障则不易采用。

5）当采用逆向输入法检测故障时，其故障的确定方法是：①当信号加到某一级电路后，其终端或示波器显示出失真的信号，说明故障就在该级电路中。②当信号加到某一级电路后，而终端没有任何反应，说明故障发生在前一个测试点与该测试点之间。

6）在给被测电路输入信号时，如果需要输入的信号幅度远远大于规定数据，则表明该级电路的增益较低，需要进一步去检测。

7）在给被测电路输入信号时，其输入点一般选择晶体管的基极或集电极，对于集成电路则一般选该集成电路的输入端。

下面以逆向输入法检修收音机为例，说明用信号发生器注入信号时的具体检测过程。

收音机检测过程图如图 9-9 所示。图中的①、②、③等表示检测信号的输入顺序及检测信号的输入点位置，在电路的终端接有毫伏表，在检测时可通过观察毫伏表，也可通过扬声器来判断故障的所在。

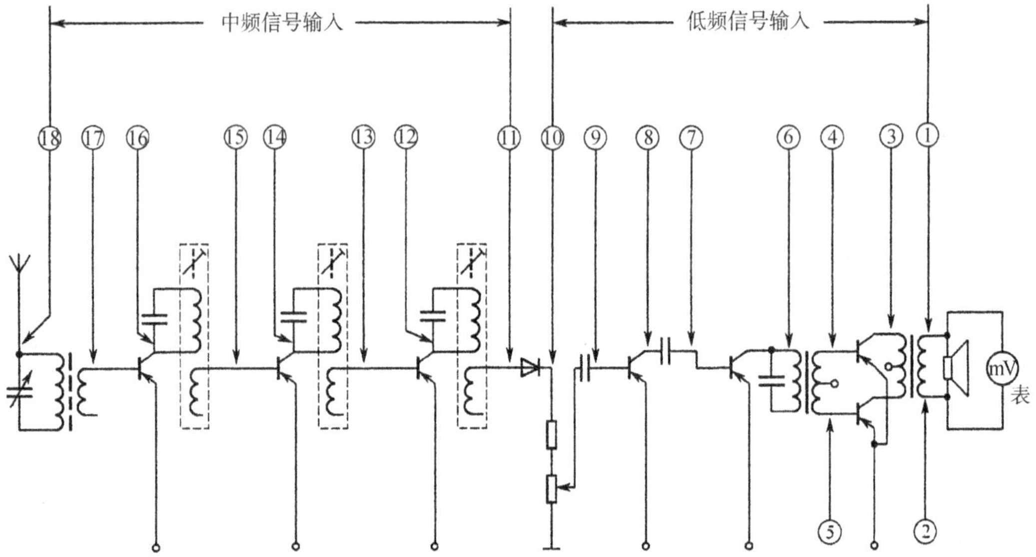

图 9-9　信号输入过程及点位

对于①、②输入点可用低频信号发生器送出 1000Hz 或 400Hz 的低频信号，并将输出信号电压调到 2.5V 左右，而信号输出端接入 10μF 的电解电容，并将信号发生器的地线与被测机的地线相接。当信号输入到该 3 个信号点的任何一个时，喇叭应发出音频声，毫伏表应有相应的指示，如果喇叭无声，而毫伏表确有指示，则说明喇叭或其引脚有故障。

对于③输入点也需要 1000Hz 的低频信号，其输出信号电压为 2V 左右，当信号输入到该点后，喇叭应发出音频声，毫伏表应有 0.9V 的指示值。如果没有输出，则表明是输出变压器的故障（初级或次级断路）。如果输出较小，则说明输出变压器内部有局部短路现象，或是音频旁路电容有严重漏电现象。

对于④、⑤输入点也需要 1000Hz 的低频信号，其输出信号电压为 0.7V 左右，当信号输入到该点后，喇叭应发出音频声，毫伏表应有 0.9V 的指示值。如果没有输出，则表明是推挽管的损坏故障，如喇叭的声音很小，则可能是推挽管的放大倍数太小了。

第⑥输入点是用以检查输入变压器是否有故障，输入信号频率同上，信号电压为 2V 左右，如果无输出或输出很小（喇叭无声或声音很小），此时应检查输入变压器。如果输出很小时，则可能是输入变压器发生局部短路，或音频旁路电容器漏电所致。

第⑦输入点是用以检查第二前置低放管是否工作正常，输入信号频率同上，信号电压为 120mV 左右，输出应有 0.9V 左右。如果没有输出或输出很小，则表明是低放管已损坏或低放管的参数下降。

第⑧输入点是用以检查耦合电容是否工作正常，输入信号频率与信号电压同上，如果没有信号输出，则表明耦合电容已损坏。

第⑨输入点同第⑦输入点，是用以检查第一前置低放管是否工作正常，不在重复。

第⑩输入点是用以检查音量电位器及耦合电容，信号输入频率同上，信号电压为 15mV 左右，在输入信号时应把电位器调到音量的最大位置，由该点输入信号后，如果喇叭没有声音，则应先检查耦合电容，然后再查音量电位器。

如果通过上述检测没有发现低频放大电路有故障，就可以进一步检测检波电路、中频放大电路和变频电路。在检测中频放大电路时，应采用高频信号发生器所输出的调幅波信号，频率为 465kHz；同时要求高频信号发生器的地线要与被测机输入回路的地线相接；在信号的输出端要串接一个 0.01 微法（μF）左右的电容器和一只 1kΩ的电阻器。

在图 9-10 中的第⑪输入点是用来检测检波二极管好坏的，当信号输入该点后，如果电路的终端没有反应，则是检波二极管的故障。

第⑫输入点、⑭输入点是用来检测第二、第三中频变压器好坏的。第⑬、⑮输入点是用来检测第二、第三中放管好坏的。可将信号依次送到各检测点，以检查中频放大各级的工作是否正常，如果输入到哪个检测点后，其电路终端没有输出，则应去检查信号输入点后面的元器件。

第⑯、⑰、⑱输入点是用来检测变频级输入回路工作是否正常的，第⑰输入点是用来检测变频管是否工作正常，第⑱输入点是用来检查天线线圈的好坏。检测方法同上，不在重复。

在检测各级电路时，其各输入点所需注入的信号电压分别见表 9-1，表中所列数据仅供参考，可依不同型号的收音机给予增减。

表 9-1　各输入点应输入的电压

项　目	变 频 管	一 中 放 管	二 中 放 管	检 波 管	低 放 管	推 挽 管
基极需注入的信号	10μV	80μV	2.5mV	50mV	115mV	0.70V
集电极需注入的信号	80μV	2.5VmV	40mV	110mV	2V	2.2V
注入信号的类型	465kHz	465kHz	465kHz	465kHz	1000Hz	1000Hz

2. 感应杂波信号注入法（也称干扰法）

感应杂波信号注入法就是将人体感应产生的杂波信号作为检测的信号源，用此信号去进行检测故障机的方法。

感应杂波信号注入法是一种简单易行的方法，它不需要任何仪器仪表，只要周围有电磁场存在的地方就能进行。利用这一方法可以简易地判断电路的故障部位。该种方法比较适用于检测无声故障的收音机或无图像故障电视机的通道部分。

具体的方法是用手拿小螺丝刀，而且手指要紧贴小螺丝刀的金属部分，然后用螺丝刀的刀口部分由电路的输出端逐渐向前去碰触电路中除接地或旁路接地的各点，从电路的终端反应情况来确定故障的大至部位。当用刀口触碰电路中各点时，就相当于在该点输入一个干扰信号，如果该点以后的电路工作正常，电路的终端（如喇叭、显像管等）就应有“喀喀”声或有杂波反应，越往前级，声音越响。如果触碰各输入点均无反应，就可能是终端的电路故障，如果只有某一级无反应，则应着重检查该级电路。在应用干扰法检测电路的末级时，因末级电路增益太低，同时也因人身感应信号太弱，故反应不明显。

3. 市电交流 50Hz 信号的注入法

市电交流 50Hz 信号的注入法是指用变压器降压，再经电阻分压而获得 50Hz 交流信号作为信号源，并加隔直电容器输出，用该信号输入到故障机检测故障的方法。该种方法适用于检测低频放大电路。

9.10.8 短路法

短路法是指把电路中的交流信号对地短路，或是对某一部分电路给予短路，从中发现故障所在的检测方法。

短路法有两种，一种是交流短路法；另一种是直流短路法，常用的是交流短路法。

交流短路法是用一只相对某一频率的短路电容，去短路电路中的某一部分或某一元件，从中查找故障的方法。此方法适用于检查有噪声、有交流声、杂音，以及有阻断故障的电子电路。

直流短路法是用一根短路线（一根金属导线）直接短路某一段电路，从中查找故障的方法。此方法多用于检查振荡电路、自动控制电路是否工作正常。

短路法与干扰法相反，不是在检测点注入干扰信号，而是把适当的点加以短路，从而使短路点以前的故障现象消失，以达到检查故障的目的。当短路到某一单元电路输入端时，其噪声没有变化，再继续短路该单元电路的输出端时，发现其故障消失，说明故障就在这一单元电路。

在采用交流短路法时，要根据被短路的电路工作频率的不同，选择与其频率相适应的电容器接入电路中（如收音机检波电路前可选用 0.1μF，低放电路可选用 100μF），其短路的方法是将电容器的一端接地，另一端去触碰检测点即可。

检测实例

故障现象：收音机开机后马上就出现啸叫且噪声很大。

故障分析：收音机出现啸叫声的原因较多，而且无规律可循，为此需先采用短路法查明故障出在哪一级电路，然后再深入检查故障元件的所在。

故障检查：收音机电原理图如图 9-10 所示。其检查步骤如下：

① 用一只 0.1μF 的电容器，将其一端与共用地相接（电池的负极），另一端首先与 VT_1 的基极相碰将变频管基极短路，但啸叫声仍存在。

② 用上述方法短路中放管 VT_2 的基极，啸叫声仍没有消失。继续短路 VT_3 的基极、集电极、检波二极管 VD_3 的正极、负极，当短路到 VD_3 的正极时，啸叫声没有了，表明啸叫声出于检波级。

③ 用万用表的欧姆挡进行在路检测 VD_3 及 C_6，结果发现 C_6 失效。

故障判断：由于电容器 C_6 是检波级的滤波电容，当其失效漏电时，便不能对检波后的信号进行滤波，导致其信号中高频分量得不滤除，因而产生了啸叫。

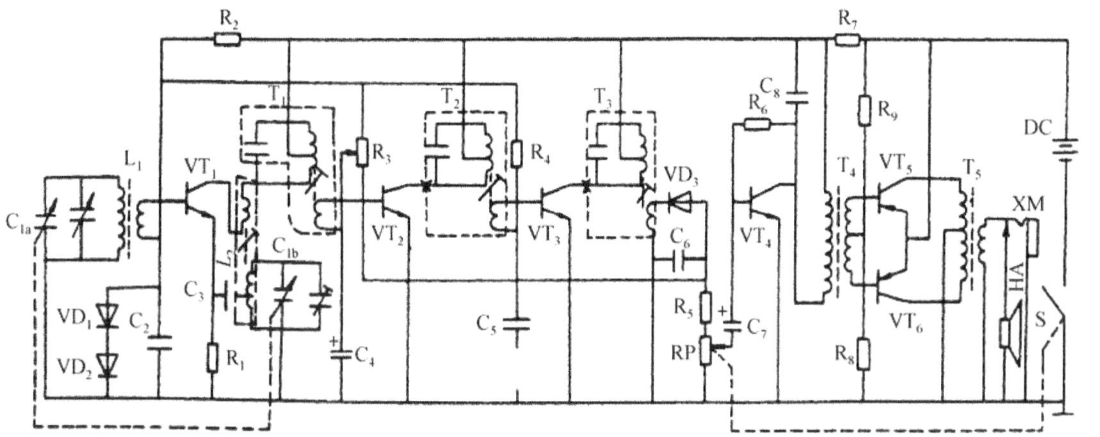

图 9-10　收音机电原理图

本章小结

1. 通过调试可以对电路的各项技术指标进行测量并与设计指标进行比较，以便从中发现问题，并给予解决。通过调试使产品能达到预定的性能和功能要求。通过调试可以发现装配中的错误和缺陷。通过调试可以发现设计上的工艺缺陷，为以后的产品改进和提高产品质量提供足够的依据。

2. 调试工艺的过程主要有：①通电前的检查；②通电后的检查；③电源部分的调试；④单元电路的调试；⑤整机电路的调试；⑥环境实验；⑦对整机进行老化处理；⑧老化后参数复查。

3. 静态测试的内容有：①供电电源电压的测量；②测试单元电路静态工作电压；③三极管静态电压、电流的测量；④集成电路静态工作点的测量；⑤数字电路静态逻辑电平的测量。

4. 动态测试的内容有：电路中某些点的电压、电流、波形形状、波形的幅值及频率、放大倍数，以及动态输出功率、动态范围、相位关系的测量和调整。

5. 电子电路的检测方法很多，常用的有直观检测法、电阻检测法、电压检测法、电流检测法、代替检测法、信号注入法、短路法等。

6. 直观检测法就是通过人的眼睛、手、耳朵、鼻等来发现电子产品的故障所在。

7．电阻检测法就是利用万用表的电阻挡（欧姆挡），根据不同元器件的阻值选择合适的量程来测量所怀疑的元器件的阻值，或元器件的引脚与共用地端之间的电阻值，将测出的电阻值与正常值进行比较从中发现故障所在的检测方法。

电阻检测法是检测维修中常用的一种方法，对开路性故障与短路性故障的检测判断都有很好的效果与准确性。

8．电压检测法是指用万用表的电压挡测量电路电压、元器件的工作电压并与正常值进行比较，以判断故障所在的检测方法。

电压检测法在维修中是使用最多的一种方法，通过电压的检测可以确定电路是否工作正常。电压检测方法可分为直流电压检测和交流电压检测两种，其中最常用的是直流电压检测法。

9．电流检测法是指用万用表的电流挡去检测电子电路的整机电流、单元电路的电流、某一回路的电流、晶体管的集电极电流，以及集成电路的工作电流等，并与其正常值进行比较，从中发现故障所在的检测方法。在应用电流检测法时，应将电流表串入电路中。

10．用示波器测量出电路中关键点波形的形状、幅度、宽度、相位与维修资料给出的标准波形进行比较，从中发现故障所在，这种方法就称示波器检测法。

应用示波器对故障点进行检测是比较理想的检测方法，它具有准确、迅速等优点。但在使用中、应注意对所观察的信号幅度电压与频率应在示波器的范围内，否则将无法检测，并可能造成仪表的损坏。

11．代替法就是用好的元器件去替代所怀疑的元器件的检测方法，如果故障被排除，则表明所怀疑的元器件就为故障件。

12．信号注入法是将一定频率和幅度的信号逐级输入到被检测的电路中，或注入到可能存在故障的有关电路，然后再通过电路终端的发音设备或显示设备（扬声器、显象管），以及示波器、电压表等反应的情况，作出逻辑判断的检测方法。在检测中哪一级没有通过信号，故障就应在该级单元电路中。

13．短路法是指把电路中的交流信号对地短路，或是对某一部分电路给予短路，从中发现故障所在的检测方法。

14．检测电路故障时可采用一种检测方法，也可几种检方法同时并用，应根据不同的故障给予具体合适的选择。

15．直观检测法、电阻检测法、电压检测法、电流检测法是检修中最常用的方法，也是最基本的检测方法，应很好地掌握并灵活应用。

操作练习9

1．在印制电路板图上练习测量

（1）目的

通过在印制电路板图上练习测量，用以熟悉印制电路板的印制导线的排列，元器件的放置，为实际测量打下一个基础。

（2）器材与工具

收音机的印制电路板图如图9-11所示，万用表一块。

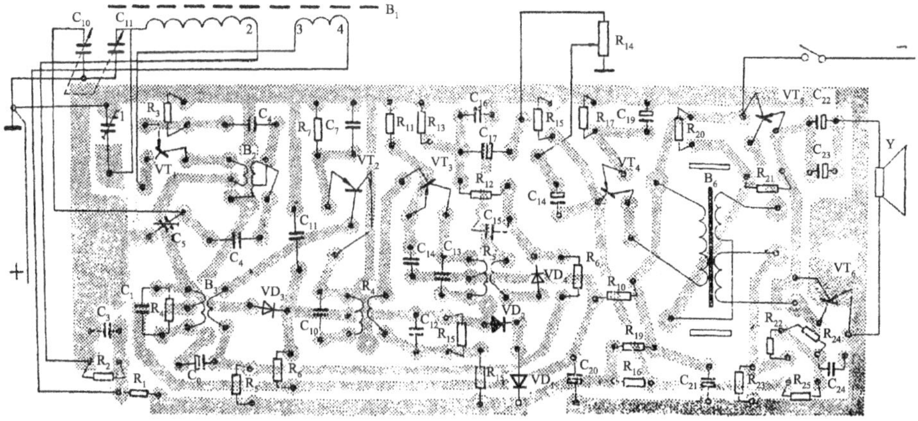

图 9-11　收音机的印制电路板图

（3）操作步骤

1）先将万用表置于直流电压挡，再将黑表笔与共用地接触，然后用红表笔去触碰图中各晶体管的基极与集电极。

2）在模拟检测中要注意表笔的放法，表笔不能平放，笔尖只能触碰一个焊点，不能与旁边的焊点相碰短路。

2. 收音机各级电压、电流的检测

（1）目的

通过对收音机各级电压、电流的检测，初步掌握电压检测法、电流检测法及其它们的操作过程。

（2）器材与工具

收音机一台、万用表一块。

（3）操作步骤

1）用万用表的直流电压挡对收音机各级的工作电压进行检测（即测量变频管、中放管、低放管及功放管的基极、集电极电压）。

2）用万用表的直流电流挡对收音机各级的工作电流进行检测（即测量变频管、中放管、低放管及功放管的集电极电流大小）。可采用直接测量法和间接测量法。并将测量结果填入表 9-2。

表 9-2　各级电压、电流测量结果

名　称	变 频 管	中 放 管 1	中 放 管 2	低 放 管	功 放 管 2	功 放 管 2
基极电压						
集电极电压						
集电极电流						

习题 9

9.1　电子产品为什么要进行调试？

9.2 简述调试准备工作包含哪些内容？

9.3 什么是静态测试？什么是动态测试？

9.4 动态测试包含哪些内容？

9.5 在检修电路时，应用直观法都发现过什么故障？

9.6 用万用表的直流电压挡检测故障电路时，应注意哪些问题？用直流电流挡检测电路电流时应如何操作？

9.7 短路检测法适用于什么故障电路的检测？

9.8 什么是感应杂波信号注入法，应用此方法检测电路时应如何进行操作？

9.9 采用交流信号短路法时需要一只电容器，而且要根据电路的频率来选择容值的大小，你能说明这是什么道理吗？

9.10 在检修电视机时，采用示波器法比采用万用表查找故障更迅速、更准确、更快捷是何道理？

9.11 一台收音机出现无声故障，其检测步骤是什么？

9.12 采用万用表检测集成电路的好坏时，应如何进行操作？

第 10 章　电子产品技术文件

【本章主要内容】

本章主要介绍设计文件的作用、分类及其编号方法；工艺文件的作用、分类及其工艺文件的格式。

电子产品技术文件是生产电子产品时的重要依据，也是检验、使用和维修的主要资料。在技术文件中规定了产品的结构、技术参数、规格、检验方法、使用说明、安装调试、连接方法、接线方法、劳动力组织、材料的准备等内容。

产品技术文件通常包含有各种图、文字表格、说明书等几种形式。对于从事电子生产及维修工作者，了解技术文件所包含的内容、使用方法、识读方法是必要的，它是提高生产效益，保证产品质量、提高维修水平所不可缺的重要资料。

10.1　设计文件

1．设计文件的概念

设计文件是电子产品在设计、研究、试制、生产、鉴定的过程中，形成的文字与图样的技术资料。设计文件的编制是依据产品的批量多少，结构的复杂程度，生产方式等内容进行的。设计文件对产品的结构、原理、组成、制作过程、主要参数、使用方法和维修方法等都有明确的说明，而且是依据国家标准进行编制的（如电气制图 GB6988.X-86、电气图形符号标准 GB4728.X-8X 等）。设计文件是组织生产的依据，操作人员是无权修改的，设计文件的保存是由企业的专门部门进行管理的。

2．设计文件的组成

设计文件主要是由零件图、装配图、安装图、框图、电路原理图、接线图、机械传动图、机械原理图、技术说明书、零件明细表等组成。

3．设计文件的种类

设计文件的种类很多，分类的方法也不尽相同，通常有图的文件、表格性文件、文字性文件之分。也可按表达的内容、形成的过程及图的绘制过程进行分类；也可按工程性图表（是用于产品的设计和生产）与说明性图表（用于技术说明、技术交流等）分类。

4．设计文件的编号

文件编号的方法是按十进分类编号法进行的，它是由企业代号、分类特征标记、登记顺序号、文件简号 4 部分组成。

（1）企业区别代号是由大写的汉语拼音字母组成，用以表示设计文件的编制单位。

（2）分类特征标记是由 4 位数字组成，分别表示设计文件的级、类、型、种。其中每级又分为十类、每类又分为十型、每型又分为十种。产品的分级见表 10-1。

表 10-1　产品的分级

级 的 名 称	级的规定代号	说　明
通用文件	0	
成套设备	1	
整件	2、3、4	
部件	5、6	
零件	7、8	
	9	暂时不用，待补充时用

3）登记顺序号是用来区分，同一类型产品中不同设计文件的。通常用 3 位或 4 位数字表示。

4）文件简号是以该文件名的部分汉语拼音字母组成的，其具体规定见表 10-2。

表 10-2　设计文件简号

序　号	文 件 名 称	文 件 简 号	序　号	文 件 名 称	文 件 简 号
1	产品标准	—	14	机械原理图	YL
2	零件图	—	15	机械传动图	CL
3	装配图	—	16	其他图样	TT
4	外形图	WX	17	技术条件	JT
5	安装图	AZ	18	技术说明书	JS
6	总布置图	BL	19	说明	SM
7	频率搬移图	PL	20	表格	B
8	框图	FL	21	明细表	MX
9	信息处理流程图	XL	22	整件汇总表	ZH
10	逻辑图	LJL	23	备附件及工具总表	BH
11	电路图	DL	24	成套运行文件请单	YQ
12	接线图	JL	25	气液压原理图	QL
13	线缆连接图	LL	26	其他文件	TW

示例：

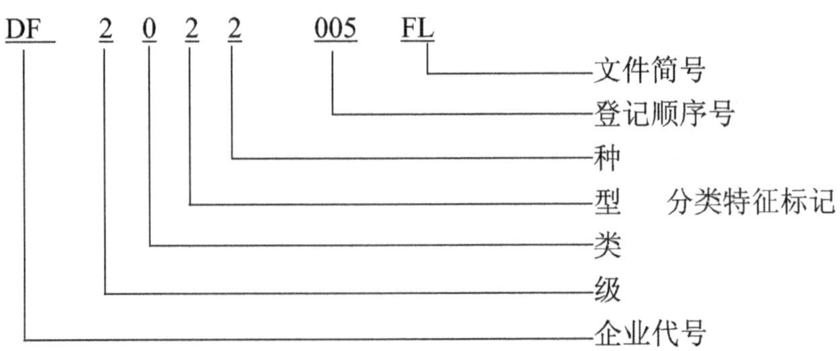

10.2　工艺文件

1. 工艺文件的概念

工艺文件是具体指导生产部门进行生产的技术性文件，它是依据设计文件进而提出的具体加工方法，其宗旨是实现设计图纸上的要求。

工艺文件是原材料准备、生产的组织、定额管理、劳动力的安排等方面的依据；是产品装配、加工、检测、验收的依据；是产品进行经济核算、质量控制的依据。总之，工艺文件是组织和和控制电子产品工艺工作程序的，它贯穿了产品制造的全过程。

2. 工艺文件的作用

1）为生产所需的材料、设备等提供资料。

2）为安排生产计划、劳动力的调配、工时的计算提供资料。

3）为各工序和岗位提出具体操作方法和要求提供资料。

4）为各种物资的供应、工具、工装的准备提供资料。

5）为生产计划部门进行经济核算提供资料。

6）为产品的质量与安全生产提供资料。

3. 工艺文件的分类

工艺文件一般可分为工艺管理和工艺规程两类。

1）工艺管理文件是企业科学地组织生产，控制工艺工作的技术文件。常用的工艺管理文件有工艺文件目录、工艺路线表、配套明细表、材料消耗定额表、工艺文件更改通知单、工艺说明及简图等。

2）工艺规程文件是具体地规定产品和零件的制造工艺过程和操作方法的工艺文件。认真严格地按工艺规程生产产品，是保证产品质量的关键。

工艺规程文件通常分为使用性质与加工专业两大类。

按使用性质可分为专用工艺规程、通用工艺规程、标准工艺规程、典型工艺规程、成组工艺规程。

按加工专业可分为机械加工工艺卡、电气装配工艺卡、扎线接线工艺卡、绕线工艺卡、油漆涂覆工艺卡。

4. 工艺文件的内容

工艺文件的内容见表 10-3。

表 10-3　工艺文件完整性表

序　号	工艺文件名称	预研制阶段	设 计 阶 段	试 制 阶 段	批量生产阶段
1	工艺总方案		△	△	△
2	工艺路线表	+	○	△	△
3	工艺装备明细表		○	△	△
4	非标准仪器、仪表、设备明细表		○	△	△
5	材料消耗工艺定额明细表	+	○	○	△

续表

序 号	工艺文件名称	预研制阶段	设 计 阶 段	试 制 阶 段	批量生产阶段
6	辅助材料定额明细表		+	+	△
7	外协件明细表		+	+	+
8	关键、重要零件、部件明细表		○	△	△
9	关键工序明细表	○	○	△	△
10	生产说明书		+	△	△
11	各类工艺过程卡片	+	○	△	△
12	各类工艺卡片		○	△	△
13	各类工序卡片		○	△	△
14	各类典型工艺（工序）卡片		+	+	+
15	毛坯下料卡片		+	+	+
16	检验卡片		○	△	△
17	产品工艺性分析报告		△	△	
18	专题技术总结报告		△	△	△
19	工艺评审结论		△	△	△
20	工艺定型总结报告				△
21	专用工艺设备设计文件	+	△	△	△
22	非标准设备设计文件		△	△	△
23	工艺文件目录		+	△	△

注：表中“△”表示必须编制的文件；“○”表示这些设计文件的编制应根据产品性质、生产和使用的需要而定；“+”表示基本设计文件。

5. 工艺文件的格式及填写说明

工艺文件的格式分为横式与竖式两种，横式用字母 GH 表示，竖式用字母 GS 表示。现在常用的为竖式格式，各种格式见表 10-4、表 10-5、表 10-7～表 10-11。

1）工艺文件封面（见表 10-4），用于装订成册时的封面。

①“产品型号”、“产品名称”、“产品图号”栏分别填写产品的型号、名称、图号。

②“本册内容”栏填写该册工艺内容的名称。

③“共××册”栏填写工艺文件的总册数。

④“第××册”栏填写该册在全套工艺文件中的序号。

⑤“共××页”栏填写该册的总页数。

2）工艺文件目录表（见表 10-5），用于工艺文件编写目录。

①“更改标记”栏填写更改事项。

②“底图总号”栏填写被本底图所代替的旧底图总号。

③“文件代号”栏填写文件简号。

文件简号由该文件名的部分汉语拼音字母组成，常用工艺文件简号见表 10-4。

表 10-4 工艺文件简号

序 号	工艺文件名称	简 号
1	工艺文件目录	GML
2	工艺路线表	GLB
3	导线及扎线加工表	GZB

续表

序　号	工艺文件名称	简　号
4	各类明细表	GMB
5	元器件工艺表	GYB
6	工艺说明及简图	GSM
7	工艺过程卡	GGK
8	装配工艺过程卡	GZP
9	调试工艺	GTS
10	包装工艺卡	GBZ
11	检验规范	GJG
12	测试工艺	GCS

3）工艺路线表（见表 10-7），用于说明零件、部件、整件加工的部门及工序。

①“装入关系”栏以方向指示线显示产品零件、整件的装配关系。

②“部件用量”“整件用量”栏填写与产品明细表对应的数量。

③“工艺路线及内容”栏填写整件、部件、零件加工过程中，各部门及其工序名称和代号。

4）导线及扎线加工表（见表 10-8），用于说明导线及扎线的加工及端头去向。

①“编号”栏填写导线的编号或扎线图中导线的编号。

②“名称牌号规格”、“颜色”、“数量”栏填写材料的名称规格、颜色、数量。

③“全长”栏填写导线设计图样上的长度（包括剥头后的尺寸）。

④“A 剥头”、“B 剥头”　栏填写 A、B 端剥头的尺寸。

⑤“连接点Ⅰ、连接点Ⅱ”栏填写导线的始端与终端的焊接去向。

⑥“设备及工装”栏填写导线加工时的专用工具、标准工具等。

⑦“空白处”用于绘制导线与扎线的简图。

5）配套明细表（见表 10-9）。用于说明装配时所需的零件、部件、整件。

①“图号”栏填写设计文件中零件、部件、整件相应的图号。

②“名称”栏填写设计文件中零件、部件、整件相应的名称。

③“数量”栏填写设计文件中零件、部件、整件相应的数量。

④“来自何处”栏填写零件、部件、整件的提供方名称。

6）装配工艺过程卡片（见表 10-10），用于说明装配时的工艺全过程。

①“代号、名称、规格”、“数量”栏分别填写设计文件中辅助材料的相应代号、名称、规格、数量。

②“工作地”栏填写此工序所执行部门（车间）的名称。

③“工序号”栏填写该工序号。

④“工序（步）内容及要求”栏填写装配工艺的内容和要求。

⑤“设备及工装”栏填写该工序中所需的设备及工装名称。

7）工艺说明及简图（见表 10-11）。用于说明其他格式没有完整表达的工艺。

是对零件、部件、整件提出重要和复杂的工艺规程的文件；也是一种画工艺简图、进行文字说明的补充性文件，即任何一种工艺过程的续卡。

8）工艺文件更改通知单，（见表 10-12），用于工艺文件的更改。

“更改标记”栏，按有关图样管理制度字母填写。应填写好“更改原因”、“生效日期”、“处理意见”栏。

表 10-5 工艺文件封面

<table>
<tr><td rowspan="2"></td><td colspan="2">电 子 工 业

工 艺 文 件

共 册
第 册
共 页

产品型号
产品名称
产品图号
本册内容

批 准
年 月 日</td></tr>
</table>

旧底图总号	
底图总号	
日期	签名

表 10-6　工艺文件目录表

		工艺文件目录表		产品名称或型号		产品图号
	序号	文件代号	零部件、整件 图　号	零部件、整件 名　称	页数	备注
	1	2	3	4	5	6
使用性						
旧底图总号						

底图总号		更改标记	数量	文件号	签名	日期	签名		日期	第　页	
							拟制				
							审核			共　页	
日期	签名										
										第 册	第 页

表 10-7　工艺路线表

		工艺路线表			产品名称或型号		产品图号
	序号	图号	名称	装入关系	部件用量	整件用量	工艺路线及内　容
	1	2	3	4	5	6	7
使用性							
旧底图总号							

底图总号		更改标记	数量	文件号	签名	日期	签名		日期	第　页	
							拟制				
							审核			共　页	
日期	签名										
										第　册	第　页

表 10-8　导线及扎线加工表

GS14

导线及线扎加工表	产品名称		名称	
	产品图号		图号	

序号	线号	名称牌号规格	颜色	数量	导线长度 mm			连接点 I	连接点 II	设备及工装	工时定额	备注
					全长	A 剥头	B 剥头					

旧底图总号	

底图总号						设计			
						审核			
日期	签名								
						标准化			第　页　共　页
		更改标记	数量	更改单号	签名	日期	批准		

描图：　　　　描校：

表 10-9　配套明细表

		配套明细表			装配件名称	装配件图号
	序号	图号	名　称	数量	来自何处	备注
	1	2	3	4	5	6
使用性						
旧底图总号						

底图总号		更改标记	数量	文件号	签名	日期	签名		日期	第　页	
							拟制				
							审核			共　页	
日期	签名										
										第 册	第 页

表 10-10　装配工艺过程卡片

	装配工艺过程卡片	产品名称		名称	
		产品图号		图号	

序号	装入件及辅助材料 代号、名称、规格	数量	工作地	工序号	工种	工序（步）内容及要求	设备及工装	工时定额

旧底图总号										
底图总号						设计				
						审核				
日期 / 签名										
						标准化			第　页	共　页
	更改标记	数量	更改单号	签名	日期	批准				
	描图：						描校：			

表 10-11 工艺说明及简图

		工艺说明及简图					名称		编号或图号	
							工序名称		工序编号	
使用性										
旧底图总号										
底图总号	更改标记	数量	文件号	签名	日期	签名		日期	第 页	
						拟制				
						审核			共 页	
日期	签名									
									第 册	第 页

表 10-12 工艺文件更改通知单

更改单号	工艺文件更改通知单		产品名称或型号	零、部、整件名称	图号	第 页
						共 页
生效日期	更改原因	通知单的分发		处理意见		
更改标记	更 改 前		更改标记	更 改 后		

拟制		日期		审核		日期		标准化		日期		批准		日期	

本章小结

1. 电子技术文件分为设计文件与工艺文件两大类。

2. 设计文件是电子产品在设计、研究、试制、生产、鉴定的过程中形成的文字与图样的技术资料。

3. 设计文件主要由零件图、装配图、安装图、框图、电路原理图、接线图、机械传动图、机械原理图、技术说明书、零件明细表等构成。

4. 工艺文件是具体指导生产部门进行生产的技术性文件。

5. 工艺文件一般可分为工艺管理文件和工艺规程文件两类。

习题 10

10.1　设计文件的种类很多，通常的分类方法是什么？

10.2　设计文件的编号是由哪几部分构成的？其中登记顺序号的含义是什么？

10.3　工艺文件的作用是什么？

10.4　工艺文件是如何分类的？

参考文献

[1] 黄纯，等. 电子产品工艺[M]. 北京：电子工业出版社，2001.

[2] 陈其纯. 电子整机装配实习[M]. 北京：高等教育出版社，2002.

[3] 宁铎，等. 电子工艺实训教程[M]. 西安：西安电子科技大学出版社，2006.

[4] 孙惠康. 电子工艺实训教程[M]. 北京：机械工业出版社，2003.

[5] 杨青学. 电子产品组装工艺与设备[M]. 北京：人民邮电出版社，2007.

反侵权盗版声明